高等学校通识教育系列教材

数据库技术与应用

SQL Server 2012 微课版

刘卫国 奎晓燕 主编

清华大学出版社
北 京

内 容 简 介

本书以 SQL Server 2012 为实践环境，介绍数据库的基本知识和应用开发技术。第 1 章和第 2 章介绍数据库的基本概念与原理，从实用的角度介绍如何根据应用需求，设计一个结构合理、使用方便的数据库；第 3～12 章介绍 SQL Server 2012 数据库的操作与应用，包括 SQL Server 2012 操作基础、数据库的管理、表的管理、数据查询、索引与视图、数据完整性、Transact-SQL 程序设计、存储过程与触发器、数据库的安全管理、数据库的维护内容；第 13 章结合实际案例介绍数据库应用系统的开发方法。

本书强调理论与实践相结合，突出数据库的基本原理；以应用为目的，从数据库应用系统开发的角度来介绍数据库的基本原理。在编写过程中，力求做到概念清晰、取材合理、深入浅出、突出应用，为读者应用数据库技术进行数据管理打下良好的基础。

本书既可作为高等院校"数据库技术与应用"课程的教材，又可供社会各类计算机应用人员阅读参考。

图书在版编目(CIP)数据

数据库技术与应用：SQL Server 2012：微课版/刘卫国，奎晓燕主编. —北京：清华大学出版社，2020.9(2024.7重印)
高等学校通识教育系列教材
ISBN 978-7-302-55136-2

Ⅰ. ①数… Ⅱ. ①刘… ②奎… Ⅲ. ①关系数据库系统－高等学校－教材 Ⅳ. ①TP311.132.3

中国版本图书馆 CIP 数据核字(2020)第 048929 号

责任编辑：刘向威　张爱华
封面设计：文　静
责任校对：梁　毅
责任印制：刘海龙

出版发行：清华大学出版社
网　　址：https://www.tup.com.cn，https://www.wqxuetang.com
地　　址：北京清华大学学研大厦 A 座　　**邮　　编**：100084
社 总 机：010-83470000　　**邮　　购**：010-62786544
投稿与读者服务：010-62776969，c-service@tup.tsinghua.edu.cn
质量反馈：010-62772015，zhiliang@tup.tsinghua.edu.cn
课件下载：https://www.tup.com.cn，010-83470236
印 装 者：三河市铭诚印务有限公司
经　　销：全国新华书店
开　　本：185mm×260mm　　**印　　张**：24　　**字　　数**：585 千字
版　　次：2020 年 9 月第 1 版　　**印　　次**：2024 年 7 月第8次印刷
印　　数：9001～10000
定　　价：69.00 元

产品编号：080954-01

前 言

在信息社会，数据已经成为重要的资源。大数据时代改变了人类原有的生活和发展模式，也改变了人类认识世界和判断价值的方式。以数据库技术为基础的数据管理技术，可以对数据进行有效收集、加工、分析与处理，使其释放更多的价值，充分发挥数据的作用。随着计算机技术的飞速发展及其应用领域的不断扩大，特别是计算机网络技术的进步，数据库应用系统得到了突飞猛进的发展。目前，许多技术，如信息管理系统、电子商务、决策支持系统、客户关系管理、数据仓库和数据挖掘等，都以数据库技术作为重要的支撑，可以说，只要有计算机存在，就有数据库技术存在。

数据库技术的发展要求当代大学生必须具备组织、利用和规划信息资源的意识和能力。"数据库技术与应用"是高等学校一门重要的计算机基础课程。通过对该课程的学习，学生可以准确地理解数据库的基本概念以及数据库在各领域的应用，掌握数据库技术及应用开发方法，具备利用数据库工具开发数据库应用系统的基本技能，为今后应用数据库技术管理信息、更好地利用信息打下基础。

SQL Server 2012是由Microsoft公司开发和推广的关系数据库管理系统，是目前广泛应用的关系数据库产品。SQL Server 2012的出现推动了数据库的应用和发展，它无论是在功能上，还是在安全性、可维护性和易操作性上都较以前版本有很大提高。SQL Server 2012全面支持云技术与平台，并且能够快速构建相应的解决方案，实现私有云与公有云之间数据的扩展与应用的迁移，成为集数据管理和分析于一体的企业级数据平台。

本书以SQL Server 2012为实践环境，介绍数据库的基本知识和应用开发技术。第1章和第2章介绍数据库的基本概念与原理，主要围绕关系数据库的设计理论来展开。考虑教学对象的特点，从实用的角度介绍如何根据应用需求，设计一个结构合理、使用方便的数据库，这是开发数据库应用系统的前提。第3～12章介绍SQL Server 2012数据库的操作与应用，涉及SQL Server 2012操作基础、数据库的管理、表的管理、数据查询、索引与视图、数据完整性、Transact-SQL程序设计、存储过程与触发器、数据库的安全管理、数据库的维护等内容。这部分以SQL Server 2012为实践平台，介绍数据库管理系统的基本功能。第13章结合实际案例介绍数据库应用系统的开发方法，涉及前端开发工具Visual Basic .NET以及实际的开发案例，主要强调应用数据库知识去解决实际问题。本书实现了数据库基本原理和数据库工具的合理整合，体现了数据库课程教学的基本要求。

本书的特点是理论与实践相结合，适度强调数据库的基本原理；以应用为目的，从数据库应用系统开发的角度来介绍数据库的基本原理。在编写过程中，力求做到概念清晰、取材合理、深入浅出、突出应用，为学生应用数据库技术进行数据管理打下良好的基础。

本书既可作为高等院校"数据库技术与应用"课程的教材，又可供社会各类计算机应用人员阅读参考。

为了方便教学和读者上机操作练习，作者还编写了《数据库技术与应用实践教程——SQL Server 2012》一书，作为与本书配套的教学参考书。另外，还有与本书配套的教学课件、各章习题答案、实例数据库等教学资源，可从清华大学出版社网站(http://www.tup.com.cn)下载使用。对书中一些重要的概念与操作方法制成了微视频，读者可利用手机等移动智能终端扫描书中的二维码直接观看。

本书由刘卫国、奎晓燕任主编，第1、2、13章由刘卫国编写，第3～7章由刘泽星编写，第8～12章由奎晓燕编写。此外，参与编写工作的还有熊拥军、严晖、童键、蔡旭晖等。本书在编写过程中，吸取了许多老师、读者的宝贵意见和建议，在此表示衷心的感谢。清华大学出版社的编辑对本书的策划、出版做了大量工作，在此一并表示衷心的感谢。

由于作者水平有限，书中难免存在疏漏之处，恳请广大读者批评指正。

作　者

2020年4月

目录

第1章　数据库系统概论 …… 1

1.1　数据和数据管理 …… 1
1.2　数据管理技术 …… 2
1.2.1　人工管理阶段 …… 2
1.2.2　文件管理阶段 …… 3
1.2.3　数据库管理阶段 …… 4
1.2.4　数据管理技术的新发展 …… 4
1.3　数据库系统 …… 6
1.3.1　数据库系统的组成 …… 6
1.3.2　数据库的三级模式结构 …… 8
1.3.3　数据库系统的特点 …… 10
1.4　数据模型 …… 10
1.4.1　数据模型的组成要素 …… 11
1.4.2　数据抽象的过程 …… 11
1.4.3　概念模型 …… 12
1.4.4　逻辑模型 …… 15
本章小结 …… 17
习题1 …… 18

第2章　关系数据库基本原理 …… 19

2.1　关系数据库概述 …… 19
2.1.1　关系模型与关系模式 …… 19
2.1.2　关系数据库的基本概念 …… 20
2.1.3　关系数据库的基本特征 …… 21
2.2　关系代数的基本原理 …… 22
2.2.1　关系的数学定义 …… 22
2.2.2　关系运算 …… 23
2.3　关系的规范化理论 …… 26
2.3.1　函数依赖的基本概念 …… 27
2.3.2　关系模式的范式 …… 28

2.3.3 关系模式的分解 …… 30
2.4 关系模型的完整性约束…… 33
2.5 数据库的设计方法…… 34
2.5.1 数据库设计过程 …… 34
2.5.2 E-R 模型到关系模型的转化 …… 35
2.5.3 数据库设计实例 …… 38
本章小结 …… 42
习题 2 …… 43

第 3 章 SQL Server 2012 操作基础 …… 45

3.1 SQL Server 2012 简介 …… 45
3.1.1 SQL Server 的发展 …… 45
3.1.2 SQL Server 的特点 …… 46
3.1.3 SQL Server 2012 的新特性 …… 47
3.2 SQL Server 2012 的安装 …… 47
3.2.1 安装需求 …… 47
3.2.2 安装过程 …… 48
3.3 SQL Server 2012 管理平台 …… 59
3.3.1 SQL Server 2012 管理平台的功能与基本操作 …… 59
3.3.2 SQL Server 2012 服务器的配置与管理 …… 60
3.4 SQL 和 Transact-SQL 概述 …… 64
3.4.1 SQL 的发展与特点 …… 64
3.4.2 Transact-SQL 概述 …… 65
本章小结 …… 66
习题 3 …… 67

第 4 章 数据库的管理 …… 68

4.1 SQL Server 2012 数据库概述 …… 68
4.1.1 SQL Server 2012 中的数据库 …… 68
4.1.2 SQL Server 2012 的系统数据库 …… 70
4.1.3 数据库对象的标识符 …… 71
4.2 数据库的创建…… 72
4.2.1 使用 SQL Server 管理平台创建数据库 …… 72
4.2.2 使用 Transact-SQL 语句创建数据库 …… 75
4.3 数据库的修改…… 80
4.3.1 使用 SQL Server 管理平台修改数据库 …… 80
4.3.2 使用 Transact-SQL 语句修改数据库 …… 82
4.4 数据库的删除…… 84
4.4.1 使用 SQL Server 管理平台删除数据库 …… 85

4.4.2 使用 Transact-SQL 语句删除数据库 …… 85
本章小结 …… 86
习题 4 …… 86

第 5 章 表的管理 …… 88

5.1 SQL Server 表概述 …… 88
5.1.1 数据类型简介 …… 88
5.1.2 空值和默认值 …… 93
5.1.3 约束 …… 93
5.2 表的创建与维护 …… 94
5.2.1 使用 SQL Server 管理平台对表进行操作 …… 94
5.2.2 使用 Transact-SQL 语句创建表 …… 98
5.2.3 使用 Transact-SQL 语句修改表 …… 101
5.2.4 使用 Transact-SQL 语句删除表 …… 103
5.3 表中数据的维护 …… 104
5.3.1 插入数据 …… 104
5.3.2 修改数据 …… 107
5.3.3 删除数据 …… 109
本章小结 …… 112
习题 5 …… 112

第 6 章 数据查询 …… 115

6.1 基本查询 …… 115
6.1.1 SELECT 子句 …… 115
6.1.2 FROM 子句 …… 117
6.1.3 WHERE 子句 …… 119
6.1.4 查询结果处理 …… 122
6.2 嵌套查询 …… 129
6.2.1 单值嵌套查询 …… 129
6.2.2 多值嵌套查询 …… 130
6.3 连接查询 …… 132
6.3.1 连接概述 …… 132
6.3.2 内连接 …… 134
6.3.3 外连接 …… 136
6.3.4 交叉连接 …… 138
本章小结 …… 140
习题 6 …… 140

第7章　索引与视图………………………………………………………… 143

7.1　索引概述 …………………………………………………………………… 143
7.1.1　索引的基本概念…………………………………………………… 143
7.1.2　索引的分类………………………………………………………… 144
7.2　索引的操作 ………………………………………………………………… 145
7.2.1　创建索引…………………………………………………………… 146
7.2.2　查看与修改索引…………………………………………………… 147
7.2.3　删除索引…………………………………………………………… 150
7.3　视图概述 …………………………………………………………………… 151
7.3.1　视图的基本概念…………………………………………………… 151
7.3.2　视图的类型………………………………………………………… 152
7.3.3　视图的限制………………………………………………………… 152
7.4　视图的操作 ………………………………………………………………… 153
7.4.1　创建视图…………………………………………………………… 153
7.4.2　修改视图…………………………………………………………… 155
7.4.3　删除视图…………………………………………………………… 156
7.4.4　查看和修改视图属性……………………………………………… 157
7.5　视图的应用 ………………………………………………………………… 159
7.5.1　通过视图检索表数据……………………………………………… 159
7.5.2　通过视图添加表数据……………………………………………… 159
7.5.3　通过视图修改表数据……………………………………………… 160
7.5.4　通过视图删除表数据……………………………………………… 160
本章小结………………………………………………………………………… 161
习题7 …………………………………………………………………………… 162

第8章　数据完整性………………………………………………………… 164

8.1　使用规则实施数据完整性 ………………………………………………… 164
8.1.1　创建规则…………………………………………………………… 164
8.1.2　查看规则…………………………………………………………… 165
8.1.3　规则的绑定与松绑………………………………………………… 166
8.1.4　删除规则…………………………………………………………… 167
8.2　使用默认值实施数据完整性 ……………………………………………… 168
8.2.1　创建默认值………………………………………………………… 168
8.2.2　查看默认值………………………………………………………… 168
8.2.3　默认值的绑定与松绑……………………………………………… 168
8.2.4　删除默认值………………………………………………………… 169
8.3　使用约束实施数据完整性 ………………………………………………… 170
8.3.1　主键约束…………………………………………………………… 170

8.3.2 外键约束…… 172
8.3.3 唯一性约束…… 175
8.3.4 检查约束…… 176
8.3.5 默认约束…… 177
本章小结…… 180
习题 8 …… 180

第 9 章 Transact-SQL 程序设计…… 183

9.1 数据与表达式 …… 183
9.1.1 用户定义数据类型…… 183
9.1.2 常量与变量…… 185
9.1.3 运算符与表达式…… 191
9.2 函数 …… 194
9.2.1 常用函数…… 194
9.2.2 用户定义函数…… 201
9.3 程序控制流语句 …… 205
9.3.1 语句块和注释…… 205
9.3.2 选择控制…… 207
9.3.3 循环控制…… 212
9.3.4 批处理…… 214
9.4 游标管理与应用 …… 215
9.4.1 游标概述…… 216
9.4.2 声明游标…… 217
9.4.3 使用游标…… 220
9.4.4 游标的应用…… 223
9.4.5 使用系统存储过程管理游标…… 225
本章小结…… 226
习题 9 …… 227

第 10 章 存储过程与触发器 …… 230

10.1 存储过程概述 …… 230
10.2 存储过程的创建与使用 …… 231
10.2.1 创建存储过程 …… 232
10.2.2 执行存储过程 …… 234
10.2.3 修改存储过程 …… 235
10.2.4 删除存储过程 …… 237
10.2.5 存储过程参数与状态值 …… 237
10.3 触发器概述 …… 240
10.4 触发器的创建与使用 …… 241

10.4.1 创建触发器 …… 241
10.4.2 修改触发器 …… 244
10.4.3 删除触发器 …… 246
10.5 事务处理 …… 246
10.5.1 事务概述 …… 246
10.5.2 事务管理 …… 248
10.6 SQL Server 的锁机制 …… 251
10.6.1 锁模式 …… 252
10.6.2 隔离级别 …… 253
10.6.3 查看和终止锁 …… 254
10.6.4 死锁及其防止 …… 255
本章小结 …… 256
习题 10 …… 257

第 11 章 数据库的安全管理 …… 259

11.1 SQL Server 的安全机制 …… 259
11.1.1 身份验证模式 …… 259
11.1.2 身份验证模式的设置 …… 260
11.2 登录账号管理 …… 261
11.2.1 创建登录账户 …… 261
11.2.2 修改登录账户 …… 265
11.2.3 删除登录账户 …… 266
11.3 数据库用户的管理 …… 267
11.4 角色管理 …… 268
11.4.1 SQL Server 角色的类型 …… 269
11.4.2 固定服务器角色管理 …… 270
11.4.3 数据库角色管理 …… 273
11.4.4 用户定义数据库角色管理 …… 274
11.5 权限管理 …… 276
11.5.1 权限的种类 …… 276
11.5.2 授予权限 …… 277
11.5.3 禁止与撤销权限 …… 280
11.5.4 查看权限 …… 282
本章小结 …… 283
习题 11 …… 283

第 12 章 数据库的维护 …… 285

12.1 数据库的备份 …… 285
12.1.1 数据库备份概述 …… 285

12.1.2 创建和删除备份设备 …… 286
12.1.3 备份数据库 …… 288
12.2 数据库的还原 …… 291
12.2.1 数据库恢复模型 …… 292
12.2.2 查看备份信息 …… 292
12.2.3 还原数据库 …… 294
12.3 数据导入导出 …… 297
12.3.1 导入数据 …… 298
12.3.2 导出数据 …… 301
12.4 分离与附加用户数据库 …… 304
12.4.1 分离用户数据库 …… 304
12.4.2 附加用户数据库 …… 305
本章小结 …… 307
习题 12 …… 308

第 13 章 数据库应用系统开发 …… 310

13.1 数据库应用系统的开发过程 …… 310
13.2 数据库系统的体系结构与开发工具 …… 312
13.2.1 数据库系统的体系结构 …… 312
13.2.2 常用的数据库开发工具 …… 313
13.3 用 VB .NET 开发数据库应用系统 …… 314
13.3.1 VB .NET 程序设计概述 …… 314
13.3.2 VB .NET 程序设计基础知识 …… 317
13.3.3 VB .NET 数据库应用程序开发 …… 323
13.4 应用案例——图书现场采购系统 …… 329
13.4.1 系统需求分析 …… 329
13.4.2 系统设计 …… 330
13.4.3 系统主界面的实现 …… 333
13.4.4 用户管理模块的实现 …… 338
13.4.5 采购数据导入模块的实现 …… 345
13.4.6 采购数据管理模块的实现 …… 346
13.4.7 图书选购管理模块的实现 …… 357
13.4.8 统计输出模块的实现 …… 366
本章小结 …… 369
习题 13 …… 369

参考文献 …… 371

第1章　数据库系统概论

数据库技术是从20世纪60年代末开始逐步发展起来的计算机软件技术，它的产生推动了计算机在各行各业数据处理中的应用。目前，数据处理已成为计算机应用的主要方面。在数据库系统中，通过数据库管理系统来对数据进行统一管理。为了能开发出适用的数据库应用系统，就需要熟悉和掌握一种数据库管理系统。SQL Server是目前广为使用的大型数据库管理系统，本书以SQL Server 2012为背景，介绍数据库的基本操作和数据库应用系统开发的方法。作为学习的理论先导，本章介绍一些数据库系统的基础知识。

1.1　数据和数据管理

数据库系统的核心任务是数据管理。数据库技术是一门研究如何存储、使用和管理数据的技术，是计算机数据管理技术的重要发展阶段。走进数据库应用领域，涉及数据、信息、数据处理和数据管理等基本概念。

1. 数据和信息

数据(Data)和信息(Information)是数据处理中的两个基本概念，有时可以混用，如平时讲数据处理就是信息处理，但有时必须分清。一般认为，数据是人们用于记录事物情况的物理符号。为了描述客观事物而用到的数字、字符以及所有能输入计算机中并能被计算机处理的符号都可以看作是数据。例如，王雪峰的基本工资为4500元，职称为教授，这里的"王雪峰""4500""教授"就是数据。在实际应用中，有两种基本形式的数据：一种是可以参与数值运算的数值型数据，如表示成绩、工资的数据；另一种是由字符组成、不能参与数值运算的字符型数据，如表示姓名、职称的数据。此外，还有图形、图像、声音等多媒体数据，如人的照片、商品的商标等。

信息是数据中所包含的意义。通俗地讲，信息是经过加工处理并对人类社会实践和生产活动产生决策影响的数据。不经过加工处理的数据只是一种原始材料，对人类活动产生不了决策作用，它的价值只是在于记录了客观世界的事实。只有经过提炼和加工，原始数据才能发生质的变化，给人们以新的知识和智慧。

数据与信息既有区别，又有联系。数据是信息的载体，但并非任何数据都能成为信息，只有经过加工处理之后具有新的内容的数据才能成为信息。另外，信息不随表示它的数据形式而改变，它是反映客观现实世界的知识，而数据则具有任意性，用不同的数据形式可以表示同样的信息。例如，一个城市的天气预报情况是一条信息，而描述该信息的数据形式可以是文字、图像或声音等。

2. 数据处理和数据管理

数据处理是指将数据转换成信息的过程,其基本目的是从大量的、杂乱无章的、难以理解的数据中整理出对人们有价值、有意义的数据(即信息),作为决策的依据。例如,全体考生各门课程的考试成绩记录了考生的考试情况,属于原始数据,对考试成绩可以进行分析和处理,如按成绩从高到低顺序排列、统计各分数段的人数等,进而可以根据招生人数确定录取分数线。

数据管理是指数据的收集、组织、存储、检索和维护等操作。这些操作是数据处理的基本环节,是任何数据处理业务中不可缺少的部分。数据管理的目的是提高数据的独立性,降低数据的冗余度,增强数据的共享性、安全性和完整性,从而能更加有效地管理和使用数据资源。

1.2 数据管理技术

在计算机发展的初期,计算机主要应用于科学计算,虽然此时同样有数据管理的问题,但这时的数据管理是以人工的方式进行的,后来发展到文件系统,再后来才是数据库。也就是说,数据库技术的产生与发展是随着数据管理技术的不断发展而逐步形成的。

1.2.1 人工管理阶段

20 世纪 50 年代中期以前,计算机主要应用于科学计算,数据量较少,一般不需要长期保存数据。硬件方面,没有磁盘等直接存取的外存储器。软件方面,没有对数据进行管理的系统软件。在此阶段,对数据的管理是由程序员个人考虑和安排的,他们既要设计算法,又要考虑数据的逻辑结构、物理结构以及输入输出方法等问题。数据依附于处理它的应用程序,使数据和应用程序一一对应,互相依赖。程序与数据是一个整体,一个程序中的数据无法被其他程序使用,因此程序与程序之间存在大量的重复数据。数据存储结构一旦有所改变,则必须修改相应程序。应用程序的设计与维护负担沉重。

以一所学校的信息管理为例,在人工管理阶段,应用程序与数据之间的关系如图 1-1 所示。各类数据对应于相应的应用程序,而且不同种类的数据之间会有许多重复的数据,如教务数据可能包含教师和学生的部分数据。

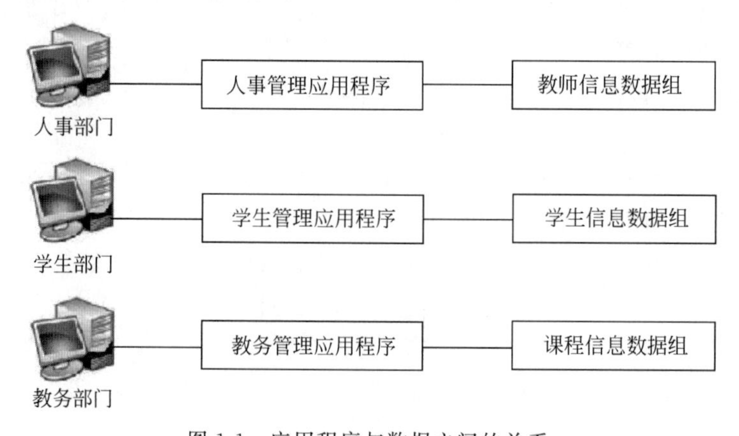

图 1-1　应用程序与数据之间的关系

1.2.2 文件管理阶段

视频讲解

20世纪50年代后期至60年代后期，计算机开始大量应用于数据管理。硬件方面，出现了直接存取的大容量外存储器，如磁鼓、磁盘等，这为计算机系统管理数据提供了物质基础。软件方面，出现了操作系统，其中包含文件系统，这又为数据管理提供了技术支持。

数据处理应用程序利用操作系统的文件管理功能，将相关数据按一定的规则构成文件，通过文件系统对文件中的数据进行存取、管理，实现数据的文件管理方式。

文件系统为程序和数据之间提供了一个公共接口，使应用程序采用统一的存取方法来存取、操作数据，程序和数据之间不再直接对应，因而有了一定的独立性。文件的逻辑结构与存储结构有一定区别，数据的存储结构发生变化不一定影响到程序，因此程序员可集中精力进行算法设计，并大大减少了程序维护的工作量。

文件管理使计算机在数据管理方面有了长足的进步。时至今日，文件系统仍是一般高级程序设计语言普遍采用的数据管理方式，然而，当数据量增加、使用数据的用户越来越多时，文件管理便不能适应数据的需要了，其症结表现在以下3个方面。

(1) 数据的冗余度大。由于数据文件是根据应用程序的需要而建立的，当不同的应用程序所需要使用的数据有许多部分相同时也必须建立各自的文件，即数据不能共享，造成大量重复。这样不仅浪费存储空间，而且使数据修改变得非常困难，容易产生数据不一致，即同样的数据在不同的文件中所存储的数值不同，造成矛盾。

(2) 数据独立性差。在文件系统中，数据和应用程序是互相依赖的，即程序的编写与数据的组织方式有关，如果改变数据的组织方式，就必须修改有关应用程序。这无疑将增加用户的负担。此外，数据独立性差也不利于系统扩充、移植等开发推广工作。

(3) 缺乏对数据的统一控制管理。在同一个应用项目中的各个数据文件没有统一的管理机构，数据完整性和安全性很难得到保证。数据的保护等均交给应用程序去解决，使得应用程序的设计相当烦琐。

在文件管理阶段，学校信息管理中应用程序与数据文件之间的关系如图1-2所示。显然，教务数据中有教师、学生和课程等数据，数据冗余是难免的。各应用程序通过文件系统对相应的数据文件进行存取和处理，但各个数据文件基本上对应于相关的应用程序，而且各

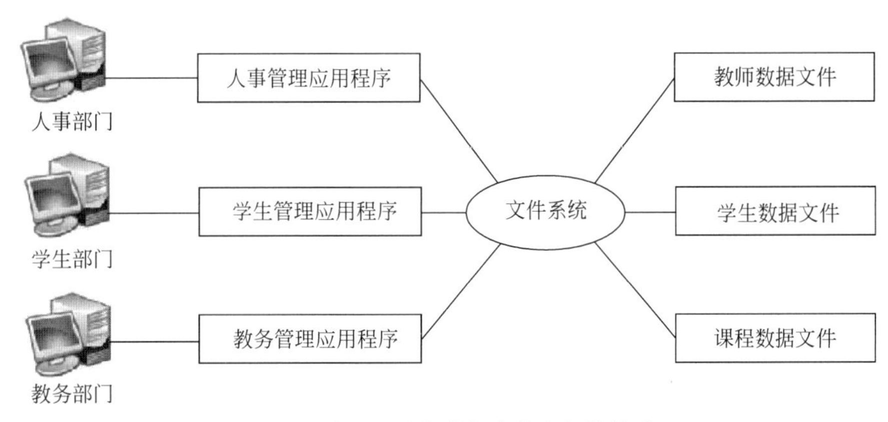

图1-2 应用程序与数据文件之间的关系

数据文件之间是孤立的,数据之间的联系无法体现,例如,因某个学生转学而在学生数据文件中删除了其数据,此时无法在教务数据文件中实现联动操作,因此仍然存在缺陷。

1.2.3 数据库管理阶段

视频讲解

20 世纪 60 年代后期,计算机在管理中应用规模越来越大,数据量急剧增加,数据共享性更强;硬件价格下降,软件价格上升,开发和维护软件所需成本相对增加,其中维护成本更高。这些成为数据管理技术在文件管理的基础上发展到数据库管理的原动力。

数据库(Database,DB)是按一定的组织方式存储起来的、相互关联的数据集合。在数据库管理阶段,由一种叫作数据库管理系统(Database Management System,DBMS)的系统软件来对数据进行统一的控制和管理。数据库管理系统把所有应用程序中使用的相关数据汇集起来,按统一的数据模型,以记录为单位用文件方式存储在数据库中,为各个应用程序所使用。在应用程序和数据库之间保持较高的独立性,数据具有完整性、一致性和安全性高等特点,并且具有充分的共享性,有效地减少了数据冗余。

在数据库管理阶段,学校信息管理中应用程序与数据库之间的关系如图 1-3 所示。有关学校信息管理的数据都存放在一个统一的数据库中,数据库不再面向某个部门的应用,而是面向整个应用系统,实现了数据共享,并且数据库和应用程序之间保持较高的独立性。

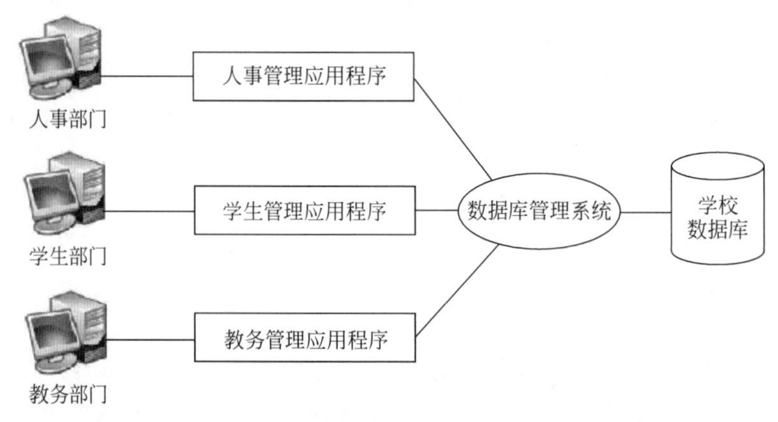

图 1-3 应用程序与数据库之间的关系

1.2.4 数据管理技术的新发展

数据库技术的发展先后经历了层次数据库、网状数据库和关系数据库。层次数据库和网状数据库可以看作是第一代数据库系统,关系数据库可以看作是第二代数据库系统。自 20 世纪 70 年代提出关系数据模型和关系数据库后,数据库技术得到了蓬勃发展,应用也越来越广泛。但随着应用的不断深入,数据量越来越大,结构越来越复杂,占主导地位的关系数据库系统已不能完全满足新的应用领域的需求。于是促使数据管理技术不断向前发展,涌现出许多不同类型的新型数据管理技术。

1. 分布式数据库系统

分布式数据库系统(Distributed Database System,DDBS)是在集中式数据库基础上发展起来的，是数据库技术与计算机网络技术、分布式处理技术相结合的产物。分布式数据库系统是数据在地理上分布于计算机网络的不同结点，但逻辑上属于同一整体的数据库系统，它不同于将数据存储在服务器上供用户共享存取的网络数据库系统，不仅能支持局部应用（访问本地数据库），而且能支持全局应用（访问异地数据库）。

分布式数据库的主要特点有以下 3 个方面。

（1）数据是分布的。数据库中的数据分布在计算机网络的不同结点上，而不是集中在一个结点，区别于数据存放在服务器上由各用户共享的网络数据库系统。

（2）数据是逻辑相关的。分布在不同结点的数据逻辑上属于同一数据库系统，数据间存在相互关联，区别于由计算机网络连接的多个独立数据库系统。

（3）结点的自治性。每个结点都有自己的计算机软硬件资源、数据库和数据库管理系统，因而能够独立地管理局部数据库。局部数据库中的数据既可仅供本结点用户访问使用，也可供其他结点上的用户访问使用，提供全局应用。

2. 面向对象数据库系统

面向对象数据库系统（Object-Oriented Database System，OODBS）是将面向对象的模型、方法和机制与数据库技术有机地结合而形成的新型数据库系统。它一方面把面向对象思想向数据库方向扩展，使数据库应用程序能够存取并处理对象；另一方面扩展数据库系统，使其具有面向对象的特征，能用面向对象的观点对现实世界中的实体和联系建模。因此，面向对象数据库系统首先是一个数据库系统，具备数据库系统的基本功能，其次是一个面向对象的系统，充分支持面向对象的概念和机制。

3. 多媒体数据库系统

多媒体数据库系统（Multimedia Database System，MDBS）是数据库技术与多媒体技术相结合的产物。随着数据库应用领域的不断扩大，要求处理的数据不仅包括传统的数字、字符等格式化数据，还包括大量多种媒体形式的非格式化数据，如图形、图像、声音等。这种能存储和管理多种媒体数据的数据库称为多媒体数据库。

多媒体数据库的结构及其操作与传统格式化数据库的结构和操作有很大差别。现有数据库管理系统无论从模型的语义描述能力、系统功能、数据操作，还是存储管理、存储方法上都不能适应复杂数据的处理要求，因此设计支持多媒体数据管理的数据库管理系统成为数据库领域中一个重要的研究方向。

4. 数据仓库技术

随着信息技术的高速发展，数据库应用的规模、范围和深度不断扩大，一般的事务处理不能满足应用的需要，企业界需要在大量数据基础上的决策支持，数据仓库（Data Warehouse，DW）技术的兴起满足了这一需求。数据仓库作为决策支持系统（Decision Support System，DSS）的有效解决方案，涉及 3 方面的技术内容：数据仓库技术、联机分析处理（On-Line Analysis Processing，OLAP）技术和数据挖掘（Data Mining，DM）技术。

数据仓库、联机分析处理和数据挖掘是作为 3 种独立的数据处理技术出现的。数据仓库用于数据的存储和组织，联机分析处理集中于数据的分析，数据挖掘则致力于知识的自动发现。它们都可以分别应用到信息系统的设计和实现中，以提高相应部分的处理能力。但是，由于这 3 种技术内在的联系性和互补性，将它们结合起来即是一种新的决策支持系统架构。这一架构以数据库中的大量数据为基础，系统由数据驱动。

5. 大数据技术

大数据(Big Data)是规模巨大、结构复杂的数据集,利用传统的数据库管理工具处理起来面临很多困难,如对数据库高并发读写要求、对海量数据的高效率存储和访问需求、对数据库高可扩展性和高可用性的需求等。

大数据有 4 个基本特性:数据规模大(Volume)、数据种类多(Variety)、要求数据处理速度快(Velocity)、数据价值密度低(Value),即所谓的 4V 特性。这些特性使得大数据区别于传统的数据概念。大数据的概念与海量数据不同,后者只强调数据的量,而大数据不仅用来描述大量的数据,还更进一步指出数据的复杂形式、数据的快速时间特性,以及对数据分析处理后最终获得有价值信息的能力。

(1) 数据规模大。大数据聚合在一起的数据量是非常大的,根据国际数据公司(IDC)的定义,至少要有超过 100TB 的可供分析的数据。数据规模大是大数据的基本属性。

(2) 数据种类多。数据类型繁多、格式复杂是大数据的重要特性。数据来自多种数据源,非结构化数据大量涌现。由于非结构化数据没有统一的结构属性,难以用表结构来表示,在记录数据数值的同时还需要存储数据的结构,增加了数据存储和处理的难度。

(3) 要求数据处理速度快。要求数据的快速处理是大数据区别于传统海量数据处理的重要特性之一。对于大数据而言,许多应用都要求能够实时处理,例如,有大量在线交互的电子商务应用,就具有很强的时效性,在这种情况下,大数据要求快速、持续的实时处理。

(4) 数据价值密度低。数据价值密度低是大数据关注的非结构化数据的重要属性。传统的结构化数据,依据特定的应用,对事物进行了相应的抽象,每一条数据都包含该应用需要考虑的信息,而大数据为了获取事物的全部细节,不对事物进行抽象、归纳等处理,直接采用原始的数据,保留了全部数据,从而可以分析更多的信息,但也引入了大量没有意义的信息,这样就使得一方面数据的绝对数量激增,另一方面数据包含有效信息量的比例不断减少,数据价值密度偏低。

大数据处理技术就是从各种类型的数据中快速获得有价值信息的技术。大数据本质也是数据,其关键技术包括大数据存储与管理、大数据分析与挖掘、大数据展现与应用等。围绕大数据,一批新兴的数据挖掘、数据存储、数据处理与分析技术不断涌现,使得人们能够将隐藏于海量数据中的信息和知识挖掘出来,从而为人类的社会经济活动提供决策依据。大数据将在商业智能、政府决策、公共服务等领域得到广泛应用。

1.3 数据库系统

数据库系统(Database System,DBS)是指基于数据库的计算机应用系统。和一般的应用系统相比,数据库系统有其自身的特点,它将涉及一些相互联系而又有区别的基本概念。

1.3.1 数据库系统的组成

数据库系统是一个计算机应用系统,它是把有关计算机硬件系统、软件系统、数据库和相关人员组合起来为用户提供信息服务的系统,如图 1-4 所示。

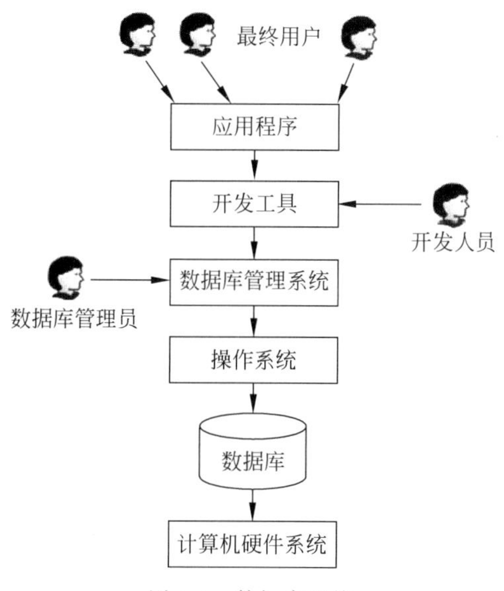

图 1-4　数据库系统

1. 计算机硬件系统

计算机硬件系统是数据库系统的物质基础，是存储数据库及运行相关软件的硬件设备，主要包括中央处理器(CPU)、存储设备、输入输出设备及计算机网络环境。

2. 计算机软件系统

计算机软件系统包括操作系统、数据库管理系统、数据库系统开发工具及数据库应用系统等。

操作系统是所有软件的核心和基础，是其他软件运行的环境和平台。在计算机硬件层之上，由操作系统统一管理计算机的资源。

数据库管理系统在操作系统的支持下进行工作，是用户与数据库的接口，可以实现数据的组织、存储和管理，提供访问数据库的方法。它提供数据定义、数据操纵、数据库运行管理、数据库的建立和维护以及通信等功能。数据库管理系统是数据库系统的核心软件之一，目前常见的数据库管理系统有 Access、SQL Server、Oracle、Sybase 等。

数据库系统开发工具是指各种数据库应用系统的编程工具，例如 Visual Basic .NET、C++、C＃、Java 等通用程序设计语言。

数据库应用系统是指系统开发人员利用某种开发工具开发出来的、面向某一类实际应用的软件系统，例如人事管理系统、教学管理系统、证券实时行情分析系统等。

3. 数据库

数据库是指数据库系统中按照一定的方式组织的、存储在外部存储设备上的、能为多个用户所共享的、与应用程序相互独立的相关数据集合。它不仅包括描述事物的数据本身，而且还包括相关事物之间的联系。

数据库中的数据往往不是像文件系统那样只面向某一特定应用，而是面向多种应用，可以为多个用户、多个应用程序所共享。其数据结构独立于使用数据的应用程序，对于数据的增加、删除、修改和检索，由数据库管理系统进行统一管理和控制，用户对数据库进行的各种操作都是由数据库管理系统实现的。

4. 数据库系统的有关人员

数据库系统的有关人员主要有3类：最终用户(End User)、数据库应用系统开发人员和数据库管理员(Database Administrator,DBA)。最终用户指通过应用程序界面使用数据库的人员,他们一般对数据库知识了解不多。数据库应用系统开发人员包括系统分析员、系统设计员和程序员。系统分析员负责应用系统的分析,他们和最终用户、数据库管理员相配合,参与系统分析；系统设计员负责应用系统设计和数据库设计；程序员则根据设计要求进行编码。数据库管理员是数据管理机构的一组人员,他们负责对整个数据库系统进行总体控制和维护,以保证数据库系统的正常运行。

综上所述,数据库中包含的数据是存储在外部存储介质上的数据的集合。每个用户均可使用其中的数据,不同用户使用的数据可以重叠,同一组数据可以为多个用户所共享。数据库管理系统为用户提供对数据的存储、组织、操作、管理功能,用户通过数据库管理系统和应用程序实现数据库系统的操作与应用。

1.3.2 数据库的三级模式结构

视频讲解

为了有效地组织、管理数据,提高数据库的逻辑独立性和物理独立性,人们为数据库设计了一个严谨的结构体系。数据库领域公认的标准结构是三级模式结构,即外模式、概念模式和内模式,三级模式之间通过概念模式到内模式、外模式到概念模式的二级映射建立联系,如图1-5所示。

美国国家标准研究所(American National Standard Institute,ANSI)的数据库管理系统研究小组于1978年提出了标准化的建议,将数据库结构体系分为三级：面向用户或应用程序员的用户级、面向建立和维护数据库人员的概念级以及面向系统程序员的物理级。用户级对应外模式,概念级对应概念模式,物理级对应内模式,使不同级别的用户对数据库形成不同的视图。所谓视图,是指观察、认识和理解数据的范围、角度和方法,是数据库在用户眼中的反映。很显然,不同级别(层次)用户所看到的数据库是不同的。

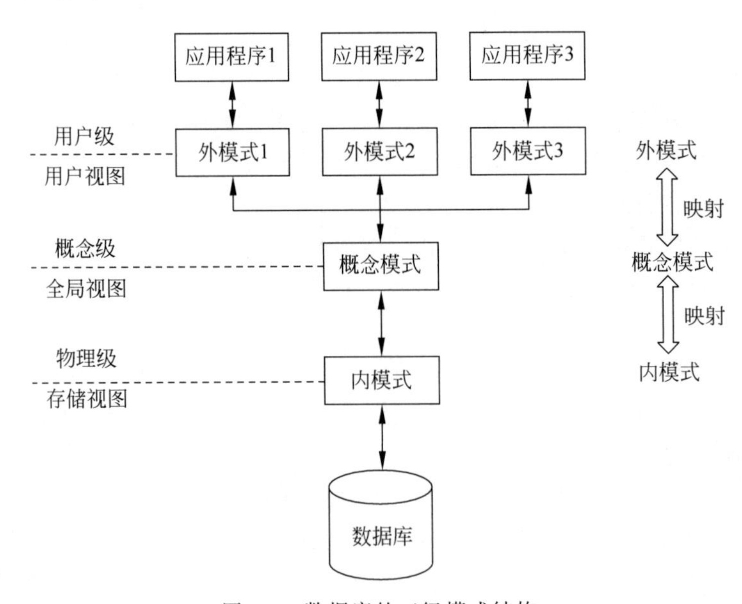

图1-5 数据库的三级模式结构

1. 三级模式

1）概念模式

概念模式又称逻辑模式，或简称为模式，对应于概念级，它是由数据库设计者综合所有用户的数据，按照统一的观点构造的全局逻辑结构，是对数据库中全部数据的逻辑结构和特征的总体描述，是所有用户的公共数据视图（全局视图）。概念模式是由数据库系统提供的数据定义语言（Data Definition Language，DDL）来描述、定义的，体现并反映了数据库系统的整体观。

2）外模式

外模式又称子模式或用户模式，对应于用户级，它是某个或某几个用户所看到的数据库的数据视图，是与某一应用有关的数据的逻辑表示。外模式是从概念模式导出的一个子集，包含概念模式中允许特定用户使用的那部分数据。用户可以通过外模式定义语言（外模式DDL）来描述、定义对应于用户的数据记录（外模式），也可以利用数据操纵语言（Data Manipulation Language，DML）对这些数据记录进行操作。外模式反映了数据库的用户观。

3）内模式

内模式又称存储模式或物理模式，对应于物理级，它是数据库中全体数据的内部表示或底层描述，是数据库最低一级的逻辑描述，它描述了数据在存储介质上的存储方式和物理结构，对应着实际存储在外存储介质上的数据库。内模式由内模式定义语言（内模式 DDL）来描述、定义，反映了数据库的存储观。

在一个数据库系统中，只有唯一的数据库，因此作为定义、描述数据库存储结构的内模式和定义、描述数据库逻辑结构的概念模式也是唯一的，但建立在数据库系统之上的应用则是非常广泛、多样的，所以对应的外模式不是唯一的，也不可能唯一。

2. 三级模式间的映射

数据库的三级模式是数据在三个级别（层次）上的抽象，使用户能够逻辑地、抽象地处理数据而不必关心数据在计算机中的物理表示和存储方式，把数据的具体组织交给数据库管理系统去完成。为了实现这 3 个抽象级别的联系和转换，数据库管理系统在三级模式之间提供了二级映射，正是这二级映射保证了数据库中的数据具有较高的物理独立性和逻辑独立性。

（1）概念模式到内模式的映射。数据库中的概念模式和内模式都只有一个，所以概念模式到内模式的映射是唯一的，它确定了数据的全局逻辑结构与存储结构之间的对应关系。当存储结构变化时，概念模式到内模式的映射也应有相应的变化，使其概念模式仍保持不变，即把存储结构变化的影响限制在概念模式之下，这使数据的存储结构和存储方法独立于应用程序，通过映射功能保证数据存储结构的变化不影响数据的全局逻辑结构的改变，从而不必修改应用程序，即确保了数据的物理独立性。

（2）外模式到概念模式的映射。数据库中的同一概念模式可以有多个外模式，对于每一个外模式，都存在一个外模式到概念模式的映射，用于定义该外模式和概念模式之间的对应关系。当概念模式发生改变（如增加新的属性或改变属性的数据类型等）时，只需要对外模式到概念模式的映射做相应的修改，外模式（数据的局部逻辑结构）保持不变。由于应用程序是依据数据的局部逻辑结构编写的，所以应用程序不必修改，从而保证了数据与应用程序间的逻辑独立性。

1.3.3 数据库系统的特点

数据库系统的出现是计算机数据管理技术的重大进步，它克服了文件系统的缺陷，提供了对数据更高级、更有效的管理。

1. 数据结构化

在文件系统中，文件的记录内部是有结构的。例如，学生数据文件的每条记录是由学号、姓名、性别、出生日期、籍贯、简历等数据项组成的，但这种结构只适用于特定的应用，对其他应用并不适用。

在数据库系统中，每一个数据库都是为某一应用领域服务的。例如，学校信息管理涉及多个方面的应用，包括对学生的学籍管理、课程管理、学生成绩管理等，还包括教工的人事管理、教学管理、科研管理、住房管理和工资管理等，这些应用彼此之间都有着密切的联系。因此，在数据库系统中不仅要考虑某个应用的数据结构，还要考虑整个组织(多个应用)的数据结构。这种数据组织方式使数据结构化了，这就要求在描述数据时不仅要描述数据本身，还要描述数据之间的联系。而在文件系统中，尽管其记录内部已有了某些结构，但记录之间没有联系。数据库系统实现整体数据的结构化，这是数据库的主要特点之一，也是数据库系统与文件系统的本质区别。

2. 数据共享性高、冗余度低

数据共享是指多个用户或应用程序可以访问同一个数据库中的数据，而且数据库管理系统提供并发和协调机制，保证在多个应用程序同时访问、存取和操作数据库数据时，不产生任何冲突，从而保证数据不遭到破坏。

数据冗余既浪费存储空间，又容易产生数据不一致等问题。在文件系统中，由于每个应用程序都有自己的数据文件，所以数据存在着大量的冗余。数据库从全局观念来组织和存储数据，数据已经根据特定的数据模型结构化，在数据库中用户的逻辑数据文件和具体的物理数据文件不必一一对应，从而有效地节省了存储资源，减少了数据冗余，保证了数据的一致性。

3. 具有较高的数据独立性

数据独立性是指应用程序与数据库的数据结构之间相互独立。在数据库系统中，因为采用了数据库的三级模式结构，保证了数据库中数据的独立性。在数据存储结构改变时，不影响数据的全局逻辑结构，这样保证了数据的物理独立性。在全局逻辑结构改变时，不影响用户的局部逻辑结构及应用程序，这样就保证了数据的逻辑独立性。

4. 有统一的数据控制功能

在数据库系统中，数据由数据库管理系统进行统一控制和管理。数据库管理系统提供了一套有效的数据控制手段，包括数据安全性控制、数据完整性控制、数据库的并发控制和数据库的恢复等，增强了多用户环境下数据的安全性和一致性保护。

1.4 数据模型

数据库是现实世界中某种应用环境(一个单位或部门)所涉及的数据的集合，它不仅要反映数据本身的内容，而且要反映数据之间的联系。由于计算机不能直接处理现实世界中的具体事物，所以必须将这些具体事物转换成计算机能够处理的数据。在数据库技术中，用数据模型(Data Model)来对现实世界中的数据进行抽象和表示。

1.4.1 数据模型的组成要素

一般而言，数据模型是一种形式化描述数据、数据之间的联系及有关语义约束规则的方法。这些规则分为 3 个方面：描述实体静态特征的数据结构、描述实体动态特征的数据操作规则和描述实体语义要求的数据完整性约束规则，因此，数据结构、数据操作及数据的完整性约束也被称为数据模型的 3 个组成要素。

1. 数据结构

数据结构研究数据之间的组织形式(数据的逻辑结构)、数据的存储形式(数据的物理结构)及数据对象的类型等。存储在数据库中的数据对象类型的集合是数据库的组成部分。例如，在教学管理系统中，要管理的数据对象有学生、课程、选课成绩等，在课程对象中，每门课程包括课程编号、课程名称、课程类别和学分等信息，这些基本信息描述了每门课程的特性，构成在数据库中存储的框架，即对象类型。

数据结构用于描述系统的静态特性，是刻画一个数据模型性质最重要的方面。因此，在数据库系统中，通常按照其数据结构的类型来命名数据模型。例如，层次结构、网状结构和关系结构的数据模型分别命名为层次模型、网状模型和关系模型。

2. 数据操作

数据操作用于描述系统的动态特性，是指对数据库中的各种数据所允许执行的操作的集合，包括操作及有关的操作规则。数据库主要有查询和更新(包括插入、删除和修改等)两大类操作。数据模型必须定义这些操作的确切含义、操作符号、操作规则(如优先级)及实现操作的语言。

3. 数据的完整性约束

数据的完整性约束是一组完整性规则的集合。完整性规则是给定的数据模型中数据及其联系所具有的约束和依存规则，用以限定符合数据模型的数据库状态及状态的变化，以保证数据正确、有效和相容。

数据模型应该反映和规定数据必须遵守的完整性约束。此外，数据模型还应该提供定义完整性约束条件的机制，以反映具体数据必须遵守的、特定的语义约束条件。例如，在学生信息中的性别的值只能为“男”或“女”，学生选课信息中的课程编号的值必须取自学校已开设课程的课程编号等。

1.4.2 数据抽象的过程

从现实世界中的客观事物到数据库中存储的数据是一个逐步抽象的过程，这个过程经历了现实世界、观念世界和机器世界 3 个阶段，对应于数据抽象的不同阶段，采用不同的数据模型。首先将现实世界的事物及其联系抽象成观念世界的概念模型，然后再转换成机器世界的数据模型。概念模型并不依赖于具体的计算机系统，它不是数据库管理系统所支持的数据模型，它是现实世界中客观事物的抽象表示。概念模型经过转换成为计算机上某一数据库管理系统支持的数据模型。所以，数据模型是对现实世界进行抽象和转换的结果，这一过程如图 1-6 所示。

1. 对现实世界的抽象

现实世界就是客观存在的世界,其中存在着各种客观事物及其相互之间的联系,而且每个事物都有自己的特征或性质。计算机处理的对象是现实世界中的客观事物,在对其实施处理的过程中,首先应了解和熟悉现实世界,从对现实世界的调查和观察中抽象出大量描述客观事物的事实,再对这些事实进行整理、分类和规范,进而将规范化的事实数据化,最终实现由数据库系统存储和处理。

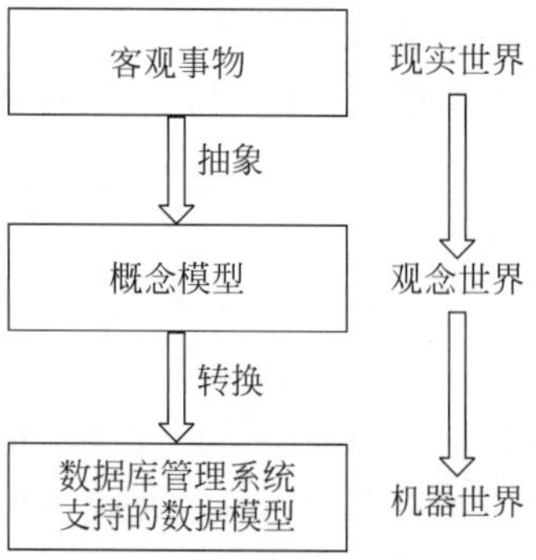

图 1-6　数据抽象的过程

2. 观念世界中的概念模型

观念世界是对现实世界的一种抽象,通过对客观事物及其联系的抽象描述,构造出概念模型。概念模型的特征是按用户需求观点对数据进行建模,表达了数据的全局逻辑结构,是系统用户对整个应用项目涉及的数据的全面描述。概念模型主要用于数据库设计,它独立于实现时的数据库管理系统。也就是说,无论选择何种数据库管理系统,都不会影响概念模型的设计。

概念模型的表示方法很多,目前较常用的是实体联系模型(Entity Relationship Model),简称 E-R 模型,用 E-R 图来表示。

3. 机器世界中的逻辑模型和物理模型

机器世界是指现实世界在计算机中的体现与反映。现实世界中的客观事物及其联系,在机器世界中以逻辑模型描述。在选定数据库管理系统后,就要将 E-R 图表示的概念模型转换为具体的数据库管理系统支持的逻辑模型。逻辑模型的特征是按计算机实现的观点对数据进行建模,表达了数据库的全局逻辑结构,是设计人员对整个应用项目数据库的全面描述。逻辑模型服务于数据库管理系统的应用实现。通常,也把数据的逻辑模型直接称为数据模型。数据库系统中主要的逻辑模型有层次模型、网状模型和关系模型。

物理模型是对数据进行的最底层的抽象,用以描述数据在物理存储介质上的组织结构,与具体的数据库管理系统、操作系统和硬件有关。

从概念模型到逻辑模型的转换是由数据库设计人员完成的,从逻辑模型到物理模型的转换是由数据库管理系统完成的,一般不必考虑物理实现细节,因而逻辑模型是数据库系统的基础,也是应用过程中要考虑的核心问题。

1.4.3　概念模型

在分析某种应用环境所需的数据时,总是首先找出涉及的实体及实体之间的联系,进而得到概念模型,这是数据库设计的前提。

1. 实体

实体(Entity)是现实世界中任何可以相互区分和识别的事物。它可以是能触及的客观对象,如一位教师、一名学生、一种商品等,还可以是抽象的事件,如一场演出、一次考试等。它还可以指事物与事物之间的联系,如学生选课、客户订货等。

(1) 属性。每个实体都具有一定的特征或性质,这样才能区分不同的实体。例如,学生的学号、姓名、性别等是学生实体的特征,考试的时间、地点、考生人数等是考试实体的特征。实体的特征称为属性(Attribute)。一个实体可用若干属性来刻画。能唯一标识实体的属性或属性集称为实体标识符。例如,学生的学号可以作为学生实体的标识符。

性质相同的同类实体的集合称为实体集(Entity Set)。例如,一个学院的所有学生,一个学院的全部期末考试等。在很多时候,实体集也常常简称实体。例如学生实体是指全部学生的集合。

(2) 类型与值。属性和实体都有类型(Type)和值(Value)之分。属性类型就是属性名及其取值类型,属性值就是属性所取的具体值。例如,教师实体中的“姓名”属性,属性名“姓名”和取字符类型的值是属性类型,而“张伶俐”“李木子”等名字是属性值。每个属性都有特定的取值范围,即值域(Domain),超出值域的属性值则认为无实际意义。例如,“性别”属性的值域为(男,女),“职称”属性的值域为(助教,讲师,副教授,教授)。由此可见,属性是个变量,属性值是变量所取的值,而值域是属性的取值范围。

实体类型就是实体的结构描述,通常是实体名和属性名的集合。具有相同属性的实体,有相同的实体类型。实体值是一个具体的实体,是属性值的集合。例如,教师实体类型是:

教师(编号,姓名,性别,出生日期,职称,基本工资,研究方向)

教师“李木子”的实体值是:

(T6,李木子,男,09/21/65,教授,3750,数据库技术)

综上可知,属性值所组成的集合表征一个实体,相应的这些属性名的集合表征一个实体类型,同类型实体的集合称为实体集。

在 SQL Server 中,用“表”来表示同一类实体,即实体集,用“记录”来表示一个具体的实体,用“字段”来表示实体的属性。显然,字段的集合组成一条记录,记录的集合组成一个表,实体类型则代表了表的结构。

2. 实体间的联系

实体间的联系(Relationship)是指一个实体集中可能出现的每一个实体与另一个实体集中多少个具体实体存在联系。实体之间有各种各样的联系,归纳起来有以下 3 种类型。

视频讲解

(1) 一对一联系。如果对于实体集 A 中的每一个实体,实体集 B 中至多只有一个实体与之联系,反之亦然,则称实体集 A 与实体集 B 具有一对一联系,记为 1∶1,如图 1-7 所示。例如,一个乘客只能坐一个座位,而一个座位只能被一个乘客占有,乘客与座位之间的联系是一对一的联系。

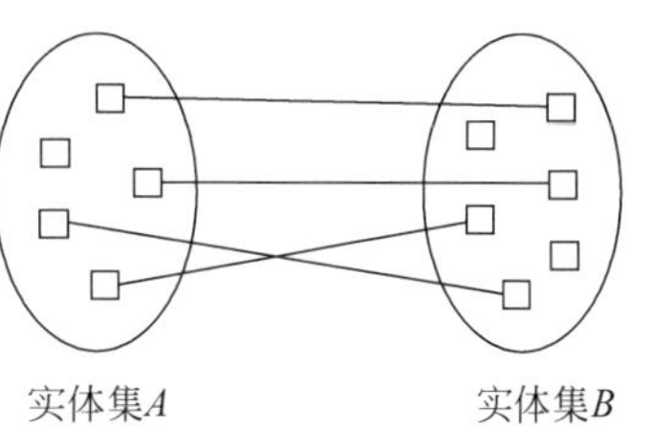

图 1-7　一对一联系

(2) 一对多联系。如果对于实体集 A 中的每一个实体,实体集 B 中可以有多个实体与之联系,反之,对于实体集 B 中的每一个实体,实体集 A 中至多只有一个实体与之联系,则称实体集 A 与实体集 B 有一对多的联系,记为 1∶n,如图 1-8 所示。例如,一个公司有许多员工,但一个员工只能在一个公司就职,所以公司和员工之间的联系是一对多的联系。

(3) 多对多联系。如果对于实体集 A 中的每一个实体,实体集 B 中可以有多个实体与之联系，而对于实体集 B 中的每一个实体，实体集 A 中也可以有多个实体与之联系，则称实体集 A 与实体集 B 之间有多对多的联系，记为 $m:n$，如图 1-9 所示。例如，一个供应商可以提供多种货物，任何一种货物可以由多个供应商供应，所以供应商与货物之间的联系是多对多的联系。

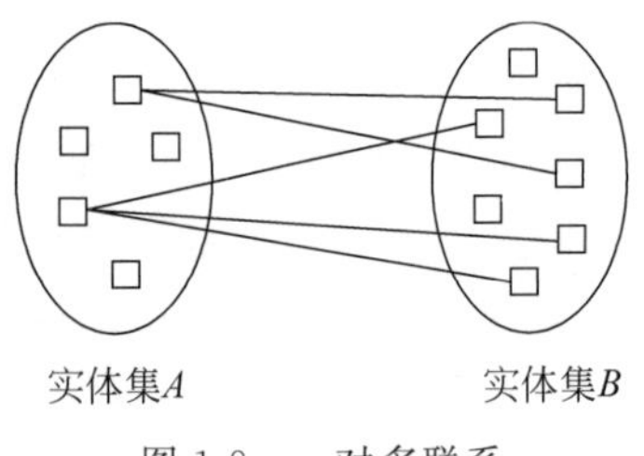

图 1-8　一对多联系

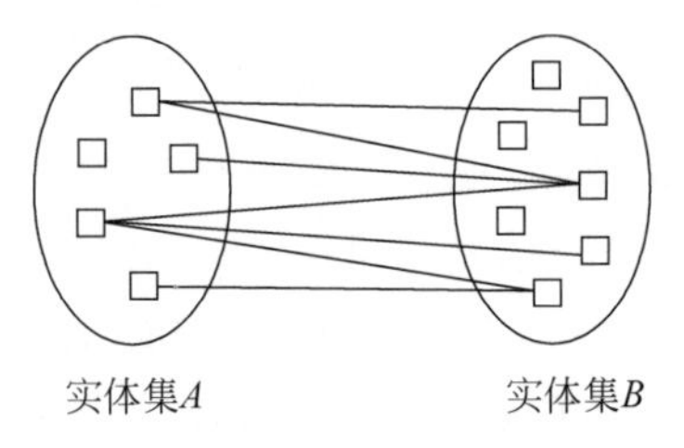

图 1-9　多对多联系

视频讲解

3. E-R 图

概念模型是反映实体及实体之间联系的模型。在建立概念模型时，要逐一给实体命名以示区别，并描述它们之间的各种联系。E-R 图是用一种直观的图形方式建立现实世界中实体及其联系模型的工具，也是数据库设计的一种基本工具。

E-R 图用矩形框表示现实世界中的实体，用菱形框表示实体间的联系，用椭圆形框表示实体和联系的属性，实体名、属性名和联系名分别写在相应的框内。对于作为实体标识符的属性，在属性名下画一条横线。实体与相应的属性之间、联系与相应的属性之间用线段连接。联系与其涉及的实体之间也用线段连接，同时在线段旁标注联系的类型(1∶1、1∶n 或 m∶n)。

前述乘客和座位的 E-R 图如图 1-10 所示，其中，“身份证号”属性作为乘客实体的标识符(不同乘客的身份证号不同)，“座位号”属性作为座位实体的标识符。联系也可以有自己的属性，如乘客实体和座位实体之间的“乘坐”联系具有“乘坐日期”属性。

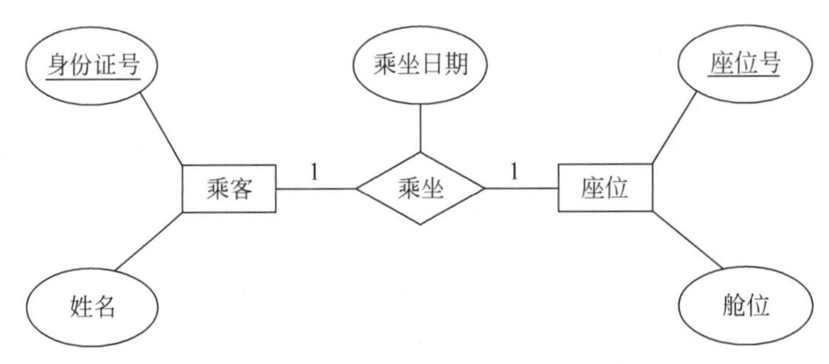

图 1-10　乘客和座位的 E-R 图

公司和员工的 E-R 图如图 1-11 所示，其中，“公司名称”属性作为公司实体的标识符，“员工编号”属性作为员工实体的标识符。公司实体和员工实体之间的“拥有”联系具有“数量”属性。

供应商和货物的 E-R 图如图 1-12 所示，其中，“供应商号”属性作为供应商实体的标识符，“货物代码”属性作为货物实体的标识符。供应商实体和货物实体之间的“采购”联系可以有“采购日期”属性。

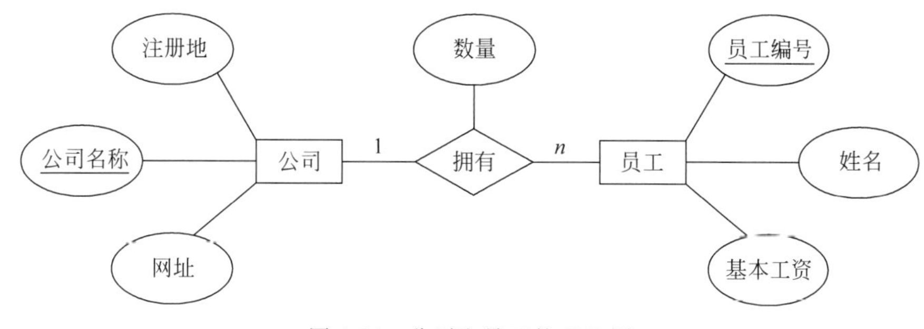

图 1-11　公司和员工的 E-R 图

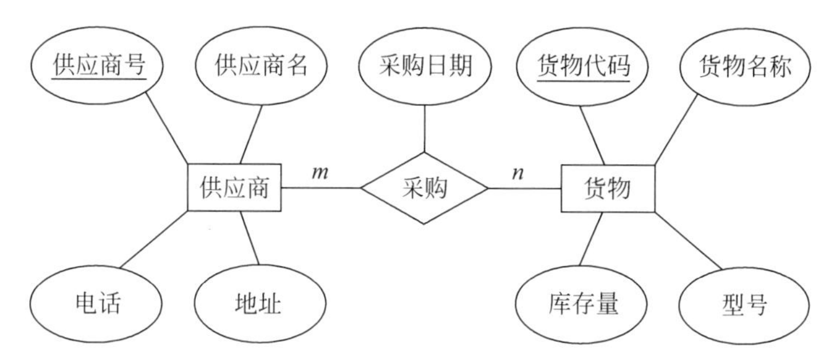

图 1-12　供应商和货物的 E-R 图

1.4.4　逻辑模型

概念模型只能说明实体间语义的联系，还不能进一步说明详细的数据结构。在进行数据库设计时，总是先设计概念模型，然后再把概念模型转换成计算机能实现的逻辑模型，如关系模型。逻辑模型不同，描述和实现的方法也不同，相应的支持软件即数据库管理系统也不同。在数据库系统中，常用的逻辑模型有层次模型、网状模型和关系模型 3 种。

1. 层次模型

层次模型(Hierarchical Model)用树形结构来表示实体及其之间的联系。在这种模型中，数据被组织成由“根”开始的“树”，每个实体由“根”开始沿着不同的分支放在不同的层次上。树中的每一个结点代表一个实体类型，连线则表示它们之间的联系。根据树形结构的特点，建立数据的层次模型需要满足如下两个条件。

(1) 有一个结点没有父结点，这个结点即根结点。

(2) 其他结点有且仅有一个父结点。

如图 1-13 所示的层次模型就像一棵倒置的树，根结点在最上面，其他结点在下，逐层排列。事实上，许多实体间的联系本身就是自然的层次关系，如一个单位的行政机构、一个家庭的世代关系等。

层次模型的特点是各实体之间的联系通过指针来实现，查询效率较高。但由于受到如上所述的两个条件的限制，层次模型可以比较方便地表示出一对一和一对多的实体联系，而不能直接表示出多对多的实体联系，对于多对多联系，必须先将其分解为几个一对多联系，才能表示出来。因而，对于复杂的数据关系，实现起来较为麻烦，这是层次模型的局限性。

采用层次模型来设计的数据库称为层次数据库。层次模型的数据库管理系统是最早出现的，它的典型代表是 IBM 公司在 1968 年推出的 IMS(Information Management System，信息管理系统)，这是世界上最早出现的大型数据库管理系统。

2. 网状模型

网状模型(Network Model)用以实体类型为结点的有向图来表示各实体及其之间的联系。其特点如下。

(1) 可以有一个以上的结点无父结点。

(2) 至少有一个结点有多于一个的父结点。

在网状模型中，子结点与父结点的联系可以不唯一，因此要为每个联系命名，并指出与该联系有关的父结点和子结点。在图 1-14 中，E_3 有 E_1、E_2 两个父结点，把 E_1 和 E_3 之间的联系命名为 R_1、E_2 和 E_3 之间的联系命名为 R_2。

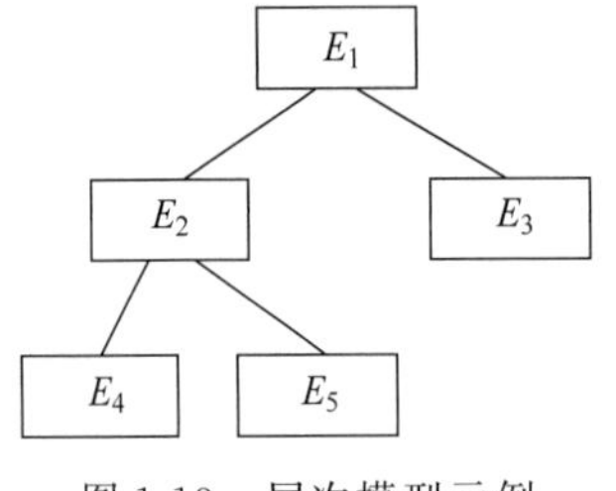

图 1-13　层次模型示例

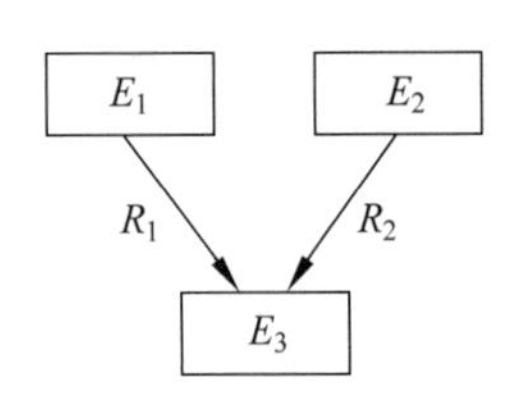

图 1-14　网状模型示例

网状模型要比层次模型复杂，但它可以直接用来表示多对多联系。然而，由于技术上的困难，一些已实现的网状数据库管理系统(如 Database Task Group 系统)中仍然只允许处理一对多联系。

网状模型的特点是各实体之间的联系通过指针实现，查询效率较高，多对多联系也容易实现。但是当实体集和实体集中实体的数目都较多时(这对数据库系统来说是理所当然的)，众多的指针使得管理工作相当复杂，对用户来说使用也比较麻烦。

3. 关系模型

关系模型(Relational Model)用二维表格来表示实体及其相互之间的联系。在关系模型中，把实体集看成一个二维表格，每一个二维表格称为一个关系，每个关系均有一个名字，称为关系名。表 1-1 是一个教师关系，教师关系的每一行代表一个教师实体，每一列代表教师实体的一个属性。

表 1-1　教师关系

编号	姓名	性别	婚否	出生日期	职称	基本工资	简历
23101	张伶俐	女	已婚	09/24/61	教授	4500	
23102	罗稼宛	男	已婚	11/27/78	讲师	2560	
23103	黎达仁	男	未婚	12/23/90	助教	1650	
23104	顾高粲	男	已婚	01/27/63	副教授	3700	
23105	黄丹秋	女	未婚	07/15/92	助教	1500	

一个关系就是没有重复行和重复列的二维表，二维表的每一行在关系中称为元组，每一列在关系中称为属性。教师关系的每一行代表一个教师的记录，每一列代表教师记录的一个字段。

虽然关系模型比层次模型和网状模型发展得晚，但是因为它建立在严格的数学理论基础上，所以是目前流行的一种数据模型。自 20 世纪 80 年代以来，新推出的数据库管理系统几乎都支持关系模型。本书讨论的 SQL Server 2012 就是一种关系数据库管理系统。

本章小结

本章首先介绍了数据管理的概念和数据管理技术的发展，然后介绍了数据库的基本概念、数据库系统的组成及其分层结构模型，最后讨论了数据模型。

(1) 数据处理是指将数据转换成信息的过程；数据管理是指数据的收集、组织、存储、检索和维护等操作，这些操作是数据处理的中心环节。

(2) 数据管理技术经历了人工管理、文件管理和数据库管理 3 个发展阶段。数据库管理是在文件管理的基础上发展起来的，实现了大量关联数据有组织的存储，数据能充分共享，数据与应用程序之间具有较高的独立性。

数据管理技术处在不断发展之中，在数据库管理之后出现了许多新型数据管理技术，包括分布式数据库系统、面向对象数据库系统、多媒体数据库系统、数据仓库技术和大数据技术等。

(3) 数据库是存储在计算机中有组织的并且可共享的数据集合；数据库管理系统是一个软件，用以维护数据库、接收数据并完成用户对数据库的操作；数据库系统指由计算机硬件系统、软件系统、数据库和管理人员构成的一个应用系统。

(4) 在用户与数据库之间，数据库中的数据经历了外模式、概念模式和内模式 3 个级别。这种结构体系把数据的具体组织留给数据库管理系统去做，用户只需抽象地处理逻辑数据，而不必关心数据在计算机中的存储，减轻了用户使用数据库的负担。三级模式结构之间存在着二级映射，因此使数据库系统具有较高的数据独立性，包括数据物理独立性和数据逻辑独立性。数据独立性是指在某个层次上修改模式而不影响较高一层模式。

(5) 数据模型是对现实世界进行抽象的工具，用于描述现实世界的数据、数据之间的联系以及数据语义约束等方面内容。从现实世界的事物到数据库存储的数据以及用户使用的数据，这是一个逐步抽象的过程。在抽象的不同阶段，采用不同的数据模型。概念模型是对现实世界进行抽象后得到的数据模型，逻辑模型是数据库管理系统对数据的描述，物理模型是对逻辑模型的物理实现。

(6) 概念模型常用 E-R 图表示。实体、属性和实体之间的联系是构成 E-R 图的基本要素。实体之间通过联系相互关联，联系有 3 种类型：一对一(1∶1)、一对多(1∶n)和多对多(m∶n)。

(7) 逻辑模型有层次模型、网状模型和关系模型 3 种，其中关系模型是当今的主流数据库模型。关系模型用二维表格来表示实体及其相互之间的联系，一个二维表格即是一个关系，二维表格的每一行在关系中称为元组，每一列在关系中称为属性。关系数据库就是一组关系的集合。

习 题 1

一、选择题

1. 数据库(DB)、数据库系统(DBS)、数据库管理系统(DBMS)三者之间的关系是(　　)。
   A. DBS 包括 DB 和 DBMS　　B. DBMS 包括 DB 和 DBS
   C. DB 包括 DBS 和 DBMS　　D. DBS 就是 DB,也就是 DBMS
2. 数据库系统实现数据独立性是因为采用了(　　)。
   A. 关系模式结构　　B. 网状模式结构
   C. 三级模式结构　　D. 层次模式结构
3. 设有部门和职员两个实体,每个职员只能属于一个部门,一个部门可以有多名职员,则部门与职员实体之间的联系类型是(　　)。
   A. $m:n$　　B. $1:m$　　C. $m:k$　　D. $1:1$
4. E-R 图用于描述数据库的(　　)。
   A. 概念模型　　B. 数据模型　　C. 存储模型　　D. 逻辑模型
5. 关系模型的基本数据结构是(　　)。
   A. 树　　B. 图　　C. 环　　D. 二维表格

二、填空题

1. 数据是表示信息的________,信息是数据所包含的________。
2. 数据库是在计算机系统中按照一定的方式组织、存储和应用的________。
3. 支持数据库各种操作的软件系统叫________。
4. 由计算机硬件系统、软件系统、操作系统、数据库管理系统、数据库、应用程序及有关人员等组成的一个整体叫________。
5. 数据库常用的逻辑数据模型是________、________、________,SQL Server 属于________。

三、问答题

1. 数据库管理与文件管理相比有哪些优点?
2. 什么是数据库、数据库管理系统以及数据库系统?它们之间有什么联系?
3. 实体之间的联系有哪几种?分别举例说明。
4. 什么是数据模型?目前数据库的逻辑模型主要有哪几种?它们各有何特点?

四、应用题

一个图书借阅管理系统要求提供下列服务:

(1) 可以随时查询书库中现有书籍的品种、数量与存放位置。所有书籍均由书号唯一标识。

(2) 可以随时查询书籍借还情况,包括读者姓名、单位、借书日期、应还日期。系统约定,读者可以借阅多种图书,任何一种图书可为多个读者所借阅,借书证号具有唯一性。

(3) 当需要时,可以通过系统中保存的出版社的网址、电话号码、E-mail 等信息向出版社购买有关书籍。系统约定,一个出版社可以出版多种图书,同一种图书只能在一个出版社出版,出版社名具有唯一性。

根据上述假设,构造满足系统需求的 E-R 图。

第2章 关系数据库基本原理

关系模型采用人们熟悉的二维表格来描述实体及实体之间的联系，概念清晰，使用方便，一经问世，即赢得了用户的广泛青睐和数据库开发商的积极支持，使其迅速成为继层次、网状模型后一种崭新的数据模型，并后来居上，在数据库领域占据主导地位，目前市场上流行的数据库管理系统几乎都支持关系模型。本章介绍关系数据库的基本概念及基本原理，如关系运算、关系模式的范式与分解、关系的完整性约束，最后介绍数据库的设计方法及 E-R 模型到关系模型的转换方法，并给出一个关系模型实例。

2.1 关系数据库概述

数据库是按一定的逻辑结构，存储在外部存储设备上，并能为多个应用程序使用的数据集合。这里说“按一定的逻辑结构”，是指采用不同的逻辑结构，就是不同的数据库。所谓关系数据库，其数据组织的逻辑结构一定是采用关系模型，即使用二维表格方式描述实体及其相互间的联系，然后把这种关系逻辑结构采用一定方式向物理结构映射，并存储在外部存储设备上。作为数据库应用系统的开发者，一般只要关注数据的逻辑结构，而数据的逻辑结构向物理结构的映射由数据库管理系统自动实现。

2.1.1 关系模型与关系模式

关系模型可能只有一个二维表格，更多的时候是有关联的多个二维表格组成的表格集合，表 2-1 和表 2-2 是某公司人事管理数据库的两个表格，即两个关系，从中可以对关系模型有进一步了解。

表 2-1 部门关系

部门代码	部门名称
D0001	总经理办
D0002	市场部
D0003	销售部
D0004	仓储部

表 2-2 员工关系

员工代码	姓名	部门代码	性别	住址
E0001	钱达理	D0001	男	东风路 78 号
E0002	东方牧	D0001	男	五一东路 25 号
E0003	郭文斌	D0002	男	公司集体宿舍
E0004	肖海燕	D0003	女	公司集体宿舍
E0005	张明华	D0004	男	韶山北路 55 号

表 2-1 描述了公司现有的 4 个部门,其部门代码设计为 5 位字母与数字的组合。显然,部门代码是不能重复的,为此,要求该表中的部门代码数据既不允许重复,也不能为空,这种要求称为关系的约束。表 2-2 描述了公司的员工信息,同时也描述了“员工”与另一实体“部门”的联系,如钱达理是总经理办的员工。与表 2-1 一样,表 2-2 也要求其数据满足一定条件,如员工代码数据不允许重复,不能为空,性别只能出现“男”或“女”两种数据,不允许为其他情况,并且,表 2-2 中的部门编号数据必须在表 2-1 中有说明,如在表 2-2 中出现一个 D0011 的部门代码,就无法通过查询表 2-1 而得知 D0011 代表哪个部门,这是不允许的。

前面说表 2-2 描述了“钱达理是总经理办的员工”,实际上表 2-2 只描述了钱达理所在的部门编号是 D0001,只有同时查询表 2-1 才能知道 D0001 就是总经理办,这产生了一些不便,于是人们设想将两个表进行综合,使所要查询的信息在一个表中能够一目了然,这就有了如表 2-3 所示的部门员工关系,将表 2-1 与表 2-2 综合成为表 2-3 的过程称为关系的连接。

表 2-3　部门员工关系

部门代码	部门名称	员工代码	姓　名	性　别	住　址
D001	总经理办	E001	钱达理	男	东风路 78 号
D001	总经理办	E002	东方牧	男	五一东路 25 号
D002	市场部	E003	郭文斌	男	公司集体宿舍
D003	销售部	E004	肖海燕	女	公司集体宿舍
D004	仓储部	E005	张明华	男	韶山北路 55 号

关系模型是由若干个关系组成的,关系可以用关系模式(Relational Schema)来描述。关系模式就相当于 1.4.3 节中提到的实体类型,它代表了关系的结构,也就是二维表格的框架(表头)。为简洁起见,可以使用关系模式来描述人事管理数据库的两个关系:

部门(部门代码,部门名称)
员工(员工代码,姓名,部门代码,性别,住址)

一般而言,关系模式是比较稳定的(当然也可以随应用需求或实体特征的变化而进行修改),而其中的数据则是经常变化的。

2.1.2　关系数据库的基本概念

1970 年 6 月,美国 IBM 公司的 E. F. Codd 博士发表了《大型共享数据库数据的关系模型》一文,首次提出了关系数据库的概念,并对其进行了定义:关系数据库就是一些相关的二维表和其他数据库对象的集合。在这个定义中明确了关系数据库的主体是一组相关的二维表,这些二维表是关系数据库存储数据的唯一场所。在关系数据库中,除了这些二维表外,一般还包含一些其他的数据对象,如视图、索引以及数据的完整性约束条件等,这些数据对象不存储现实世界中实体的描述数据,而只是为了方便数据查询和数据的完整性而实施的一种组织与控制机制。

下面介绍关系模型的几个基本概念。

1. 关系

一个满足一定条件的二维表称为关系。通常将一个没有重复行、重复列,并且每个行列的交叉表格点只有一个基本数据的二维表看成一个关系。每个关系有一个关系名和一个表头，表头称为关系框架。

2. 元组

二维表的每一行在关系中称为元组(Tuple)。一行描述了现实世界中的一个实体，或者描述了不同实体间的一种联系。如在表 2-2 中，每行描述了一个员工的基本信息，同时也描述了这个员工与部门实体中的某一个具体部门间的对应关系。在关系中，行是不能重复的，即不允许两行的元素完全相同。

3. 属性

二维表的每一列在关系中称为属性(Attribute)。每个属性有一个属性名，一个属性在其每个元组上的值称为属性值，因此，一个属性包括多个属性值，只有在指定元组的情况下，属性值才是确定的。同时，每个属性有一定的取值范围，称为该属性的值域，如表 2-2 中的第 4 列，属性名是“性别”，取值范围是“男”或“女”，不是该范围的数据将被拒绝存入该表，这就是数据约束条件。

在关系中，列是不能重复的，即关系的属性不允许重复。属性必须是不可再分的，即属性是一个基本的数据项，不能是几个数据项的组合。

4. 关键字

关系中能唯一区分、确定不同元组的单个属性或属性组合，称为该关系的一个关键字。关键字又称为键或码(Key)。单个属性组成的关键字称为单关键字，多个属性组合的关键字称为组合关键字。需要强调的是，关键字的属性值不能取“空值”。所谓空值就是“不知道”或“不确定”的值，因为空值无法唯一地区分、确定元组。

在表 2-2 所示的关系中，“性别”属性无疑不能充当关键字，“部门代码”和“住址”属性也不能充当关键字，从该关系现有的数据分析，“员工代码”和“姓名”属性均可单独作为关键字，但“员工代码”作为关键字会更好一些，因为一个大型公司中经常会有员工重名的现象。这也说明，某个属性能否作为关键字，不能仅凭对现有数据进行归纳确定，还应根据该属性的取值范围进行分析判断。

关系中能够作为关键字的属性或属性组合可能不是唯一的。凡在关系中能够唯一区分、确定不同元组的属性或属性组合，称为候选关键字(Candidate Key)。例如，表 2-2 所示关系中的“员工代码”和“姓名”属性都是候选关键字。

在候选关键字中选定一个作为关键字，称为该关系的主关键字或主键(Primary Key)。关系中主关键字是唯一的。

5. 外部关键字

如果关系中某个属性或属性组合是另一个关系的关键字，则称这样的属性或属性组合为本关系的外部关键字或外键(Foreign Key)。在关系数据库中，用外部关键字表示两个表间的联系。如表 2-2 所示关系中的“部门代码”属性就是一个外部关键字，该属性是表 2-1 所示关系的关键字，该外部关键字描述了员工和部门两个实体之间的联系。

2.1.3 关系数据库的基本特征

关系数据库所称的“关系”和平时日常用语中的“关系”是有差别的，关系数据库中的“关系”是一个严格的集合论术语，关系数据库正是严格建立在集合论基础上的一门综合技术。

1. 有坚实的理论基础

自从 E. F. Codd 提出关系模型以来，许多学者对关系模型进行了深入研究，发表了大量的研究论文，这些研究成果对数据库系统设计和应用开发提供了全面的理论指导。在层次与网状数据库中，进行系统设计和应用开发时，由于缺乏有效的理论指导，使得系统的性能在很大程度上由设计者的个人经验决定，这种现象在关系数据库中有了很大改善，减少了对设计人员个人经验的依赖。

2. 数据结构简单、易于理解

关系数据库用二维表来存放数据，表中的行对应一个实体，整个表对应一个实体集，应用开发人员与用户很容易理解。

3. 对用户提供了较全面的操作支持

用户对数据模型所期望的各种功能，在关系数据库中都得到了较好的支持。例如，提供了全面的数据完整性检查与保护手段，能有效阻止无效数据进入数据库系统；对 SQL 提供了很好的支持；可以一次得到一个元组集，如可以一次查询并显示表 2-2 中所有男性员工的情况等，这在关系模型以前的层次和网状模型中都是不容易做到的。正因为这些优点，才使得较晚出现的关系数据库迅速得到了广大用户的欢迎。

4. 得到了众多开发商的支持

关系模型得到了许多软件开发商的支持，他们纷纷推出了本公司的关系数据库产品。如 IBM 公司的 DB2、Computer Associates International 公司的 Ingres 2、Informix Software 公司的 Informix Dynamic Server、Microsoft 公司的 Microsoft SQL Server、Oracle 公司的 Oracle、Sybase 公司的 Sybase Adaptive Server 等。在计算机及其软件的发展过程中，开发商的参与和支持对一种概念的推广是非常重要的，因此，关系数据库得到今天这样的普及，除其本身的优越性外，众多软件开发商的支持也是一个重要原因。

2.2 关系代数的基本原理

关系数据库的理论基础是集合论中的关系，这一节使用数学语言对关系进行形式描述，虽然内容比较抽象，但它是理解关系模型的基础。

2.2.1 关系的数学定义

1. 集合

集合没有严格的形式定义，一般来说，集合是与某一研究过程相关的一类对象的组合，这些对象称为集合的元素。集合是一个很宽泛的概念：集合中的元素既可以是不可再分的，也可以是多个基本数据的组合；既可以是同类的，也可以是毫不关联的。但是，在实际研究过程中，经常考虑某一类具有相同属性的元素组成的集合。如全体有理数组成的有理数集合，一个班的全体学生组成的集合等。

2. 元组

若干元素组成的一个有序组称为一个元组，其中元素个数称为元组的维数。通常元组用圆括号括起来的一些元素表示，元素间使用逗号分隔，例如(3,5,6)和(E0001，钱达理，男，东风路 78 号)是 3 维和 4 维元组的例子。注意，不要把元组和集合混为一谈，集合中的元素没有顺序，而元组是有顺序的。例如，{1,2,3}和{2,1,3}是同一个集合，但是不同的元组。在关系数据库中，一个关系的每一行就是一个元组。

3. 关系

设 $A_1,A_2,\cdots,A_n$ 为任意集合，设 $R=\{(a_1,a_2,\cdots,a_n)|a_i\in A_i,i=1,2,\cdots,n\}$，即 R 是由 n 维元组组成的集合，其中每个元组的第 i 个元素取自集合 A_i，称 R 为定义在 $A_1,A_2,\cdots,A_n$ 上的一个 n 元关系，$A_1,A_2,\cdots,A_n$ 称为 R 的属性，$(a_1,a_2,\cdots,a_n)$称为 R 的一个元组。

设 $A=\{3,1,5\}$，$B=\{2,4\}$，则 $R=\{(3,2),(3,4),(1,2),(1,4),(5,2),(5,4)\}$是 A、B 上的一个二元关系，$S=\{(3,4),(1,2),(1,4)\}$也是 A、B 上的一个二元关系。

应特别注意，关系是一个集合，其组成元素是元组而不是组成元组的元素。如上面的 S 关系的组成元素是(3,4)、(1,2)和(1,4)三个元组，而不是 1、2、3 和 4 四个基本数据。

在关系数据库中，把一个关系的每个属性的值域视为一个集合，则该关系就是这些属性集合上的一个多元关系。

设 $R=\{(a_1,a_2,\cdots,a_n)|a_i\in A_i,i=1,2,\cdots,n\}$是一个 n 元关系，通常用 $R(A_1,A_2,\cdots,A_n)$来表示这个关系的框架，也称为关系 R 的模式。这种表示能清楚地看出关系 R 的元组的第 1 个分量属于 A_1，第 i 个分量属于 $A_i(i=1,2,\cdots,n)$。$A_i(i=1,2,\cdots,n)$的名称称为 R 的属性，R 的每一个元组称为 R 的值。对关系与二维表进行比较可以很容易看出两者存在简单的对应关系：关系模式对应一个二维表的表头，而关系的一个元组就是二维表的一行，所有元组组成的集合就是二维表的内容。在很多时候，甚至不加区别地使用这两个概念。表 2-1 是一个二维表，表示部门关系，用集合来表示就是：部门(部门代码，部门名称)＝{(D0001，总经理办)，(D0002，市场部)，(D0003，销售部)，(D0004，仓储部)}。

2.2.2 关系运算

一种数据模型既要提供一种描述现实世界的数据结构，也要提供一种对数据的操作运算手段，在关系数据库中，就是要提供一种对二维表格进行运算的机制。

1. 并

设 A、B 同为 n 元关系，则 A、B 的并也是一个 n 元关系，记作 $A\cup B$。$A\cup B$ 包含了所有分属于 A、B 或同属于 A、B 的元组。因为集合中不允许有重复元素，因此，同时属于 A、B 的元组在 $A\cup B$ 中只出现一次。

2. 交

设 A、B 同为 n 元关系，则 A、B 的交也是一个 n 元关系，记作 $A\cap B$。$A\cap B$ 包含了所有同属于 A、B 的元组。

实际上，交运算可以通过差运算的组合来实现，如 $A\cap B=A-(A-B)$或 $B-(B-A)$。

3. 差

设 A、B 同为 n 元关系，则 A、B 的差也是一个 n 元关系，记作 $A-B$。$A-B$ 包含了所有属于 A 但不属于 B 的元组。

视频讲解

【例 2-1】 设 $A=\{$(湖南，长沙)，(河北，石家庄)，(陕西，西安)$\}$，$B=\{$(湖北，武汉)，(广东，广州)，(广东，深圳)，(陕西，西安)$\}$，求 $A\cup B$、$A\cap B$、$A-B$。

显然，A、B 是表示城市和所在省的关系。

$A\cup B$={(湖南,长沙),(河北,石家庄),(陕西,西安),(湖北,武汉),(广东,广州),(广东,深圳)}

$A\cap B$={(陕西,西安)}

$A-B$={(湖南,长沙),(河北,石家庄)}

4. 集合的笛卡儿乘积

设$A_1,A_2,\cdots,A_n$为任意集合,$A_1,A_2,\cdots,A_n$的笛卡儿乘积记作:$A_1\times A_2\times\cdots\times A_n$,并且定义$D=A_1\times A_2\times\cdots\times A_n=\{(a_1,a_2,\cdots,a_n)\mid a_i\in A_i,i=1,2,\cdots,n\}$,其中$(a_1,a_2,\cdots,a_n)$是一个元组,它的每个元素$a_i$取自对应的集合$A_i$。例如,设$A=\{1,2\}$,$B=\{a,b\}$,则$A\times B=\{(1,a),(1,b),(2,a),(2,b)\}$。

应当注意,集合的笛卡儿乘积是所有满足$a_i\in A_i$的元组$(a_1,a_2,\cdots,a_n)$组合构成的集合,设A_1有n_1个元素,A_2有n_2个元素,A_n有n_n个元素,则$D=A_1\times A_2\times\cdots\times A_n$,包含$n_1\times n_2\times\cdots\times n_n$个元素。所以,$A_1,A_2,\cdots,A_n$的笛卡儿乘积$D$是定义在$A_1,A_2,\cdots,A_n$上的一个特殊关系,而一般定义在$A_1,A_2,\cdots,A_n$上的关系$R$都是$D$的一个子集。

5. 连接

设A是一个包含m个元组的k元关系,B是一个包含n个元组的j元关系,则A、B的连接是一个包含$m\times n$个元组的$k+j$元关系,记作$A\bowtie B$。并定义:

$$A\bowtie B=\{(a_1,a_2,\cdots,a_k,b_1,b_2,\cdots,b_j)\mid(a_1,a_2,\cdots,a_k)\in A\text{ 且}(b_1,b_2,\cdots,b_j)\in B\}$$

即$A\bowtie B$的每个元组的前k个分量是A中的一个元组,而后j个分量是B中的一个元组。无条件的连接把A中的每个元组都和B中的n个元组进行连接,生成n个新的元组,总共生成$m\times n$个新的元组。但一般进行的是有条件的连接,即对无条件连接的结果再施加投影和选择运算。

6. 投影

设$R=R(A_1,A_2,\cdots,A_n)$是一个n元关系,$\{i_1,i_2,\cdots,i_m\}$是$\{1,2,\cdots,n\}$的一个子集,并且$i_1<i_2<\cdots<i_m$,定义:

$$\pi(R)=(A_{i_1},A_{i_2},\cdots,A_{i_m})$$

即$\pi(R)$是R中只保留属性$(A_{i_1},A_{i_2},\cdots,A_{i_m})$的结果,称$\pi(R)$是$R$在$A_{i_1},A_{i_2},\cdots,A_{i_m}$上的一个投影。为了清楚地表示$R$是在$(A_{i_1},A_{i_2},\cdots,A_{i_m})$属性组上进行的投影,通常记作$\pi_{(A_{i_1},A_{i_2},\cdots,A_{i_m})}(R)$。

这是关于投影的一个形式描述,通俗地讲,关系R的一个投影就是对R的所有元组去掉某些分量并去掉完全的相同元组(去掉某些分量后,两个原来不完全相同的元组就可能相同)后的结果。

7. 选择

设$R=\{(a_1,a_2,\cdots,a_n)\}$是一个$n$元关系,$S$是关于$(a_1,a_2,\cdots,a_n)$的一个条件,$R$中所有满足$S$条件的元组组成的子关系$S(R)$,称为$R$的一个选择,记作$\sigma_S(R)$,并定义:

$$\sigma_S(R)=\{(a_1,a_2,\cdots,a_n)\mid(a_1,a_2,\cdots,a_n)\in R\text{ 且}(a_1,a_2,\cdots,a_n)\text{ 满足条件 }S\}$$

简言之,对关系R按一定规则筛选一个子集的过程就是对R施加了一次选择运算。

视频讲解

【例 2-2】 设$R_1=R_1$(姓名,性别)={(钱达理,男),(东方牧,男)},$R_2=R_2$(部门名称,住址)={(总经理办,东风路 78 号),(销售部,五一东路 25 号)},求:

(1) $R=R_1 \times R_2$。

(2) R 在(姓名,所在单位,住址)上的投影。

(3) 根据表 2-2,求 R 关系的一个选择。

根据定义,结果分别如下:

(1) $R=\{$(钱达理,男,总经理办,东风路 78 号),(钱达理,男,销售部,五一东路 25 号),(东方牧,男,总经理办,东风路 78 号),(东方牧,男,销售部,五一东路 25 号)$\}$,R 是一个包含 4 个元组的 4 元关系。

(2) 根据投影的定义,只需对上面得到的 R 关系的每个元组删掉性别属性即可,所以 $\pi(R)=\{$(钱达理,总经理办,东风路 78 号),(钱达理,销售部,五一东路 25 号),(东方牧,总经理办,东风路 78 号),(东方牧,销售部,五一东路 25 号)$\}$。

(3) 根据表 2-2,钱达理是总经理办的,住在东风路 78 号,东方牧也是总经理办的,住在五一东路 25 号,R 关系中只有一个元组反映的情况正确,其余元组数据错误,应删掉,根据该条件(即符合表 2-2 的描述)得到的一个选择是:

$R(S)=\{$(钱达理,总经理办,东风路 78 号)$\}$

8. 除法

给定关系 $R(X,Y)$ 和 $S(Y,Z)$,其中 X,Y,Z 为属性组。R 中的 Y 与 S 中的 Y 可以有不同的属性名,但必须取自相同的集合。R 与 S 的除法运算的结果是一个只含属性组 X 的新的关系。定义:

$$R \div S=\{t \mid t \in \pi_X(R) \text{ 且 } t \times \pi_Y(S) \subseteq R\}$$

按照定义,$R \div S$ 是 R 在 X 属性组上的投影 $\pi_X(R)$的一个子关系,并且其中的任意元组 t 与 $\pi_Y(S)$的乘积是 R 的一个子集。元组与关系的乘积运算是笛卡儿乘法运算的特殊形式,实际上是只含有一个元组的关系与另一个关系的的乘法运算,按照笛卡儿乘积运算定义,$t \times \pi_Y(S)$是在关系 $\pi_Y(S)$的前面增加属性组 X,该属性组的每个元素值都为 t。

【例 2-3】 设关系 R 和 S 分别如表 2-4 和表 2-5 所示,表中的第一行是关系名,R、S 中的属性组(B,C)取自相同的集合,求 $R \div S$。

表 2-4 关系 *R*

A	B	C
a_1	b_1	c_2
a_2	b_2	c_7
a_3	b_4	c_6
a_1	b_2	c_3
a_4	b_6	c_6
a_2	b_2	c_3
a_1	b_2	c_1

表 2-5 关系 *S*

B	C	D
b_1	c_2	d_1
b_2	c_1	d_1
b_2	c_3	d_2

这里,$\pi_A(R)=\{(a_1),(a_2),(a_3),(a_4)\}$,$\pi_{(B,C)}(S)=\{(b_1,c_2),(b_2,c_1\},(b_2,c_3)\}$

对 $\pi_A(R)$中的每个元素与 $\pi_{(B,C)}(S)$进行乘法运算,得:

$$a_1\times\pi_{(B,C)}(S)=\{(a_1,b_1,c_2),(a_1,b_2,c_1\},(a_1,b_2,c_3)\}$$

$$a_2\times\pi_{(B,C)}(S)=\{(a_2,b_1,c_2),(a_2,b_2,c_1\},(a_2,b_2,c_3)\}$$

$$a_3\times\pi_{(B,C)}(S)=\{(a_3,b_1,c_2),(a_3,b_2,c_1\},(a_3,b_2,c_3)\}$$

$$a_4\times\pi_{(B,C)}(S)=\{(a_4,b_1,c_2),(a_4,b_2,c_1\},(a_4,b_2,c_3)\}$$

考查上述 4 个表达式,容易看出,只有 $a_1\times\pi_{(B,C)}(S)\subseteq R$,因此,$R\div S=\{(a_1)\}$。

上面介绍了 8 种关系代数运算,其中连接、投影、选择、除法是关系数据库中专门建立的运算规则,故称为专门的关系运算,而并、交、减法、笛卡儿乘法则是沿用了传统的集合论运算规则,也称为关系的传统运算。

此外,在上述 8 种关系代数运算中,交、连接、除法 3 种运算可以通过其余的 5 种关系运算的有机组合叠加实现,所以这 3 种关系运算之外的并、减、乘法、投影、选择 5 种关系运算也称为基本关系运算。

2.3 关系的规范化理论

开发数据库应用系统的一项重要工作是设计关系数据库,也就是建立一组合理的关系模式,使数据库无论是在数据存储方面,还是在数据操作方面都具有较好的性能。为使数据库设计合理、简单实用,形成了关系的规范化理论。它是根据现实世界存在的数据依赖关系而进行关系模式的规范化处理,从而得到一个合理的数据库。

对表 2-6 所示的商品供应关系,存在 3 个方面的问题。

表 2-6 商品供应关系

供应商代码	供应商名称	联系人	商品名称	订货数量	单价
S001	华科电子有限公司	施宾彬	笔记本计算机	10	9800.00
S001	华科电子有限公司	施宾彬	激光打印机	5	2800.00
S002	湘江计算机外设公司	方胜力	笔记本计算机	5	10 200.00
S003	韦力电子实业公司	周昌	喷墨打印机	5	480.00
S003	韦力电子实业公司	周昌	交换机	2	8500.00

1. 插入异常

首先,关系中不允许有数据完全相同的行,表 2-6 的商品供应关系难以满足这个要求,一旦在不同时间从同一个供应商处购买了相同数量的同种商品,并假设从同一个供应商处采购的同类商品单价相同,则描述这两次不同进货的信息的元组就会完全相同。

其次,就算在关系中增加一个订货日期属性可以解决上述问题,但也还存在另外的问题,当该公司新发展了一个供应商,但目前因为还没有订货时(这在实际供销活动中是很常见的事情),无法在关系中插入该供应商的信息。因为供应商代码和商品名称共同组成商品供应关系的关键字,没有商品名称,相当于关键字的一部分为空值,这样的元组不能插入到关系中去,会造成插入异常。

2. 删除异常

如果为了提高数据处理效率而把一些时间比较长的元组删除，就可能把一些最近没有业务往来的供应商的信息删除。如该公司有半年时间未从"华科电子有限公司"进货，当从关系中删除半年以前的数据时，就会把有关"华科电子有限公司"的两个元组全部删除，从该表中再查不到"华科电子有限公司"的信息，造成删除异常。

3. 数据冗余与更新异常

显然，关系存在严重的数据冗余，如"华科电子有限公司"和"韦力电子实业公司"及其联系人都在表中出现了两次，这不仅浪费了存储空间，更有可能导致更新后产生的数据不一致。如"华科电子有限公司"更换了联系人后，必须把相关的每行的数据同时进行更新，漏掉一处就会造成数据的不一致。

要解决上述问题，需要对关系进行分解，关系的前 3 列独立建立一个表，指定供应商代码作为关键字，并删除相同的行；后 3 列独立，引入供应商代码列作为外键，并增加一个订货日期列，供应商代码和订货日期的组合作为第 2 个表的关键字。经过这样处理后，上述异常问题就完全解决了。

有没有一种标准，来帮助判别一个关系模式是否存在异常，并且能指导对一个异常的关系模式进行改造，消除其异常呢？这就是本节要研究的问题。

2.3.1 函数依赖的基本概念

在数据库中，数据之间存在着密切的联系，通常把这种联系称为数据依赖。函数依赖(Functional Dependency)是最基本、最重要的一种数据依赖。它是指关系中一个属性或一组属性的值可以决定其他属性的值，用来刻画属性或属性组之间相互依存、相互制约的关系。下面对函数依赖给出确切的定义。

定义 2-1 设有关系模式 $R(A_1,A_2,\cdots,A_n)$($A_1,A_2,\cdots,A_n$ 是关系 R 的属性)，且 $X\in\{A_1,A_2,\cdots,A_n\}$，$Y\in\{A_1,A_2,\cdots,A_n\}$，即 X 和 Y 是 R 的两个属性组，又 r 是 R 的任一具体关系，如果对 r 的任意两个元组 t_1、t_2，如果当 $t_1(X)=t_2(X)$成立时，总有 $t_1(Y)=t_2(Y)$，则称 X 函数决定 Y，或 Y 函数依赖于 X，记为 $X\rightarrow Y$。有时称 X 为函数依赖 $X\rightarrow Y$ 的决定因素。这里 $t_1[X]$表示元组 t_1 在属性集 X 上的值，其余符号表示的含义类似。

这个定义可以这样理解：有一个设计好的二维表格，X、Y 是表的某些列(可以是一列，也可以是多列)，若在表中的 t_1 行和 t_2 行上的 X 值相等，那么必有 t_1 行和 t_2 行上的 Y 值也相等，这就是说 Y 函数依赖于 X。

根据定义，对于任意 $X\in\{A_1,A_2,\cdots,A_n\}$，$Y\in\{A_1,A_2,\cdots,A_n\}$，当 $X\supseteq Y$ 时，都有 $X\rightarrow Y$，这样的函数依赖称为平凡依赖，否则，称为非平凡函数依赖。

设有员工关系 R(员工代码，姓名，民族，基本工资)，说"员工代码→民族"是关系 R 的一个函数依赖，是说员工代码确定后，其民族就确定了(一般来说，员工代码与员工是一一对应的，而一个员工只能属于一个民族)，但如果没有其他资料，是根本无法由员工代码通过某种操作而获知其民族的。关系 R 正好定义了这种对应规则，当给定了一个员工代码后，就可以通过查询关系 R 表而获得该员工的民族信息。

定义 2-2 R、X、Y 如定义 2-1 所设，如果 $X\rightarrow Y$ 成立，但对 X 的任意真子集 X_1，都有 $X_1\rightarrow Y$不成立，称 Y 完全函数依赖于 X，否则，称 Y 部分函数依赖于 X。

所谓完全依赖是说在依赖关系的决定项(即依赖关系的左项)中没有多余属性,有多余属性就是部分依赖。

设有学生关系模式 R(学号,姓名,出生年月,班号,班长姓名,课程号,成绩),可知"(学号,班号,课程号)→成绩"是 R 的一个部分依赖关系。因为有决定项的真子集(学号,课程号),使得"(学号,课程号)→成绩"成立。

定义 2-3 设 X、Y、Z 是关系 R 的不同属性集,若 $X \to Y$(但 $Y \to X$ 不成立),$Y \to Z$,称 X 传递决定 Z,或称 Z 传递函数依赖于 X。

例如,在学生关系模式中,有"学号→班号",但"班号→学号"不成立,而"班号→班长姓名",所以有"班长姓名"传递函数依赖于"学号"。

在定义 2-3 中,如果 $Y \to X$ 也成立,则称 Z 直接函数依赖于 X,而不是传递函数依赖。例如,在学生关系模式中,当学生没有重名时,有"学号→姓名""姓名→学号""姓名→班号",这是"班号"对"学号"是直接函数依赖,而不是传递函数依赖。

函数依赖属于语义范畴的概念,属性间的依赖关系完全由各属性的实际意义确定。所以,只有在深入分析、研究实际数据对象和各属性的意义后,才可能列出函数依赖关系式。例如,在学生关系模式中,"姓名→出生年月"这个函数依赖只有在没有重名的条件下成立,如果有名字相同的学生,"出生年月"就不再函数依赖于"姓名"了。

2.3.2 关系模式的范式

在一个不好的关系模式中,会存在很多异常现象。研究证明,关系模式只要满足一定条件,就可避免这些异常情况。通常将关系规范化过程为不同程度的规范化要求而设立的不同标准称为关系模式的范式(Normal Form,NF)。

1. 主属性与非主属性

前面讨论过候选关键字与关键字,下面将在函数依赖理论的基础上,比较严格地论述这些概念。

1) 候选关键属性和关键属性

定义 2-4 设关系模式 $R(A_1,A_2,\cdots,A_n)$,$A_1,A_2,\cdots,A_n$ 是 R 的属性,X 是 R 的一个属性组,如果

(1) $X \to (A_1,A_2,\cdots,A_n)$。

(2) 对于 X 的任意真子集 X_1,$X_1 \to (A_1,A_2,\cdots,A_n)$不成立。

则称属性组 X 是关系模式 R 的一个候选关键属性。

上述条件(1)表示 X 能唯一决定一个元组,而条件(2)表示 X 中没有多余属性,判断一个属性集是否组成一个候选关键属性时,上述两个条件缺一不可。

如果关系 R 只有一个候选关键属性,称这唯一的候选关键属性为关键属性,否则,应从多个候选关键属性中指定一个作为关键属性。习惯上把候选关键属性称为候选关键字,关键属性称为关键字。

从定义知道,对于关系 R,R 的任何两个元组在候选关键属性上的属性值应不完全相同。

2) 主属性和非主属性

一个关系 R 可能有多个候选关键属性,而一个候选关键属性又可能包含多个属性,这

样，R 的所有属性 $A_i(i=1,2,\cdots,n)$ 按是否属于一个候选关键属性被划分为两类：主属性和非主属性。

定义 2-5 设 A_i 是关系 R 的一个属性，若 A_i 属于 R 的某个候选关键属性，称 A_i 是 R 的主属性，否则，称 A_i 为非主属性。

例如，有选课关系模式 R(学号，课程号，成绩)，属性组(学号，课程号)是选课关系的候选关键属性，所以学号和课程号是主属性，成绩是非主属性。

2. 第 1 范式

对关系模式的规范化要求分成从低到高不同的层次，分别称为第 1 范式、第 2 范式、第 3 范式、Boyce-Codd 范式、第 4 范式和第 5 范式。本书只讨论前 4 种范式。

定义 2-6 如果关系 R 的所有属性都不能分解为更基本的数据项，即 R 的所有属性均满足原子特征，那么称 R 满足第 1 范式，简记为 1NF。

例如，如果员工关系中有一个工资属性，而工资又由更基本的两个数据项基本工资和岗位工资组成，则这个员工的关系模式就不满足 1NF。

满足 1NF 是关系模式规范化的最低要求，否则，将有许多基本操作在这样的关系模式中实现不了，如上述的员工关系模式就实现不了按基本工资的 20% 给每位员工增加工资的操作要求。当然，属性是否可以一步分解，是相对于应用要求来说的，同样是上述员工关系模式，如果关于这个模式的任何操作都不涉及基本工资和岗位工资，那么对工资也就没有进一步分解的要求，则这个关系模式也就符合 1NF。

满足 1NF 的关系模式还会存在插入、删除、更新异常的现象，要消除这些异常，还要满足更高层次的规范化要求。

3. 第 2 范式

定义 2-7 如果关系 R 满足 1NF，且 R 的所有非主属性都完全函数依赖于 R 的每一个候选关键属性，那么称 R 满足第 2 范式，简记为 2NF。

设有借书关系模式 R(读者编号，工作单位，图书编号，借阅日期)，容易判断 R 满足 1NF(这里假设日期数据是不可分解的基本数据)。

如果进一步假定，每个读者只能借阅同一种编号的图书一次(这与实际情况可能有差距)，在这样的假设下，可以看出，属性组(读者编号，图书编号)是 R 的一个候选关键字。R 中的“工作单位”属性只部分函数依赖于该候选关键字。因为

(读者编号，图书编号)→工作单位
读者编号→工作单位

即候选关键字的子集也能函数决定“工作单位”属性。所以，关系 R 不满足 2NF。在借书登记表中登记每个读者的工作单位尽管有某种方便，但不合理是明显的。当一个读者因为某种原因调动了工作单位，因而需修改其借书登记表 R 中的“工作单位”属性值时，就要找到他每一次的借书登记记录，将其“工作单位”属性值一一进行修改，这正是由于 R 不满足 2NF 而带来的麻烦。

4. 第 3 范式

满足了 2NF 的关系是否就完全消除了各种异常呢？看一个实例。

设有公司登记关系 R(公司注册号，法人代表，注册城市，所在省)，“公司注册号”及“法

人代表"是 R 的候选关键字。这个关系的每一个属性都不能进一步分解,因而满足 1NF。又由于 R 的候选关键字只包含一个属性,因而 R 的非主属性对候选关键字不存在部分函数依赖的问题,所以 R 满足 2NF。但是,R 仍然不是一个好的关系模式,如果一个城市有 10 000 家公司,则该城市所在省名就要在关系 R 中重复 10 000 次,数据高度冗余。因此,有必要寻找更强的规范条件。

定义 2-8 如果关系 R 满足 1NF,且 R 的所有非主属性都不传递函数依赖于 R 的每一个候选关键字,那么称 R 满足第 3 范式,简记为 3NF。

不满足 3NF 的关系模式中必定存在非主属性对候选关键字的传递函数依赖。再来考查公司登记关系 R。在 R 中,公司注册号→注册城市,注册城市→所在省,所以,公司注册号→所在省,即 R 的非主属性"所在省"传递函数依赖于其候选关键属性"公司注册号",因而 R 不满足 3NF。

关于 3NF,有一个重要结论,这里对这个结论只叙述而不进行形式证明。

定理 2-1 若关系 R 符合 3NF 条件,则 R 一定符合 2NF 条件。

5. Boyce-Codd 范式

在 3NF 中,并未排除主属性对候选关键字的传递函数依赖,因此有必要对 3NF 进一步规范化,为此,Boyce 和 Codd 共同提出了一个更高一级的范式,这就是 Boyce-Codd 范式(BCNF)。

定义 2-9 如果关系 R 满足 1NF,且 R 的所有属性都不传递函数依赖于 R 的每一个候选关键字,那么称 R 满足 Boyce-Codd 范式,简记为 BCNF。

BCNF 是比 3NF 更强的规范,有下面的结论(证明略)。

定理 2-2 若关系 R 符合 BCNF 条件,则 R 一定符合 3NF 条件,但反过来却不一定成立。

尽管在很多情况下,3NF 也就是 BCNF,但两者是不等价的,可以设计出符合 3NF 而不符合 BCNF 的关系实例。设有关系模式 R(书号,书名,作者名),如果约定,每个书号只有一个书名,但不同书号可以有相同书名;每本书可以由多个作者合写,但每个作者参与编写的书名应该互不相同。这样的约定可以用下列两个函数依赖表示:

书号→书名
(书名,作者名)→书号

关系模式 R 的候选关键字为(书号,作者名)和(书名,作者名),因而 R 的属性都是主属性,R 满足 3NF。但从上述两个函数依赖可以看出,书名属性传递函数依赖于候选关键字(书名,作者名),因此 R 不符合 BCNF。例如,一本书由多个作者编写时,其书名和书号间的联系在关系中将多次出现,产生数据冗余和操作异常现象。

2.3.3 关系模式的分解

从上面的讨论中得知,符合 3NF 或 BCNF 标准的关系模式就会有比较好的性质,不会出现数据冗余、数据不一致或操作异常等情况,但是,在实际应用过程中,所建立的许多关系并不符合 3NF,这就出现将一个不满足 3NF 条件的关系模式改造为符合 3NF 模式的要求,这种改造的方法就是对原有关系模式进行分解。

1. 关系模式分解的一般问题

所谓关系模式的分解，就是对原有关系在不同的属性上进行投影，从而将原有关系分解为含有较少属性的多个关系。在阐述分解方法以前，有必要就分解的一般问题先进行讨论。先看一个实例，如表 2-7 所示。

表 2-7　员工奖金分配关系

员工号	姓名	部门	月份	月度奖
00901	张小强	办公室	2019-05	1380
00902	陈斌	生产部	2019-05	1450
00903	李哲	销售部	2019-05	1880
00904	赵大明	设计部	2019-05	1850
00905	冯珊	办公室	2019-05	1350
00906	张青松	销售部	2019-05	1920
00901	张小强	办公室	2019-06	1350
00902	陈斌	生产部	2019-06	1480
00903	李哲	销售部	2019-06	1850
00904	赵大明	设计部	2019-06	1860
00905	冯珊	办公室	2019-06	1360
00906	张青松	销售部	2019-06	1900

表 2-7 所示关系的关键属性是属性组(员工号，月份)，它也是唯一的候选关键属性(这里假定姓名有重名情况)，从前面的知识可以知道，这个关系不满足 2NF，因为该关系的非主属性"姓名"和"部门"都只部分依赖于关键属性的子集"员工号"。解决这个问题的基本方法是将其分解为两个关系，如表 2-8 和表 2-9 所示。

表 2-8　员工基本情况关系

员工号	姓名	部门	员工号	姓名	部门
00901	张小强	办公室	00904	赵大明	设计部
00902	陈斌	生产部	00905	冯珊	办公室
00903	李哲	销售部	00906	张青松	销售部

表 2-9　员工奖金分配关系 1

员工号	月份	月度奖	员工号	月份	月度奖
00901	2019-05	1380	00901	2019-06	1350
00902	2019 05	1450	00902	2019-06	1480
00903	2019-05	1880	00903	2019-06	1850
00904	2019-05	1850	00904	2019-06	1860
00905	2019-05	1350	00905	2019-06	1360
00906	2019-05	1920	00906	2019-06	1900

上述分解过程是对原有关系 R(员工号，姓名，部门，月份，月度奖)在(员工号，姓名，部门)和(员工号，月份，月度奖)上分别投影，并删除完全相同行后的结果。经过这种分解后，两个关系表都符合 BCNF 标准，从而符合 3NF 标准。并且，从这两个表完全可以经过连接

恢复到原来的表,这样的分解称为无损分解。与之相反,如果对表 2-7 进行另一种分解(如表 2-8 和表 2-10 所示),这种分解就不是无损的。从分解后的两个关系表中无法得知这些月度奖应该发给哪位员工。不能依靠记录顺序进行对应,关系中记录的顺序是无关的。

表 2-10　员工奖金分配关系 2

部门	月份	月度奖	部门	月份	月度奖
办公室	2019-05	1380	办公室	2019-06	1350
生产部	2019-05	1450	生产部	2019-06	1480
销售部	2019-05	1880	销售部	2019-06	1850
设计部	2019-05	1850	设计部	2019-06	1860
办公室	2019-05	1350	办公室	2019-06	1360
销售部	2019-05	1920	销售部	2019-06	1900

无损的含义有两个方面:其一是信息没有丢失,即从分解后的关系通过连接运算可以恢复原有关系;其二是依赖关系没有改变。前者称为连接不失真,后者称为依赖不失真。

Heath 定理　设关系模式 $R(A,B,C)$,A、B、C 是 R 的属性集。如果 $A \rightarrow B$,并且 $A \rightarrow C$,则 R 和投影 $\pi(A,B)$、$\pi(A,C)$的连接等价。

由 Heath 定理可知,只要将关系 R 的某个候选关键字分解到每个子关系中,就会同时保持连接不失真和依赖不失真。

2. 3NF 分解

理论上已证明,任何关系都可以无损地分解为多个 3NF 关系。下面采用一种非形式化的叙述方法来讨论这个问题。在讨论中,假定 R 是一个关系模式,R_1、R_2、…、R_n 是对 R 进行分解的结果。

(1) 如果 R 不满足 1NF 条件,先对其分解,使其满足 1NF。

对 R 进行 1NF 分解的方法不是采用投影,而是直接将其复合属性进行分解,用分解后的基本属性集取代原来的属性,以获得 1NF。

【例 2-4】　将 R(员工号,姓名,工资)进行分解,使其满足 1NF 条件。

假定 R 的工资属性由“基本工资”和“岗位工资”组成,直接用属性组(基本工资,岗位工资)取代工资属性,得到新关系 R_NEW(员工号,姓名,基本工资,岗位工资),R_NEW 满足 1NF。

注意:对工资属性是否应进行上述分解,要根据具体情况决定,这里只是一个示意性的解答。

(2) 如果 R 符合 1NF 条件但不符合 2NF 条件时,分解 R 使其满足 2NF。

若 R 不满足 2NF 条件,根据定义 2-7,R 中一定存在候选关键字 S 和非主属性 X,使 X 部分函数依赖于 S,因此,候选关键字 S 一定是由一个以上的属性组成的属性组。设 $S=(S_1,S_2)$,并且 $S_1 \rightarrow X$ 是 R 中的函数依赖关系。又设 $R=(S_1,S_2,X_1,X_2)$,且(S_1,S_2)是 R 的一个候选关键字,X_1 部分函数依赖于(S_1,S_2),不妨设 $S_1 \rightarrow X_1$,则将 R 分解成 R_1 和 R_2:

$R_1=(S_1,S_2,X_2)$,Primary Key(S_1,S_2),Foreign Key(S_1),即属性组(S_1,S_2)是 R_1 的关键字,S_1 是 R_1 的外部关键字。

$R_2=(S_1,X_1)$,Primary Key(S_1)

容易证明,这样的分解是无损的。如果 R_1、R_2 还不满足 2NF 条件,可以继续上述分解过程,直到每个分解后的关系模式都满足要求为止。

再考查对表 2-7 所示关系的分解过程。设 S_1=员工号,S_2=月份,X_1=(姓名,部门),X_2=月度奖,有关系模式:

R=(员工号,姓名,部门,月份,月度奖)=(S_1,S_2,X_1,X_2),Primary Key(S_1,S_2)=(员工号,月份)

将 R 分解为 R_1 和 R_2,并定义:

R_1=(S_1,S_2,X_2)=(员工号,月份,月度奖),Primary Key(员工号,月份),Foreign Key(员工号)

R_2=(S_1,X_1)=(员工号,姓名,部门),Primary Key(员工号)

经过这样一次分解后得到的 R_1、R_2 均已满足 2NF 和 3NF 条件,因此,分解过程结束。当 R 符合 2NF 条件但不符合 3NF 条件时,继续对其分解,使其满足 3NF 条件。

(3) 如果 R 符合 2NF 条件但不符合 3NF 条件时,分解 R 使其满足 3NF。

R 满足 2NF 条件但不满足 3NF 条件时,说明 R 中的所有非主属性对 R 中的任何候选关键字都是完全函数依赖的,但至少存在一个属性是传递函数依赖的。因此,存在 R 中的非主属性间的依赖作为传递依赖的过渡属性,设 $R=(S,X_1,X_2)$,且 R 以 S 作为主关键字,即 X_2 通过非主属性 X_1 传递函数依赖于 S,即 $X_1 \rightarrow X_2$,则对 R 分解成 R_1 和 R_2:

$R_1=(S,X_1)$,Primary Key(S),Foreign Key(X_1)

$R_2=(X_1,X_2)$,Primary Key(X_1)

上述分解过程是无损的。如果 R_1、R_2 还不满足 3NF,可以重复上述过程,直到符合 3NF 条件为止。

2.4 关系模型的完整性约束

为了防止不符合规范的数据进入数据库,数据库管理系统提供了一种对数据的监测控制机制,这种机制允许用户按照具体应用环境定义自己的数据有效性和相容性条件,在对数据进行插入、删除、修改等操作时,数据库管理系统自动按照用户定义的条件对数据实施监测,使不符合规范的数据不能进入数据库,以确保数据库中存储的数据正确、有效、相容,这种监测控制机制称为数据完整性保护,用户定义的条件称为完整性约束条件。在关系模型中,数据完整性包括实体完整性(Entity Integrity)、参照完整性(Referential Integrity)及用户定义完整性(User-defined Integrity)3 种。

1. 实体完整性

所谓实体完整性,就是一个关系模型中的所有元组均是唯一的,没有两个完全相同的元组,也就是一个二维表中没有两个完全相同行,因此实体完整性也称为行完整性。一般来说,元组对应现实世界的一个实体,所以称这种约束为实体完整性约束。

一般数据库管理系统实现数据完整性保护的方法是:数据库系统的关键字一定要输入一个有效值,不能为空,并且不允许两个元组的关键字值相同。

2. 参照完整性

当一个数据表中有外部关键字(即该列是另一个表的关键字)时,外部关键字列的所有数据,都必须出现在其所对应的表中,这就是参照完整性的含义。如表2-2中,"部门代码"是一个外部关键字,它是表2-1所示关系的关键字(通常称表2-1为主表,表2-2为从表),所以,在表2-2中,输入或修改后的每一个员工的部门代码值都必须在表2-1中已经存在,否则将不被接受。其作用一般有如下3个方面:

(1) 禁止在从表中插入主表中不存在的关键字的数据行。

(2) 禁止会导致从表中的相应值孤立的主表中外部关键字值的修改。

(3) 禁止删除与从表中有对应记录的主表记录。

视频讲解

参照完整性约束保证了两个有关联的表的相互连接的正确性。

3. 用户定义完整性

除了上述两种数据约束关系外,数据库管理系统还允许用户定义其他的数据约束条件:其一是针对关系的一个属性列的,如规定关系的一列的数据类型、取值范围等;其二是针对多个属性的,如某公司住房紧张,规定男性职工不安排公司集体宿舍,那么,在建立该公司的职工数据关系(参见表2-2)时,就可以对该关系表定义当"性别"属性值为"男"时,其"住址"属性值不允许是"公司集体宿舍",设置了这样的约束条件后,该数据库将不允许插入"性别"为"男"并且"住址"为"公司集体宿舍"的新元组,也不允许对原有数据进行这样的修改。第一种完整性条件针对一个独立的属性,而"属性"或"列"在有的时候也叫作"域",因此针对列的完整性也称为域完整性;第二种完整性旨在保证多属性间的数据相容性,因此也称为元组完整性。

有的数据库书籍把用户针对单个属性列定义的完整性称为"域完整性",而把针对元组定义的完整性才称为"用户定义完整性"。按照这种分类方法,关系完整性包括了实体完整性、参照完整性、域完整性和用户定义完整性4种。

应当注意,数据库管理系统只是提供了一种数据完整性保护机制,而具体应该如何保护,是由用户根据应用环境的数据要求自己规定的,即使是"实体完整性"和"参照完整性",也要用户自己定义保护条件。另外,不同的数据库管理系统实现数据完整性保护的机制也不相同,怎样使用一种数据库管理系统(如SQL Server 2012)实现自己的数据完整性保护意图,必须利用SQL语言或该数据库管理系统所提供的管理工具(如SQL Server 2012的SQL Server Management Studio)才能实现。

2.5 数据库的设计方法

数据库系统设计包括数据模式设计以及围绕数据模式的应用程序开发两大任务,而数据模式设计又包括数据表结构设计和数据完整性约束条件设计两项工作,本节只介绍数据模式设计。在关系数据库应用系统中,也就是设计一组二维表框架,定义这些表的列名、列的数据类型以及表的数据完整性约束规则。

2.5.1 数据库设计过程

在设计数据库时,应该遵循两个原则:首先,针对一个具体应用提供足够的信息量,如在表 2-2 中，并未提供员工的电话号码、出生日期、最后学历、技术职称、技术专长等信息，如果系统有这样的需求，表 2-2 提供的信息量就不够；其次，要符合关系的设计规范，即符合关系的第 1NF、2NF、3NF 要求。

数据库设计过程一般包括如下内容。

1. 需求分析

在仔细调查研究的基础上，摸清目标需求以及现在的数据内容与形式，包括现在使用的账簿、票据等原始单据以及这些单据的使用频率、数据量，并在此基础上编写需求分析报告。需求分析报告中要罗列出目标系统涉及的全部数据实体、每个数据实体的属性名以及数据实体间的关联关系等。

2. 概念设计

概念设计是把用户的需求进行综合、归纳与抽象，统一到一个整体概念结构中，形成数据库的概念模型。概念模型是面向现实世界的一个真实模型，它一方面能够充分反映现实世界，同时又容易转换为数据库逻辑模型，也容易为用户理解。数据库概念模型独立于计算机系统和数据库管理系统。

E-R 图是设计数据概念模型的一种有效工具，它用矩形框以及框中的文字表示一个数据实体，用椭圆形框表示该数据实体的属性，用菱形框表示实体间的关系，用线段表示相互的连接关系。

3. 逻辑设计

数据库逻辑设计是将概念模型转换为逻辑模型，也就是被某个数据库管理系统所支持的数据模型，并对转换结果进行规范化处理。关系数据库的逻辑结构由一组关系模式组成。因而，从概念模型结构到关系数据库逻辑结构的转换就是将 E-R 图转换为关系模型的过程。

4. 物理设计

数据库最终是要存储在物理设备上的。为一个给定的逻辑数据模型选取一个最适合应用环境的物理结构，包括存储结构与存取方法，并把在前述过程所得到的关系模式在一个选定数据库管理系统上实现，就是数据库的物理设计。数据库的物理结构依赖于给定的计算机系统和数据库管理系统。

5. 实施与维护

确定了数据库的逻辑结构和物理结构后，就可以用所选用的数据库管理系统提供的数据定义语言(DDL)来严格定义数据库，包括建立表、定义表的完整性约束规则等。数据库系统投入运行后，对数据库设计进行评价、调整、修改等维护工作也是一项重要、长期的任务。

2.5.2 E-R 模型到关系模型的转化

视频讲解

E-R 模型虽然能比较方便地模拟研究对象的静态过程，也很容易进行交流，但迄今为止，还没有哪个数据库产品直接支持该模型，因而，它只是一种工具，用作连接实际对象与数据库间的桥梁。E-R 模型到关系模型的转化过程如图 2-1 所示。

下面讨论从 E-R 模型到关系模型的转化过程。

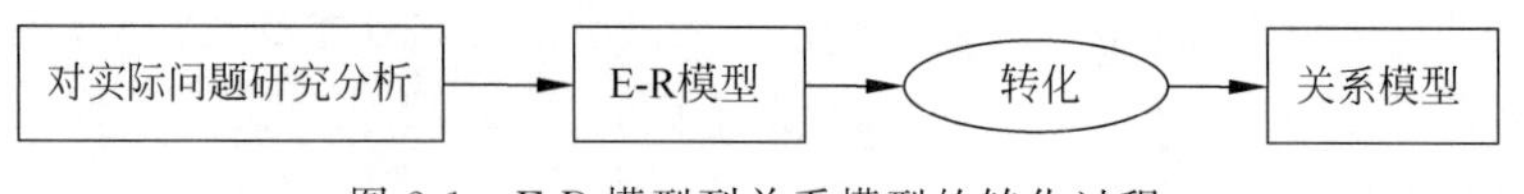

图 2-1　E-R 模型到关系模型的转化过程

1. 独立实体到关系模型的转化

一个独立实体转化为一个关系，实体名称作为关系的名称，实体关键字转化为关系的关键属性，其他属性转化为关系的属性，注意根据实际对象属性情况确定关系属性的取值域。例如对于图 2-2 所示的学生实体，应将其转化为关系模式：

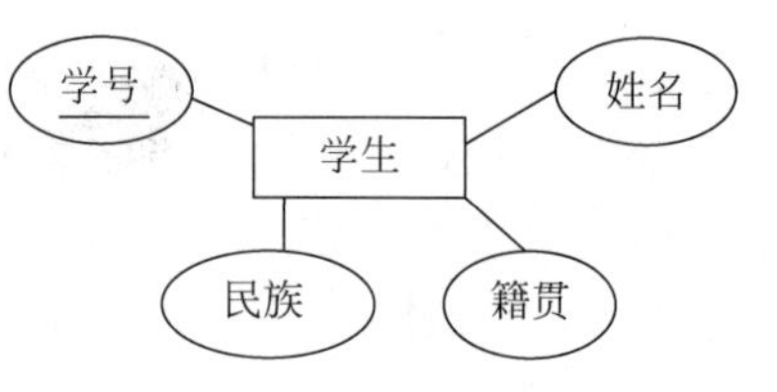

图 2-2　学生实体的 E-R 图

学生(学号,姓名,民族,籍贯)

其中，下画线标注的属性表示关键字。

2. 1∶1 联系到关系模型的转化

图 2-3 所示的 E-R 图中有两个实体“经理”和“公司”，一个经理只服务于一个公司，而一个公司也只有一个经理，两者是一对一联系。在转化这种联系时，只要在两个实体关系表中各自增加一个外部关键字即可。

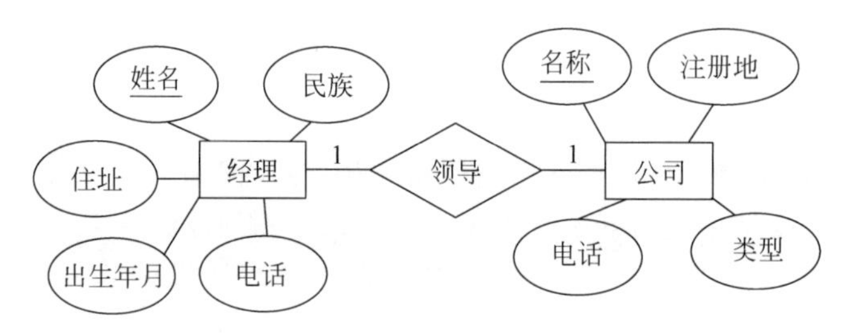

图 2-3　1∶1 联系到关系模型的转化

对图 2-3 模型转化为关系模型：

经理(姓名,民族,住址,出生年月,电话,名称)
公司(名称,注册地,电话,类型,姓名)

其中名称和姓名分别是“公司”和“经理”两个关系的关键字，在“经理”和“公司”两个关系中，为了表明两者间的联系，各自增加了对方的关键字作为外部关键字，当两个表中出现下面的元组时，表明了张小辉是京广实业公司的经理。

(张小辉,汉,北京前门大街 156 号,1968 年 6 月,87056033,京广实业公司)
(京广实业公司,北京复兴门外大街 278 号,87056033,有限责任,张小辉)

3. 1∶n 联系到关系模型的转化

要转化 1∶n 联系，需要在 n 方(即 1 对多关系的多方)实体表中增加一个属性，将对方的关键字作为外部关键字处理即可，如图 2-4 所示，“班级”与“学生”的联系是 1∶n 的联系，学生方是 n 方，对图 2-5 进行转化，得到关系模型：

学生(学号,姓名,民族,出生年月,班号)
班级(班号,名称,年级,系,专业)

在学生表中增加“班级”中的关键字“班号”作为外部关键字。

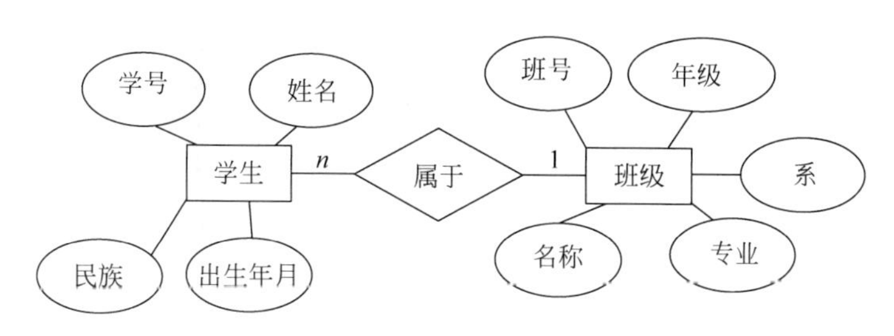

图 2-4　1∶n 关系到关系模型的转化

4. m∶n 联系到关系模型的转化

转化一个 m∶n 联系除对两个实体分别转化为外，还要单独建立一个关系模式，分别用两个实体的关键字作为外部关键字，以表示两个实体间的 m∶n 联系。

图 2-5 描述的学生与课程的联系是 m∶n 联系，该 E-R 图应转化为 3 个关系模式：

学生(学号,姓名,民族,出生年月)
课程(课程号,课程名,学时数)
学习(学号,课程号,成绩)

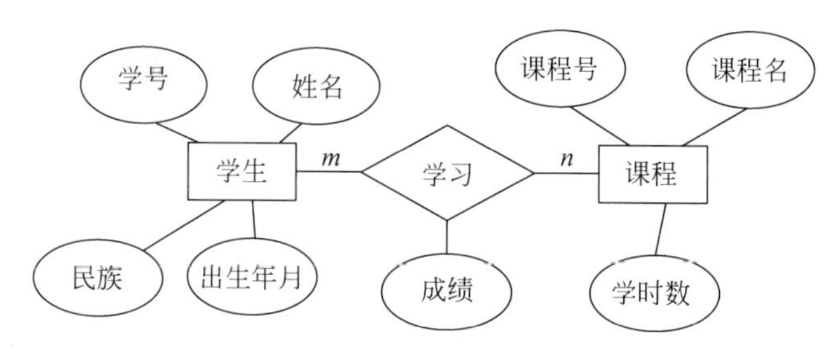

图 2-5　m∶n 关系到关系模型的转化

5. 多元联系到关系模型的转化

所谓多元联系，即该联系涉及两个以上的实体。例如排课表，涉及班级、课程、教师、教室 4 个实体。转化时，应对每个实体单独转化，并建立一个表示个实体间联系的关系，将该联系所涉及的全部实体的关键字作为该关系的外部关键字，再加上适当的其他属性组成，如排课关系：

排课(上课时间,班号,课程号,教师号,教室号)

在排课关系中，把上课时间也加入到关键字中，而其他属性都是各自实体的关键字，并且是排课关系的外部关键字。

6. 自联系到关系模型的转化

自联系指同一个实体集内部实体之间的联系，也称为一元联系。例如一个公司的所有员工组成的实体集中，员工中存在领导与被领导这样的联系，先假设是 1∶n 联系，如图 2-6 所示。

对于自联系，要分清实体在联系中的身份，其余的情况与一般二元关系相同，对图 2-6 所示 E-R 图转化为关系模式如下：

员工(员工号,姓名,性别,职务,领导员工号)

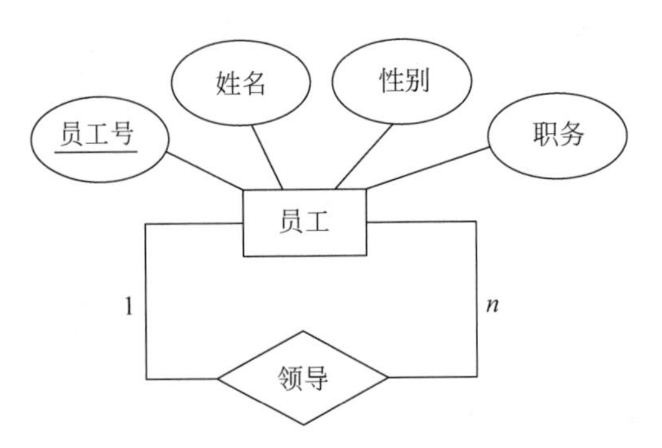

图 2-6　自联系到关系模型的转化

在领导联系中，如果是 $m:n$ 联系，即一个员工有多个领导，而一个员工也可以是其他员工的领导，这时得到的关系模式为：

员工(<u>员工号</u>,姓名,性别,职务)
领导(<u>领导员工号</u>,<u>被领导员工号</u>)

领导联系究竟是 $1:n$ 联系还是 $m:n$ 联系，由实际应用系统的要求确定。

2.5.3　数据库设计实例

1. 问题概述

为一个销售公司设计一个货物商品管理系统，该公司的主要工作业务是从事商品销售，即从供应商手中采购商品，并把这些商品销售并运输到需要的用户手里，该公司通过中间服务获取服务费，其主要业务流程如图 2-7 所示，其中实线表示物流，虚线表示信息流。

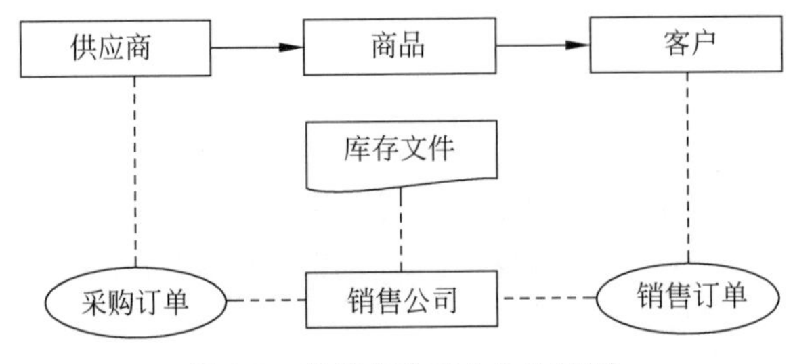

图 2-7　某销售公司业务流程图

该系统数据模型包含的数据实体有：

(1) 供应商(Supplier)：为该公司提供商品的公司。
(2) 商品(Goods)：该公司经营的商品。
(3) 客户(Customer)：该公司的服务对象。
(4) 员工(Employee)：该公司的员工。
(5) 运输商(Transporter)：为该公司提供运输服务的公司。
(6) 销售订单(Sell_Order)：该公司与用户签订的销售合同。
(7) 采购订单(Purchase_Order)：该公司与供应商签订的采购合同。

数据实体之间的关系如图 2-8 所示。

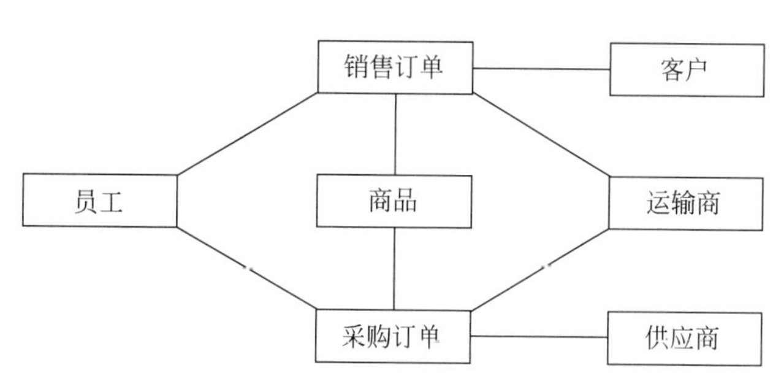

图 2-8　数据实体之间的关系

2. 数据实体的 E-R 图

这个实例包含的数据实体较多，联系较复杂，如果用一般的 E-R 图描述，幅面会比较大，并且图形框多，会给人眼花缭乱的感觉。对于这类问题，常用一种 E-R 图的变形图来描述。在这种变形图中，实体及其属性用一个矩形框描述，实体名称标注在矩形框的顶部，实体关键字用 * 标出，并紧跟在实体名称后面，实体属性依次标注。实体间的联系省略菱形框，只用连线，并在连线的两端标注联系类型。本问题的变形 E-R 图如图 2-9 所示。

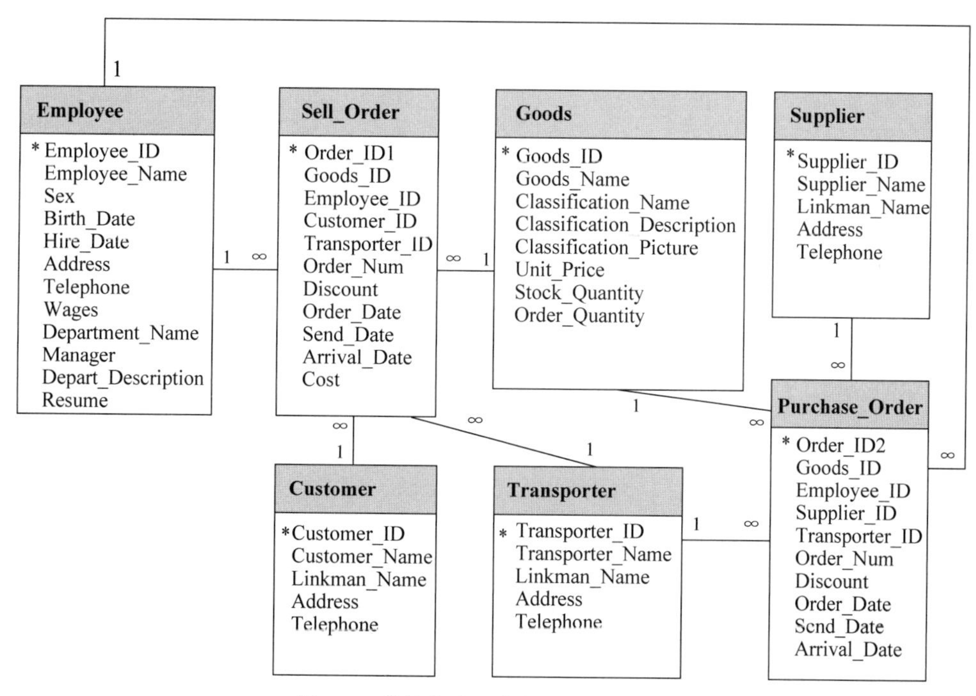

图 2-9　某销售公司数据的变形 E-R 图

下面重点分析图 2-9 中的"员工"实体和"商品"实体。

在"员工"实体中，Employee_ID(员工编号)属性是关键属性，但 Manager(部门经理)属性与该实体中的非关键属性 Department_Name(部门名称)也有函数依赖关系，不符合 3NF 的规定，要进行分解。

同样，在"商品"实体中，Goods_ID(商品编号)是该实体的关键属性，但 Classification_

Description(商品规格说明)和 Classification_Picture(商品规格图片)两个属性由非主属性 Classification_Name(商品规格名称)决定,即这两个属性对关键属性 Goods_ID 是传递依赖关系:

```
Goods_ID→Classification_Name
Classification_Name→Classification_Description
Classification_Name→Classification_Picture
```

这不符合 3NF 的规定,也要进行分解。

这两个实体的规范化分解结果如图 2-10 和图 2-11 所示。注意,分解中分别引进了部门编号(Department_ID)属性和商品规格代码(Classification_ID)属性。

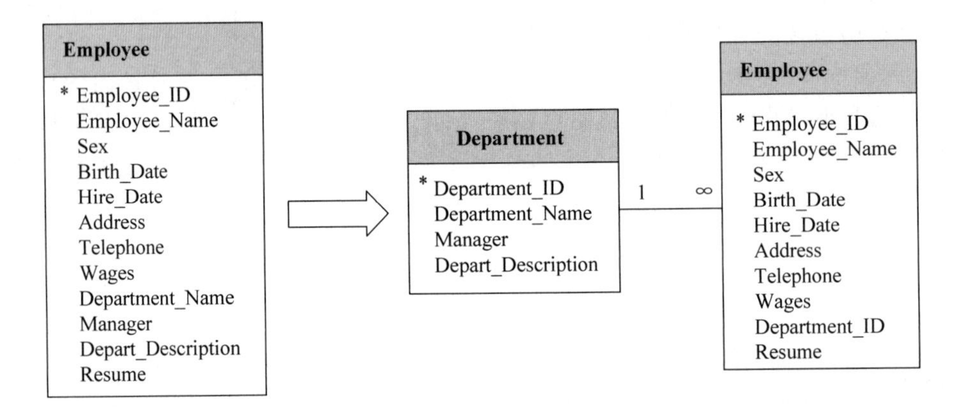

图 2-10　对员工信息数据实体的分解

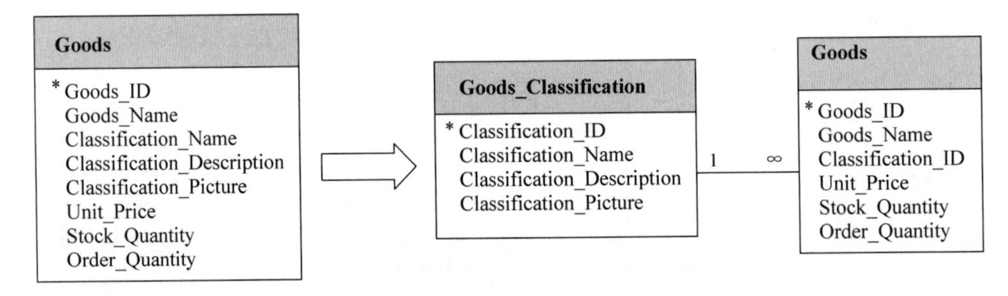

图 2-11　对商品信息数据实体的分解

3. 关系表设计示例

有了上面的这些分析结果后,从 E-R 图到关系模型的转化过程就比较简单了。下面以员工、销售订单、商品以及部门 4 个数据实体及其相互间的联系为例,说明这种转换过程。

(1)“员工”实体到关系的转换。

从图 2-10 和图 2-11 中可以看出,“员工”实体有 10 个属性,Employee_ID 是其关键属性,该实体与“销售订单”实体间有一个 $1:n$ 的联系。此外,与“部门”实体间有一个 $n:1$ 的联系,为描述这种联系,需要增加一个外部关键字 Department_ID,转换结果如表 2-11 所示。表中的数据类型和宽度表示该属性所含数据的类型和长度,详见第 5 章。

表 2-11　员工关系

列　　名	数据类型	宽度	说　　明
Employee_ID	Char	4	员工代码，关键字
Employee_Name	Char	8	员工姓名
Sex	Char	2	员工性别
Birth_Date	Datetime		员工出生日期
Hire_Date	Datetime		员工参加工作日期
Address	Varchar	50	员工地址
Telephone	Char	8	员工电话号码
Wages	Money		员工工资
Department_ID	Char	4	部门代码，来自"部门"关系的外部关键字，描述该员工所在的部门
Resume	Text		员工简历

(2) "销售订单"实体到关系的转换。

"销售订单"实体包含 Order_ID1 等 11 个属性，还与"客户"等 4 个实体具有 $n:1$ 的联系，为描述这种联系，需要增加 4 个外部关键字(实体中已列出了这 4 个外部关键字)。转换结果如表 2-12 所示。

表 2-12　销售订单关系

列　　名	数据类型	宽度	说　　明
Order_ID1	Char	6	订单代码，整个关系中还有一个采购订单，故在这里列名为 Order_ID1
Goods_ID	Char	6	商品编号，来自"商品"关系的外部关键字，描述该订单所订购的商品编号
Employee_ID	Char	4	销售员编号，来自"员工"关系的外部关键字，描述该订单由谁签订
Customer_ID	Char	4	客户编号，来自"客户"关系的外部关键字，描述该订单与谁签订
Transporter_ID	Char	4	运输公司编号，来自"运输商"关系的外部关键字，描述该订单由谁承担运输任务
Order_Num	Float		订货数量
Discount	Float		折扣率
Order_Date	Datetime		订单签订日期
Send_Date	Datetime		约定的发货日期
Arrival_Date	Datetime		约定的到货日期
Cost	Money		订单总价格

(3) "商品"实体到关系的转换。

"商品"实体包含 6 个属性，关键属性是"商品代码(Goods_ID)"，"商品"实体与"销售订单"实体及"采购订单"实体间有 $1:n$ 的联系，与"商品规格"实体有 $n:1$ 的联系。转换结果如表 2-13 所示。

表 2-13 商品关系

列 名	数据类型	宽度	说 明
Goods_ID	Char	6	商品编号,关键字
Goods_Name	Varchar	50	商品名称
Classification_ID	Char	6	商品规格代码,来自"商品规格"关系的外部关键字
Unit_Price	Money		单价
Stock_Quantity	Float		现有库存量
Order_Quantity	Float		已订货但尚未到货的商品数量

(4)"部门"实体到关系的转换。

"部门"实体有 4 个属性,并且与"员工"实体有 1∶n 的联系,转换结果如表 2-14 所示。

表 2-14 部门关系

列 名	数据类型	宽度	说 明
Department_ID	Char	4	部门编号,关键字
Department_Name	Char	8	部门名称
Manager	Char	8	部门经理姓名
Depart_Description	Varchar	50	部门简介

本章小结

本章介绍了关系数据库的基本知识,围绕如何设计一个好的关系数据库而展开。通过本章的学习,要理解和掌握关系数据库的基本概念、关系运算、关系的规范化以及数据库的设计方法等内容,这些内容对学习数据库操作及应用开发是十分必要的。

(1) 关系数据库是一组相关的二维表及其有关数据对象的集合,这种表的列是不可再进行分解的。列也称为属性或字段,表的行也称为元组或记录。关系表的每行每列的交点是一个单元格,每个单元格存储一个基本数据。

(2) 关系运算是关系数据库操作的数学基础,通常的关系运算包括并、交、差、乘积、连接、选择、投影和除法 8 种,其中连接、选择、投影和除法 4 种运算是在关系数据库技术中专门定义的,称为专门关系运算。

(3) 不好的关系模式存在数据冗余、操作异常等许多问题,因此需要对关系模式进行规范化处理,基本方法是对关系模式进行分解。判断一个关系模式是否存在异常的标准是范式,有多个规范化程度不同的范式标准。范式的理论基础是属性间的函数依赖。1NF 要求属性值是不可再分的,2NF 消除了非主属性对候选关键属性的局部函数依赖,3NF 消除了非主属性对候选关键属性的传递函数依赖,BCNF 消除了每一属性对候选关键属性的传递函数依赖。

(4) 数据完整性是保证数据正确、有效并相容的一组规则。各种客观对象的属性取值本来是有一定范围的,相互间也存在一种依赖现象,数据的完整性约束只是这种客观现象的一种数据描述。完整性分为实体完整性、参照完整性和用户定义完整性 3 种。

(5) 数据库应用系统开发有两个任务:一是数据库的设计;二是应用程序的开发。数据库设计是数据库应用系统开发的基础环节，它必须适应数据处理的要求，以保证大多数常用的数据处理能够方便、快速地进行。

数据库设计一般分为需求分析、概念设计、逻辑设计、物理设计、实施与维护等阶段。其中重点部分是概念设计和逻辑设计，常用 E-R 图作为概念模型设计工具，再按照一定规则从 E-R 模型转换为关系模型。

习 题 2

一、选择题

1. 关于关系数据库，下列叙述正确的是(　　)。
   A. 一个数据表组成一个关系数据库，多种不同的数据则需要创建多个数据库
   B. 关系的一列既可以存储一个基本数据，也可以存储另一个二维表
   C. 关系的一个属性对应现实世界中的一个客观对象
   D. 关系代数中的并、交、减、乘积运算实际上就是对关系的元组所实行的同名集合运算

2. $A \cap B$ 正确的替代表达式是(　　)。
   A. $A-(A-B)$　　B. $A \cup (A-B)$　　C. $\pi_B(A)$　　D. $A-(B-A)$

3. 关于关系规范化，下列叙述中正确的是(　　)。
   A. 规范化是为了保证存储在数据库中的数据正确、有效、相互不出现矛盾的一组规则
   B. 规范化是为了提高数据查询速度的一组规则
   C. 规范化是为了解决数据库中数据的插入、删除、更新异常等问题的一组规则
   D. 4 种规范化范式各自描述不同的规范化要求，彼此没有关系

4. 下列叙述中正确的是(　　)。
   A. 设 $A \rightarrow B$ 是 $R(A,B,C,D)$ 的一个函数依赖关系，为节约存储空间，可以在 R 中不存储属性 B
   B. 某些关系没有候选关键字
   C. 属性依赖关系 $A \rightarrow B$ 是说当 B 的属性值确定后，A 的属性值也随之确定
   D. 若属性组合 (A,B) 是关系 R 的候选关键字，则 A，B 间没有函数依赖关系

5. 在关系模式中，满足 2NF 的模式(　　)。
   A. 可能是 1NF　　B. 必定是 1NF
   C. 必定是 3NF　　D. 必定是 BCNF

6. 关于 E-R 图，下列叙述中不正确的是(　　)。
   A. E-R 是建立数据库的一种概念模型
   B. E-R 图只能用作建立关系模型
   C. E-R 图采用矩形、椭圆与菱形框，分别描述实体的名称、属性和相互联系
   D. 现在还没有一种数据库管理系统直接支持 E-R 模型

二、填空题

1. 为实现实体间的联系，建立关系模式时需要使用________。

2. 有教师关系 Teacher(编号,姓名,出生年月,职称,从事专业,研究方向),从教师关系中查询所有“教授”的情况应使用________关系运算。

3. 在关系模式 $R(A_1,A_2,\cdots,A_n)$ 中,如果 $X\rightarrow Y$,且存在 X 的真子集 X_1,使 $X_1\rightarrow Y$,称函数依赖 $X\rightarrow Y$ 为________函数依赖。

4. 如果关系的每一个属性都是不能再分的数据项,称该关系满足________范式,简记为________。

5. 设关系模式 $R(A,B,C,D)$,$(A,B)\rightarrow C$,$A\rightarrow D$,并且 $A\rightarrow C$、$B\rightarrow C$、$A\rightarrow B$、$B\rightarrow A$ 均不成立,则 R 的候选关键属性是________,为使 R 满足 2NF,应将 R 分解为________和________。

6. 数据完整性包括________、________和________。

三、问答题

1. 解释下列概念。

关系、元组、属性、关键字、主关键字、外部关键字、函数依赖、参照完整性

2. 设 $R(A,B,C)=\{(a_1,b_1,c_1),(a_2,b_2,c_1),(a_3,b_2,c_3)\}$,$S(A,B,C)=\{(a_2,b_2,c_2),(a_3,b_3,c_4),(a_1,b_1,c_1)\}$,计算 $R\cup S$、$R\cap S$、$R-S$ 和 $\pi_{(A,B)}(R)$。

3. 简述关系规范化的含义。

4. 设有关系模式 R(编号,姓名,出生年月,专业,班级,辅导员),完成下列各题:

(1) 写出 R 的所有函数依赖关系。

(2) 写出 R 的候选关键字。

(3) R 是 3NF 吗? 若不是,对其进行分解。

四、应用题

将图 2-12 所示的概念模型转化为关系模型,并对结果进行规范化处理,并利用建立的关系模式,写出:

(1) 每个关系的关键字,如果有外部关键字,请写出外部关键字。

(2) 查询某人参加了哪些科研项目的关系运算(可用文字表述)。

(3) 查询某个科研项目的全体参与人员关系运算(可用文字表述)。

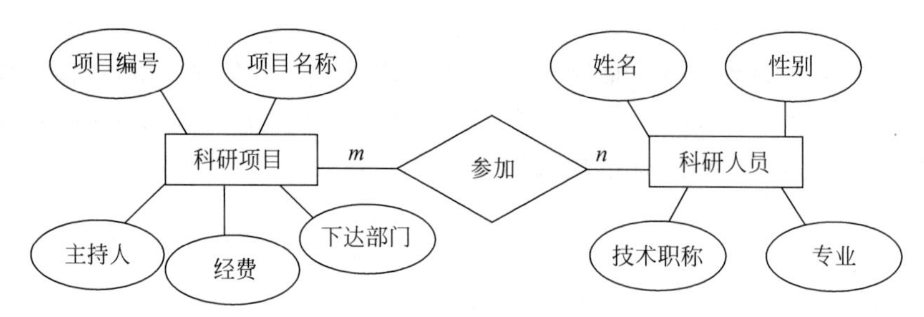

图 2-12　科研管理的 E-R 图

第3章 SQL Server 2012 操作基础

SQL Server 是由 Microsoft 公司开发的关系数据库管理系统，是目前应用最广泛的关系数据库产品之一。SQL Server 2012 的出现推动了数据库的应用和发展，它无论在功能上，还是在安全性、可维护性和易操作性上都较以前版本有很大提高，成为集数据管理和分析于一体的企业级数据平台。本章首先介绍 SQL Server 2012 概况，包括其发展过程、特点以及 SQL Server 2012 的安装，然后介绍 SQL Server 2012 的常用管理工具，最后对访问数据库的通用工具语言 SQL 及 SQL Server 中的 Transact-SQL 做一个简要介绍。

3.1 SQL Server 2012 简介

SQL Server 是一个关系数据库管理系统。它最初是由 Microsoft、Sybase 和 Ashton-Tate 3 家公司共同开发，于 1988 年推出了第一个 OS/2 版本。在 Windows NT 推出后，Microsoft 与 Sybase 在 SQL Server 的开发上选择了不同的平台。Microsoft 将 SQL Server 移植到 Windows NT 系统上，并专注于开发推广 Windows 操作系统上的 SQL Server 版本，而 Sybase 则专注于 SQL Server 在 UNIX 操作系统上的开发与应用。

3.1.1 SQL Server 的发展

在 Microsoft SQL Server 的发展历程中，版本不断更新。1996 年推出了 SQL Server 6.5 版本，1998 年推出了 SQL Server 7.0 版本，2000 年又推出了 SQL Server 2000 版本。SQL Server 6.5 和 SQL Server 2000 是两个具有重要意义的版本。SQL Server 6.5 版本使 SQL Server 得到了广泛的应用，而 SQL Server 2000 版本在功能和易用性上较以前的版本有了很大的增强。

2005 年 11 月，Microsoft 推出了备受关注的 SQL Server 2005，寄托了 Microsoft 公司进军高端企业级数据库市场的强烈意愿。

2008 年 3 月，Microsoft 发布新一代企业应用平台与开发技术，包括服务器操作系统 Windows Server 2008、开发工具 Visual Studio 2008 和数据库管理系统 SQL Server 2008，这是一个集服务器和开发软件为一体，且兼顾安全性、下一代网络、虚拟化以及业务决策的应用架构平台。

2012 年 3 月，Microsoft 发布新一代的数据库产品 SQL Server 2012。SQL Server 2012 不仅延续现有数据库产品的强大能力，全面支持云技术与平台，并且能够快速构建相应的解决方案，实现私有云与公有云之间数据的扩展与应用的迁移。

SQL Server 2012 分为 3 个常用版本，按功能从高到低，分别是企业版(Enterprise)、商业智能版(Business Intelligence)和标准版(Standard)。其中,企业版是全功能版本,而其他两个版本则分别面向工作组和中小企业,所支持的机器规模和扩展数据库功能都不一样。SQL Server 2012 还有 Web 版、开发者版(Developer)以及精简版(Express)。其中,Web 版提供数据库的基础功能,是 Web 类应用的理想选择,简单易用,性价比高。开发者版包括企业版的所有功能,但有许可限制,只能用作开发和测试系统,而不能用作生产服务器。精简版是入门级的免费使用的数据库,是学习和构建桌面及小型服务器数据驱动应用程序的理想选择。

根据不同版本的特点和业务需要,可以选择安装不同的版本。

3.1.2 SQL Server 的特点

SQL Server 界面友好、易学易用且功能强大,与 Windows 操作系统完美结合,可以构造网络环境数据库甚至分布式数据库,可以满足企业大型数据库应用的需要。

1. 支持客户/服务器结构

SQL Server 是支持客户/服务器(Client/Server,C/S)结构的数据库管理系统。客户/服务器结构把整个数据处理的任务划分为在客户机上完成的任务和在数据库服务器上完成的任务。客户机用于运行数据库应用程序,服务器用于执行 DBMS 功能。在客户机上的数据库应用程序也称为前端系统,它负责系统与用户的交互和数据显示,在服务器上的后端系统负责数据的存储和管理。例如,前端系统的一个用户向数据库服务器发出操作请求(也称为查询),前端应用程序就将该请求通过网络发送给服务器,数据库服务器根据用户的请求处理数据,并把结果返回到客户机。图 3-1 表示了客户/服务器结构的工作方式。

SQL Server 采用客户/服务器结构的优点是很明显的:数据库服务器仅返回用户所需要的数据,这样在网络上的数据流量将大大减少,可以加速数据的传输;数据集中存储在服务器上,而不是分散在各个客户机上,这使得所有用户都可以访问到相同的数据,而且数据的备份和恢复也很容易。

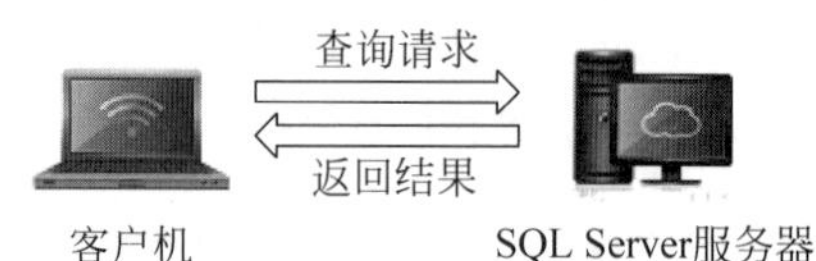

图 3-1 客户/服务器结构的工作方式

2. 分布式数据库功能

SQL Server 支持分布式数据库结构,可以将在逻辑上是一个整体的数据库的数据分别存放在各个不同的 SQL Server 服务器上,客户机可以分别或同时向多个 SQL Server 服务器存取数据,这样可以降低单个服务器的处理负担,提高系统执行效率。

分布式查询可以引用来自不同数据库的数据,而且这些对于用户来说是完全透明的。分布式数据库将保证任何分布式数据更新时的完整性。通过复制使用户能够维护多个数据副本,这些用户能够自主地进行工作,然后再将所做的修改合并到发布数据库。

3. 与 Internet 的集成

SQL Server 的数据库引擎提供对 Web 技术的支持,使用户很容易将数据库中的数据发布到 Web 页面上。

4. 具有很好的伸缩性与可用性

同一个数据库引擎可以在多种版本的 Windows 操作系统上使用。SQL Server 提供的图形用户界面管理工具,使得系统管理和数据库的操作更加直观、方便。

5. 数据仓库功能

SQL Server 提供了用于提取和分析数据以进行联机分析处理(OLAP)的工具。

3.1.3 SQL Server 2012 的新特性

SQL Server 2012 提供对企业基础架构最高级别的支持,即专门针对关键业务应用的多种功能与解决方案,可以提供最高级别的可用性及性能。在业界领先的商业智能领域,SQL Server 2012 提供了更多、更全面的功能,以满足不同用户对数据以及信息的需求,包括支持来自不同网络环境的数据的交互、全面的自助分析等功能。针对大数据以及数据仓库,SQL Server 2012 提供从数太字节到数百太字节全面端到端的解决方案。作为 Microsoft 的信息平台解决方案,SQL Server 2012 帮助企业用户快速实现各种数据体验。

SQL Server 2012 具有许多新特性,主要有以下 4 个方面。

(1) 通过 AlwaysOn 技术提供所需运行时间和数据保护,将数据库的镜像提到了一个新的高度,用户可以针对一组数据库做灾难恢复而不是一个单独的数据库。

(2) 通过将数据按列压缩存储的方式来减少查询对磁盘进行读写操作的次数和 CPU 开销,从而大大提高查询效率,降低响应时间。

(3) 提供新的商业智能工具 PowerView,可以让用户创建商业智能报告,提供企业级的数据管理。

(4) 支持结构化和非结构化的实时数据,与 Hadoop 无缝集成,提供对大数据的支持。

3.2 SQL Server 2012 的安装

同其他软件一样,在使用 SQL Server 2012 之前,首先要安装相应的系统文件。在实际安装之前,应该了解 SQL Server 2012 的不同版本对软硬件的需求。

3.2.1 安装需求

在安装 SQL Server 2012 之前,必须配置适当的硬件和软件,才能保证它的正常安装和运行。

1. 硬件要求

硬件配置的高低会直接影响软件的运行速度。在通常情况下,利用 SQL Server 存储和管理数据的特点是数据量大,且对数据进行查询、修改和删除等操作较频繁,更重要的是要保证多人同时访问数据库的高效性,这对硬件性能要求较高。

在实际应用中,应根据应用的需求来选择和配置计算机的硬件。本书只是把 SQL Server 作为一个学习研究的对象,因此能够满足最低硬件配置要求就可以了。

1) 处理器

对于运行 SQL Server 的处理器,最低要求 32 位版本对应 1GHz 的处理器,64 位版本对应 1.4GHz 的处理器。Microsoft 建议 2.0GHz 或更快的处理器。

2) 内存

安装精简版建议 1GB。安装其他版本建议至少 4GB,并且应该随着数据库大小的增加而增加,以便确保最佳的性能。

3）硬盘空间

SQL Server 需要比较大的硬盘空间。SQL Server 2012 要求最少 6GB 的可用硬盘空间。实际硬盘空间需求取决于系统配置和决定安装的功能。

2. 操作系统要求

SQL Server 2012 安装软件环境包括：Windows Server 2008 R2 SP1、Windows Server 2008 SP2、Windows 7 SP1、Windows Vista SP2。

SQL Server 2012 的运行还需要.NET Framework 版本。选择安装数据库引擎、Reporting Services、复制、Master Data Services、Data Quality Services 或 SQL Server Management Studio 时，.NET 3.5 SP1 是 SQL Server 2012 所必需的，并且不再通过 SQL Server 安装程序进行安装。在 Windows Server 2008 R2 SP1 的服务器内核上安装 SQL Server Express 必须首先安装.NET 4.0。

另外，Microsoft 管理控制台（MMC）、SQL Server Data Tools（SSDT）、Reporting Services 的报表设计器组件和 HTML 帮助都需要 Internet Explorer 7 或更高版本。

3.2.2 安装过程

下面以在 Windows 7 平台上安装 Microsoft SQL Server 2012 开发者版为例，介绍如何安装 Microsoft SQL Server 2012 数据库管理系统。

1. 安装注意事项

首先，需要具有 Windows 管理员权限的账户才能安装 SQL Server 2012，而且要安装 SQL Server 2012 的硬件分区必须是未压缩的硬盘分区。其次，安装时不要运行任何杀毒软件。有关其他注意事项，需要参考 SQL Server 2012 的联机丛书文档。

2. 安装过程

SQL Server 2012 的安装过程和其他软件的安装类似。将安装光盘放入光驱后会自动启动一个安装引导程序，按照引导程序提示的操作步骤按顺序进行即可。初次安装时，大部分选项可选择默认值，待对系统参数有一定了解后再重新调整这些参数。具体步骤如下：

(1) 将 SQL Server 2012 安装盘放入光驱，运行 setup.exe 文件，出现“SQL Server 安装中心”对话框，如图 3-2 所示。

(2) 在“SQL Server 安装中心”对话框的左侧列表中选择“安装”选项，并在其中选择第一个项目“全新 SQL Server 独立安装或向现有安装添加功能”，即开始安装 SQL Server 2012。在 SQL Server 的安装过程中，要使用大量的支持文件，首先系统进行检查，检查结果如图 3-3 所示。检查结果没有出现任何错误，可以单击“确定”按钮。

(3) 在出现的“产品密钥”对话框中选择要安装的 SQL Server 2012 版本，并且输入产品密钥，如图 3-4 所示，再单击“下一步”按钮。

(4) 在“许可条款”对话框中阅读 Microsoft 软件许可条款，并选中“我接受许可条款”复选框，如图 3-5 所示，单击“下一步”按钮继续安装。

(5) 在打开的“产品更新”对话框中，选中“包括 SQL Server 产品更新”复选框，如图 3-6 所示，再单击“下一步”按钮。

(6) 在“安装程序支持规则”对话框中确定在安装 SQL Server 安装程序支持文件时可能发生的问题，必须更正所有失败，安装程序才能继续进行，如图 3-7 所示。

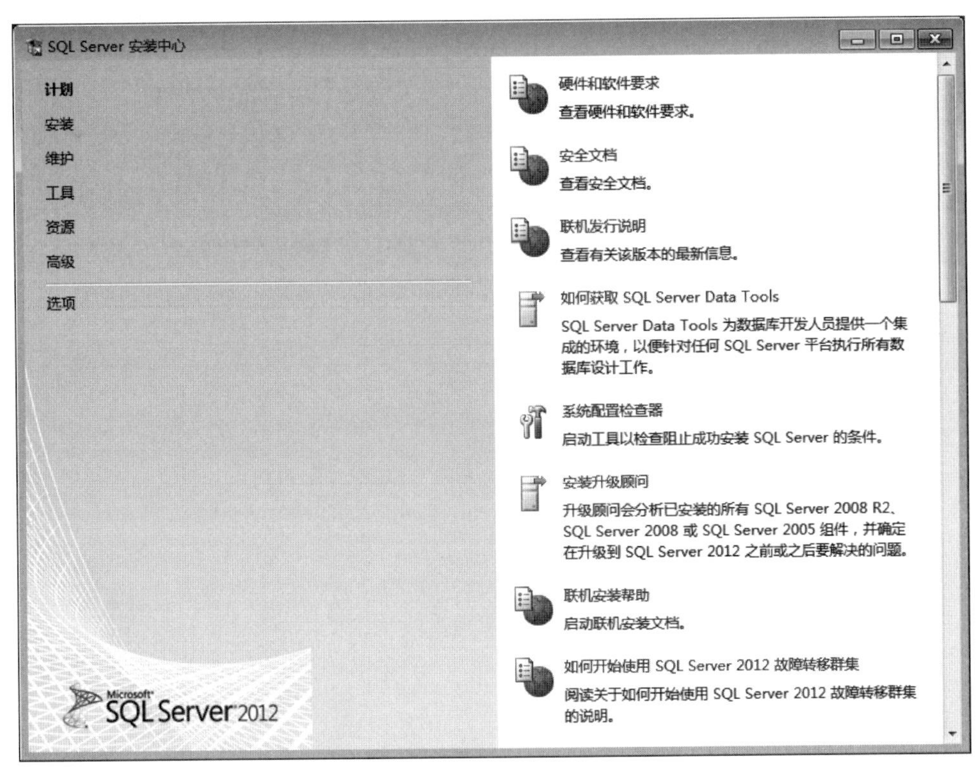

图 3-2 “SQL Server 安装中心”对话框

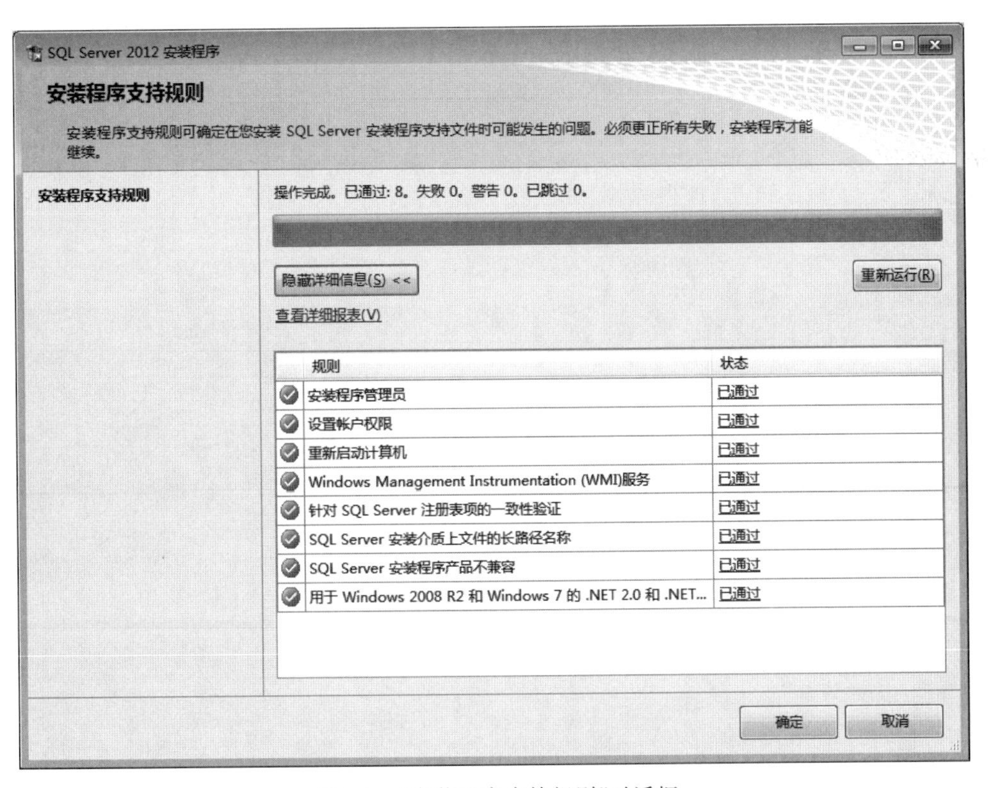

图 3-3 “安装程序支持规则”对话框

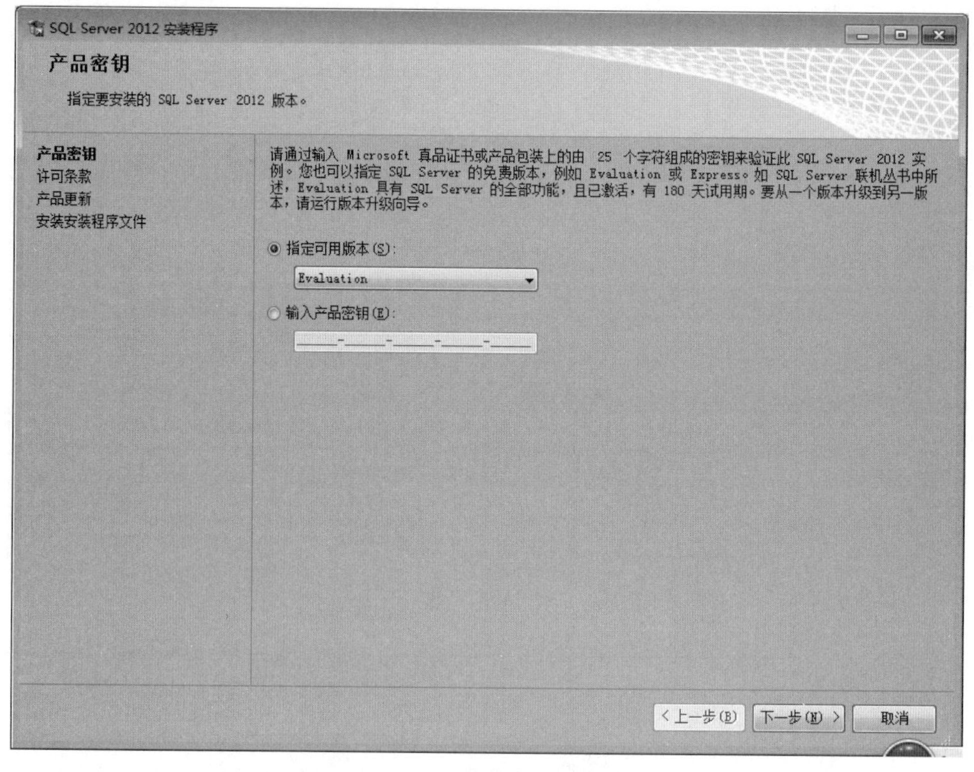

图 3-4 “产品密钥”对话框

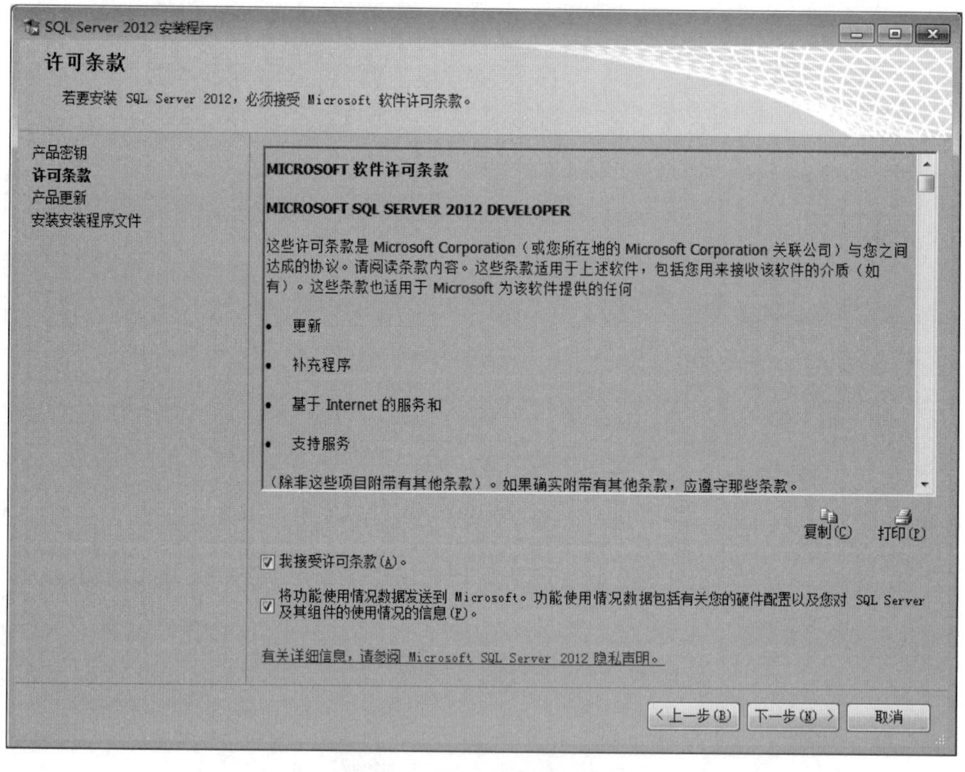

图 3-5 “许可条款”对话框

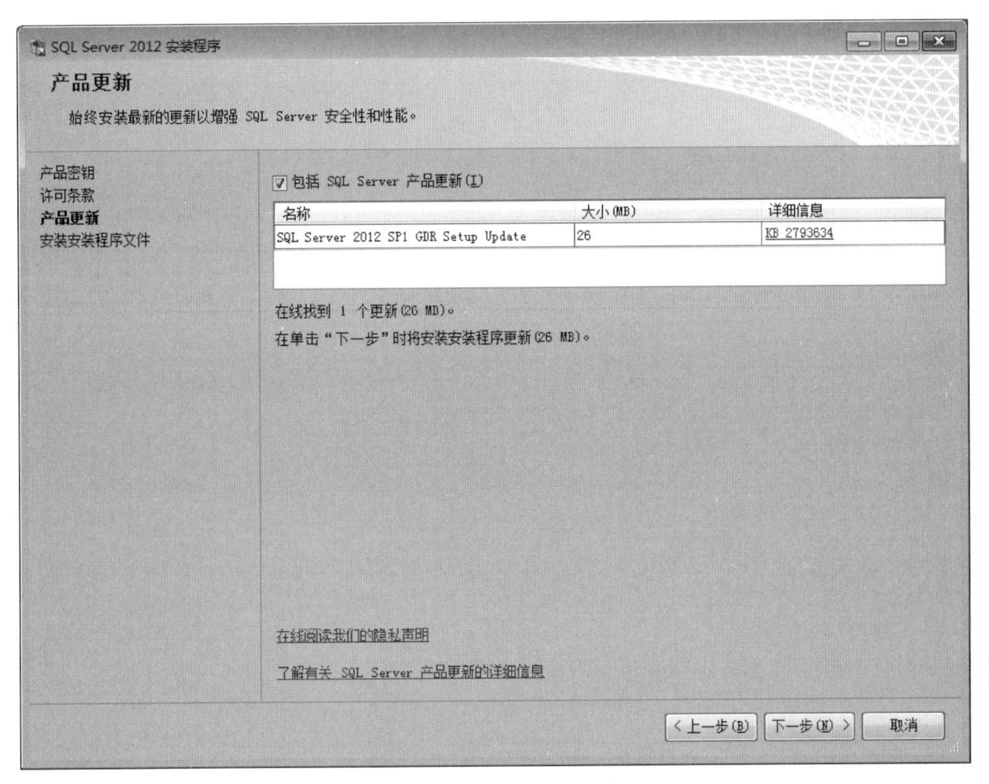

图 3-6 "产品更新"对话框

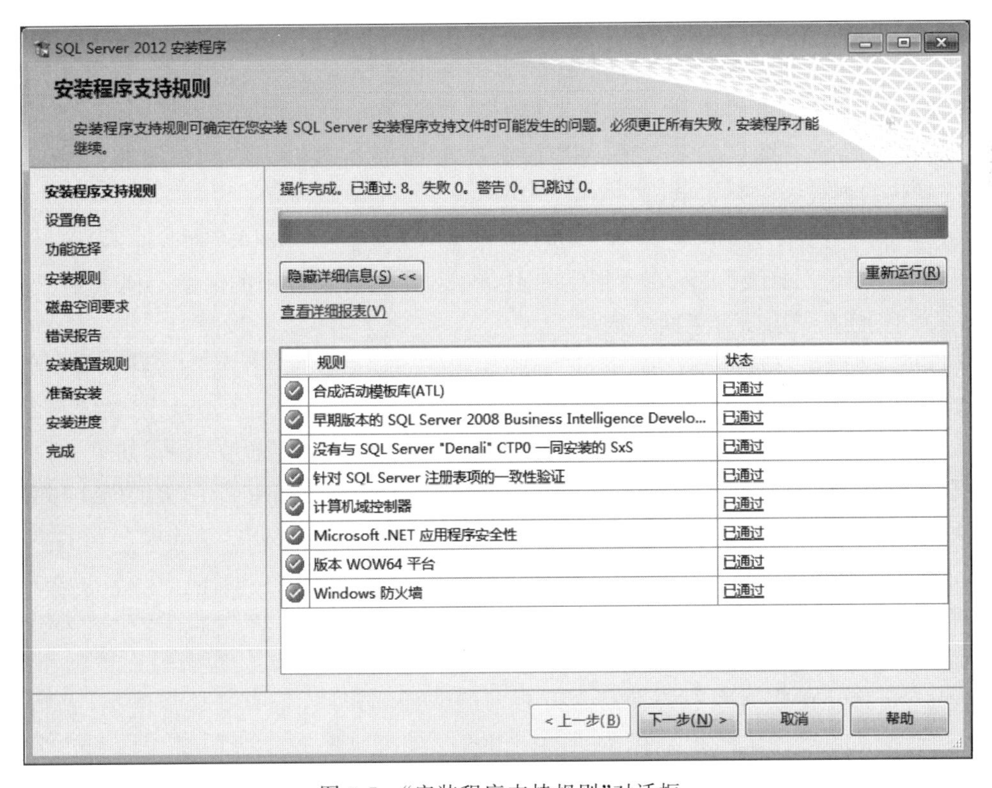

图 3-7 "安装程序支持规则"对话框

(7) 单击“下一步”按钮,进入“设置角色”对话框,如图 3-8 所示。

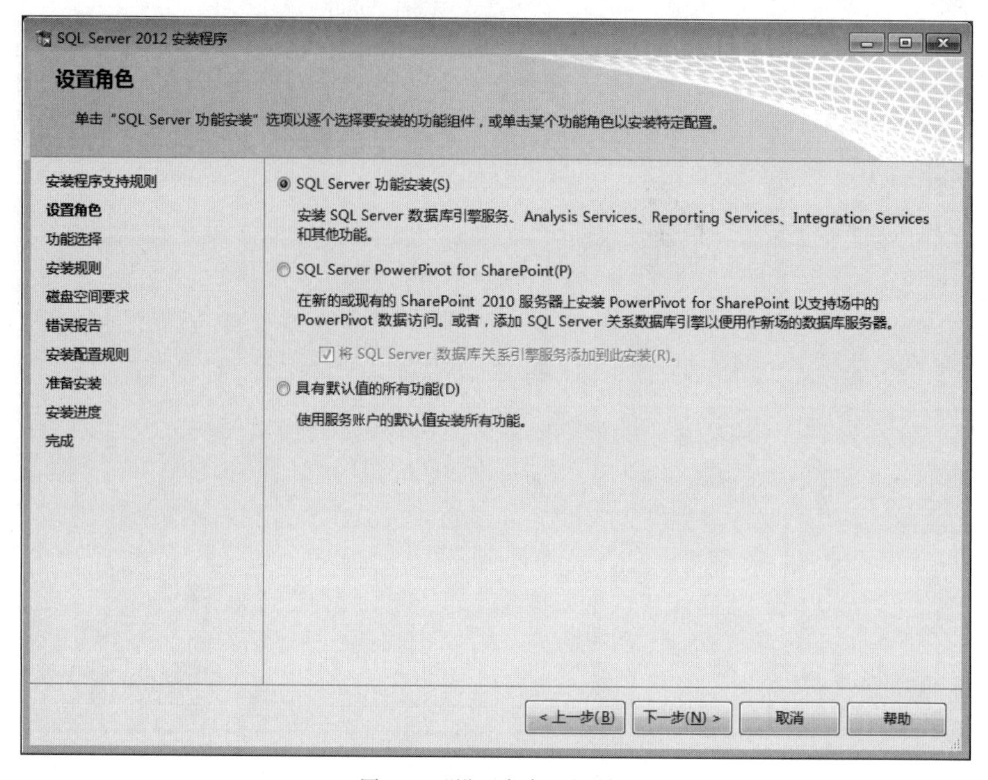

图 3-8 “设置角色”对话框

(8) 单击“下一步”按钮,在“功能选择”对话框中选择需要安装的组件,如图 3-9 所示。此处可以选择安装所有的功能,也可以根据需要,有选择地安装需要的功能组件。

(9) 完成功能选择后,单击“下一步”按钮进入“实例配置”对话框,如图 3-10 所示。可以选择默认实例或者命名实例。

(10) 完成实例配置后,单击“下一步”按钮进入“磁盘空间要求”对话框,如图 3-11 所示。“磁盘使用情况摘要”显示在所指定的磁盘驱动器中需要占用的磁盘空间大小、可用磁盘空间大小、分类占用磁盘空间的数量。

(11) 如果磁盘空间符合要求,单击“下一步”按钮进入“服务器配置”对话框。在“服务账户”选项卡中为每个 SQL Server 服务单独配置账户名、密码以及启动类型,如图 3-12 所示。

(12) 服务器配置完成后,单击“下一步”按钮进入“数据库引擎配置”对话框,如图 3-13 所示。

在“服务器配置”选项卡中有两种登录身份验证模式:Windows 身份验证模式和混合模式。Windows 身份验证模式是通过使用 Windows 操作系统来对登录的账号进行身份验证,它支持 Windows 操作系统的密码策略和账户策略,账号和密码都保存在 Windows 操作系统的账户数据库中。混合模式是指既可以使用 Windows 身份验证,也可以使用 SQL Server 身份验证。在这种身份验证模式中,当客户机使用用户账号和密码连接服务器时,SQL Server 首先在数据库中查询是否有相同的账号和密码,若有则接受连接,否则 SQL Server 向 Windows 操作系统请求验证客户机的身份,如果客户机的身份未通过验证则 SQL Server 拒绝连接。在“数据库引擎配置”对话框中,还可以指定 SQL Server 管理员。

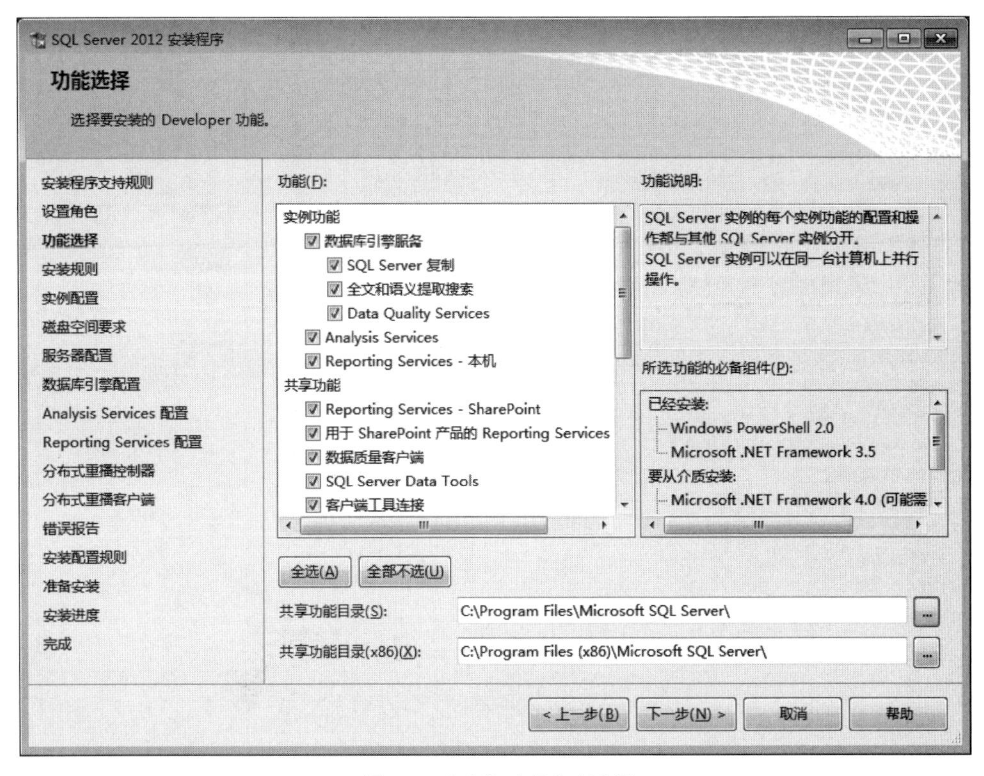

图 3-9 “功能选择”对话框

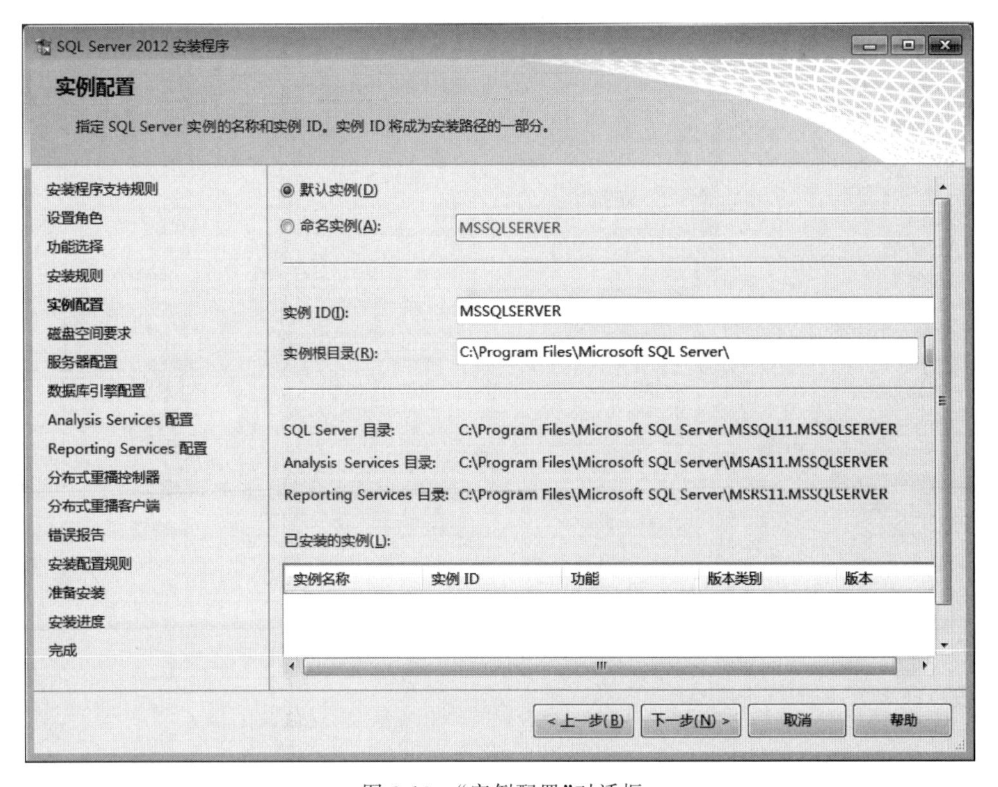

图 3-10 “实例配置”对话框

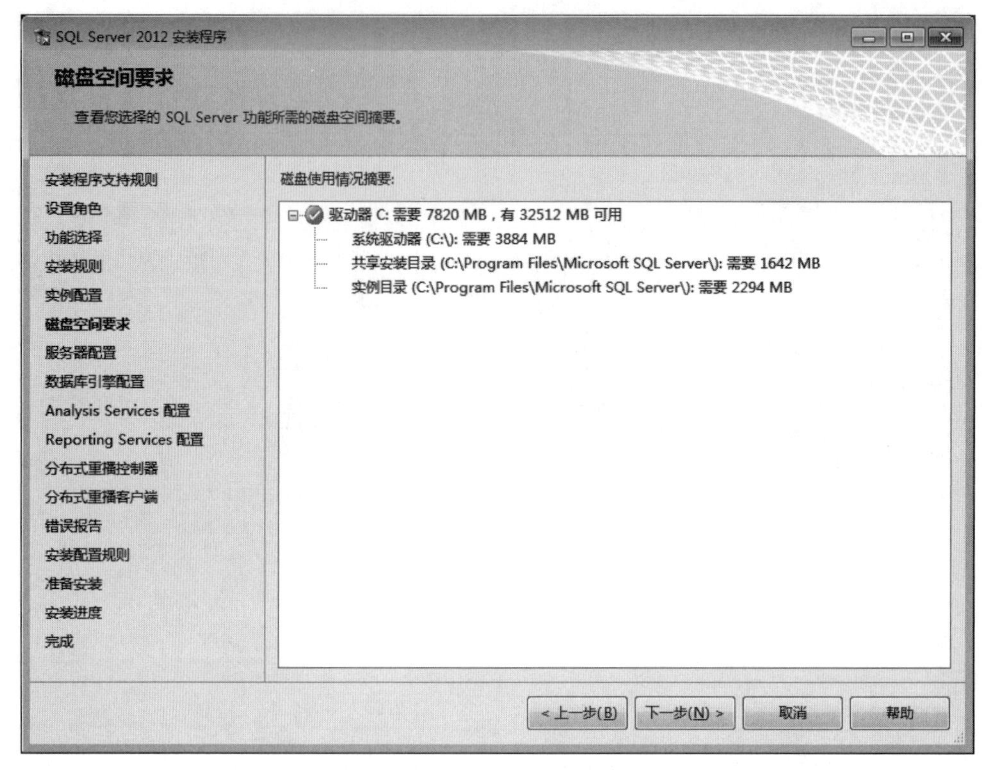

图 3-11 “磁盘空间要求”对话框

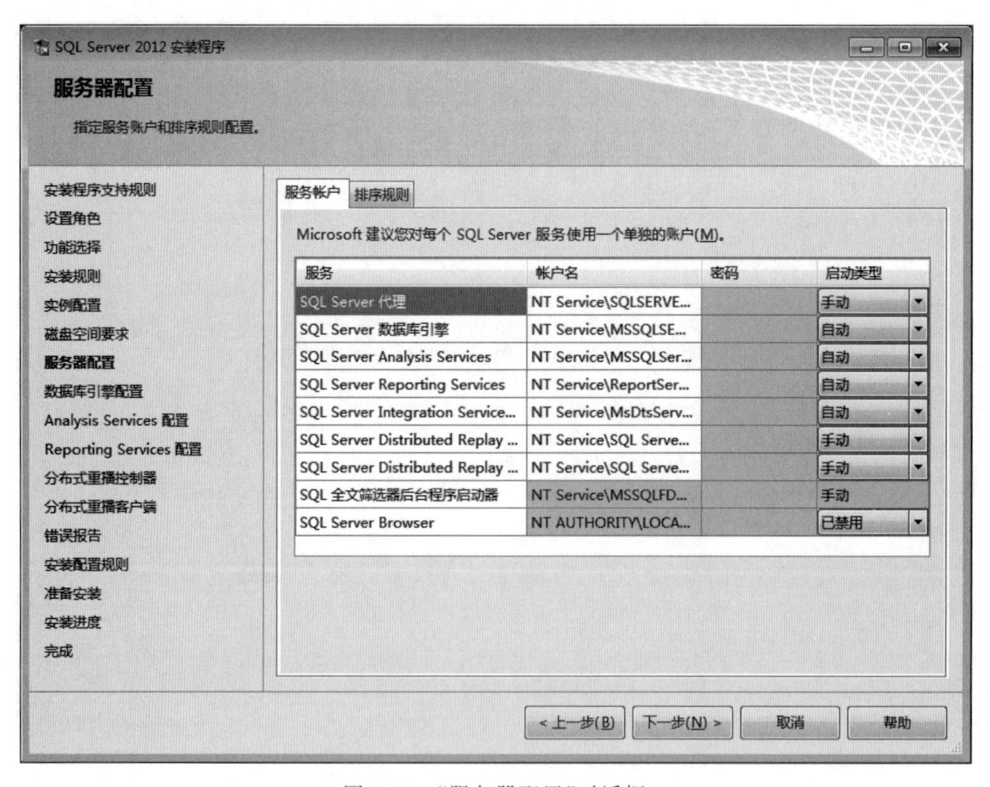

图 3-12 “服务器配置”对话框

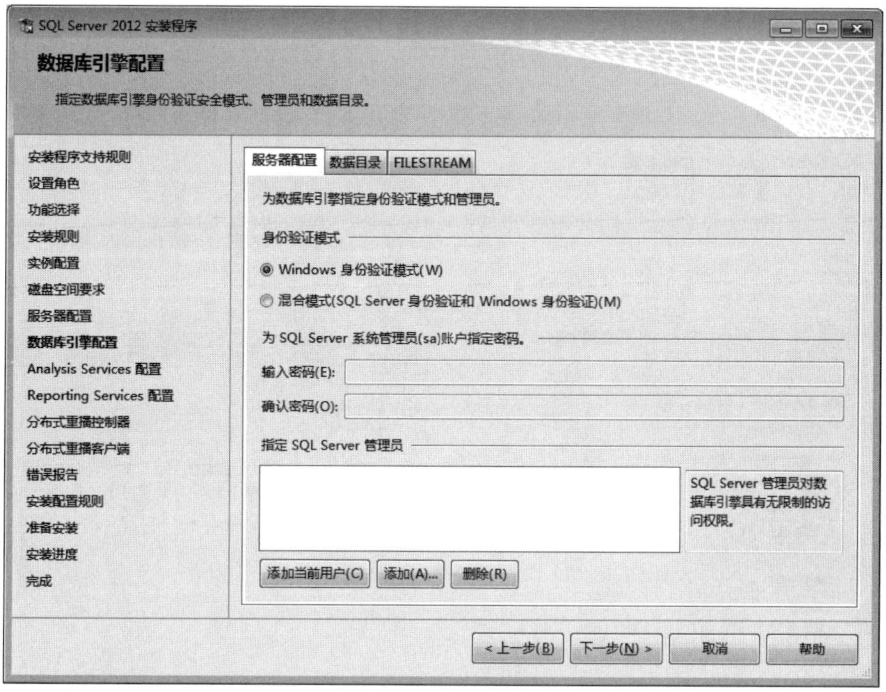

图 3-13 “数据库引擎配置”对话框

(13) 单击“下一步”按钮进入“Analysis Services 配置”对话框,如图 3-14 所示。在“服务器配置”选项卡中,可以添加当前登录的 Windows 用户;在“数据目录”选项卡中,可以对服务数据存放的目录进行设定。

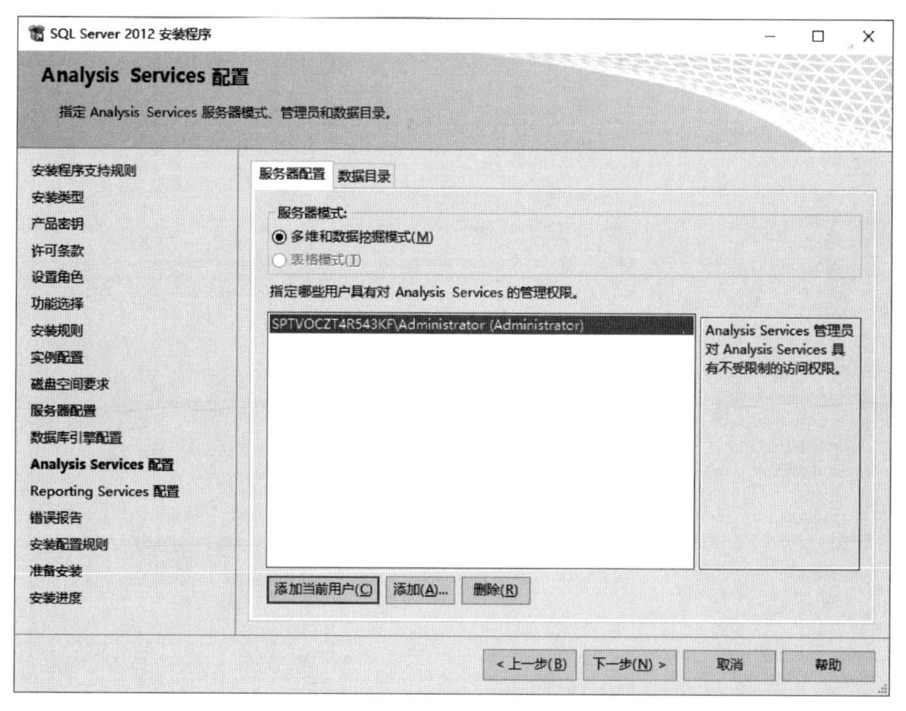

图 3-14 “Analysis Services 配置”对话框

(14) 完成 Analysis Services 的配置后，单击“下一步”按钮进入“Reporting Services 配置”对话框，可以使用默认值，如图 3-15 所示。

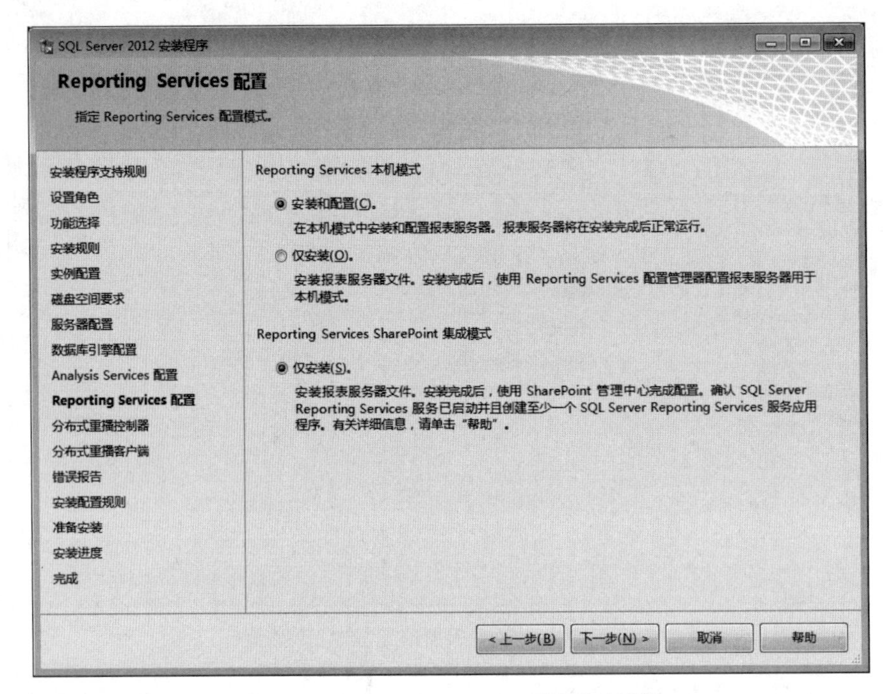

图 3-15 “Reporting Services 配置”对话框

(15) 单击“下一步”按钮继续安装，在如图 3-16 所示的“分布式重播客户端”对话框中输入控制器名称 CONTROLLER。

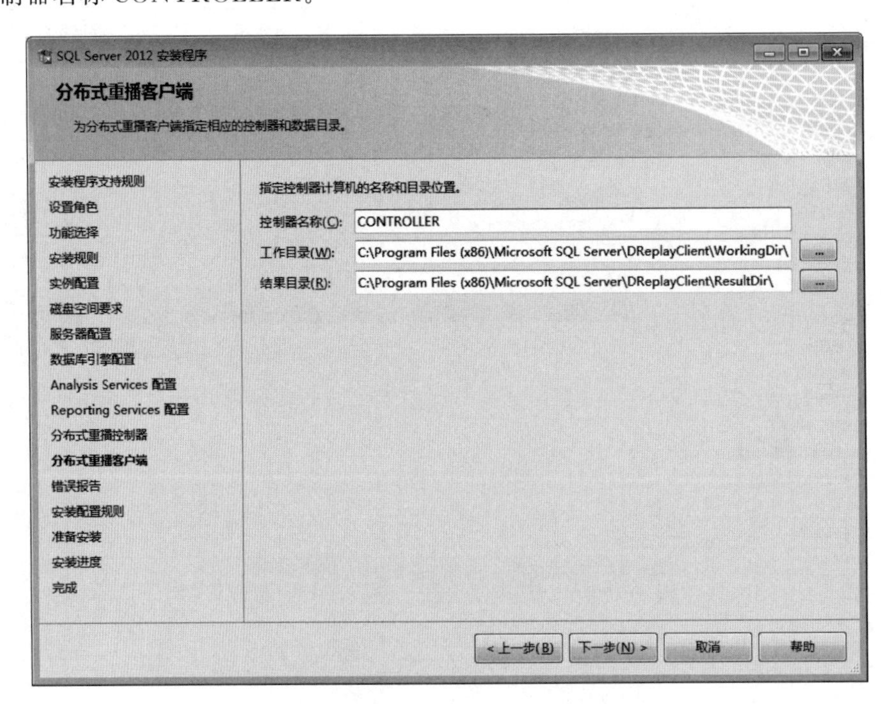

图 3-16 “分布式重播客户端”对话框

(16) 单击“下一步”按钮继续安装，在如图 3-17 所示的“错误报告”对话框中进行选择，可以报告错误和使用情况。

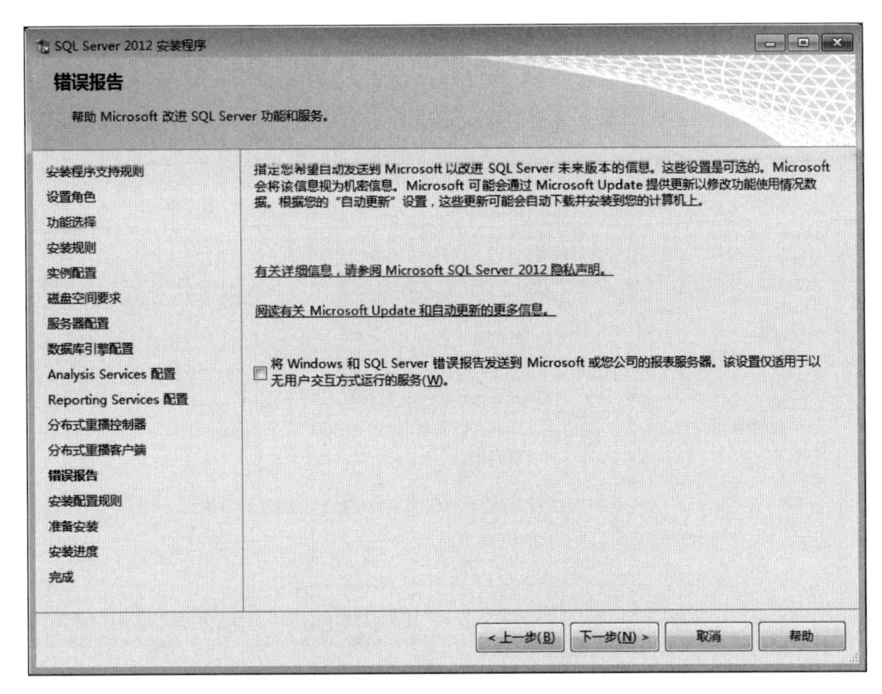

图 3-17 “错误报告”对话框

(17) 单击“下一步”按钮进入“安装配置规则”对话框，如图 3-18 所示。通过安装程序的所有规则之后可以继续进行安装。

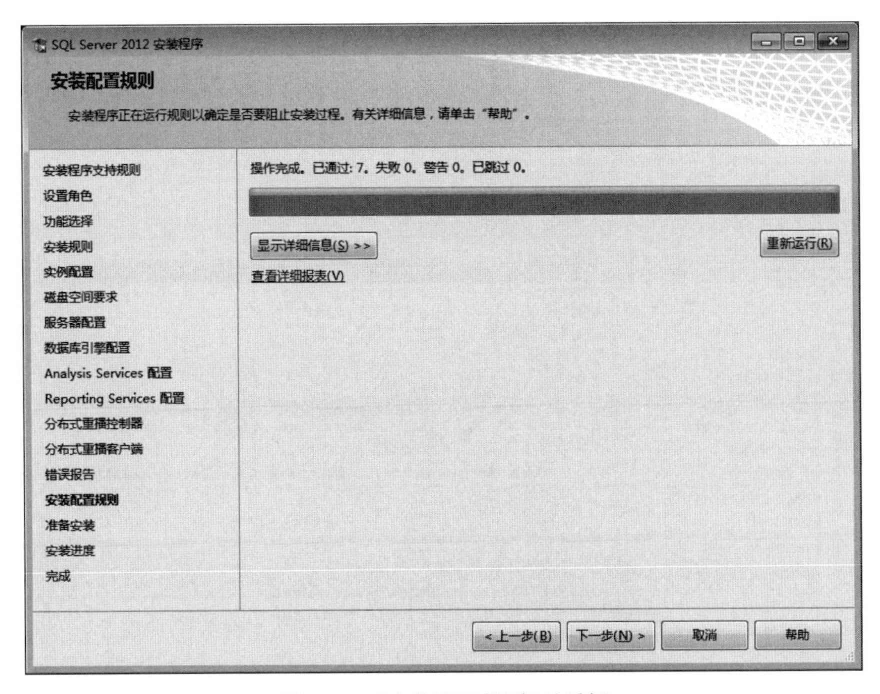

图 3-18 “安装配置规则”对话框

(18) 单击“下一步”按钮进入“准备安装”对话框,如图 3-19 所示,在这里用户可以查看所有将安装的组件信息。

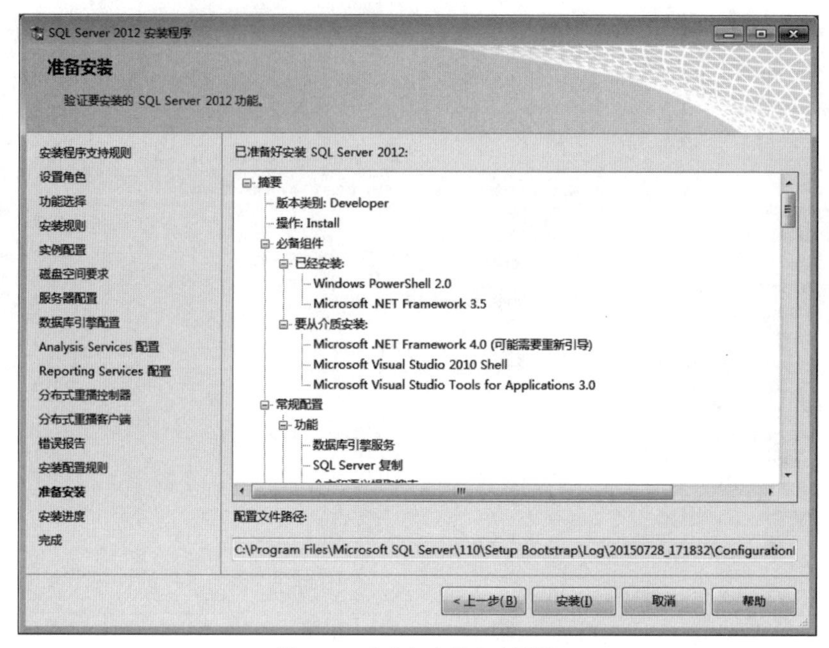

图 3-19 “准备安装”对话框

(19) 确认安装组件无误后,单击“安装”按钮开始安装,安装程序将安装用户所选择的所有组件。所有组件都成功安装后,在“完成”对话框显示整个 SQL Server 2012 安装过程的摘要、日志保存位置以及其他说明信息,如图 3-20 所示。至此,SQL Server 2012 成功安装,单击“关闭”按钮结束安装过程。

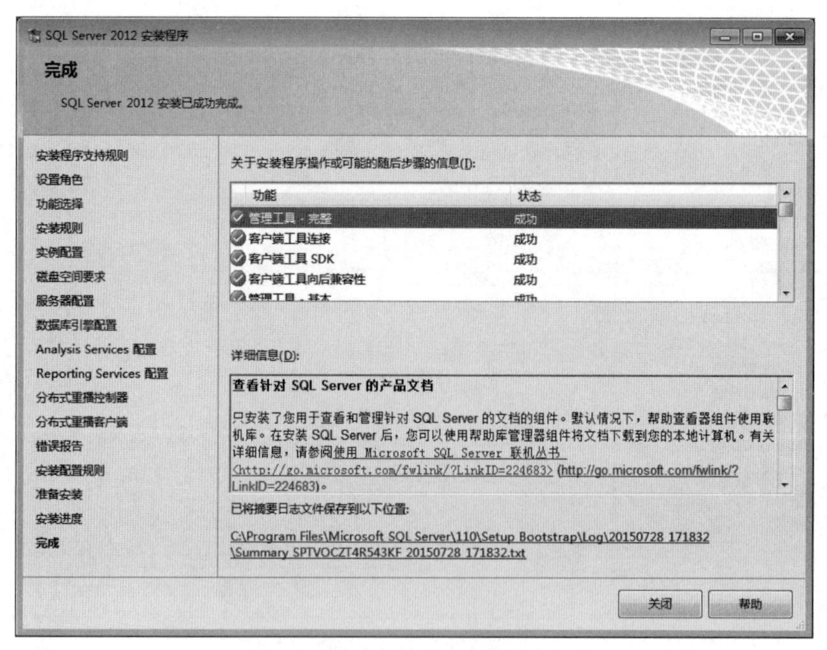

图 3-20 “完成”对话框

3.3 SQL Server 2012 管理平台

使用 SQL Server 2012 的管理平台，可以实现对系统快速、高效的操作和管理。

3.3.1 SQL Server 2012 管理平台的功能与基本操作

SQL Server 管理平台(SQL Server Management Studio)是为 SQL Server 数据库的管理员和开发人员提供的一个可视化集成管理平台，通过它可对 SQL Server 数据库进行访问、配置、控制、管理和开发。

视频讲解

启动 SQL Server 管理平台的具体步骤如下：

(1) 在 Windows 桌面选择"开始"→"所有程序"→Microsoft SQL Server 2012→SQL Server Management Studio 命令，出现"连接到服务器"对话框，如图 3-21 所示。

图 3-21 "连接到服务器"对话框

(2) 建立与服务器的连接。这里使用本地服务器，服务器名称为 CSUSQL，在"身份验证"下拉列表框中选择"Windows 身份验证"选项，单击"连接"按钮进入 SQL Server Management Studio 操作界面，说明 SQL Server Management Studio 启动成功，如图 3-22 所示。

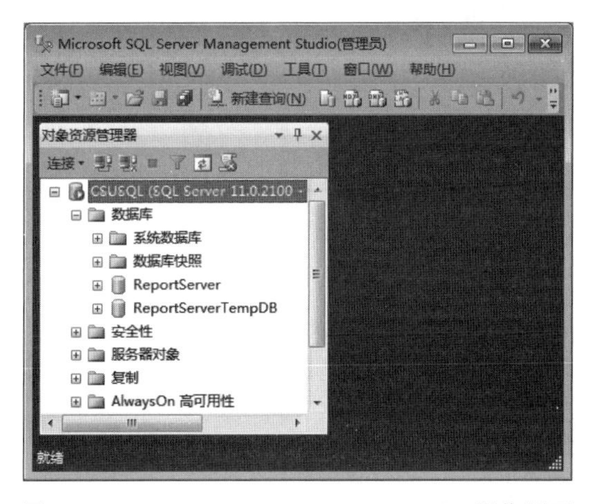

图 3-22 SQL Server Management Studio 操作界面

在默认情况下,SQL Server Management Studio 操作界面会显示“对象资源管理器”窗格。该窗格以树形视图的形式显示数据库服务器的直接子对象。子对象包括数据库、安全性、服务器对象、复制、AlwaysOn 高可用性、管理等。每个子对象作为一个结点,仅当单击其前一级子对象的加号时,子对象才出现。在对象上右击,则显示此对象的属性。减号表示对象目前已被展开,要压缩一个对象的所有子对象,单击子对象的减号(或双击该文件夹)。

3.3.2 SQL Server 2012 服务器的配置与管理

SQL Server 2012 是运行于网络环境下的数据库管理系统,它支持网络中不同计算机上的多个用户同时访问和管理数据库资源。服务器是 SQL Server 2012 数据库管理系统的核心,它为客户端提供网络服务,使用户能够远程访问和管理 SQL Server 数据库。配置服务器的过程就是为了充分利用 SQL Server 系统资源而设置数据库服务器默认行为的过程。合理地配置服务器,可以加快服务器响应请求的速度,充分利用系统资源,提高系统的工作效率。

1. 注册 SQL Server 2012 服务器

非本机上的 SQL Server 2012 服务器称为远程服务器,对于这一类服务器必须先注册然后才能进行相关管理工作。但对于本机上的服务器,一般在安装时就自动完成了注册工作,所以不需要通过手工的方式来完成。

客户机要注册到远程服务器,前提条件是远程服务器必须已经启动且服务器端口 1433 开启,网络畅通;另外,还需要检查客户机的网络参数(协议)与服务器端的网络参数(协议)是否相匹配并了解登录服务器的方式及账户名称和密码。

注册 SQL Server 2012 服务器过程如下:

(1) 启动 SQL Server Management Studio,在出现的“连接到服务器”对话框中单击“取消”按钮,此时出现如图 3-23 所示的 SQL Server Management Studio 无服务器连接界面。

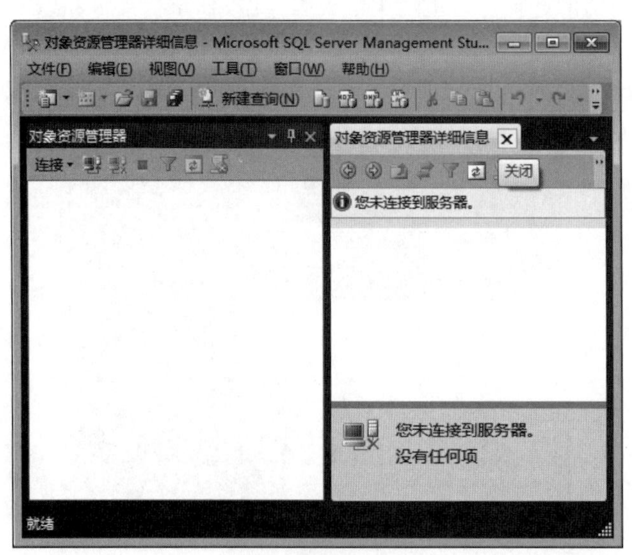

图 3-23 SQL Server Management Studio 无服务器连接界面

(2) 如果已注册的服务器在 SQL Server Management Studio 中没有出现，可以在“视图”菜单中选择“已注册的服务器”命令进行查看；也可以在 SQL Server Management Studio 的“对象资源管理器”窗格中右击“本地服务器组”选项，然后在弹出的快捷菜单中选择“新建服务器注册”命令，出现如图 3-24 所示的“新建服务器注册”对话框。在“服务器名称”下拉列表框中选择服务器名称，在“身份验证”下拉列表框中选择数据库服务器的身份验证方式，如果是“SQL Server 身份验证”方式，还需要给出“用户名”和“密码”；在“已注册的服务器名称”中可以输入管理的服务器名称(可使用默认的名称，也可根据需要改变)。

(3) 各项设置完成后，单击“测试”按钮，如果连接成功，则会出现“连接测试成功”对话框。在“新建服务器注册”对话框中，选择“连接属性”选项卡，如图 3-25 所示。在“连接到数据库”下拉列表框中选择注册服务器默认连接的数据库；在“网络协议”列表框中选择使用的网络协议；在“网络数据包大小”微调框中可以设置客户机和服务器网络数据包的大小；在“连接”选项下可设置“连接超时值”和“执行超时值”。所有设置完后，单击“保存”按钮。

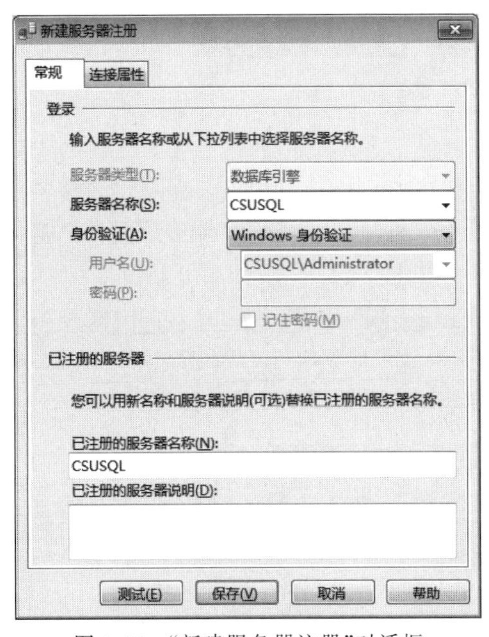

图 3-24 “新建服务器注册”对话框

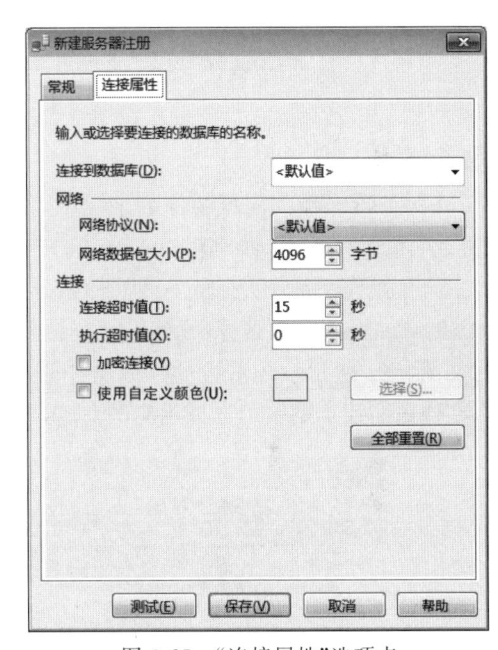

图 3-25 “连接属性”选项卡

(4) 注册成功后，在“已注册的服务器”窗格中，选择“数据库引擎”下“本地服务器组”中新注册的服务器，右击，在弹出的快捷菜单中选择“对象资源管理器”命令，出现如图 3-26 所示的服务器对象资源显示界面，可对服务器下的对象进行相关管理和设置，注册数据库服务器完成。

2. 暂停、停止或启动 SQL Server 2012 服务器

视频讲解

SQL Server 2012 服务器暂停一般是在需要临时关闭数据库时进行。暂停服务器后，连接用户已经提交的任务将继续执行，新的用户连接请求将被拒绝，暂停结束后可以恢复执行。

SQL Server 2012 服务器关闭是从内存中清除所有有关的 SQL Server 2012 服务器进程，所有与之连接的用户都将停止服务，新的用户也不能登录，当然也不能进行任何

图 3-26　服务器对象资源显示界面

的操作服务。

在服务器已经关闭或暂停的情况下，需要相关服务时应启动 SQL Server 2012 服务器。暂停、关闭或恢复、启动 SQL Server 2012 服务器，均可通过以下 3 种常见的方法来实现。

1) 在操作系统中“管理工具”下的“服务”界面中操作

在 Windows 桌面选择“开始”→“控制面板”→“管理工具”→“服务”命令，打开“服务”对话框，如图 3-27 所示。在右边的列表框中选择对应服务，如 SQL Server(MSSQLSERVER)，右击，在弹出的快捷菜单中选择相应的命令，即可启动、停止、暂停、恢复、重新启动服务器。

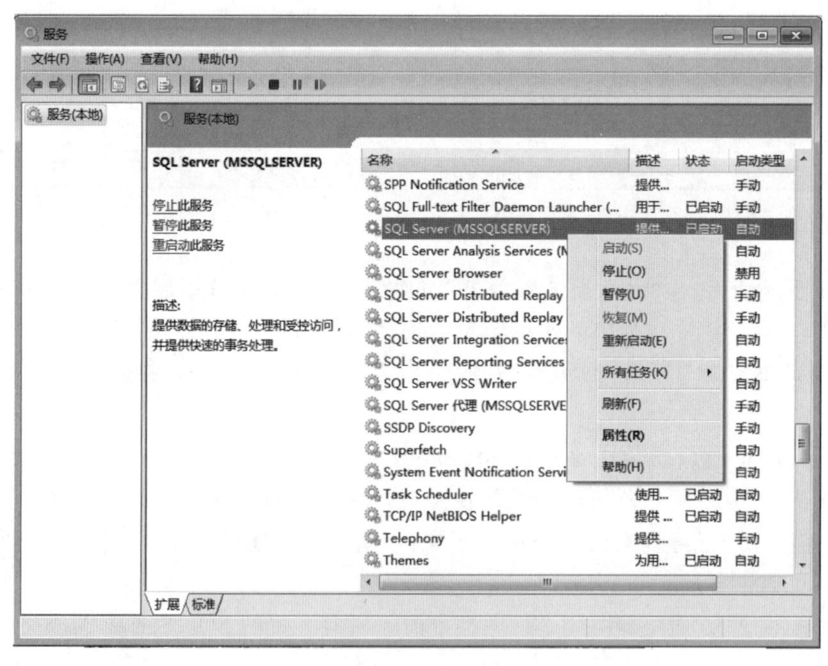

图 3-27　“服务”对话框

2）在 SQL Server 管理平台中操作

打开 SQL Server Management Studio 窗口，在“已注册的服务器”窗格中选择要进行操作的服务器，右击，在弹出的快捷菜单中选择“服务控制”命令即可启动、停止、暂停、继续、重新启动服务器，如图 3-28 所示。

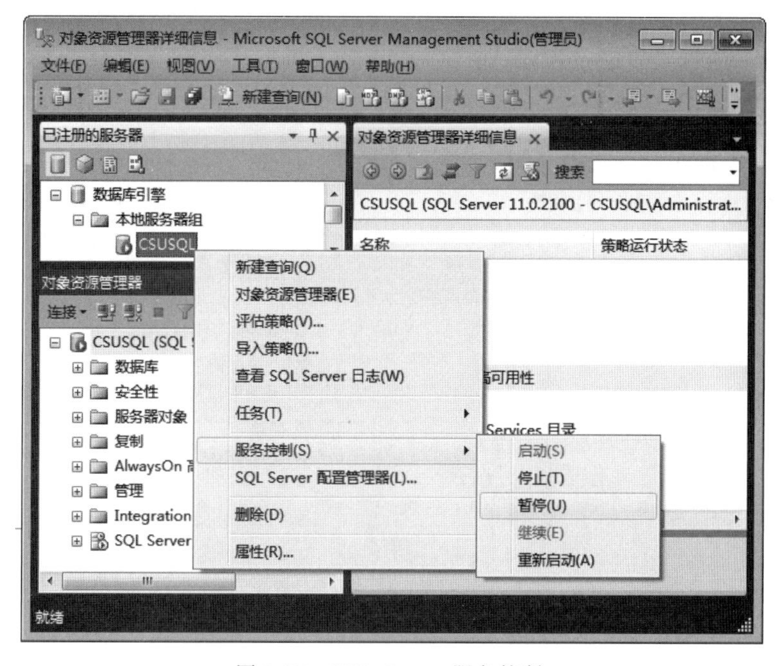

图 3-28　SQL Server 服务控制

3）在“SQL Server 配置管理器”中操作

如图 3-28 所示，选择“SQL Server 配置管理器”命令启动“SQL Server 配置管理器”。在左边的目录树中选择“SQL Server 服务”选项，在右边的服务内容列表区中选择某项服务，如 SQL Server(MSSQLSERVER)，右击，在弹出的快捷菜单中选择相应的命令即可启动、停止、暂停、继续、重新启动服务器，如图 3-29 所示。

图 3-29　SQL Server 配置管理器

3. 配置 SQL Server 2012 服务器

打开 SQL Server Management Studio 窗口,在“对象资源管理器”窗格中选择已连接的服务,右击,在弹出的快捷菜单中选择“属性”命令,打开“服务器属性”对话框,在此对话框中可以配置 SQL Server 2012 服务器。可以配置的参数包括“常规”“内存”“处理器”“安全性”“连接”“数据库设置”“高级”和“权限”,在对话框左边的“选择页”中选择要设置的分类名,在右边的内容页中进行具体的设置或查看,不清楚的配置内容可参看联机帮助文档或使用默认设置,如图 3-30 所示。

图 3-30 “服务器属性”对话框

3.4 SQL 和 Transact-SQL 概述

SQL(Structured Query Language,结构化查询语言)是利用一些简单的语句构成基本的语法,来存取数据库的内容。由于 SQL 简单易学,目前已成为关系型数据库系统中使用最为广泛的语言。Transact-SQL 是 Microsoft SQL Server 提供的一种结构化查询语言。

3.4.1 SQL 的发展与特点

SQL 是一种使用关系模型的数据库应用语言。SQL 最早是在 20 世纪 70 年代由 IBM 公司开发出来的,并被应用在 DB2 关系数据库系统中,主要用于关系数据库中的信息检索。

SQL 自开发出来以后,由于它具有功能丰富、使用灵活、语言简洁易学等突出优点,在计算机工业界和计算机用户中备受欢迎。1986 年 10 月,美国国家标准研究所的数据库委员会批准了SQL作为关系数据库语言的美国标准。1987年6月，国际标准化组织(ISO)将其采纳为国际标准。这个标准也称为SQL_86。SQL标准的出台使SQL作为标准关系数据库语言的地位得到了加强。随后，SQL标准几经修改和完善，其间经历了SQL_89、SQL_92、SQL:1999，一直到2003年的SQL:2003、2008年的SQL:2008、2011年的SQL:2011等多个版本，每个新版本都较前面的版本有重大改进。随着数据库技术的发展，将来还会推出更新的标准。但是需要说明的是，公布的SQL标准只是一个建议标准，目前一些主流数据库产品也只达到了基本级的要求，并没有完全实现这些标准。

按照ANSI的规定，SQL被作为关系数据库的标准语言。SQL语句可以用来执行各种各样的操作。目前流行的关系数据库管理系统，如Oracle、Sybase、SQL Server、Visual FoxPro等，都采用了SQL标准，而且很多数据库都对SQL语句进行了再开发和扩展。

图3-31描述了SQL的工作原理。图中有一个存放数据的数据库以及管理、控制数据库的软件系统(数据库管理系统)。当用户需要检索数据库中的数据时，就可以通过SQL发出请求，数据库管理系统对SQL请求进行处理，检索到所要求的数据，并将其返回给用户。

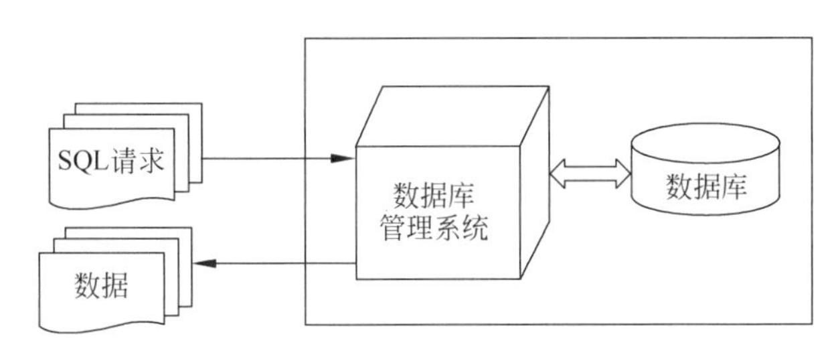

图3-31　SQL的工作原理

尽管设计SQL的最初目的是查询，查询数据也是其最重要的功能之一，但SQL决不仅仅是一个查询工具，它可以独立完成数据库的全部操作。按照其实现的功能可以将SQL划分为如下几类。

(1) 数据查询语言(Data Query Language，DQL)：按一定的查询条件从数据库对象中检索符合条件的数据。

(2) 数据定义语言(Data Definition Language，DDL)：用于定义数据的逻辑结构以及数据项之间的关系。

(3) 数据操纵语言(Data Manipulation Language，DML)：用于更改数据库，包括增加新数据、删除旧数据、修改已有数据等。

(4) 数据控制语言(Data Control Language，DCL)：用于控制其对数据库中数据的操作，包括基本表和视图等对象的授权、完整性规则的描述、事务开始和结束控制语句等。

可见SQL是一种能够控制数据库管理系统并能与之交互的综合性语言，但SQL并不是一种像传统程序设计语言(如Visual Basic .NET、C、C++)那样完整的语言，没有用于程序流程控制的语句，它是一种数据库子语言。

3.4.2 Transact-SQL概述

SQL是一种数据库标准查询语言，在每一个具体的数据库系统中，都对这种标准的SQL有一些功能上的调整(一般是扩展)，语句格式也有个别变化，从而形成了各自不完全相同的 SQL 版本。Transact-SQL 就是 SQL Server 中使用的 SQL 版本。

Transact-SQL 最早由 Sybase 公司、Microsoft 公司联合开发,Microsoft 公司将其应用在 SQL Server 上,并将其作为 SQL Server 的核心组件,与 SQL Server 通信,并访问 SQL Server 中的对象。它在 ANSI SQL_92 标准的基础上进行了扩展,对语法也做了精简,增强了可编程性和灵活性,使其功能更为强大,使用更为方便。随着 SQL Serve 的应用普及,Transact-SQL 也越来越重要了。

Transact-SQL 对 SQL 的扩展主要包含如下 3 个方面。

(1) 增加了流程控制语句。SQL 作为一种功能强大的结构化标准查询语言并没有包含流程控制语句,因此不能单纯使用 SQL 构造出一种最简单的分支程序。Transact-SQL 在这方面进行了多方面的扩展,增加了块语句、分支判断语句、循环语句、跳转语句等。

(2) 加入了局部变量、全局变量等许多新概念,可以写出更复杂的查询语句。

(3) 增加了新的数据类型,处理能力更强。

本章小结

本章首先介绍了 SQL Server 2012 的发展过程、特点以及安装过程,然后介绍了 SQL Server 2012 的管理工具,最后简要介绍了数据库通用语言 SQL 及 SQL Server 中的 Transact-SQL。

(1) SQL Server 是一个关系数据库管理系统,其版本不断更新。SQL Server 2012 在性能上有很大提高,成为集数据管理和分析于一体的企业级数据平台。

SQL Server 2012 包括企业版(Enterprise)、标准版(Standard)、商业智能版(Business Intelligence)、Web 版、开发者版(Developer)以及精简版(Express)。不同版本所包含的组件不尽相同。企业版所包含的组件最全,功能最强,对安装环境的要求也最高。

(2) 使用 SQL Server 2012 的首要工作是安装系统。用户可以通过图形化的管理工具和 Transact-SQL 两种方式浏览和修改数据库中的数据,配置数据库系统参数。

(3) SQL Server 2012 系统提供了大量的管理工具,通过这些管理工具,可以实现对系统的快速、高效管理。SQL Server 管理平台是为 SQL Server 数据库的管理员和开发人员提供的一个可视化图形集成管理平台,通过它来对 SQL Server 数据库进行访问、配置、控制、管理和开发,也是 SQL Server 2012 中最重要的管理工具。SQL Server 配置管理器用于管理与 SQL Server 相关联的服务、配置 SQL Server 使用的网络协议,以及从 SQL Server 客户端计算机进行网络连接配置。SQL Server 2012 还提供了其他许多管理工具。

(4) SQL Server 2012 服务器的管理工作包括启动、暂停或关闭 SQL Server 2012 服务器。数据库管理员管理服务器如果是在远程客户机上进行管理,还必须先注册服务器,然后才能执行相应的管理和配置工作。

(5) Transact-SQL 是用户使用 SQL Server 的另一种方式。图形化工具虽然使用方便,但其交互式的工作方式决定了其不能程序化。在数据库应用系统中,对于经常性反复使用的业务过程,可以使用 Transact-SQL 方式访问数据库,并将访问过程程序化。

习　题　3

一、选择题

1. SQL Server 2012 运行的平台为(　　)。

A. Windows 平台　B. UNIX 平台　C. Linux 平台　D. NetWare 平台

2. SQL Server 2012 企业版支持的 Windows 操作系统版本是(　　)。

A. Windows 2003 Server　B. Windows XP

C. Windows 98　D. Windows 2008 Server SP2

3. SQL 是(　　)的缩写。

A. Standard Query Language　B. Structured Query Language

C. Select Query Language　D. Some Query Language

4. SQL 是一种(　　)语言。

A. 高级算法　B. 人工智能　C. 关系数据库　D. 函数型

5. SQL 按其功能可分为 4 类,包括查询语言、定义语言、操纵语言和控制语言,其中最重要的、使用最频繁的语言为(　　)。

A. 定义语言　B. 查询语言　C. 操纵语言　D. 控制语言

二、填空题

1. Microsoft 公司提供了 6 个版本的 SQL Server 2012,它们的名称分别为:________、________、________、________、________和________。

2. SQL Server 2012 支持两种登录认证模式:一种是________;另一种是________。

3. 更改数据库,包括增加新数据、删除旧数据、修改已有数据等属于 SQL 的________语言。

4. SQL Server Management Studio 分为左右两区域,一般________、________在左边区域,________等以选项卡形式在右边区域。

5. SQL 不仅仅是一个查询工具,它可以独立完成数据库的全部操作。按照其实现的功能可以将 SQL 语言划分为________、________、________和________ 4 类。

三、问答题

1. 简述 SQL Server 2012 的新特性。

2. 为了成功安装 SQL Server 2012,在安装的计算机上需要哪些软件组件?

四、应用题

1. 在自己的计算机上安装 SQL Server 2012 系统(版本不限)。

2. 验证 SQL Server 2012 是否安装成功。

3. 用几种不同的方法实现注册数据库服务器与对象资源管理器的连接。

4. 操作并熟悉 SQL Server 2012 管理平台窗口界面。

第4章 数据库的管理

在SQL Server中,数据库是存放数据的容器,设计一个数据库应用系统必须先设计数据库。数据库中的数据及其相关信息通常被存储在一个或多个磁盘文件(即数据库文件)中,而数据库管理系统(DBMS)为用户或数据库应用程序提供统一的接口来访问和控制这些数据,使得用户不需要直接访问数据库文件。本章将讨论数据库的基本概念及数据库的创建、修改和删除等操作。

4.1 SQL Server 2012数据库概述

在讨论数据库的管理之前,先介绍SQL Server数据库的一些基本概念,它们是理解和掌握数据库操作过程的基础。

4.1.1 SQL Server 2012中的数据库

数据库通常被划分为用户视图和物理视图。用户视图是用户看到和操作的数据库,而物理视图是数据库在磁盘上的文件存储。图4-1描述了SQL Server数据库的用户视图和物理视图。

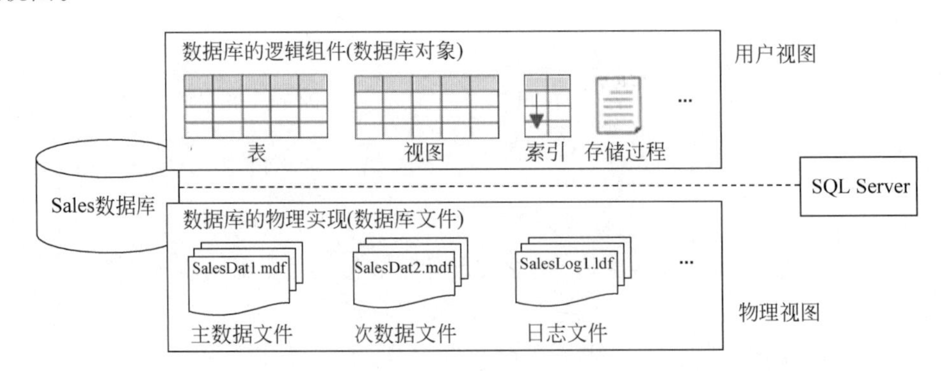

图4-1 SQL Server数据库的用户视图和物理视图

用户视图是DBMS对数据库中信息的封装,是DBMS提供给用户或数据库应用程序的统一访问接口。SQL Server把数据及其相关信息用多个逻辑组件来表示,如表、视图、索引、存储过程等,这些逻辑组件通常被称为数据库对象。用户或数据库应用程序看到的数据库由多个数据库对象组成,用户对数据库的操作都由数据库对象来实施。

物理视图是指DBMS如何组织数据库在磁盘上的物理文件以及如何高效率访问存储在磁盘文件中的数据。SQL Server使用数据文件和日志文件来实现数据库在磁盘上的结构化存储。在 SQL Server 中，数据库的物理实现对用户是透明的，即数据库是如何存储的对用户来说是不可见的，也不需要关心。但是，了解数据库的物理实现有助于设计出高效的数据库系统。

1. SQL Server 中的数据库对象

SQL Server 数据库对象通常用于提高数据库性能、支持特定的数据活动、保持数据完整性或保障数据的安全性。SQL Server 中常见的数据库对象如表 4-1 所示。

表 4-1 SQL Server 中常见的数据库对象

对　象	作　用
表	数据库中数据的实际存放位置
视图	定制复杂或常用的查询，以便用户使用；限定用户只能查看表中的特定行或列；为用户提供统计数据而不展示细节
索引	加快从表或视图中检索数据的速度
存储过程	提高性能；封装数据库的部分或全部细节；帮助在不同的数据库应用程序之间实现一致的逻辑
约束、规则、默认值和触发器	确保数据库的数据完整性；强制执行业务规则
登录、用户、角色和组	保障数据安全的基础

本书的后续章节将对这些数据库对象进行详细的介绍。

2. SQL Server 中的数据库文件

在 SQL Server 中，数据库是由数据文件和事务日志文件组成的。一个数据库至少应包含一个数据文件和一个事务日志文件。包括系统数据库在内的每个数据库都有自己的文件集，而且不与其他数据库共享这些文件。SQL Server 中数据库的文件组成如图 4-2 所示。

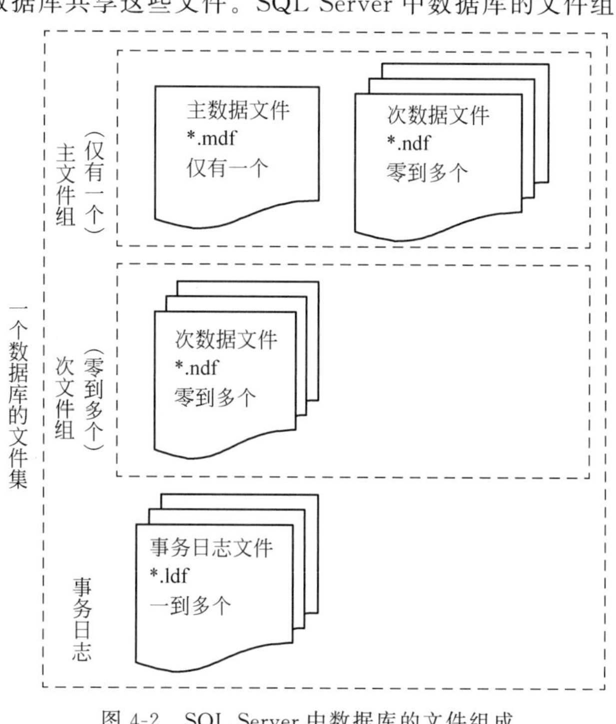

图 4-2 SQL Server 中数据库的文件组成

1) 数据文件

数据文件是存放数据和数据库对象的文件。一个数据库可以有一个或多个数据文件，每个数据文件只属于一个数据库。每个数据库都有一个主数据文件(Primary Database File),扩展名为MDF,用来存储数据库的启动信息和部分或全部数据。当数据库有多个数据文件时,其他数据文件被称为次数据文件(Secondary Database File),扩展名为NDF,用来存储主数据文件没存储的其他数据。采用多个数据文件来存储数据使得数据文件可以不断扩充而不受操作系统文件大小的限制,而将数据文件存储在不同的硬盘使得DBMS可同时对几个硬盘进行数据存取,提高了数据处理的效率。

2) 事务日志

事务日志文件是用来记录数据库更新信息(例如使用INSERT、UPDATE、DELETE等语句对数据进行更改的操作)的文件。这些更新信息(日志)可用来恢复数据库。事务日志文件最小为512KB,扩展名为LDF。每个数据库可以有一个或多个事务日志文件。

3) 文件组

SQL Server允许对文件进行分组,以便于管理和数据的分配/放置。所有数据库都至少包含一个主文件组,所有系统表都分配在主文件组中。用户可以定义额外的文件组。数据库首次创建时,主文件组是默认文件组;可以使用ALTER DATABASE语句将用户定义的文件组指定为默认文件组。创建时没有指定文件组的用户对象的页将从默认文件组分配。

在使用文件组时,应当注意以下几个准则。

(1) 文件或文件组不能由一个以上的数据库使用。

(2) 文件只能是一个文件组的成员。

(3) 数据和事务日志信息不能属于同一文件或文件组。

(4) 事务日志文件不能属于任何文件组。

4.1.2 SQL Server 2012的系统数据库

成功安装SQL Server后,数据库服务器上自动建立了5个系统数据库。从SQL Server管理平台中可以看到4个系统数据库:master数据库、model数据库、tempdb数据库、msdb数据库。还有一个系统数据库是resource(资源系统)数据库,它是一个隐藏的只读数据库。

1. master数据库

master数据库是SQL Server的主数据库,记录了SQL Server系统的所有系统信息,例如所有的系统配置信息、登录信息、用户数据库信息、SQL Server的初始化信息等。这些信息分布在主数据库的各个系统表中,例如,sysdatabases系统表保存所有数据库的信息、syslogins系统表保存所有登录账号、sysindexes记录聚集索引与非聚集索引。如果master数据库损坏,则整个SQL Server服务器不能工作。用户不能直接修改该数据库,数据库管理员应该定期备份master数据库。

2. model数据库

model数据库用作在系统上创建的所有数据库的模板。在新建一个数据库时,新数据库的内容首先由model数据库复制而来,剩余部分再由空页填充。

3. tempdb 数据库

tempdb 数据库保存所有的临时表和临时存储过程。它还满足任何其他的临时存储要求,例如存储 SQL Server 生成的工作表。tempdb 数据库是全局资源,所有连接到系统的用户的临时表和存储过程都存储在该数据库中。在用户的连接断开时,该用户产生的临时表和存储过程被 SQL Server 自动删除。

在 SQL Server 每次启动时,tempdb 数据库会被重建并被重置为初始大小。在 SQL Server 运行时,它会根据需要自动增长。

4. msdb 数据库

msdb 数据库供 SQL Server 代理程序调度警报和作业以及记录操作员的操作时使用。

5. resource 数据库

resource 数据库是一个只读数据库,包含 SQL Server 的系统对象。系统对象在物理上保留在 resource 数据库中,但在逻辑上显示在每个数据库的 sys 架构中。

另外,安装 Reporting Services 引擎会安装 ReportServer 和 ReportServerTempDB 数据库。

(1) ReportServer 数据库:报表服务(Reporting Services)要用到的数据库。

(2) ReportServerTempDB 数据库:报表缓存数据库。

4.1.3 数据库对象的标识符

每一个数据库对象都有一个标识符来唯一地标识,例如数据库名、表名、视图名、列名等。SQL Server 标识符的命名遵循以下规则。

(1) 标识符包含的字符数必须为 1～128。

(2) 标识符的第一个字符必须是字母、下画线(_)、符号“@”或者数字符号“#”。在 SQL Server 中,某些处于标识符开始位置的符号具有特殊意义。例如,以符号“@”开头的标识符表示局部变量或参数。以“#”符号开头的标识符表示临时表或过程。以“##”符号开头的标识符表示全局临时对象。

Transact-SQL 中某些函数名称以“@@”符号开头。为避免混淆这些函数,建议用户不要使用以“@@”开头的标识符。

(3) 标识符的后续字符可以为字母、数字或“@”符号、数字符号或下画线。

(4) 如果标识符是保留字或包含空格,则需要使用分隔标识符进行处理。分隔标识符包含在双引号(")或方括号([])中。例如,以 Employee Name 作为列标题检索员工姓名时,Employee Name 要用加上双引号或方括号,语句如下:

```
SELECT employee_name AS "Employee Name" FROM employee
```

符合标识符格式规则的标识符(也称常规标识符)可以分隔,也可以不分隔。例如:

```
SELECT * FROM employee
```

而对不符合标识符规则的标识符必须进行分隔。例如:

```
SELECT *
FROM [My Table]            -- 表名包含空格
WHERE [order] = 10         -- 列名为关键字
```

4.2 数据库的创建

在创建数据库时，SQL Server 首先将 model 数据库的内容复制到新数据库，然后使用空页填充新数据库的剩余部分。model 数据库中的对象均将被复制到所有新数据库中，model 数据库的数据库选项设置也将被新数据库所继承。因此，可以向 model 数据库中添加任何对象，例如表、视图、存储过程、数据类型等，以将这些对象添加到所有此后新建的数据库中。如果更改了 model 数据库的选项，则这些选项设置会在此后创建的新数据库中生效。

在 SQL Server 2012 中，可以利用 SQL Server Management Studio 管理平台和 Transact-SQL 语句来创建数据库。

4.2.1 使用 SQL Server 管理平台创建数据库

视频讲解

使用 SQL Server 管理平台创建数据库的步骤如下：

(1) 打开 SQL Server 2012 的数据库管理工具 SQL Server Management Studio，在“对象资源管理器”窗格中展开服务器并右击“数据库”结点，在弹出的快捷菜单中选择“新建数据库”命令，如图 4-3 所示。

(2) 打开如图 4-4 所示的“新建数据库”对话框，在“常规”页的“数据库名称”文本框中输入新数据库名称(设为 Sales)，在“所有者”下拉列表框中选择数据库所有者，默认值为系统登录者；在“数据库文件”的列表区中可以改变数据文件和日志文件的逻辑名称以及存放的物理位置、文件初始大小和增长率等内容，可以根据需要进行修改，也可以取默认值。

图 4-3 选择“新建数据库”命令

(3) 在“新建数据库”对话框左边的“选择页”列表区中选择“选项”页，打开如图 4-5 所示的“新建数据库”对话框的“选项”页，在其中可对数据库的排序规则、恢复模式、状态等内容进行设置，可根据需要进行修改，通常取默认值。

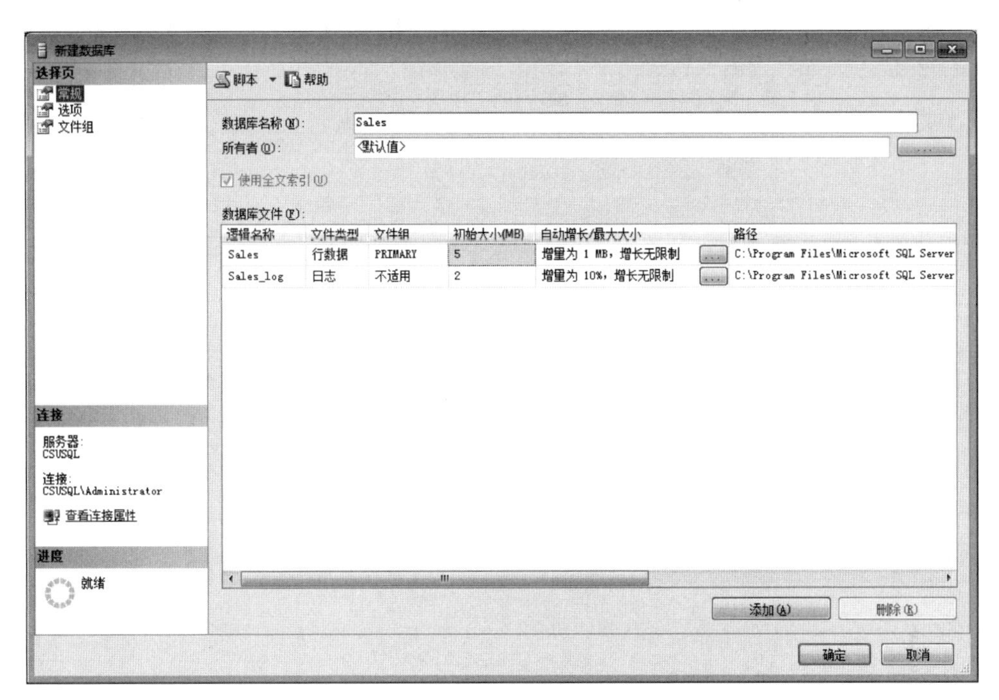

图 4-4 “新建数据库”对话框的“常规”页

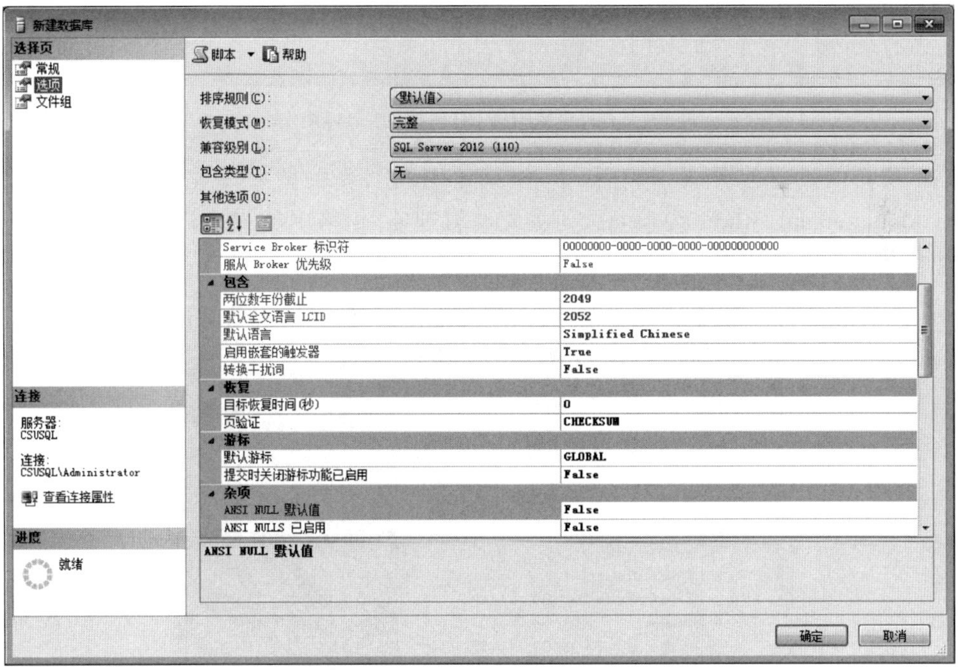

图 4-5 “新建数据库”对话框的“选项”页

(4) 在“新建数据库”对话框中左边的“选择页”列表区中选择“文件组”选项，打开如图 4-6 所示的“新建数据库”对话框的“文件组”页，单击右下端“添加”或“删除”按钮可以为数据库添加或删除文件组。

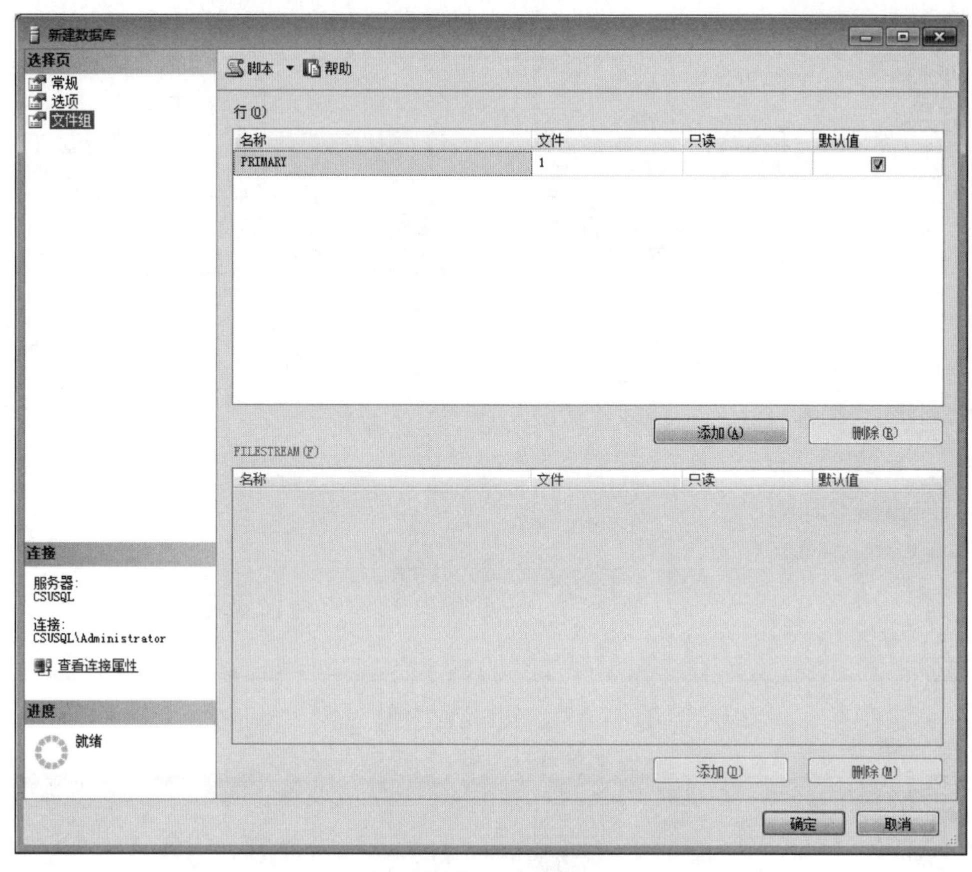

图 4-6 “新建数据库”对话框的“文件组”页

(5) 所有的设置按要求完成后,单击“确定”按钮,新的数据库建立完成。返回 SQL Server Management Studio 窗口,在“对象资源管理器”窗格中的“数据库”结点下有了新建的数据库 Sales,如图 4-7 所示。

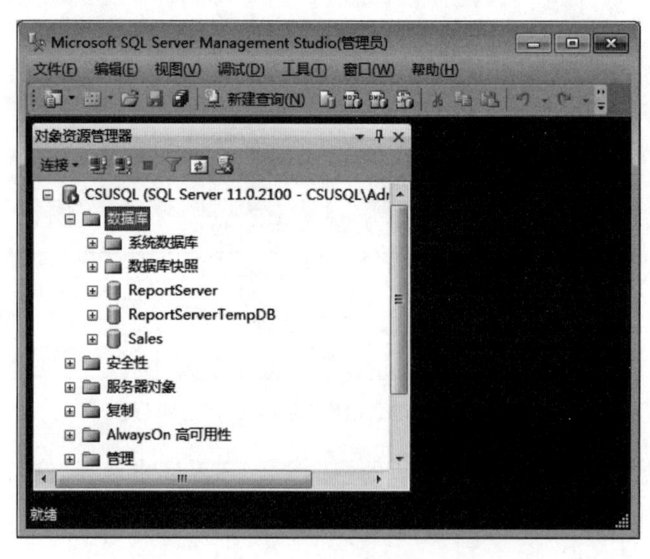

图 4-7 Sales 数据库

4.2.2 使用 Transact-SQL 语句创建数据库

在 SQL Server Management Studio 窗口的工具栏中单击“新建查询”按钮，在右边的查询编辑器的编辑区中，使用 CREATE DATABASE 语句即可创建数据库以及存储该数据库的文件。其语法格式如下：

```
CREATE DATABASE database_name
    [CONTAINMENT = {NONE |PARTIAL}]
    [ON [PRIMARY] [<filespec> [,     ...,n] [, <filegroup> [,...,n]]
    [LOG ON { <filespec> [,...,n] }]]
    [COLLATE collation_name]
    [FOR {{ATTACH [WITH <attach_database_option> [, ...,n]] }
        |ATTACH_REBUILD_LOG }]
```

各选项的含义如下。

(1) database_name：新数据库的名称。数据库名称在 SQL Server 的实例中必须唯一，并且必须符合标识符规则。

(2) CONTAINMENT：指定数据库的包含状态。NONE 表示非包含数据库，PARTIAL 表示部分包含的数据库。

(3) ON：指定显式定义用来存储数据库数据部分的磁盘文件(数据文件)。当后面是以逗号分隔的、用以定义主文件组的数据文件的<filespec>项列表时，需要使用 ON。主文件组的文件列表可后跟以逗号分隔的、用以定义用户文件组及其文件的<filegroup>项列表(可选)。

(4) PRIMARY：指定关联的<filespec>列表定义主文件。在主文件组的<filespec>项中指定的第一个文件将成为主文件。一个数据库只能有一个主文件。如果没有指定 PRIMARY，那么 CREATE DATABASE 语句中列出的第一个文件将成为主文件。

(5) LOG ON：指定显式定义用来存储数据库日志的磁盘文件(日志文件)。

(6) <filespec>：控制文件属性，代表数据文件或日志文件的定义。其语法格式如下：

```
<filespec> ::=
{( NAME = logical_file_name, FILENAME = {'os_file_name'|'filestream_path'}
  [,SIZE = size [KB|MB|GB|TB]]
  [,MAXSIZE = {max_size [KB|MB|GB|TB]|UNLIMITED}]
  [,FILEGROWTH = growth_increment [KB|MB|GB|TB| % ]]
) [,...,n]}
```

其中选项的含义如下。

① NAME=logical_file_name：指定文件的逻辑名称。指定 FILENAME 时，需要使用 NAME。logical_file_name 是引用文件时在 SQL Server 中使用的逻辑名称，它在数据库中是唯一的，必须符合标识符规则。

② FILENAME {'os_file_name'|'filestream_path'}：指定操作系统(物理)文件名称。'os_file_name'是创建文件时由操作系统使用的路径和文件名。文件必须驻留在下列一种设备中：安装 SQL Server 的本地服务器、存储区域网络[SAN]或基于 iSCSI 的网络。执行 CREATE DATABASE 语句前，指定路径必须存在。'filestream_path'指对于 FILESTREAM 文

件组,FILENAME 指向将存储 FILESTREAM 数据的路径。

③ SIZE size：指定文件的大小。size 是文件的初始大小。如果没有为主文件提供 size,则数据库引擎将使用 model 数据库中的主文件的大小。如果指定了辅助数据文件或日志文件,但未指定该文件的 size,则数据库引擎将以 1MB 作为该文件的大小。为主文件指定的大小至少应与 model 数据库的主文件大小相同。可以使用千字节(KB)、兆字节(MB)、吉字节(GB)或太字节(TB)后缀,默认值为兆字节(MB)。

④ MAXSIZE max_size：指定文件可增大到的最大大小。max_是最大的文件大小,是整数。如果不指定 max_size,则文件将不断增长直至磁盘被占满。UNLIMITED 指定文件将增长到磁盘充满。在 SQL Server 中,指定为不限制增长的日志文件的最大大小为 2TB,而数据文件的最大大小为 16TB。

⑤ FILEGROWTH growth_increment：指定文件的自动增量。文件的 FILEGROWTH 设置不能超过 MAXSIZE 设置。growth_increment 是每次需要新空间时为文件添加的空间量。如果未指定 FILEGROWTH,则数据文件的默认值为 1MB,日志文件的默认增长比例为 10%,并且最小值为 64KB。

(7) <filegroup>：代表数据库文件组的定义。其语法格式如下：

```
<filegroup> ::=
{FILEGROUP filegroup_name [CONTAINS FILESTREAM] [DEFAULT]
  <filespec> [,...,n]}
```

其中各选项的含义如下。

① FILEGROUP filegroup_name：文件组的逻辑名称。filegroup_name 必须在数据库中唯一,不能是系统提供的名称 PRIMARY 和 PRIMARY_LOG。名称可以是字符或 Unicode 常量,也可以是常规标识符或分隔标识符。名称必须符合标识符规则。

② CONTAINS FILESTREAM：指定文件组在文件系统中存储 FILESTREAM 二进制大型对象(BLOB)。

③ DEFAULT：指定命名文件组为数据库中的默认文件组。

(8) COLLATE collation_name：指定数据库的默认排序规则。排序规则名称既可以是 Windows 排序规则名称,也可以是 SQL 排序规则名称。如果没有指定排序规则,则将 SQL Server 实例的默认排序规则分配为数据库的排序规则。

(9) FOR{{ATTACH[WITH < attach_database_option >[,…,n]]}|ATTACH_REBUILD_LOG}：指定通过附加一组现有的操作系统文件来创建数据库。

① FOR ATTACH <attach_database_option>：必须有一个指定主文件的<filespec>项。所有数据文件(MDF 和 NDF)都必须可用。如果存在多个日志文件,这些文件都必须可用。如果一个可读/写数据库具有一个当前不可用的日志文件,并且进行附加操作前在没有被使用或打开情况下关闭了该数据库,FOR ATTACH 会自动重新生成日志文件并更新主数据文件。对于只读数据库,由于主数据文件不能更新,将不能重新生成日志。

② FOR ATTACH_REBUILD_LOG：该选项只限于读/写数据库。必须有一个指定主数据文件的<filespec>项。如果缺少一个或多个事务日志文件,将重新生成日志文件。ATTACH_REBUILD_LOG 自动创建一个新的 1MB 的日志文件。通常用于将具有大型日志的可读/写数据库复制到另一台服务器,在这台服务器上,数据库副本频繁使用,或仅用于

读操作，因而所需的日志空间少于原始数据库。使用该选项要求完全关闭数据库。所有数据文件(MDF 和 NDF)都必须可用。

注意：

(1) 在 Transact-SQL 语句的语法格式中，“[]”表示该项可以省略，省略时该参数取默认值。“{}”表示该项是必选项。“|”用于分隔括号或方括号内的项，这些项只能选择一个。“[,…,n]”表示前面的项可重复 n 次，每一项由逗号分隔。“<标签>::=”是语法块的名称，此规则用于对可在语句中的多个位置使用的过长语法单元部分进行标记，适合使用语法块的位置由带尖括号的标签表示：<标签>。本书所有语句的语法格式都遵守此约定。

(2) SQL 语句在书写时不区分大小写，为了清晰，一般用大写表示系统保留字，用小写表示用户自定义的名称。一条语句可以写在多行上。

视频讲解

【例 4-1】 最简单形式的创建数据库(不指定文件)语句。

```
CREATE DATABASE Sales
```

本例创建名为 Sales 的数据库，并由 SQL Server 自动创建了一个主数据文件和一个事务日志文件，其逻辑文件名分别为 Sales 和 Sales_log，磁盘文件名分别为 Sales.mdf 和 Sales_log.ldf，默认存放于 C:\Program Files\Microsoft SQL Server\MSSQL11.MSSQLSERVER\MSSQL\DATA。

主数据文件和事务日志文件的逻辑文件名与磁盘文件名由系统自动产生。本例没有< filespec >项，所以主数据文件和事务日志文件的大小与 model 数据库的相应文件相等。本例没有指定 MAXSIZE，所以按照默认主数据文件增量为 1MB，增长无限制，事务日志文件增量为 10%，限制为 2 097 152MB。

【例 4-2】 不指定 SIZE 创建数据库。

```
CREATE DATABASE Sales2
ON
(NAME = Sales2_dat,
  FILENAME = 'C:\DataBase\Sales2.mdf')
```

本例创建名为 Sales2 的数据库，并指定单个文件 Sales2_dat(磁盘文件名为 C:\DataBase\Sales2.mdf)。该文件将成为主数据文件，大小与 model 数据库的主数据文件相等，是 5MB。事务日志文件将被自动创建，其大小为 2MB。

【例 4-3】 创建简单的数据库。

```
CREATE DATABASE Sales3
ON
(NAME = Sales3_dat,
  FILENAME = 'C:\DataBase\Sales3.mdf',
  SIZE = 5,
  MAXSIZE = 10,
  FILEGROWTH = 1)
```

本例创建名为 Sales3 的数据库，并指定单个文件。该文件成为主数据文件，并将自动创建一个 2MB 的事务日志文件。主数据文件的 SIZE 参数默认以兆字节(MB)为单位进行分配。

【例 4-4】 创建指定数据文件和事务日志文件的数据库。

```
CREATE DATABASE Sales4
ON
(NAME = Sales4_dat,
  FILENAME = 'C:\DataBase\sales4dat.mdf',
  SIZE = 10000KB,
  MAXSIZE = 500000KB,
  FILEGROWTH = 5 % )
LOG ON
(NAME = 'Sales4_log',
  FILENAME = 'C:\DataBase\sales4log.ldf',
  SIZE = 5,
  MAXSIZE = 25,
  FILEGROWTH = 5)
```

本例创建名为 Sales4 的数据库。没有使用关键字 PRIMARY,第一个文件 Sales4_dat 成为主数据文件。Sales4_dat 文件初始大小为 10 000KB,最多可以增长到 500 000KB,每次增长 5%。Sales4_log 文件将以兆字节(MB)为单位进行分配。

【例 4-5】 指定多个数据文件和事务日志文件创建数据库。

```
CREATE DATABASE Sales5
ON PRIMARY
(NAME = Sales5_1,
  FILENAME = 'C:\DataBase\Sales5dat1.mdf',
  SIZE = 100MB,
  MAXSIZE = 200,
  FILEGROWTH = 20),
(NAME = Sales5_2,
  FILENAME = 'C:\DataBase\Sales5dat2.ndf',
  SIZE = 100MB,
  MAXSIZE = 200,
  FILEGROWTH = 20),
(NAME = Sales5_3,
  FILENAME = 'C:\DataBase\Sales5dat3.ndf',
  SIZE = 100MB,
  MAXSIZE = 200,
  FILEGROWTH = 20)
LOG ON
(NAME = Sales5_log1,
  FILENAME = 'C:\DataBase\ Sales5log1.ldf',
  SIZE = 100MB,
  MAXSIZE = 200,
  FILEGROWTH = 20),
(NAME = Sales5_log2,
  FILENAME = 'C:\DataBase\ Sales5log2.ldf',
  SIZE = 100MB,
  MAXSIZE = 200,
  FILEGROWTH = 20)
```

本例使用 3 个 100MB 的数据文件和两个 100MB 的事务日志文件创建了名为 Sales5

的数据库。主数据文件是列表中的第一个文件，并使用 PRIMARY 关键字显式指定。事务日志文件在 LOG ON 关键字后指定。注意 FILENAME 选项中所用的文件扩展名：主数据文件使用 mdf，次数据文件使用 ndf，事务日志文件使用 ldf。

【例 4-6】 使用文件组创建数据库。

```
CREATE DATABASE Sales6
ON
/* 默认的 PRIMARY 文件组,存放在 C 盘 */
PRIMARY
(NAME = Sales6_1_dat,
  FILENAME = 'C:\DataBase\S6P_F1dat.mdf',
  SIZE = 10,
  MAXSIZE = 50,
  FILEGROWTH = 15 % ),
(NAME = Sales6_2_dat,
  FILENAME = 'C:\DataBase\S6P_F2dat.ndf',
  SIZE = 10,
  MAXSIZE = 50,
  FILEGROWTH = 15 % ),
/* Sales6_Group1 文件组,存放在 D 盘 */
FILEGROUP Sales6_Group1
(NAME = S6_Grp1_F1_dat,
  FILENAME = 'D:\DataBase\S6G1F1dat.ndf',
  SIZE = 10,
  MAXSIZE = 50,
  FILEGROWTH = 5),
(NAME = S6_Grp1_F2_dat,
  FILENAME = 'D:\DataBase\S6G1F2dat.ndf',
  SIZE = 10,
  MAXSIZE = 50,
  FILEGROWTH = 5),
/* Sales6_Group2 文件组,存放在 E 盘 */
FILEGROUP Sales6_Group2
(NAME = S6_Grp2_F1_dat,
  FILENAME = 'E:\DataBase\S6G2F1dat.ndf',
  SIZE = 10,
  MAXSIZE = 50,
  FILEGROWTH = 5),
(NAME = S6_Grp2_F2_dat,
  FILENAME = 'E:\DataBase\S6G2F2dat.ndf',
  SIZE = 10,
  MAXSIZE = 50,
  FILEGROWTH = 5)
LOG ON
(NAME = 'Sales6_log',
  FILENAME = 'C:\DataBase\sales6log.ldf',
  SIZE = 5MB,
  MAXSIZE = 25MB,
  FILEGROWTH = 5MB)
```

本例使用 3 个文件组创建名为 Sales6 的数据库。

(1) 主文件组包含文件 Sales6_1_dat 和 Sales6_2_dat,存放在 C 盘。这些文件的增量为 15%。

(2) Sales6_Group1 文件组包含文件 S6_Grp1_F1_dat 和 S6_Grp1_F2_dat,存放在 D 盘。

(3) Sales6_Group2 文件组包含文件 S6_Grp2_F1_dat 和 S6_Grp2_F2_dat,存放在 E 盘。

(4) 日志文件 Sales6_log 存放在 C 盘。

【例 4-7】 使用 FOR ATTACH 子句来附加数据库。

```
CREATE DATABASE Sales7
ON PRIMARY (FILENAME = 'C:\DataBase\Sales7dat1.mdf') FOR ATTACH
```

本例创建一个名为 Sales7 的数据库,该数据库从主数据文件为 C:\DataBase\Sales7dat1. mdf 的一系列文件中附加。虽然该数据库还包含其他文件,但不需要显式指定这些文件的逻辑文件名和磁盘文件名,除非这些文件的磁盘路径与该数据库最初的路径不一致,因为主数据文件中记载了该数据库的启动信息,其中包含了该数据库的文件组成与存放位置(路径)。

4.3 数据库的修改

创建数据库后,可以对其原始定义进行修改。通常进行的修改包括修改数据库的名称或所有者、扩充或缩减数据文件或事务日志文件空间、添加或删除数据文件或事务日志文件、创建文件组或指定默认文件组、修改数据库的配置设置、添加新数据库或删除不用的数据库、在数据库中添加或删除文件和文件组、修改文件和文件组的属性等。

4.3.1 使用 SQL Server 管理平台修改数据库

视频讲解

对于已经建立的数据库,可以利用 SQL Server Management Studio 工具来查看或修改数据库信息,具体操作步骤如下:

(1) 在需要修改的数据库名称上右击,在弹出的快捷菜单中选择"属性"命令,打开"数据库属性"对话框,如图 4-8 所示。

(2) 在"数据库属性"对话框的"常规"页中显示了当前数据库的基本信息,包括数据库的状态、所有者、创建日期、大小、可用空间、用户数及排序规则等,本页面的信息不能修改。

(3) "数据库属性"对话框的"文件"页显示当前数据库的文件信息,如图 4-9 所示,包括数据库文件和日志文件的基本内容:文件类型、文件组、初始大小等。用户可根据需要对此项内容进行修改。单击文件的"初始大小"选项,将出现微调框,可以通过微调框修改初始大小;通过单击"自动增长"选项右侧的 ... 按钮可以修改数据库文件的增长方式。

(4) "数据库属性"对话框的"文件组"页显示数据库文件组的信息,用户可以设置文件组信息。

(5) "数据库属性"对话框的"选项"页显示当前数据库选项信息,包括恢复选项、游标选项、杂项、状态选项和自动选项等。

(6) "数据库属性"对话框的"权限"页显示当前数据库的使用权限。

图 4-8 “数据库属性”对话框

图 4-9 数据库文件设置

(7) 在"数据库属性"对话框的"扩展属性"页中,可以添加文本、输入掩码和排序规则,将其作为数据库对象或数据库本身的属性。

(8) "数据库属性"对话框的"镜像"页显示当前数据库的镜像设置属性,用户可以设置主体服务器和镜像服务器的网络地址及运行方式。

(9) "数据库属性"对话框的"事务日志传送"页显示当前数据库的日志传送配置信息。用户可以为当前数据库设置事务日志备份、辅助数据库及监视服务器。

4.3.2 使用 Transact-SQL 语句修改数据库

在 SQL Server 中,使用 ALTER DATABASE 语句可以完成对数据库的修改,可以修改数据库的名称和排序规则。其语法格式如下:

```
ALTER DATABASE {database_name|CURRENT}
{ MODIFY NAME = new_database_name|COLLATE collation_name
   |ADD FILE <filespec> [,…,n] [TO FILEGROUP { filegroup_name }]
   |ADD LOG FILE <filespec> [,…,n]|REMOVE FILE logical_file_name
   |MODIFY FILE <filespec>|ADD FILEGROUP filegroup_name
   |REMOVE FILEGROUP filegroup_name|MODIFY FILEGROUP filegroup_name }
```

各选项的含义如下。

(1) database_name:要修改的数据库的名称。

(2) CURRENT:指定应更改当前使用的数据库。

(3) MODIFY NAME=new_database_name:使用指定的名称 new_database_name 重命名数据库。

(4) COLLATE collation_name:指定数据库的排序规则。

(5) ADD FILE:向数据库中添加文件。

(6) TO FILEGROUP {filegroup_name}:指定要将指定文件添加到的文件组。

(7) ADD LOG FILE:将要添加的日志文件添加到指定的数据库。

(8) REMOVE FILE logical_file_name:从 SQL Server 的实例中删除逻辑文件说明并删除物理文件。除非文件为空,否则无法删除文件。logical_file_name 是 SQL Server 中引用文件时所用的逻辑名称。

(9) MODIFY FILE:指定应修改的文件。一次只能更改一个< filespec >属性,可以做如下修改设置。

- NAME logical_file_name:指定文件的逻辑名称。
- logical_file_name:在 SQL Server 的实例中引用文件时所用的逻辑名称。
- NEWNAME new_logical_file_name:指定文件的新逻辑名称。new_logical_file_name 用于替换现有逻辑文件名称的名称。该名称在数据库中必须唯一,并应符合标识符规则。该名称可以是字符或 Unicode 常量、常规标识符或分隔标识符。
- FILENAME {'os_file_name'|'filestream_path'}:指定操作系统(物理)文件名称。'os_file_name'对于标准(ROWS)文件组是在创建文件时操作系统所使用的路径和文件名。该文件必须驻留在安装 SQL Server 的服务器上。在执行 ALTER DATABASE 语句前,指定的路径必须已经存在。'filestream_path'对于

FILESTREAM 文件组，FILENAME 指向将存储 FILESTREAM 数据的路径。在最后一个文件夹之前的路径必须存在，但不能保存在最后一个文件夹中。

- SIZE size：指定文件大小。新大小必须比文件当前大小要大。
- MAXSIZE { max_size|UNLIMITED }：指定文件可增大到的最大文件大小。如果未指定 max_size，则文件大小将一直增加，直至磁盘已满。UNLIMITED 指定文件将增长到磁盘充满。在 SQL Server 中，指定为不限制增长的日志文件的最大大小为 2TB，而数据文件的最大大小为 16TB。
- FILEGROWTH growth_increment：指定文件的自动增量。文件的 FILEGROWTH 设置不能超过 MAXSIZE 设置。growth_increment 是每次需要新空间时为文件增加的空间量。该值可以 MB、KB、GB、TB 或百分比(%)为单位进行指定，默认值为 MB。如果值为 0，则表明自动增长被设置为关闭，且不允许增加空间。如果未指定 FILEGROWTH，则数据文件的默认值为 1MB，日志文件的默认增长比例为 10%，并且最小值为 64KB。

(10) ADD FILEGROUP filegroup_name：向数据库中添加文件组。

(11) REMOVE FILEGROUP filegroup_name：从数据库中删除文件组。只有当文件组为空时，才能将其删除。

(12) MODIFY FILEGROUP filegroup_name：用于修改文件组。可以做如下修改设置。

- < filegroup_updatability_option >：对文件组设置只读(READ_ONLY)或读/写(READ/WRITE)属性。
- DEFAULT：将默认数据库文件组改为 filegroup_name。
- NAME=new_filegroup_name：将文件组名称改为 new_filegroup_namc。

【例 4-8】 修改数据库名称。

```
ALTER DATABASE Sales
  MODIFY NAME = NewSales
```

本例将 Sales 数据库的名称改为 NewSales。该语句要求当前数据库只有一个用户连接，否则该语句将失败。也可以使用系统存储过程 sp_renamedb 实现：

```
EXEC sp_renamedb'Sales','NewSales'
```

其中，EXEC 命令用于执行存储过程。

【例 4-9】 向数据库中添加文件。

```
ALTER DATABASE Sales
ADD FILE
(NAME = Sales_dat2,
  FILENAME = 'C:\Program Files\Microsoft SQL Server\MSSQL11.MSSQLSERVER\MSSQL\DATA\Sales_
dat2.ndf',
  SIZE = 5MB,
  MAXSIZE = 100MB,
  FILEGROWTH = 5MB)
```

本例修改了例 4-1 所创建的数据库，为该数据库添加了一个逻辑文件名为 Sales_dat2

的新数据文件。

【例 4-10】 向数据库中添加由两个文件组成的文件组。

```
/* 添加文件组 */
ALTER DATABASE Sales
ADD FILEGROUP Sales_Group1
GO
/* 添加文件到文件组 */
ALTER DATABASE Sales
ADD FILE
(NAME = SalesG1F1_dat,
  FILENAME = 'D:\DataBase\SalesG1F1_dat.ndf',
  SIZE = 5MB,
  MAXSIZE = 100MB,
  FILEGROWTH = 5MB),
(NAME = SalesG1F2_dat,
  FILENAME = 'D:\DataBase\SalesG1F2_dat.ndf',
  SIZE = 5MB,
  MAXSIZE = 100MB,
  FILEGROWTH = 5MB)
  TO FILEGROUP Sales_Group1
GO
/* 指定默认文件组 */
ALTER DATABASE Sales
  MODIFY FILEGROUP Sales_Group1 DEFAULT
GO
```

本例由 3 条 ALTER DATABASE 语句组成。首先,在例 4-1 中所创建的 Sales 数据库中创建一个文件组 Sales_Group1;然后,向该文件组添加两个数据文件 SalesG1F1_dat、SalesG1F2_dat;最后,将该文件组设置为默认文件组。

例 4-10 中的 GO 是一个 SQL Server 命令,用来通知 SQL Server 执行 GO 之前的一个或多个 SQL 语句。GO 命令和 SQL 语句不能在同一行上。

【例 4-11】 向数据库中添加日志文件。

```
ALTER DATABASE Sales
ADD LOG FILE
(NAME = Sales_Log2,
  FILENAME = 'D:\DataBase\Sales_log2.ldf',
  SIZE = 5MB,
  MAXSIZE = 100MB,
  FILEGROWTH = 5MB)
```

本例向数据库中添加了一个 5 MB 大小的日志文件 SalesLog2。

4.4 数据库的删除

删除数据库的操作比较简单,但应该注意的是,当前正在使用的数据库不能被删除,SQL Server 的系统数据库也无法删除。

4.4.1 使用 SQL Server 管理平台删除数据库

如果用户数据库确实不再需要，这时应该从服务器中删除，释放其所占有的存储空间。使用 SQL Server 2012 管理平台删除数据库的方法如下：在 SQL Server Management Studio 窗口中，选择“对象资源管理器”窗格“数据库”结点下要删除的数据库名称，然后右击，在弹出的快捷菜单中选择“删除”命令，打开如图 4-10 所示的“删除对象”对话框，默认选中“删除数据库备份和还原历史记录信息”复选框，表示同时删除数据库的备份等内容。单击“确定”按钮完成数据库的删除，这时数据库所对应的数据文件和日志文件也同时删除。

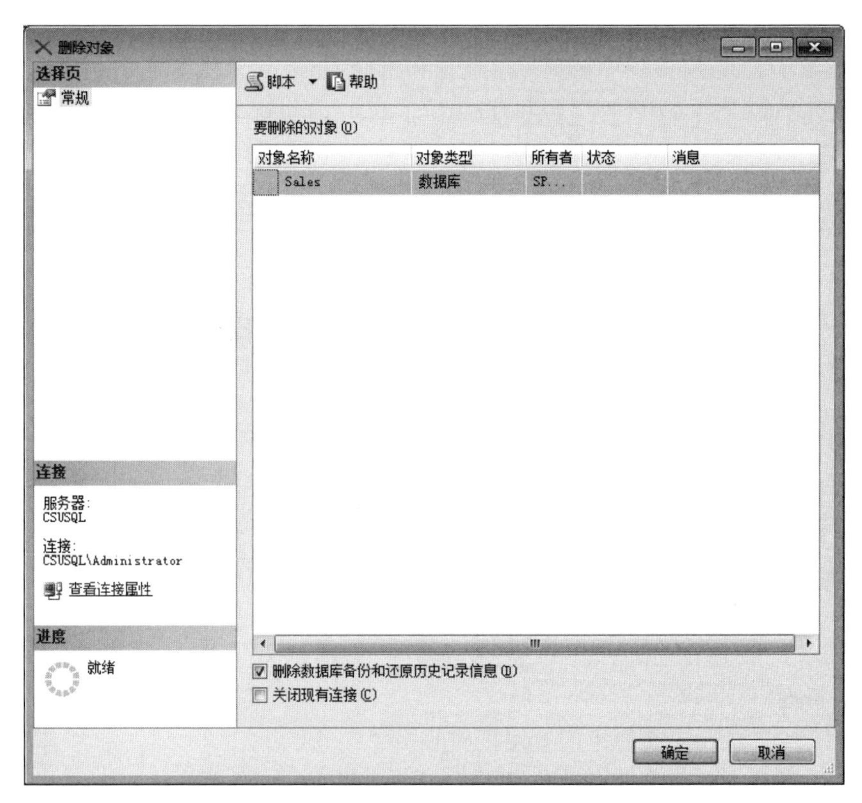

图 4-10 “删除对象”对话框

4.4.2 使用 Transact-SQL 语句删除数据库

在 SQL Server 中，可以使用 DROP DATABASE 语句完成对数据库的删除。其语法格式如下：

```
DROP DATABASE database_name [,...,n]
```

其中，database_name 指定要删除的数据库名称。

删除数据库时，组成该数据库的所有磁盘文件将同时被删除。如果仅需从当前 SQL Server 实例的数据库列表中删除一个数据库注册，而希望保留其磁盘文件，可使用“分离数据库”功能。

【例 4-12】 删除单个数据库。

```
DROP DATABASE Sales1
```

本例从当前数据库实例删除 Sales1 数据库。

【例 4-13】 删除多个数据库。

```
DROP DATABASE Sales2, Sales3
```

本例从当前数据库实例删除每个列出的数据库(Sales2,Sales3)。

本章小结

本章介绍了 SQL Server 中数据库的概念和组成,介绍了 SQL Server 的系统数据库,重点介绍了使用 SQL Server 管理平台和 Transact-SQL 语句对数据库进行创建、修改和删除的方法。

(1) 数据库的用户视图和物理视图:用户视图是用户看到和操作的数据库,而物理视图是数据库在磁盘上的文件存储。SQL Server 的用户视图由表、视图、索引、存储过程等数据库对象组成,物理视图由数据库文件组成。

(2) SQL Server 的系统数据库:master 数据库记录 SQL Server 系统的所有系统信息和所有其他数据库的结构和定义;tempdb 数据库保存所有的临时表和临时存储过程;model 数据库用作在系统上创建的所有数据库的模板;msdb 数据库供 SQL Server 代理程序调度警报和作业以及记录操作员操作时使用。

(3) 创建、修改和删除数据库有两种常用方法:一是使用 SQL Server 管理平台;二是使用 Transact-SQL 语句。

习 题 4

一、选择题

1. 关于 SQL Server 文件组的叙述正确的是(　　)。
   A. 一个数据库文件不能存在于两个或两个以上的文件组中
   B. 日志文件可以属于某个文件组
   C. 文件组可以包含不同数据库的数据文件
   D. 一个文件组只能放在同一个存储设备中
2. SQL Server 的物理存储主要包括(　　)两类文件。
   A. 主数据文件、次要数据文件　　B. 数据文件、事务日志文件
   C. 表文件、索引文件　　D. 事务日志文件、文本文件
3. 按照表的途来分类,表可以分为(　　)两大类。
   A. 数据表和索引表　　B. 系统表和数据表
   C. 用户表和非用户表　　D. 系统表和用户表
4. 用于存储数据库中表和索引等数据库对象信息的文件为(　　)。
   A. 数据文件　　B. 事务日志文件
   C. 文本文件　　D. 图像文件

5. 主数据库文件的扩展名为(　　)。

A. txt　　B. db　　C. mdf　　D. ldf

二、填空题

1. 在 SQL Server 中，数据库是由________文件和________文件组成的。

2. 默认情况下安装 SQL Server 2012 后，在对象资源器看到系统自动建立了________个数据库。

3. 在 SQL Server 2012 中，系统数据库是________、________、________和________。

4. 在 SQL Server 2012 中，文件分为 3 大类，它们是________、________和________。

5. 使用 Transact-SQL 管理数据库时，创建数据库的语句为________，修改数据库的语句为________，删除数据库的语句为________。

三、问答题

1. 一个数据库至少包含几个文件和文件组？主数据文件和次数据文件有哪些不同？

2. 什么时候应当备份 master 数据库？

3. 要在某 SQL Server 实例上建立多个数据库，每个数据库都包含一个用于记录用户名和密码的 users 表。如何操作能快捷地建立这些表？

四、应用题

使用 Transact-SQL 完成如下操作：

(1) 创建 Sales 数据库，使其包含两个文件组，主文件组(Primary)中包含两个数据文件 SalDat01(主数据文件)和 SalesDat02，次文件组(FileGrp1)中包含 3 个数据文件 SalDat11、SalDat12 和 SalDat13。主文件组的数据文件位于 C:\DB，次文件组的数据文件位于 D:\DB；数据文件的磁盘文件名与逻辑文件名相同。

(2) 向 Sales 数据库中添加一个位于 C:\DB、名为 SalLog2 的日志文件。

(3) 向 Sales 数据库的主文件组添加一个位于 C:\DB、名为 SalDat03 的数据文件，其初始大小为 5MB，按 20%的比率增长。

(4) 将 Sales 数据库设置为单用户模式。

(5) 将 OldSales 数据库删除。

第5章 表的管理

表是SQL Server实例中全部数据的容器,关系数据库中的所有数据都存储在表中,是数据库中最重要的部分。表也是数据库所有其他对象的基础,管理数据库首先必须合理、有效地管理表。本章首先介绍SQL Server中表的相关概念,然后介绍表的设计、创建、修改和删除以及如何对表中的数据进行添加、修改和删除。

5.1 SQL Server表概述

在SQL Server 2012中,一个数据库最多可以存储20亿个表。表是数据库的一种对象,由行和列组成,在数据库中,表的每一列表示数据库表的一个属性,每个表最多可以有1024列,表的每一行表示一条记录,是对实体完整性的描述,每行最多可以存储8060字节内容,表的行数及总大小仅受可用存储空间的限制。在设计数据库时,要根据数据库逻辑结构设计的要求,确定需要什么样的表、各表中都有哪些数据、表的各列的数据类型及列宽、哪些列允许空值、哪里需要索引、哪些列是主键、哪些是外键以及是否要使用和何时使用约束、默认设置或规则等。

5.1.1 数据类型简介

在SQL Server中,每个列、局部变量、表达式和参数都具有一个相关的数据类型。数据类型是一种属性,用于指定对象可保存的数据的类型:整数数据、字符数据、货币数据、日期和时间数据、二进制字符串等。

SQL Server提供系统数据类型集,该类型集定义了可与SQL Server一起使用的所有数据类型。用户还可以使用Transact-SQL或Microsoft .NET Framework定义自己的数据类型。别名数据类型基于系统提供的数据类型。

SQL Server 2012支持的数据类型可以归纳为字符数据、二进制数据、日期和时间数据、逻辑数据、数字数据和其他数据类型。

1. 字符数据类型

1) 字符型数据类型

字符型数据类型用于存储汉字、英文字母、数字符号和其他各种符号。输入字符型数据时要用单引号(')或双引号(")将字符括起来。字符型数据有定长字符型(char)、变长字符型(varchar)和文本型(text)3种。

char数据类型的定义形式为char[(n)],n的取值为1~8000,即最多可存储8000个字符。指定的字符取决于安装SQL Server时所指定的字符集,通常采用ANSI字符集。在用

char(n)数据类型对列进行说明时，指示列长度为 n。在数据定义或变量声明语句中如果没有指定 n，则系统默认长度为 1。对于超过列长度的输入将被截断，若输入字符的长度短于指定字符长度时则用空格填满。

varchar 数据类型的定义形式为 varchar[(n|max)]，n 的取值为 1～8000。max 指示最大存储大小是 $2^{31}-1$ 字节(2GB)。varchar 数据类型的结构与 char 数据类型一致，它们的主要区别是当输入 varchar 字符长度小于 n 时不用空格来填满，按输入字符的实际长度存储。若输入的数据超过 n 个字符，则截断后存储。varchar 类型所需存储空间要比 char 数据小一些，但 varchar 列的存取速度比 char 列要慢一些。

text 数据类型用于存储数据量庞大而变长的字符文本数据。text 列的长度可变，最多可包含 $2^{31}-1$ 个字符。用户要求表中的某列能存储 255 个字符以上的数据，可使用 text 数据类型。text 数据类型不能用作变量或存储过程的参数。

2) Unicode 字符数据类型

SQL Server 允许使用多国语言，采用 Unicode 标准字符集。为此 SQL Server 提供多字节的字符数据类型：nchar(n)、nvarchar(n|max)和 ntext。

Unicode 字符串的格式与普通字符串相似，但 Unicode 数据中的每个字符都使用两字节进行存储。Unicode 字符串常量的前面有一个大写 N(N 代表 SQL-92 标准中的国际语言——National Language)。例如，'Michael'是字符串常量，而 N'Michael'则是 Unicode 常量。类似地，Unicode 字符串的几种类型也是在普通字符串的类型名前增加了一个字母 n 来标识的。

nchar 可存放 Unicode 字符的固定长度字符类型，n 最大长度为 4000 个字符。

nvarchar 可存放 Unicode 字符的可变长度字符类型，n 最大长度为 4000 个字符。max 指示最大存储大小是 $2^{31}-1$ 字节。

ntext 可存放 Unicode 字符的文本类型，其最大长度为 $2^{30}-1$ 个字符。存储大小是所输入字符串长度的两倍(以字节为单位)。

nchar、nvarchar 和 ntext 的用法分别与 char、varchar 和 text 相同，只是 Unicode 支持的字符范围更大，存储 Unicode 字符需要一些额外开销空间。由于这些额外开销和增加的空间，应该避免使用 Unicode 列，除非确实有需要使用它们的业务或语言需求。

text 数据类型用于在数据页内外存储大型字符数据。与 text 数据类型相比，更好的选择是使用 varchar(max)类型，因为将获得更好的性能。另外，text 和 ntext 数据类型在 SQL Server 的一些未来版本中将不可用，因此最好使用 varchar(max)和 nvarchar(max)，而不是 text 和 ntext 数据类型。

SQL Server 2012 的字符数据类型如表 5-1 所示。

表 5-1　SQL Server 2012 的字符数据类型

数据类型	数据范围描述	存储空间
char(n)	n 为 1～8000 字符	n 字节
nchar(n)	n 为 1～4000 Unicode 字符	n 字节的两倍
varchar(n)	n 为 1～8000 字符	2×字符数+2 字节额外开销
nvarchar(n)	n 为 1～4000 字符	2×字符数+2 字节额外开销

续表

数据类型	数据范围描述	存储空间
varchar(max)	最多为 $2^{31}-1$ 字节	2×字符数+2 字节额外开销
nvarchar(max)	最多为 $2^{31}-1$ 个 Unicode 字符	2×字符数+2 字节额外开销
text	最多为 $2^{31}-1$ 个字符	每字符 1 字节
ntext	最多为 $2^{30}-1$ 个 Unicode 字符	每字符 2 字节

2. 二进制数据类型

SQL Server 二进制数据类型用于存储二进制数或字符串。与字符数据类型相似，在列中插入二进制数据时，用引号标识，或用 0x 开头的两个十六进制数构成一字节。SQL Server 有 3 种有效二进制数据类型，即定长二进制类型 binary、变长二进制类型 varbinary 和大块二进制类型 image。

binary 数据类型的定义形式为 binary[(n)]，n 的取值为 1～8000，若不指定 n，则 n 默认为 1。binary 数据用于存储二进制字符，例如程序代码和图像数据。

varbinary[(n|max)]数据类型与 binary 数据类型基本相同，但通过存储输入数据的实际长度而节省存储空间，但存取速度比 binary 类型要慢。n 的取值范围为 1～8000。除非数据长度超过 8KB，一般宜用 varbinary 类型来存储二进制数据，建议列宽的定义不超过所存储的二进制数据可能的最大长度。max 指示最大存储大小是 $2^{31}-1$ 字节。

image 数据类型与 text 数据类型类似，可存储 1～$2^{31}-1$ 字节的二进制数据。image 数据类型存储的是二进制数据而不是文本字符，不能用作变量或存储过程的参数。image 数据列可以用来存储超过 8KB 的可变长度的二进制数据，如 Word 文档、Excel 电子表格、图像或 MP3 等其他文件。image 数据类型可在数据页外部存储最多 2GB 的文件。image 数据类型的首选替代数据类型是 varbinary(max)，其性能通常比 image 数据类型好。

表 5-2 列出了二进制数据类型，对其做了简单描述，并说明了要求的存储空间。

表 5-2 二进制数据类型

数据类型	数据范围描述	存储空间
binary(n)	n 为 1～8000 十六进制数字	n 字节
image	最多为 $2^{31}-1$ 字节	每字符 1 字节
varbinary(n)	n 为 1～8000 十六进制数字	每字符 1 字节+2 字节额外开销
varbinary(max)	最多为 $2^{31}-1$ 字节	每字符 1 字节+2 字节额外开销

3. 日期和时间数据类型

日期和时间数据类型用于存储日期和时间数据。SQL Server 2012 支持多种日期和时间数据类型：datetime、datetime2、dateoffset、smalldatetime、date 和 time。

datetime 数据类型存储两个长度为 4 字节的整数：日期和时间。datetime 数据类型有许多格式，可被 SQL Server 的内置日期函数操作。

datetime2 数据类型是 datetime 数据类型的扩展，有着更广的日期范围。时间总是用时、分钟、秒形式来存储的。可以定义末尾带有可变参数的 datetime2 数据类型，如 datetime2(3)。这个表达式中的 3 表示存储时秒的小数精度为 3 位，或 0.999。有效值为 0～9，默认值为 3。

datetimeoffset 数据类型和 datetime2 数据类型一样，带有时区偏移量。该时区偏移量最大为+/－14 小时，包含了 UTC (Universal Time Coordinated，协调世界时)偏移量，因此可以合理化不同时区捕捉的时间。

smalldatetime 数据类型只需 4 字节的存储空间，时间值是按小时和分钟来存储的。插入数据时，日期和时间值以字符串形式传给服务器。

date 数据类型只存储日期，而 time 数据类型只存储时间。它也支持 timc(n)声明，因此可以控制小数秒的粒度。与 datetime2 和 datetimeoffset 一样，n 可为 0～7。

表 5-3 列出了日期和时间数据类型，对其进行简单描述，并说明了要求的存储空间。

表 5-3　日期和时间数据类型

数据类型	数据范围描述	存储空间
Date	0001-01-01～ 9999-12-31	3 字节
Datetime	1753 年 1 月 1 日～9999 年 12 月 31 日，时间范围为 00：00：00～23：59：59.997	8 字节
Datetime2(n)	0001-01-01～ 9999-12-31，n 为 0～7，指定小数秒	6～8 字节
Datetimeoffset(n)	0001-01-01～ 9999-12-31 日，n 为 0～7，指定小数秒+/－偏移量	默认 10 字节
SmalldateTime	1900 年 1 月 1 日～2079 年 6 月 6 日，精确到 1 分钟	4 字节
Time(n)	小时：分钟：秒.9999999，n 为 0～7，指定小数秒	5 字节

4. 逻辑数据类型

SQL Server 的逻辑数据类型也称为位(bit)数据类型，适用于判断真/假的场合，长度为一字节。位数据类型取值为 1、0 或 NULL。非 0 的数据被当成 1 处理，位列不允许建立索引，多个位列可以占用同一字节。如果一个表有不多于 8 个的位列，SQL Server 将这些列合在一起用一字节存储。如果表中有 9～16 个位列，这些列将作为两字节存储。更多列的情况以此类推。字符串值 TRUE 和 FALSE 可转换为 bit 值，TRUE 将转换为 1，FALSE 将转换为 0。

5. 数字数据类型

SQL Server 提供了多种方法存储数值，SQL Server 的数字数据大致可分为 4 种基本类型。

1) 整数数据类型

有 4 种整数数据类型：tinyint、smallint、int 和 bigint，用于存储不同范围的值。整数可以用较少的字节存储较大的精确数字，考虑到其高效的存储机制，只要有可能，对数值列应尽量使用整数。SQL Server 2012 的整数类型如表 5-4 所示。

表 5-4　SQL Server 2012 的整数数据类型

数据类型	数据范围描述	存储空间/B
tinyint	0～255 的整数	1
smallint	$-2^{15}\sim2^{15}-1$ 的整数	2
int	$-2^{31}\sim2^{31}-1$ 的整数	4
bigint	$-2^{63}\sim2^{63}-1$ 的整数	8

2）近似数值数据类型

近似数值数据类型包括 float 和 real 类型。它们用于表示浮点数据。但是，由于它们是近似的，因此不能精确地表示所有值。

float(n)中的 n 是用于存储该数尾数的位数(以科学记数法表示)。SQL Server 对此只使用两个值。如果指定位于 1～24，SQL Server 就使用 24。如果指定位于 25～53，SQL Server 就使用 53。当指定 float()时(括号中为空)，默认为 53。real 的同义词为 float(24)。

表 5-5 列出了近似数值数据类型，对其进行简单描述，并说明了要求的存储空间。

表 5-5　近似数值数据类型

数据类型	数据范围描述	存储空间
float[(n)]	-1.79×10^{308}～-2.23×10^{-308}， 0，2.23×10^{-308}～1.79×10^{308}	n 为 1～24 时，4 字节 n 为 25～53 时，8 字节
real()	-3.40×10^{38}～-1.18×10^{-38}， 0，1.18×10^{-38}～3.40×10^{38}	4 字节

3）精确数值数据类型

精确数值数据类型用于存储有小数点且小数点后位数确定的实数。SQL Server 支持两种精确的数值数据类型：decimal 和 numeric。这两种数据类型在功能上等价，定义格式如下：

```
decimal[(p[, s])]
numeric[(p[, s])]
```

其中，p 指定精度，即小数点左边和右边可以存储的十进制数字的最大个数。s 指定小数位数，即小数点右边可以存储的十进制数字的最大个数。精确数值数据类型如表 5-6 所示。

表 5-6　精确数值数据类型

数据类型	数据范围描述	存储空间
numeric(p,s)或 decimal(p,s)	$-10^{38}+1$～$10^{38}-1$ 的数值	最多 17 字节

4）货币数据类型

除了 decimal 和 numeric 类型适用于货币数据的处理外，SQL Server 还专门提供了两种货币数据类型：money 和 smallmoney，如表 5-7 所示。

输入货币数据时必须在货币数据前加 $ 符号，如果未提供该符号，其值被当成浮点数，可能会损失值的精度，甚至被拒绝。在显示货币值时，数值的小数部分仅保留 2 位有效位。

表 5-7　货币数据类型

数据类型	数据范围描述	存储空间/B
money	−922 337 203 685 477.580 8～ 922 337 203 685 477.580 7	8
smallmoney	−214 748.3648～2 14 748.3647	4

6. 其他数据类型

除了以上基本数据类型外，SQL Server 2012 还支持其他一些数据类型，如表 5-8 所示。

表 5-8　SQL Server 2012 还支持的其他数据类型

数据类型	数据范围描述	存储空间
cursor	包含一个对游标的引用和可以用作变量或存储过程 OUTPUT 参数	不适用
hierarchyid	包含一个对层次结构中位置的引用	1～892 字节＋2 字节的额外开销
sql_variant	可能包含任何系统数据类型的值，除了 text、ntext、image、timestamp、xml、varchar(max)、nvarchar(max)、varbinary (max)、sql_variant、geography、geometry、hierarchyid、datetimeoffset 以及用户定义的数据类型。最大为 8000 字节数据＋16 字节	8016 字节
table	用于存储结果集以进行后续处理。主要用于返回表值函数的结果集，也可用于函数、存储过程和批处理中	取决于表定义和存储的行数
timestamp or rowversion	rowversion 对于每个表来说是唯一的、自动存储的值。通常用于版本戳，该值在插入和每次更新时自动改变。timestamp 数据类型为 rowversion 数据类型的同义词。在 DDL 语句中，尽量使用 rowversion	8 字节
uniqueidentifier	可以包含全局唯一标识符(Globally Unique Identifier, GUID)。guid 值可以从 Newid()函数获得。这个函数返回的值对所有计算机来说是唯一的	16 字节
xml	存储 XML 数据的数据类型。可以在列中或者 xml 类型的变量中存储 XML 实例	最多 2GB

5.1.2　空值和默认值

当用户往表中插入一行而未对其中的某列指定值时，该列将出现空值(NULL)。空值不同于空白(空字符串)或数值零，通常表示未填写、未知(Unknown)、不可用或将在以后添加的数据。例如，某公司的某份销售订单在初下单时，是无法确定货物的发货日期(send_date)和到货日期(arrival_date)的，故该订单信息在进入数据库时，send_date 和 arrival_date 不能填写，系统将用空值标识该订单记录的这两列。

因为每个空值均为未知，所以没有两个空值是相等的，比较两个空值或将空值与其他任何数值相比均返回未知。空值会对查询命令或统计函数产生影响。实际应用中，应尽量少使用空值，或对查询和数据修改语句进行规划，使空值的影响降到最小。可以使用查询或数据修改语句消除空值或将空值转换成其他值，也可以使用列的默认值约束来避免一些空值。

可通过以下方法在列中插入空值：在 INSERT 或 UPDATE 语句中显式声明 NULL，或不使此列进入 INSERT 语句，或使用 ALTER TABLE 语句在现有表中新添一列。若要判断某列中的值是否为空值，可以使用关键字 IS NULL 或 IS NOT NULL。

默认值是指表中数据的默认取值，默认值对象是数据库的对象不依附于具体的表对象，即默认值对象的作用范围是整个数据库。

5.1.3　约束

约束定义了关于列中允许值的规则，SQL Server 通过限制列中数据、行中数据和表之间数据来保证数据的完整性。SQL Server 2012 支持非空值约束、默认约束、唯一性约束、主键约束、外键约束等多种约束。

(1) 非空值约束(Not Null)限制数据列不接受 NULL 值,即当对表进行插入(INSERT)操作时,非空值约束的列必须给出确定的值。例如,如果 employee 表的 employee_name(员工姓名)列定义为非空约束,则当录入员工信息时,必须提供员工的姓名。

(2) 默认约束(Default)为数据列定义一个默认值,输入数据时若没有为该列提供值,则将所定义的默认值提供给该列。默认值可以是常量,也可以是表达式。例如,为 employee 表的 hire_date(雇用日期)列定义默认约束表达式"GetDate()"(获取当前日期),将使数据库服务器在用户没有输入时为该列填上默认值,即当天的日期。

(3) 唯一性约束(Unique)限制约束的列,在表的范围内,不允许有两行包含相同的非空值(可以出现多个空值)。

(4) 主键约束(Primary Key)标识列(或列集),这些列(或列集)的值唯一标识表中的行。在一个表中,不能有两行包含相同的主键值,主键的值不能为 NULL。例如,employee 表的 employee_id 列可以选作主键。

每个表都应有一个主键,建议使用一个整数列作为主键。实际应用中,有些表中的数据不便于提供主键列。在 SQL Server 中,通常可以另外建一列并使之成为一个易于使用的主键列。

(5) 外键约束(Foreign Key)也称为外部关键字约束,根据从另一个表中某列(通常是主键列)获得的数据集合来进行有效值判定。这时,被约束列所在的表称为外键表,提供数据的表称为主键表或引用表,提供数据的列称为引用列,所提供的数据称为键值。外键常用来标识表与表之间的关系。

例如,Sales 数据库中的 employee 表、sell_order 表之间存在一种逻辑联系,即 sell_order(销售订单)表的 employee_id(员工编号)列的值必须是 employee 表 employee_id 列中多个值当中的一个,因为签订销售订单的人必须是当前公司员工,因此,在 sell_order 表上应建立外键约束 FK_sell_order_employee 来限制 sell_order 表的 employee_id 列的值必须来自 employee 表的 employee_id 列。

关于约束的详细情况将在第 8 章中进行介绍。

5.2 表的创建与维护

创建表就是定义一个新表的结构以及它与其他表之间的关系。表的维护是指在数据库中创建表以后,对表进行修改、删除等操作。修改表是指更改表结构或表间关系,而删除表是指从数据库中去除该表的表结构、表间关系和表中所有数据。所谓表结构指的是构成表的列、各列的定义(列名、数据类型、数据精度、列上的约束等)和表上的约束。

5.2.1 使用 SQL Server 管理平台对表进行操作

在 SQL Server 管理平台中,表的操作可以可视化完成。管理平台中可以对单个表进行设计,也可以对同一数据库的多个表进行设计,并生成一个或多个关系图,以显示数据库中的部分或全部表、列、键和表间关系。

1. 使用SQL Server管理平台创建和修改表

在SQL Server管理平台中创建数据表的最常用方法是直接输入字段法。其创建数据表的一般步骤如下：

视频讲解

(1) 打开"对象资源管理器"窗格，打开需要创建表的数据库Sales，在"表"上右击，在弹出的快捷菜单中选择"新建表"命令，打开表设计器对话框，如图5-1所示。

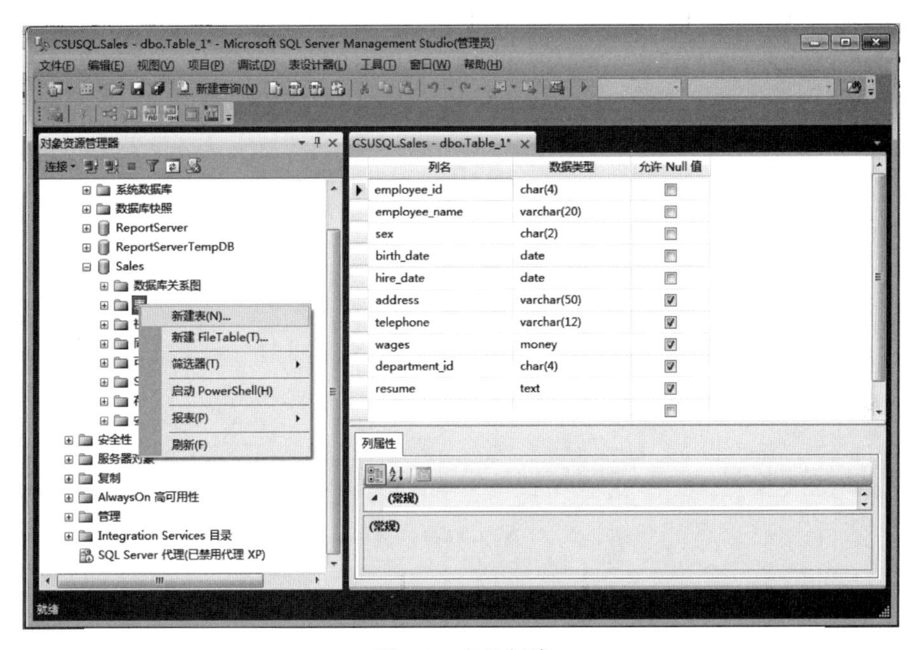

图5-1　表的创建

(2) 如果要创建employee表，在该对话框中，输入雇员表的列名，选择每列的数据类型，设置各列是否允许为空，如图5-1所示。列名在一个表中的唯一性是由SQL Server强制实现的。每一列都有一个唯一的数据类型，数据类型确定列的精度和长度，可以根据实际的需要进行选择。列允许为空值时将显示"√"，表示该列可以不包含任何数据，空值既不是0，也不是空字符，而是表示未知，如果不允许列包含空值，则必须为该列提供具体的数据。

(3) 输入完成后，单击工具栏中的"保存"按钮，打开"选择名称"对话框，如图5-2所示。输入新建表的名称后，单击"确定"按钮，则创建了一个表。

(4) 若要修改该表，展开"数据库"结点，在需要修改的表上右击，在弹出的快捷菜单中选择"修改"命令，可重新在打开表设计器中进行上述操作。

2. 使用SQL Server管理平台设计数据库关系

在SQL Server管理平台设计器以图形方式显示部分或全部数据库结构，这种图形被称为数据库关系图。关系图可用来创建和修改表、列、关系、键、索引和约束。可创建一个或更多的关系图，以显示数据库中的部分或全部表、列、键和关系。

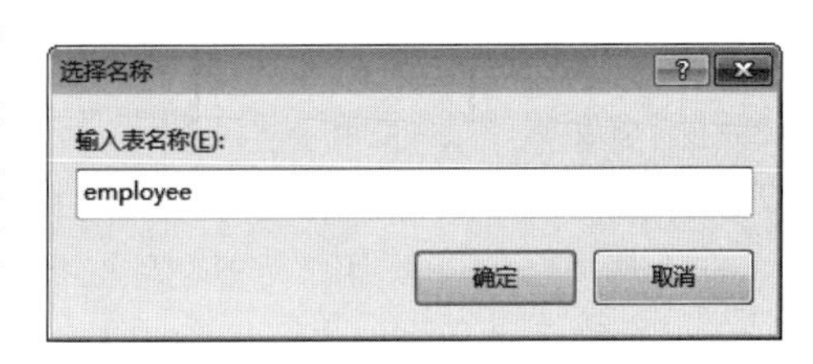

图5-2　"选择名称"对话框

在管理平台中,展开要操作的数据库,选择“数据库关系图”选项,然后右击,在弹出的快捷菜单中选择“新建数据库关系图”命令,如图 5-3 所示。在弹出的对话框中选择要建立关系的表后,则会弹出数据库关系图设计器窗口。

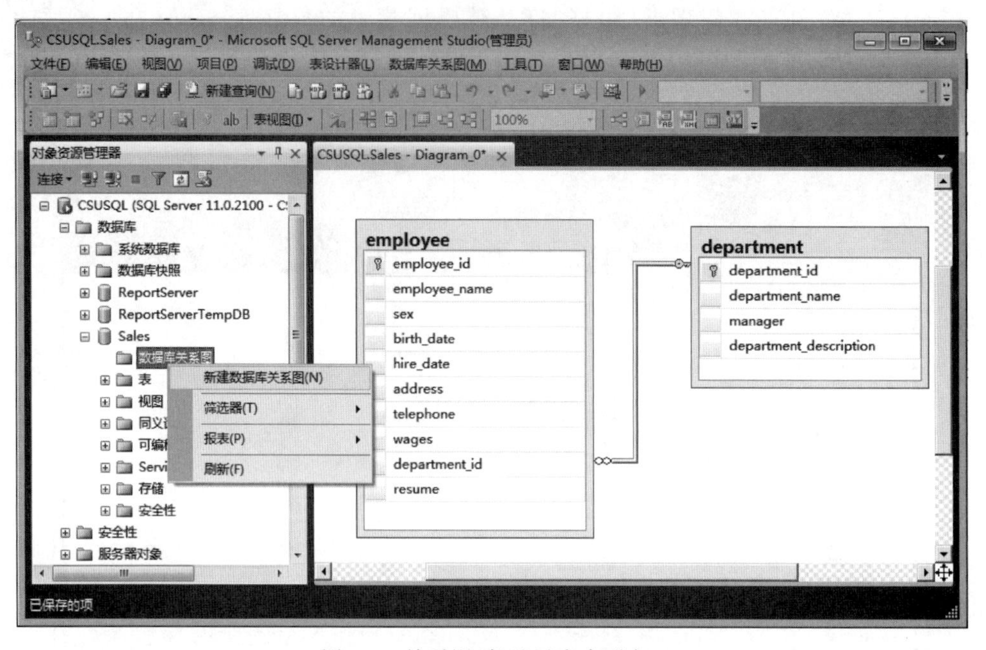

图 5-3 关系图(仅显示表中列名)

图 5-3 是 Sales 数据库中一个简单而典型的关系图。在该关系图中,可以看到表 department 与表 employee (仅显示了列名)由一条连接线联系起来了,这就是这两个表之间的关系,当鼠标移到该连线上时,出现提示框显示该关系的名称信息 FK_employee_department。

在关系图的空白处右击,在弹出的快捷菜单中可以选择新建表或添加数据库中已定义(但未出现在关系图中)的表。关系图中将出现与表设计器上半窗格同样的网格,用以定义新表中各列的基本属性。在该表的级联快捷菜单中选择“属性”选项,可创建或定义该表的关系、键、索引和约束或修改当前列的附加特性。

可以切换表视图以显示表的完整列定义,这样,可以直接在关系图中对表结构进行修改。

在关系图的某个表上右击,在弹出的快捷菜单中,可以选择从关系图或从数据库中删除该表。

3. 在 SQL Server 管理平台中删除表

当某个表不再使用时,就可以将其删除以释放数据库空间。表被删除后,它的结构定义、数据、全文索引、约束和索引都永久地从数据库中删除。表上的规则或默认值将解除绑定,任何与表关联的约束或触发器将自动删除。

在管理平台中可以很方便地删除数据库中已有的表。其操作方法如下:

(1) 在管理平台中右击要删除的表,在弹出的快捷菜单中选择“删除”命令,则会弹出如图 5-4 所示的“删除对象”对话框,单击“确定”按钮即可删除表。

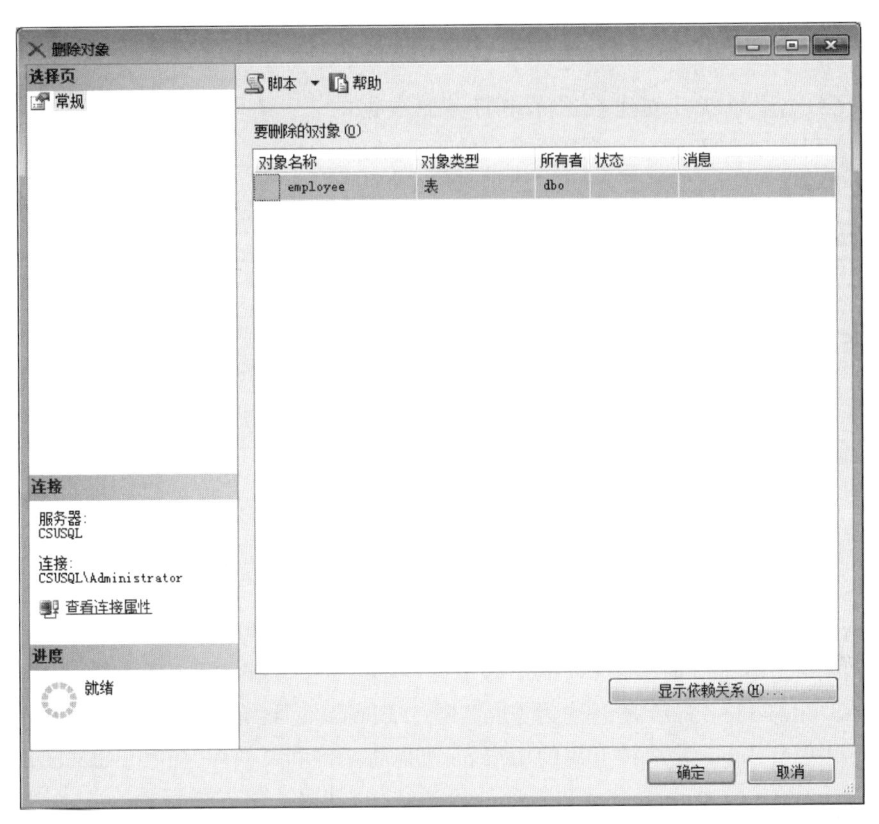

图 5-4 “删除对象”对话框

(2) 单击“显示依赖关系”按钮即会出现如图 5-5 所示的对话框,它可以分别列出表所依靠的对象和依赖于表的对象,当有对象依赖关系时就不能删除表。

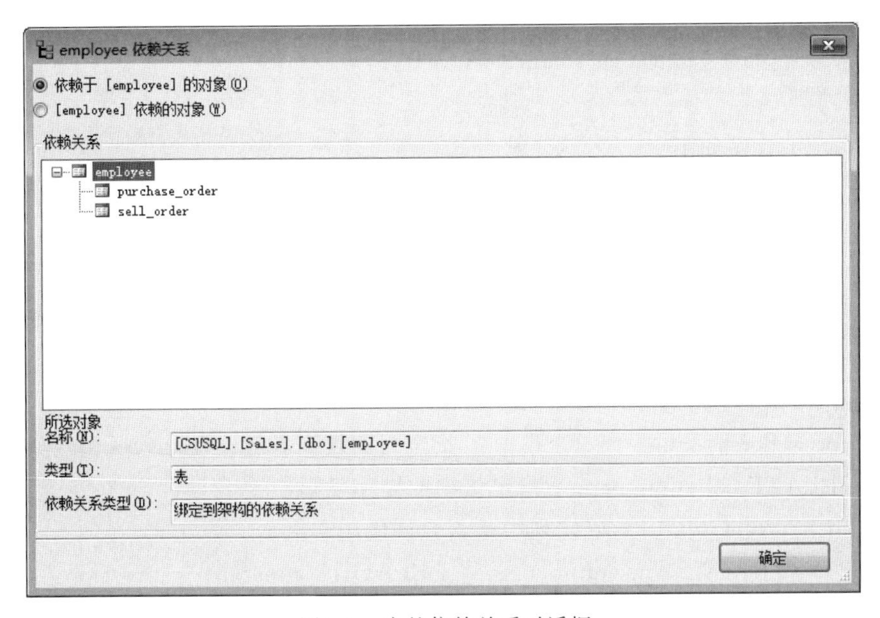

图 5-5 表的依赖关系对话框

5.2.2 使用 Transact-SQL 语句创建表

设计完数据库后就可创建数据库中将存储数据的表。在 Transact-SQL 中,创建表可使用 CREATE TABLE 语句,其语法格式如下:

```
CREATE TABLE
  [database_name. [schema_name].|schema_name.] table_name
  [AS FileTable]
  ( { <column_definition>|<computed_column_definition>}
    [<table_constraint>] [,...,n] )
    [ON { partition_scheme_name ( partition_column_name )|filegroup|"default" }]
    [{ TEXTIMAGE_ON { filegroup|"default" }]
```

各选项的含义如下:

(1) database_name:要在其中创建表的数据库名称,必须是现有数据库的名称,默认为当前数据库。

(2) schema_name:新表所属架构的名称。

(3) table_name:新表的名称。表名必须遵循有关标识符的规则。table_name 最多可包含 128 个字符,本地临时表名(以单个数字符号(#)为前缀的名称)不能超过 116 个字符。

(4) AS FileTable:将新表创建为 FileTable。FileTable 具有固定架构,无须指定列。在 SQL Server 中 FileTable 是一种专用的用户表,可以将文件和文档存储在 FileTable 的表中。

(5) column_definition:表示数据列的语法结构,其语法格式如下。

```
<column_definition> ::=
column_name [type_schema_name.] type_name
    [COLLATE collation_name] [NULL|NOT NULL]
    [[CONSTRAINT constraint_name] DEFAULT constant_expression]
      |[IDENTITY [( seed,increment )] [NOT FOR REPLICATION]]
    [ROWGUIDCOL] [<column_constraint> [,...,n]]
    [SPARSE]
```

其中选项的含义如下。

① column_name [type_schema_name.] type_name:指定列名和存储在该列的数据类型。

- column_name:表中列的名称。列名称必须遵循标识符的规则,且在表中必须唯一。column_name 最多可以有 128 个字符。对于使用 timestamp 数据类型创建的列,可以省略 column_name。如果未指定 column_name,则 timestamp 列的名称默认为 timestamp。
- [type_schema_name.] type_name:指定列的数据类型以及该列所属的架构。

② COLLATE collation_name:指定该列的排序规则。

③ NULL |NOT NULL:确定列中是否允许使用空值。

④ [CONSTRAINT constraint_name] DEFAULT constant_expression:定义约束。各选项含义如下。

- CONSTRAINT:可选关键字,表示 PRIMARY KEY、NOT NULL、UNIQUE、

FOREIGN KEY 或 CHECK 约束定义的开始。

- constraint_name：约束的名称。约束名称必须在表所属的架构中唯一。
- DEFAULT constant_expression：用一个常量表达式设置该列的默认约束。

⑤ IDENTITY [(seed,increment)]：设置该列为标识列，并由 seed 和 increment 分别指定种子和增量(默认都为 1)。

⑥ NOT FOR REPLICATION：指定列的 IDENTITY 列的属性，在把从其他表中复制的数据插入到表中时不发生作用。

⑦ ROWGUIDCOL：指定该列为全局唯一标识符列。

⑧ <column_constraint>：定义在该列上的列约束。取 NULL 或 NOT NULL 时，指定是否在该列上设置非空约束。

⑨ [SPARSE]：指示列为稀疏列。稀疏列已针对 NULL 值进行了存储优化。不能将稀疏列指定为 NOT NULL。

(6) computed_column_definition：某计算列的列定义，定义计算列的值的表达式。计算列并不是物理地存储在表中的虚拟列，除非此列标记为 PERSISTED。该列由同一表中的其他列通过表达式计算得到。表达式可以是非计算列的列名、常量、函数、变量，也可以是用一个或多个运算符连接的上述元素的任意组合。表达式不能是子查询，也不能包含别名数据类型。

在使用计算列时，应注意如下几点：

① 计算列不能作为 INSERT 或 UPDATE 语句的目标。

② 计算列不能用作 DEFAULT 或 FOREIGN KEY 约束定义，也不能与 NOT NULL 约束定义一起使用。

③ 如果计算列由具有确定性的表达式定义，并且索引列中允许计算结果的数据类型，则可将该列用作索引中的键列，或用作 PRIMARY KEY 或 UNIQUE 约束的一部分。

(7) table_constraint：表示对数据表的约束进行设置。

(8) partition_scheme_name (partition_column_name) |filegroup |"default"：指定存储表的分区架构或文件组。各选项含义如下。

- partition_scheme_name：分区架构的名称，该分区架构定义要将已分区表的分区映射到的文件组。
- partition_column_name：表示分区策略依据的列。
- filegroup：表将存储在指定的文件组中。
- "default"：表存储在默认文件组中。

(9) TEXTIMAGE_ON { filegroup |"default"}：指示 text、ntext、image、xml、varchar(max)、nvarchar(max)、varbinary(max)和 CLR(Common Language Runtime)用户定义类型的列存储在指定文件组的关键字。如果表中没有较大值的列，则不允许使用 TEXTIMAGE_ON。如果指定了< partition_scheme >，则不能指定 TEXTIMAGE_ON。如果指定了"default"，或者未指定 TEXTIMAGE_ON，则较大值的列存储在默认文件组中。

【例 5-1】 简单的表定义。

```
USE Sales
CREATE TABLE employee
```

```
( employee_id char(4)NOT NULL,
  employee_name varchar(20)NOT NULL,
  sex char(2)NOT NULL,
  birth_date date NOT NULL,
  hire_date date NOT NULL,
  address varchar(50),
  telephone varchar(12),
  wages money,
  department_id char(4),
  resume text
)
```

本例使用 USE 语句打开 Sales 数据库,使之成为当前数据库,然后在当前数据库创建了 employee 表,所有者为当前用户。

employee 表共有 10 列,使用 char(n)、varchar(n)、date、money 和 text 共 5 种数据类型,并设置其中 5 列采用了非空约束,address、telephone 和 wages、department_id、resume 列默认指定允许为空。

因为未指定 employee 表的所在文件组,该表将被放置在默认文件组中。

【例 5-2】 为表指定文件组。

```
CREATE TABLE Sales.dbo.supplier
(supplier_id char(6)  NOT NULL,
 supplier_name  varchar(50)NOT NULL,
 linkman_name  varchar(20),
 address  varchar(50),
 telephone varchar(12) NOT NULL
)ON [PRIMARY]
```

本例在 Sales 数据库创建表 supplier,所有者为 dbo。该表被显式地放置在 PRIMARY 文件组中。

【例 5-3】 对计算列使用表达式。

```
CREATE TABLE salary
( 姓名 varchar(10),
  基本工资 money,
  奖金 money,
  总计 AS 基本工资 + 奖金)
```

本例创建了 salary 表,定义了 3 个数值列,其中“总计”为计算列,其值由表中另外两列的数据从表达式“基本工资+奖金”计算而来。

【例 5-4】 定义表 autouser 自动获取用户名称。

```
CREATE TABLE autouser
( 编号 int identity(1,1)NOT NULL,
  用户代码 varchar(18),
  登录时间 AS Getdate(),
  用户名 AS User_name()
)
```

本例创建了表 autouser,该表“登录时间”和“用户名”列的信息可以分别通过函数Getdate()和 User_name()自动获取。当表插入数据时,只需添加“用户代码”数据,其他列的值都自动产生。图 5-6 为表 autouser 插入数据行时表中数据情况。

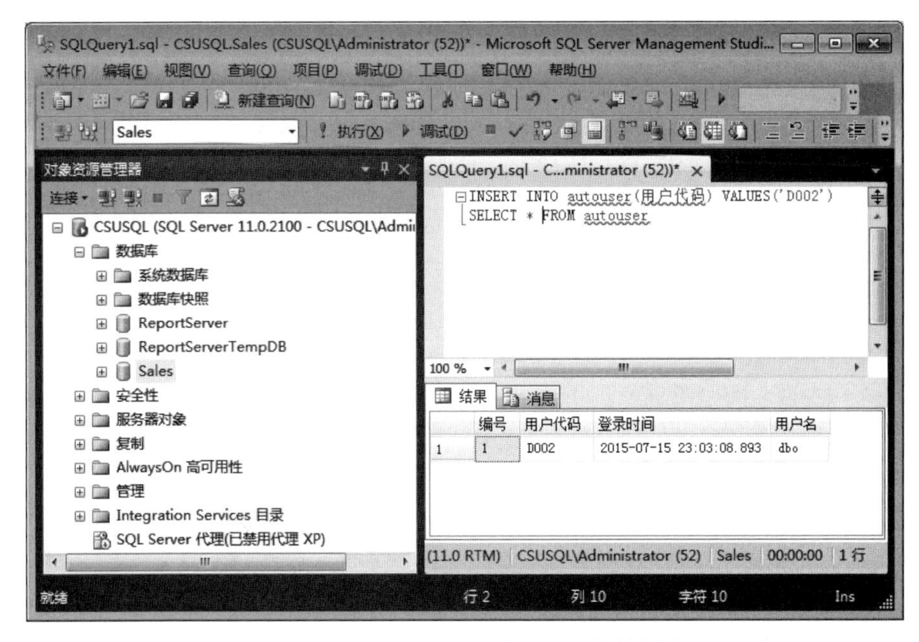

图 5-6 表 autouser 插入数据行时表中数据情况

【例 5-5】 创建临时表。

```
CREATE TABLE #students
( 学号 varchar(8),
  姓名 varchar(10),
  性别 varchar(2),
  班级 varchar(10)
)
```

在实际应用中,经常会用到临时表来暂存储数据。SQL Server 中使用代码创建临时表,需要在表名前加“#”或“##”符号。其中“#”表示本地临时表,在当前数据库内使用,“##”表示全局临时表,可在所有数据库内使用。临时表存储在 tempdb 中。

当用户与 SQL Server 实例断开连接后,将自动删除本地临时表。全局临时表在创建后对任何用户和任何连接都是可见的,当引用该表的所有用户都与 SQL Server 实例断开连接后,全局临时表将自动被删除。

5.2.3 使用 Transact-SQL 语句修改表

在创建数据表之后,经常需要对原先的某些定义进行一定的修改,例如添加、修改、删除列以及添加、删除各种约束。但列的某些数据类型、NULL 值或 IDENTITY 属性不能直接进行修改。SQL Server 使用 ALTER TABLE 语句对数据表的结构进行重新定义。

SQL Server2012 的 ALTER TABLE 语句提供了丰富的参数项,这里列出常用语法结构。其语法格式如下:

```
ALTER TABLE [database_name. [schema_name]. |schema_name. ] table_name
{ ALTER COLUMN column_name
  { [type_schema_name. ]type_name[ ({precision [,scale]|max| xml_schema_collection } )]
    [COLLATE collation_name] [NULL|NOT NULL] [SPARSE]
      | {ADD|DROP }{ ROWGUIDCOL|PERSISTED|NOT FOR REPLICATION|SPARSE }
  }|[WITH { CHECK|NOCHECK }]
  | ADD
  { <column_definition>|<computed_column_definition>
    |<table_constraint>|<column_set_definition>
  } [,…,n]
  | DROP
  { [CONSTRAINT] constraint_name
    [WITH ( <drop_clustered_constraint_option> [,…,n] )]|COLUMN column_name
} [,…,n]
  |[WITH { CHECK|NOCHECK }] { CHECK|NOCHECK }
    CONSTRAINT { ALL|constraint_name [,…,n] }
  |{ ENABLE|DISABLE } TRIGGER { ALL|trigger_name [,…,n] } }
```

各选项的含义如下：

(1) schema_name：更改表所属架构的名称。

(2) table_name：指定要修改的表名。

(3) ALTER COLUMN column_name：指定表中要更改的列名为 column_name。对列的更改不能与列或表的其他定义相冲突。如某列的默认值为字符串，则数据类型不能更改为非字符串类型，但可先删除默认约束再更改数据类型。以下类型的列不能直接更改。

① 数据类型为 text、image、ntext 或 timestamp 的列。

② 表的 ROWGUIDCOL 列。

③ 计算列或用于计算列中的列。

④ 用于索引中的列。除非该列数据类型是 varchar、nvarchar 或 varbinary，数据类型没有更改，而且新列大小大于或等于旧列大小。

⑤ 用于主键/外键/检查/唯一约束中的列。

⑥ 有默认约束的列的数据类型不能更改，但可更改列的长度、精度或小数位数。

有些数据类型的更改可能导致数据的更改。例如，将数据类型为 nchar 或 nvarchar 的列更改为 char 或 varchar 类型，将导致扩展字符的转换。降低列的精度或小数位数可能导致数据截断。

(4) [type_schema_name.] type_name：更改后的列的新数据类型或添加的列的数据类型。原来的数据类型必须可以隐式转换为新数据类型。如果要更改的列是标识列，新数据类型必须是支持标识属性的数据类型(整型)。新数据类型不能为 timestamp。

(5) precision：指定的数据类型的精度。

(6) scale：指定的数据类型的小数位数。

(7) xml_schema_collection：仅应用于 xml 数据类型，以便将 xml 架构与类型相关联。

(8) COLLATE collation_name：指定更改后的列的新排序规则。

(9) NULL|NOT NULL：指定该列是否可接受空值。

(10) [SPARSE]：指示列为稀疏列。稀疏列已针对 NULL 值进行了存储优化。不能将稀疏列指定为 NOT NULL。

(11) WITH{CHECK|NOCHECK}：指定表中的数据是否用新添加的或重新启用的 FOREIGN KEY 或 CHECK 约束进行验证。

(12) ADD：指定添加一个或多个列定义、计算列定义或者表约束。

(13) DROP { [CONSTRAINT] constraint_name|COLUMN column_name }：指定从表中删除名为 constraint_name 的约束或者名为 column_name 的列。必须删除所有基于列的索引和约束后，才能删除列。WITH(< drop_clustered_constraint_option >指定设置一个或多个删除聚集约束选项。

(14) {CHECK |NOCHECK } CONSTRAINT：指定启用或禁用 constraint_name。

(15) ALL：指定使用 NOCHECK 选项禁用所有约束，或者使用 CHECK 选项启用所有约束。

(16) { ENABLE |DISABLE } TRIGGER：指定启用或禁用 trigger_name。

(17) trigger_name：指定要启用或禁用的触发器的名称。

【例 5-6】 更改表以添加新列，然后再删除该列。

```
USE Sales
ALTER TABLE employee ADD email varchar(20)NULL
GO
sp_help employee
ALTER TABLE employee DROP COLUMN email
GO
sp_help employee
```

本例先为 employee 表添加了 email 列，通过系统存储过程 sp_help 可以查看修改后的 employee 表的各列，再使用 DROP 子句删除添加的列。

【例 5-7】 将表 employee 的列 address 改为 varchar(150)数据类型，并且不允许为空。

```
ALTER TABLE employee ALTER COLUMN address varchar(150) NOT NULL
GO
```

注意：一定要确认已有的数据中列 address 均不为空后，才能进行此操作。

关于修改表的各种约束操作参见 8.3 节的内容。

5.2.4 使用 Transact-SQL 语句删除表

表所有者可以使用 Transact-SQL 语句删除任何其所有的表。如果不想等待临时表自动删除，则可明确删除临时表。

删除表的 Transact-SQL 语句格式如下：

```
DROP TABLE [database_name. [schema_name].|schema_name.]
  table_name [,…,n] [;]
```

各选项的含义如下。

(1) database_name：要在其中创建表的数据库的名称。

(2) schema_name：表所属架构的名称。

(3) table_name：要删除的表的名称。

注意：

(1) 删除表时，表上的规则或默认值将解除绑定，任何与表关联的约束或触发器将自动除去。如果重新创建表，则必须重新绑定适当的规则和默认值，重新创建任何触发器并添加必要的约束。

(2) 不能使用 DROP TABLE 删除被 FOREIGN KEY 约束引用的表。必须先删除引用 FOREIGN KEY 约束或引用表。如果要在同一个 DROP TABLE 语句中删除引用表以及包含主键的表，则必须先列出引用表。

(3) 系统表不能使用 DROP TABLE 语句删除。

【例 5-8】 删除当前数据库内的表。

```
USE Sales
GO
DROP TABLE employee
```

本例从当前数据库 Sales 中删除 employee 表及其数据和索引。

【例 5-9】 删除另外一个数据库内的表。

```
DROP TABLE Sales.dbo.employee
```

本例删除 Sales 数据库内的 employee 表。可以在服务器实例上的任何数据库内执行此操作。

5.3 表中数据的维护

视频讲解

数据库的主要用途是存储数据并使授权的应用程序和用户能够使用这些数据。在数据库中的表对象建立后，用户对表的访问可以归纳为 4 个基本操作：添加或插入新数据、检索现有数据、更改或更新现有数据和删除现有数据。

这 4 种操作通常称为 CRUD(Create，Retrieve/Read，Update，Delete)操作。其中的 R 操作，即对数据表的检索，通常也被称为查询(Query)，将在第 6 章详细介绍，本节只讨论其余 3 种操作。

对表中数据进行维护也有两种方法：一是使用 SQL Server 管理平台；二是使用 Transact-SQL 语句。同前面介绍管理平台的操作类似，在管理平台中，右击需要操作的表，在弹出的快捷菜单中选择“打开表”命令，再选择有关命令，即可完成查询、修改和删除表中数据的操作。下面重点介绍表中数据维护的 Transact-SQL 语句。

5.3.1 插入数据

INSERT 语句可向表中添加一个或多个新行，其语法格式如下：

```
[WITH <common_table_expression> [,…,n]]
INSERT [TOP ( expression ) [PERCENT]]
        [INTO]
    { [server_name. database_name. schema_name. |database_name.[schema_name].
      |schema_name.] table_or_view_name
```

```
{ [( column_list )] [<OUTPUT Clause>]
{ VALUES ( { DEFAULT|NULL|expression } [, ...,n] )
|derived_table|execute_statement|DEFAULT VALUES } } }
```

各选项的含义如下：

(1) WITH <common_table_expression>：指定在INSERT语句作用域内定义的临时命名结果集(也称为公用表表达式)。结果集源自SELECT语句。

(2) TOP(expression)[PERCENT]：指定将插入的随机行的数目或百分比。expression可以是行数或行的百分比。在和INSERT、UPDATE或DELETE语句结合使用的TOP表达式中引用的行不按任何顺序排列。

(3) INTO：一个可选的关键字,可以将它用在INSERT和目标表之间。

(4) server_name：表或视图所在服务器的名称。如果指定了server_name,则需要database_name和schema_name。

(5) database_name：数据库的名称。

(6) schema_name：表或视图所属架构的名称。

(7) table_or view_name：要接收数据的表或视图的名称。

(8) (column_list)：要在其中插入数据的一列或多列的列表。必须用括号将column_list括起来,并且用逗号进行分隔。

(9) OUTPUT子句：将插入行作为插入操作的一部分返回。引用本地分区视图、分布式分区视图或远程表的DML语句,或包含execute_statement的INSERT语句,都不支持OUTPUT子句。在包含< dml_table_source >子句的INSERT语句中不支持OUTPUT INTO子句。

(10) VALUES：引入要插入的数据值的列表。

如果VALUES列表中的各值与表中各列的顺序不相同,或者未包含表中各列的值,则必须使用column_list显式指定存储每个传入值的列。

若要插入多行值,VALUES列表的顺序必须与表中各列的顺序相同,且此列表必须包含与表中各列或column_list对应的值以便显式指定存储每个传入值的列。

(11) DEFAULT：强制数据库引擎加载为列定义的默认值。若某列不存在默认值,并且该列允许NULL值,则插入NULL。DEFAULT对标识列无效。

(12) expression：一个常量、变量或表达式。表达式不能包含EXECUTE语句。

(13) derived_table：任何有效的SELECT语句,它返回将加载到表中的数据行。

(14) execute_statement：任何有效的EXECUTE语句,它使用SELECT或READTEXT语句返回数据。

(15) DEFAULT VALUES：强制新行包含为每个列定义的默认值。

【例5-10】 使用简单的INSERT语句。

```
USE Sales
GO
INSERT Supplier
  VALUES ('R001','华科电子有限公司','施宾彬    ','朝阳路56号','2636565')
```

本例在例5-2创建的表Supplier中插入一行。由于省略了列表,默认对表中所有列按顺序填入。

另外,如果将值装载到可变长度数据类型的列时,尾随空格(对 varchar/nvarchar 是空格,对 varbinary 是零)将被删除。例如本例中向 linkman_name 列(varchar(20))填入值“施宾彬　”,SQL Server 将“施宾彬”填入该列并删除其尾随的空格。

而如果向 char/nchar 类型的列填入的值长度小于列的定义长度时,SQL Server 将对填入值向右填充至定义长度。例如本例中向 supplier_id 列(char(6))填入 R001 后,系统将增加两个空格在该字符串右边以达到定义长度 6。

【例 5-11】 显式指定列列表。

```
INSERT Sales.dbo.supplier
  (supplier_id,supplier_name,linkman_name,address,telephone)
  VALUES ('R00015','华科电子有限公司','施宾彬','朝阳路 56 号','2636565')
```

本例与例 5-10 的 INSERT 命令功能完全等同。但在本例中表中各列被显式地列出来。显式指定列列表还可用来插入值少于列个数的数据或插入与列顺序不同的数据。例如:

```
-- 插入值少于列个数的数据
INSERT Sales.dbo.supplier (supplier_id,supplier_name,telephone)
  VALUES ('R00016','晨光电子实业公司','4561681')
-- 插入与列顺序不同的数据
INSERT Sales.dbo.Supplier(Supplier_name,telephone,Supplier_id)
  VALUES ('晨光电子实业公司','4561681','R00016')
```

【例 5-12】 将数据装载到带有标识符的表。

```
-- 创建 customer2 表,该表的 customer_id 为标识列
CREATE TABLE customer2
(customer_id bigint NOT NULL
 IDENTITY(0,1),
 customer_name varchar(50)NOT NULL,
 linkman_name varchar(20),
 address varchar(50),
 telephone char(12)NOT NULL)
GO
-- 以下语句为 customer2 表插入数据
INSERT customer2
  VALUES ('东方体育用品公司','刘平','东方市中山路 25 号','75368025')
INSERT customer2(customer_name,linkman_name,address,telephone)
VALUES ('北京泛亚实业公司','张卫民','长岭市五一路号','68510231')
SET IDENTITY_INSERT Sales.dbo.customer2 ON
INSERT customer2
(customer_id,customer_name,linkman_name,address,telephone)
VALUES ('2','洞庭强华电器公司','马东','滨海市洞庭大道号','76053331')
```

本例创建了表 customer2,其 customer_id 被定义为标识列。第 1、2 个 INSERT 语句允许系统为新行生成标识值。执行第 3 个 INSERT 语句前用 SET IDENTITY_INSERT Sales.dbo.customer2 ON 语句允许标识列的手动插入,并且将一个显式的值(2)插入到标识列。撤销标识列的手动插入使用语句 SET IDENTITY_INSERT。Sales.dbo.customer2 OFF。

【例 5-13】 使用 SELECT 和 EXECUTE 选项装载数据。

```
-- 创建一个新表 newcustomer
CREATE TABLE Sales.dbo.newcustomer
(customerName varchar(50)NOT NULL,
linkmanName varchar(20)
)
-- 用 INSERT…SELECT 从 customer2 表查询数据填入 NewCustomer 表
INSERT newcustomer
  SELECT customer_name,linkman_name FROM customer2
-- 先创建一个存储过程(详细内容参见第 10 章),再使用 INSERT…EXECUTE 语句
-- 从 customer2 表用存储过程查询数据填入 newcustomer 表
CREATE PROCEDURE MySp_Customer
AS
SELECT customer_name,linkman_name FROM customer2
GO
INSERT newcustomer
  EXECUTE MySp_Customer
-- 用 INSERT…EXECUTE('string')从 customer2 表查询数据填入 newcustomer 表
INSERT newcustomer
EXECUTE('SELECT customer_name,linkman_name FROM customer2')
```

本例演示了 3 种不同的方法,用来从 customer2 表获取数据,并将数据填入 newcustomer 表。每种方法都基于一个 SELECT 语句,该语句从 customer2 表查询其中两列的值。

第 1 个 INSERT 语句使用 SELECT 语句直接从源表(customer2)检索获取数据;第 2 个 INSERT 语句执行一个包含 SELECT 语句的存储过程;第 3 个 INSERT 语句执行以字符串形式表示的 SELECT 语句。

5.3.2 修改数据

在创建表并添加数据之后,更改或更新表中的数据就成为维护数据库的一个日常过程。UPDATE 语句可以更改表或视图中单行、行组或所有行的数据值。其语法格式如下:

```
[WITH <common_table_expression>[,...,n]]
UPDATE [TOP ( expression ) [PERCENT]]
  {{ table_alias|{[server_name. database_name. schema_name. |database_name.[schema_name].
  | schema_name.] table_or_view_name }}| @table_variable}
  SET { column_name = { expression|DEFAULT|NULL }
      | { udt_column_name.{ { property_name = expression
      | field_name = expression }|method_name ( argument [,...,n] ) } }
      | column_name {.WRITE ( expression, @Offset, @Length ) }
      | @variable = expression
      | @variable = column = expression } [,...,n]
  [<OUTPUT Clause>] [FROM{ <table_source> } [,...n,]]
  [WHERE { <search_condition> }]
```

各选项的含义如下:

(1) WITH <common_table_expression>:指定在 UPDATE 语句作用域内定义的临时命名结果集或视图,也称为公用表表达式(CTE)。CTE 结果集派生自简单查询并由 UPDATE 语句引用。

(2) TOP (expression) [PERCENT]：指定将要更新的行数或行百分比。expression 可以为行数或行百分比。

(3) table_alias：在表示要从中更新行的表或视图的 FROM 子句中指定的别名。

(4) server_name：表或视图所在服务器的名称(使用链接服务器名称或 OPENDATASOURCE 函数作为服务器名称)。如果指定了 server_name，则需要 database_name 和 schema_name。

(5) database_name：数据库的名称。

(6) schema_name：表或视图所属架构的名称。

(7) table_or_view_name：要更新行的表或视图的名称。

(8) @ table_variable：将表变量指定为表源。

(9) SET：指定要更新的列或变量名称的列表。

(10) column_name：包含要更改的数据的列。column_name 必须已存在于 table_or_view_name 中。不能更新标识列。

(11) expression：返回单个值的变量、文字值、表达式或嵌套 SELECT 语句(加括号)。expression 返回的值替换 column_name 或@variable 中的现有值。

(12) DEFAULT：指定用为列定义的默认值替换列中的现有值。如果该列没有默认值并且定义为允许 NULL 值，则该参数也可用于将列更改为 NULL。

(13) udt_column_name：用户定义类型列。

(14) property_name | field_name：用户定义类型的公共属性或公共数据成员。

(15) method_name (argument [,…,n])：带一个或多个参数的 udt_column_name 的非静态公共赋值函数方法。

(16) WRITE (expression, @Offset, @Length)：指定修改 column_name 值的一部分。expression 替换@Length 单位(从 column_name 的@Offset 开始)。只有 varchar(max)、nvarchar(max)或 varbinary(max)列才能使用此子句来指定。column_name 不能为 NULL，也不能由表名或表别名限定。

(17) @ variable：已声明的变量，该变量将设置为 expression 所返回的值。

(18) <OUTPUT Clause>：在 UPDATE 操作中，返回更新后的数据或基于更新后的数据的表达式。针对远程表或视图的任何 DML 语句都不支持 OUTPUT 子句。

(19) FROM{<table_source>}：指定将表、视图或派生表源用于为更新操作提供条件。

(20) WHERE：指定条件来限定所更新的行。

(21) <search_condition>：为要更新的行指定需满足的条件。

【例 5-14】 使用简单的 UPDATE 语句。

```
UPDATE customer2 SET linkman_name = '佚名', address = NULL, telephone = ''
```

本例将所有客户单位的联系人设置为“佚名”，地址设置为空值，电话号码设置为空字符串(非空值)。

也可以在更新中使用计算值。下面的 SQL 语句将表 salary 中的“奖金”加倍。

```
UPDATEsalary SET 奖金 = 奖金 * 2
```

【例 5-15】 在 UPDATE 语句中使用 WHERE 子句。

```
UPDATE customer2
  SET telephone = '0731 - ' + telephone WHERE LEN(telephone) = 8
```

本例将 customer2 表中的所有本地电话号码前加上区号。判断本地电话号码的逻辑条件是：列 telephone 的字符串长度为 8(LEN()函数返回字符串长度)。

【例 5-16】 在 UPDATE 语句中使用来自另一个表的信息。

首先创建 sell_order 表和 goods 表(参考表 2-12 和表 2-13)并输入适量数据，这一步请读者自己完成。然后执行下列命令。

```
UPDATE sell_order
SET cost =
sell_order.order_num * goods.unit_price * (1 - sell_order.discount)
FROM sell_order,goods
WHERE sell_order.goods_id = goods.goods_id
```

本例修改表 sell_order 中的 cost 列，以计算每个销售订单的收费。也可以使用表的别名改写为一个较简单的形式。表 sell_order 的别名为 so，goods 的别名为 g。

```
UPDATE sell_order
  SET cost = so.order_num * g.unit_price * (1 - so.discount)
  FROM sell_order so,goods g
  WHERE so.goods_id = g.goods_id
```

【例 5-17】 在 UPDATE 语句中使用 SELECT…TOP 语句。

```
UPDATE goods
SET unit_price = unit_price * 0.9
FROM goods,
(SELECT TOP 10 goods_ID, sum(order_Num)AS total_num FROM sell_order
GROUP BY goods_ID
ORDER BY total_num ASC
) AS total_sum
WHERE goods.goods_id = total_sum.goods_id
```

本例使用 SELECT…TOP 语句的结果集作为依据对 goods 表进行更新。SELECT 查询返回销售量最少的 10 件货物的编号。WHERE 子句使用查询结果作为搜索条件对 goods 表进行过滤。SET 子句对满足条件的货物的单价进行更改。整个 UPDATE 语句的实际意义是：对销售状况最差的 10 件商品进行降价。

5.3.3 删除数据

Transact-SQL 支持两种删除现有表中数据的语句，分别是 DELETE 和 TRUNCATE TABLE 语句。

1. DELETE 语句

DELETE 语句可删除表或视图中的一行或多行，每一行的删除都将被记入日志。DELETE 语句的语法格式如下：

```
[WITH <common_table_expression> [,…,n]]
DELETE [TOP ( expression ) [PERCENT]]
```

```
    [FROM]
    {{ table_alias|{ [server_name.database_name.schema_name.
     | database_name. [schema_name]. |schema_name. ]
    table_or_view_name}}| @table_variable}
    [<OUTPUT Clause>]
    [FROM <table_source> [,...,n]]
    [WHERE { <search_condition>}]
```

各选项的含义如下：

(1) WITH <common_table_expression>：指定在DELETE语句作用域内定义的临时命名结果集，也称为公用表表达式。结果集源自SELECT语句。

(2) TOP(expression)[PERCENT]：指定将要删除的任意行数或任意行的百分比。expression可以为行数或行的百分比。与INSERT、UPDATE或DELETE一起使用的TOP表达式中被引用行将不按任何顺序排列。

(3) FROM：可选的关键字，可用在DELETE关键字与目标table_or_view_name之间。

(4) server_name：表或视图所在服务器的名称。如果指定了server_name，则需要database_name和schema_name。

(5) database_name：数据库的名称。

(6) schema_name：该表或视图所属架构的名称。

(7) table_or view_name：要删除行的表或视图的名称。

(8) <OUTPUT Clause>：将已删除行或基于这些行的表达式作为DELETE操作的一部分返回。

(9) FROM <table_source>：指定附加的FROM子句。这个对DELETE的Transact-SQL扩展允许从<table_source>指定数据，并从第一个FROM子句内的表中删除相应的行。这个扩展指定联接，可在WHERE子句中取代子查询来标识要删除的行。

(10) WHERE：指定用于限制删除行数的条件。如果没有提供WHERE子句，则DELETE删除表中的所有行。

(11) <search_condition>：指定删除行的限定条件。

如果DELETE删除了多行，而在删除的行中有任何一行违反约束(主要是外键约束)或触发器，则将取消该语句，返回错误且不删除任何行。如果DELETE语句执行中出现了表达式算术错误(溢出、被零除或域错误)时，SQL Server将取消批处理中的其余部分并返回错误信息。

【例5-18】 不带参数使用DELETE命令删除所有行。

```
USE Sales
GO
DELETE customer2
```

本例从customer2表中删除所有行。

注意：将DELETE语句与DROP TABLE语句的功能区分开。

【例5-19】 带WHERE子句的DELETE语句，有条件地删除行。

```
DELETE FROM sell_order WHERE custom_id = 'C00006'
```

本例删除 sell_order 表中 custom_id 是 C00006 的所有行。

【例 5-20】 在 DELETE 中使用连接或子查询。

```
-- 使用 INNER JOIN 进行表连接,然后在表 sell_order 中删除以"东方市"开头的客户的销售订单
DELETE sell_order
  FROM sell_order so INNER JOIN customer2 c   ON so.customer_id = c.customer_id
  WHERE C.address LIKE'东方市 % '
-- 等同于下列命令
DELETE sell_order
  FROM sell_order so,customer2 c
  WHERE so.customer_id = c.customer_id   AND c.address LIKE'东方市 % '
-- 使用嵌套子查询查找以"东方市"开头的客户的 customer_id,然后在表 sell_order 中删除这些
-- 客户的销售订单
DELETE FROM sell_order
  WHERE customer_id IN
    (SELECT customer_id FROM customer2 WHERE address LIKE'东方市 % ')
```

本例采用三个语句分别演示了基于联接或子查询从基表中删除记录。三个语句实现同样的功能,即将所有地址(address)以“东方市”开头的客户的销售订单从 sell_order 表中删除。

2. TRUNCATE TABLE 语句

TRUNCATE TABLE 语句可一次删除表中的所有行,而不会把每一行的删除操作都记入日志。所以 TRUNCATE TABLE 语句是一种快速清空表的方法。其语法格式如下:

```
TRUNCATE TABLE
   [{ database_name.[schema_name].|schema_name. }] table_name
```

各选项的含义如下:

(1) database_name:数据库的名称。

(2) schema_name:表所属架构的名称。

(3) table_name:要删除其全部行的表的名称。

注意:

(1) TRUNCATE TABLE 语句在功能上与不带 WHERE 子句的 DELETE 语句相同,两者均删除表中的全部行。

(2) DELETE 语句每次删除一行,并在事务日志中进行一次记录,而 TRUNCATE TABLE 通过释放存储表数据所用的数据页来删除数据,并且在事务日志中只记录页的释放。所以 TRUNCATE TABLE 比 DELETE 速度快,且使用的系统和事务日志资源少。

(3) TRUNCATE TABLE 删除表中的所有行,但表结构及其列、约束、索引等保持不变。

(4) TRUNCATE TABLE 使对新行标识符列(IDENTITY)所用的计数值重置为该列的种子。如果想保留标识计数值,可改用 DELETE。

(5) 对于被外键约束所引用的表,不能使用 TRUNCATE TABLE,而应使用不带 WHERE 子句的 DELETE 语句。由于 TRUNCATE TABLE 不记录行删除日志,所以它

不能激活触发器。

【例 5-21】 使用 TRUNCATE TABLE 语句清空表。

```
TRUNCATE TABLE customer2
```

本例清空 customer2 表中的所有数据,并使 customer_id 列(bigint,IDENTITY(0,1))的新行标识重置为种子(整数值 0)。

本章小结

本章首先介绍了 SQL Server 中与表相关的一些知识,包括数据库中的表、数据类型和约束。然后,从表结构的维护出发,介绍了在 SQL Server 2012 管理平台中创建表、修改表和删除表的操作方式,以及使用 Transact-SQL 语句来完成这些工作的方法。最后,从表中数据的维护出发,介绍了使用 Transact-SQL 语句来对表中数据进行新增、修改和删除的方法。

(1) 表的相关概念:表是数据库中数据的实际存储位置,一个表代表一个实体。表由行和列组成,每行标识实体的一个个体,每列代表实体的一个属性。

(2) 数据类型:数据类型描述并约束了列中所能包含的数据的种类、所存储值的长度或大小、数字精度和小数位数(对数值数据类型)。

(3) 空值:未对列指定值时,该列将出现空值。空值不同于空字符串或数值零,通常表示未知。空值会对查询命令或统计函数产生影响,应尽量少使用空值。

(4) 约束:约束是数据库自动保持数据完整性的机制,它是通过限制列中数据、行中数据和表之间数据来保持数据完整性。SQL Server 2012 支持 Not Null、Default、Check、Primary Key、Foreign Key、Unique 6 种约束。关于约束的操作将在第 8 章中详细介绍。

(5) 可以使用 SQL Server 2012 管理平台和 Transact-SQL 语句创建表并对表进行维护,包括修改和删除等操作。

(6) 可以使用 SQL Server 2012 管理平台和 Transact-SQL 语句对表中数据进行编辑,包括插入、更新和删除等操作。

习　题　5

一、选择题

1. 在定义数据表的字段时,“允许 NULL 值”用于设置该字段是否可输入空值,实际上就是创建该字段的(　　)约束。

A. 主键　　B. 外键　　C. 非空　　D. CHECK

2. 下列关于主关键字的叙述正确的是(　　)。

A. 一个表可以没有主关键字

B. 只能将一个字段定义为主关键字

C. 如果一个表只有一个记录,则主关键字字段可以为空值

D. 以上选项都正确

3. 使用 CREATE TABLE 语句创建数据表时(　　)。

A. 必须在数据表名称中指定表所属的数据库

B. 必须指明数据表的所有者

C. 指定的所有者和表名称组合起来在数据库中必须唯一

D. 省略数据表名称时,则自动创建一个本地临时表

4. 下列关于 ALTER TABLE 语句的叙述错误的是(　　)。

A. ALTER TABLE 语句可以添加字段

B. ALTER TABLE 语句可以删除字段

C. ALTER TABLE 语句可以修改字段名称

D. ALTER TABLE 语句可以修改字段数据类型

5. 若要删除数据库中已经存在的表 A,则可用(　　)。

A. DELETE TABLE A　　B. DELETE A

C. DROP TABLE A　　D. DROP A

二、填空题

1. 整数型的 int 型数的范围为________,整数型的 tinyint 型数的范围为________。

2. 表中某列为变长字符数据类型 varchar(100),其中 100 表示________。假如输入的字符串为 gtym13e5,存储的字符长度为________字节。

3. SQL Server 支持的基本数据类型有字符和二进制数据类型、________数据类型、逻辑数据类型、________数据类型,用于各类数据值的存储、检索和解释。

4. ALTER TABLE 语句不能修改数据表的________和________。

5. Transact-SQL 中添加记录使用语句________,修改记录使用语句________,删除记录可使用________或________语句。

三、问答题

1. 简述下列数据类型中每一组之间的区别。

```
char/varchar  char/nchar  decimal/float/money
```

2. 在 Sales 数据库的 Sell_Order 表中 cost(费用)列允许为空。当一个 NULL 值和一个货币类型数据被填入到某两行的 cost 列后,试比较这两个 cost 值的大小。

3. 简述以下 3 条 SQL 语句的异同。

```
DROP TABLE Orders
DELETE Orders
TRUNCATE TABLE Orders
```

四、应用题

分别使用一条 Transact-SQL 语句完成下列操作。

(1) 在 Sales 数据库中创建销售订单表 Sell_Order(包含所有列,只含非空约束),其中销售订单编号(order_id1)为标识符列(1,2)。

(2) 在该表中删除列 send_date,增加列“发货日期”。

(3) 往表中插入一行,以记录这个销售事件:2019 年 2 月 26 日,编号为 99 的客户从本公司订购了 30 件编号为 135 的货物;编号为 16 的员工洽谈了该业务并给予该客户 95 折优惠。

(4) 往表中插入一行,以记录这个销售事件：2018 年 10 月 10 日,编号为 6 的客户从本公司订购了 200 件编号为 26 的货物；编号为 02 的员工洽谈了该业务并给予该客户 8 折优惠。该批货物已于 2018 年 12 月 1 日,由编号为 10 的运输商承运,客户已于 2018 年 12 月 12 日验收,并付清了费用人民币 200 000 元整。

(5) 因编号为 29 的员工辞职,将他所有未结账(cost 未计算)的销售订单转交编号为 15 的员工处理。

(6) 因编号为 100 的客户升级为本公司 VIP 客户,其所有未结账订单的折扣在原折扣上再进行 9 折。

(7) 将所有发生于 2019 年 1 月 1 日的销售订单删除。

第6章 数据查询

数据库的目的在于将数据按照一定的结构组织起来，以方便管理。数据查询也称数据检索，是从数据库中获取数据和操纵数据的过程。因此，对用户来说，数据查询是数据库的重要功能。在 SQL Server 中，数据查询是通过 SELECT 语句来完成的。SELECT 语句可以从数据库中按用户要求查询数据，并将查询结果以表的形式返回。本章将介绍如何使用 SELECT 语句进行查询。

6.1 基本查询

SQL 数据查询语句是 SELECT 语句。SELECT 语句的子句很多，理解了这条语句各选项的含义，就能从数据库中查询出各种数据。

SELECT 语句的完整语法比较复杂，其主要子句有：

- SELECT select_list；
- [FROM table_source]子句；
- [WHERE search_condition]子句；
- [ORDER BY order_expression [ASC|DESC]]子句；
- [INTO new_table]子句；
- [GROUP BY group_by_expression]子句；
- [HAVING search_condition]子句。

用户还可以在查询中使用 UNION、EXCEPT 和 INTERSECT 运算符，以便将各个查询的结果合并或比较到一个结果集中。

6.1.1 SELECT 子句

SELECT 子句的语法结构如下：

```
SELECT [ALL|DISTINCT] [TOP expression [PERCENT] [WITH TIES]] <select_list>
```

各选项的含义如下。

(1) ALL：指定在结果集中可以包含重复行，ALL 是默认值；DISTINCT：指定在结果集中只能包含唯一行。对于 DISTINCT 关键字来说，NULL 值是相等的。

(2) TOP expression [PERCENT] [WITH TIES]：指示只能从查询结果集返回指定的第一组行或指定的百分比数目的行。

(3) <select_list>：要为结果集选择的列。选择列表是以逗号分隔的一系列表达式，可在选择列表中指定的表达式的最大数目是4096。选择列表的语法格式如下。

```
<select_list> ::=
    { * |{ table_name|view_name|table_alias }. *
        | { [{ table_name|view_name|table_alias }.]
            { column_name| $ IDENTITY| $ ROWGUID }
        | udt_column_name [{.|:: } { { property_name|field_name }
        | method_name ( argument [,...,n] ) }]
        | expression [[AS] column_alias] }
        | column_alias = expression
    } [,...n,]
```

其中各选项的含义如下。

① *：指定返回FROM子句中的所有表和视图中的所有列。

② {table_ name |view_ name |table_ alias}. *：将"*"的作用域限制为指定的表或视图。

③ column_ name：要返回的列名；$IDENTITY：返回标识列；$ROWGUID：返回行GUID列。

④ udt_column_name：要返回的公共语言运行时(CLR)用户定义类型列的名称。property_name：udt_column_name的公共属性；field_name：udt_column_name的公共数据成员；method_name：采用一个或多个参数的udt_column_name的公共方法。

⑤ expression：常量、函数以及由一个或多个运算符连接的列名、常量和函数的任意组合，或者是子查询；column_ alias是查询结果集内替换列名的可选名。

【例6-1】 查询当前SQL Server软件版本。

```
SELECT @@version AS 版本
```

@@version返回当前的SQL Server安装的版本、处理器体系结构、生成日期和操作系统。运行结果如图6-1所示。

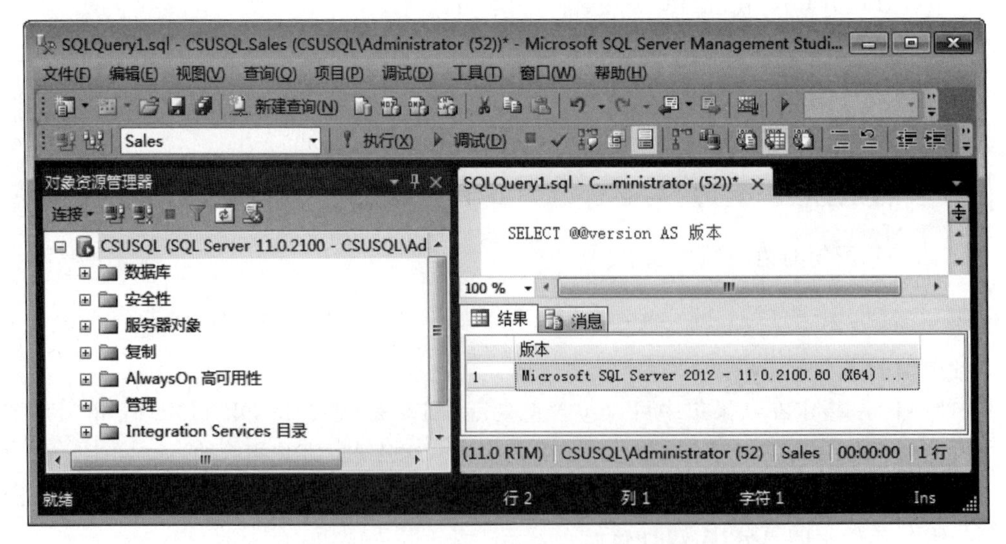

图6-1 查询当前SQL Server软件版本

6.1.2 FROM 子句

FROM 子句指定在 SQL Server 2012 的 DELETE、SELECT 和 UPDATE 语句中使用的表、视图、派生表和连接表。在 SELECT 语句中，FROM 子句是必需的，除非选择列表只包含常量、变量和算数表达式。FROM 子句的语法结构比较复杂，这里主要介绍最常使用的部分。

FROM 子句的语法如下：

```
[FROM { < table_source > } [,…,n]]
```

它指定在 SELECT 语句中使用的表、视图、派生表和连接表。< table_source >的语法格式如下。

```
< table_source > ::=
{ table_or_view_name [[AS] table_alias] [< tablesample_clause >]
   |rowset_function [[AS] table_alias] [( bulk_column_alias [,…,n] )]
   |user_defined_function [[AS] table_alias] [(column_alias [,…,n] )]
   |OPENXML < openxml_clause >
   |derived_table [AS] table_alias [( column_alias [,…,n] )]
   |< joined_table > }
```

各选项的含义如下。

(1) < table_source >：指定要在 Transact-SQL 语句中使用的表、视图或派生表源。

(2) table_or_view_name：表或视图的名称。

(3) [AS] table_alias：table_source 的别名，别名可带来使用上的方便，也可用于区分自连接或子查询中的表或视图。

(4) < tablesample_clause >：指定返回来自表的数据样本。

(5) rowset_function：指定其中一个行集函数(如 OPENROWSET)，该函数返回可用于替代表引用的对象。

(6) bulk_column_alias：代替结果集内列名的可选别名。

(7) user_defined_function：指定表值函数。

(8) OPENXML < openxml_clause >：通过 XML 文档提供行集视图。

(9) derived_table：从数据库中检索行的子查询。

(10) column_alias：代替派生表的结果集内列名的可选别名。

(11) < joined_table >：由两个或更多表的积构成的结果集。

【例 6-2】 分别显示 Sales 数据库中的员工表 employee、商品表 goods、销售表 sell_order 和部门表 department 中的所有记录。

视频讲解

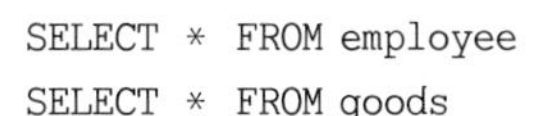

```
SELECT * FROM employee
SELECT * FROM goods
SELECT * FROM sell_order
SELECT * FROM department
```

在查询编辑器中分别输入并运行上述语句，得到的运行结果分别如图 6-2～图 6-5 所示。在本章的实例中将用到这些表的数据。

结果 消息

	employee_id	employee_name	sex	birth_date	hire_date	address	telephone	wages	department_id	resume
1	E001	甄达理	男	1984-12-12	2006-09-07	东风路99号	87799019	3900.00	D001	2006年华中理工大学机械专业本科毕业
2	E002	杨翔宇	男	1980-04-21	2003-03-06	五一北路25号	87916228	3800.00	D001	2002年湖南大学本科毕业
3	E003	于明理	男	1984-01-05	2007-09-01	公司集体宿舍	85597339	4100.00	D001	2007年华南师范大学本科毕业
4	E004	肖海燕	女	1981-10-11	2005-09-09	公司集体宿舍	82655128	4300.00	D001	2004年上海大学本科毕业
5	E005	张明华	男	1987-08-10	2010-09-01	芙蓉北路16号	82656983	3600.00	D002	2010年中南大学本科毕业
6	E006	李丽华	女	1983-03-12	2009-08-25	公司集体宿舍	88763125	4100.00	D003	2009中南大学硕士研究生毕业
7	E007	王珂珂	女	1986-11-12	2009-10-01	公司集体宿舍	88825799	3700.00	D002	2008年西安交大本科毕业
8	E008	赵章华	男	1984-06-02	2010-01-09	公司集体宿舍	88839766	3800.00	D005	2006年湖南大学信息专业本科毕业
9	E009	许毅飞	男	1982-07-17	2011-08-09	公司集体宿舍	82655989	3800.00	D005	2004年浙江大学通信专业本科毕业
10	E010	高铭	男	1985-11-07	2007-08-15	芙蓉南路	85596336	3900.00	D002	2002年华南师范大学工商管理专业本科
11	E011	张方芳	女	1988-09-16	2013-09-29	中山路101号	82625117	4100.00	D003	2013年南京大学经济管理专业硕士

图 6-2　显示所有员工的信息

结果 消息

	goods_id	goods_name	classification_id	supplier_id	unit_price	stock_quantity	order_quantity
1	G00001	IBM R51	F00001	R00001	8999.10	10	4
2	G00002	SUN 160-D2G	F00001	R00001	9599.00	5	5
3	G00003	NEC S3000	F00001	R00001	8910.00	12	0
4	G00004	HP 1020	F00002	R00002	1395.00	12	10
5	G00005	Canon LBP2900	F00002	R00002	1242.00	8	5
6	G00006	HP 3938	F00003	R00003	450.00	20	4
7	G00007	LS-106C	F00004	R00004	2500.00	5	3

图 6-3　显示所有商品的信息

结果 消息

	order_id1	goods_id	order_num	employee_id	customer_id	transporter_id	discount	order_date	send_date	arrival_date	cost
1	S00001	G00001	20	E001	C00001	T001	0.05	2013-01-09...	2013-01-10 ...	2013-01-13 ...	219981.00
2	S00002	G00003	5	E001	C00002	T001	0.05	2013-02-07...	2013-02-08 ...	2013-02-10 ...	37025.00
3	S00003	G00004	10	E002	C00003	T001	0.05	2013-03-06...	2013-03-07 ...	2013-03-09 ...	36725.00
4	S00004	G00005	10	E002	C00003	T002	0.05	2013-04-16...	2013-04-17 ...	2013-04-19 ...	13510.00
5	S00005	G00001	40	E002	C00004	T001	0.05	2013-05-03...	2013-05-04 ...	2013-05-06 ...	389962.00
6	S00006	G00005	21	E003	C00006	T002	0.05	2013-06-21...	2013-06-22 ...	2013-06-25 ...	27697.00

图 6-4　显示所有销售信息

结果 消息

	department_id	department_name	manager	department_description
1	D001	销售部	张为民	联系客户、签订合同、售后服务
2	D002	市场部	李建设	广告策划、宣传
3	D003	经理办	赵勇	行政接待、内部管理、后勤
4	D004	仓储部	陈平安	仓库管理
5	D005	采购部	于国立	产品采购

图 6-5　显示所有部门信息

【例 6-3】 显示 employee 表中全部员工的姓名和年龄,去掉重名。

```
SELECT DISTINCT employee_name AS 姓名,YEAR(GETDATE()) - YEAR(birth_date) AS 年龄 FROM employee
```

SELECT 语句中的选项不仅可以是字段名,也可以是表达式,还可以是一些函数。这些函数可以针对整个或几个列进行数据汇总,常用来计算 SELECT 语句查询结果集的统计值。例如,求一个结果集的最大值、最小值或求全部元素之和等。这些函数称为集合函数。表 6-1 中列出了常用集合函数。

表 6-1 常用集合函数

函　　数	功　　能	函　　数	功　　能
AVG(<字段名>)	求一列数据的平均值	MIN(<字段名>)	求列中的最小值
SUM(<字段名>)	求一列数据的和	MAX(<字段名>)	求列中的最大值
COUNT(*)	统计查询的行数		

【例 6-4】 对 employee 表,分别查询公司的员工总人数和公司员工的人均薪酬。

```
SELECT COUNT( * ) AS 总人数 FROM employee
SELECT AVG(wages) AS 人均薪酬 FROM employee
```

6.1.3 WHERE 子句

WHERE 子句用于指定查询条件。其语法格式如下:

```
[WHERE < search_condition >]
```

其中,search_condition 定义要返回的行应满足的条件。它既可以是单表的条件表达式,又可以是多表之间的条件表达式。条件表达式用的比较符为:=(等于)、!=或<>(不等于)、>(大于)、>=(大于或等于)、<(小于)、<=(小于或等于)等。

视频讲解

【例 6-5】 对 employee 表,列出月工资在 4000 元以上的员工记录。

```
SELECT * FROM employee WHERE wages > 4000
```

运行结果如图 6-6 所示。

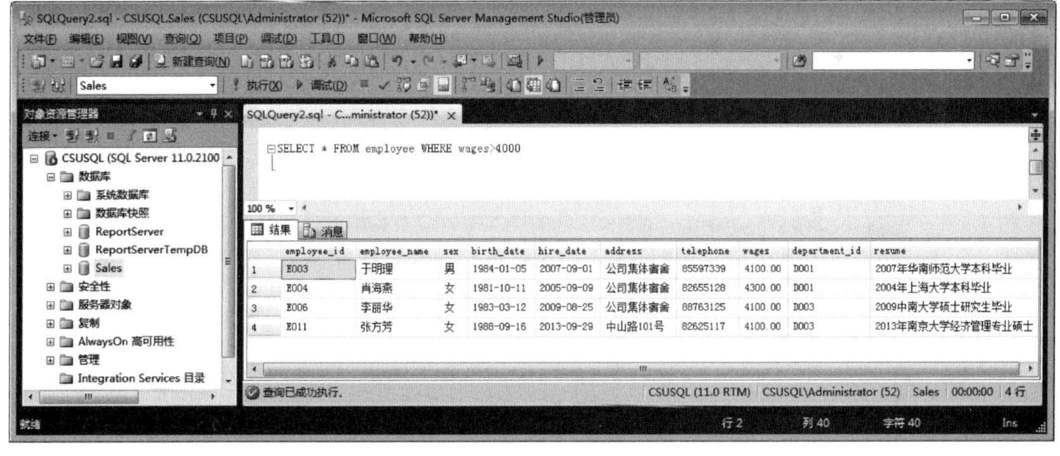

图 6-6 查询月工资在 4000 元以上的员工记录

【例 6-6】 对 employee 表,求出男员工的平均工资。

```
SELECT AVG(wages) AS 平均工资 FROM employee WHERE sex = '男'
```

条件表达式是指查询的结果集合应满足的条件,如果某行条件为真就包括该行记录。表 6-2 是可用于条件表达式中的几个特殊运算符的意义和使用方法。这种条件运算的基本要领是:左边是一个字段,右边是一个集合,在集合中测定字段值是否满足条件。

表 6-2　可用于条件表达式中的几个特殊运算符的意义和使用方法

运　算　符	说　　明
ALL	满足子查询中所有值的记录,例如,子查询的结果为{1,2,3,4},某行记录的字段1的值等于5,则该字段1的值大于集合中的所有值。若字段1的值等于4,则不满足大于条件。 用法:<字段> <比较符> ALL(<子查询>)
ANY	满足子查询中任意一个值的记录。 用法:<字段> <比较符> ANY(<子查询>)
BETWEEN	字段的内容在指定范围内。 用法:<字段> BETWEEN <范围始值> AND <范围终值>
EXISTS	测试子查询中查询结果是否为空。若为空,则返回假(FALSE)。 用法:EXISTS(<子查询>)
IN	字段内容是结果集合或者子查询中的内容。 用法:<字段> IN <结果集合>或者<字段> IN (<子查询>)
LIKE	对字符型数据进行字符串比较,提供两种通配符,即下画线"_"和百分号"%",下画线表示1个字符,百分号表示0个或多个字符。 用法:<字段> LIKE <字符表达式>
SOME	满足集合中的某一个值,功能与用法等同于ANY。 用法:<字段> <比较符> SOME(<子查询>)

【例 6-7】 对 employee 表,列出部门编号为 D001 和 D002 的员工名单。

```
SELECT department_id, employee_name
FROM employee
WHERE department_id IN ('D001','D002')
```

运行结果如图 6-7 所示。

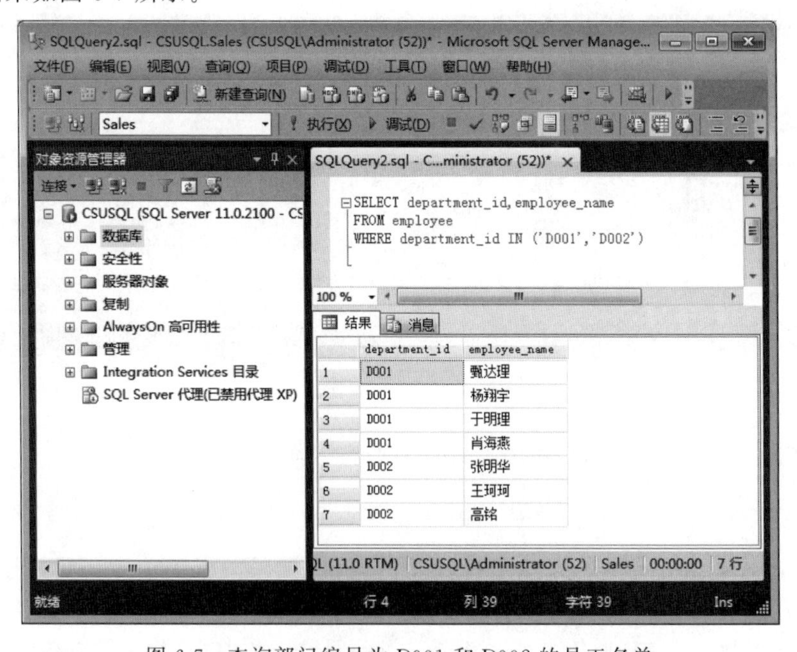

图 6-7　查询部门编号为 D001 和 D002 的员工名单

【例 6-8】 对 employee 表，列出月工资在 3000～4000 元的员工名单。

```
SELECT * FROM employee WHERE wages BETWEEN3000 AND 4000
```

语句中的 WHERE 子句还有等价的形式：

```
WHERE wages > = 3000 AND wages < = 4000
```

运行结果如图 6-8 所示。

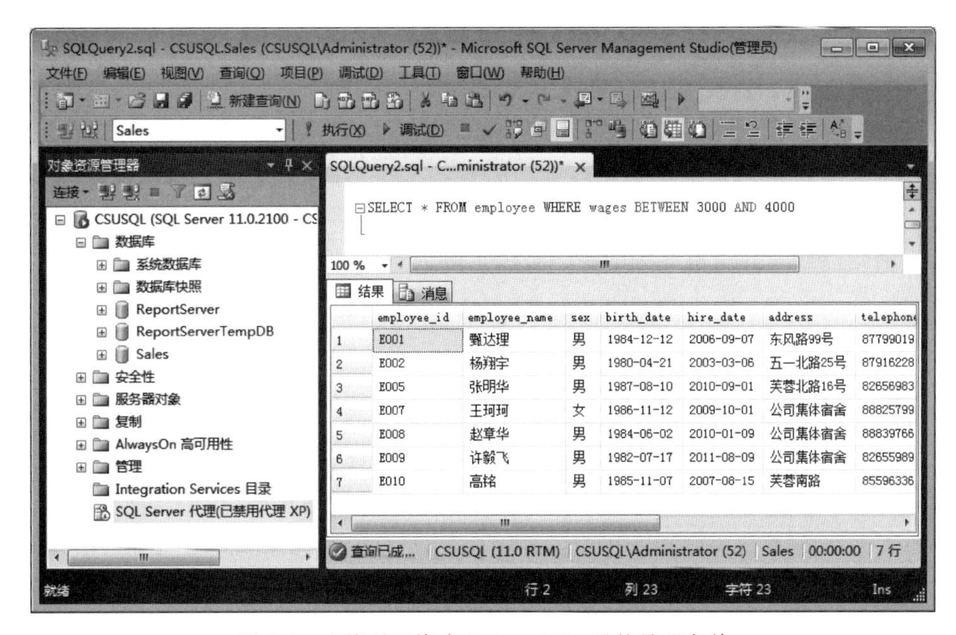

图 6-8 查询月工资在 3000～4000 元的员工名单

【例 6-9】 对 employee 表，列出所有的姓“张”的员工名单。

```
SELECT * FROM employee WHERE employee_name LIKE'张 % '
```

语句中的 WHERE 子句还有等价的形式：

```
WHERE LEFT(employee_name,1) = '张'
```

运行结果如图 6-9 所示。

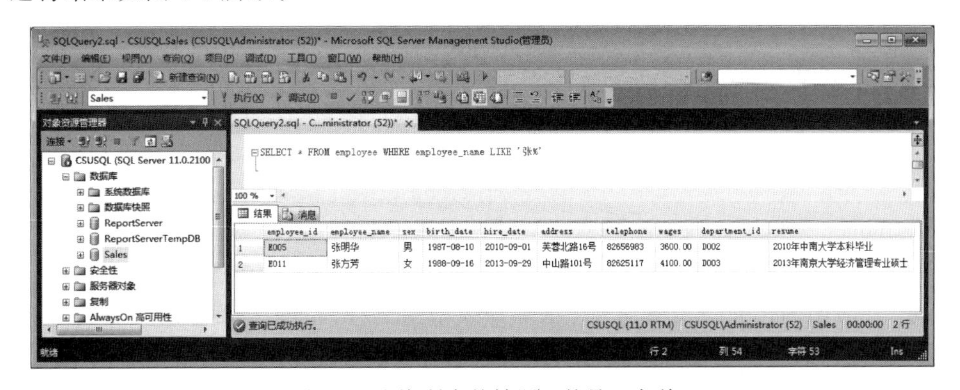

图 6-9 查询所有的姓“张”的员工名单

【例 6-10】 对 employee 表,列出所有工资为空值的员工编号和姓名。

```
SELECT employee_id, employee_name FROM employee WHERE wages IS NULL
```

语句中使用了运算符"IS NULL",该运算符是测试字段值是否为空值,在查询时用"字段名 IS [NOT]NULL"的形式,而不能写成"字段名=NULL"或"字段名!=NULL"。

6.1.4 查询结果处理

使用 SELECT 语句完成查询工作后,所查询的结果默认显示在屏幕上,若需要对这些查询结果进行处理,则需要 SELECT 的其他子句配合操作。

1. 排序输出

SELECT 的查询结果是按查询过程中的自然顺序给出的,因此查询结果通常无序,如果希望查询结果有序输出,需要用 ORDER BY 子句配合。ORDER BY 子句指定在 SELECT 语句返回的列中所使用的排序顺序。其语法格式如下:

```
[ORDER BY
    {order_by_expression [COLLATE collation_name] [ASC|DESC]} [,…,n]]
```

各选项的含义如下。

(1) order_by_expression:指定要排序的列。可以指定多个排序列。首先按第一列对结果集进行排序,然后按第二列对排序列表进行排序,以此类推。ORDER BY 子句中的排序列的顺序定义了排序结果集的结构。

(2) COLLATE {collation_name}:指定根据 collation_name 中指定的排序规则,而不是表或视图中所定义的列的排序规则应执行的 ORDER BY 操作。collation_name 可以是 Windows 排序规则名称或 SQL 排序规则名称。

(3) ASC:指定按升序,从最低值到最高值对指定列中的值进行排序;DESC:指定按降序,从最高值到最低值对指定列中的值进行排序。

【例 6-11】 对 employee 表,按部门顺序列出员工的编号、姓名、性别、部门编号及工资,部门相同的再按工资由高到低排序。

```
SELECT employee_id, employee_name, sex, department_id, wages FROM employee
  ORDER BY department_id, wages DESC
```

运行结果如图 6-10 所示。

2. INTO 子句

INTO 子句用于把查询结果存放到一个新建的表中,其语法格式如下:

```
[INTO new_table]
```

new_table:根据选择列表中的列和从数据源选择的行创建的新表。new_table 的格式通过对选择列表中的表达式进行取值来确定。new_table 中的列按选择列表指定的顺序创建。new_table 中的每列与选择列表中的相应表达式具有相同的名称、数据类型和值。

【例 6-12】 对部门表 department 查询出 D002(市场部)所有员工的信息,并将结果存入 testtable 表中。

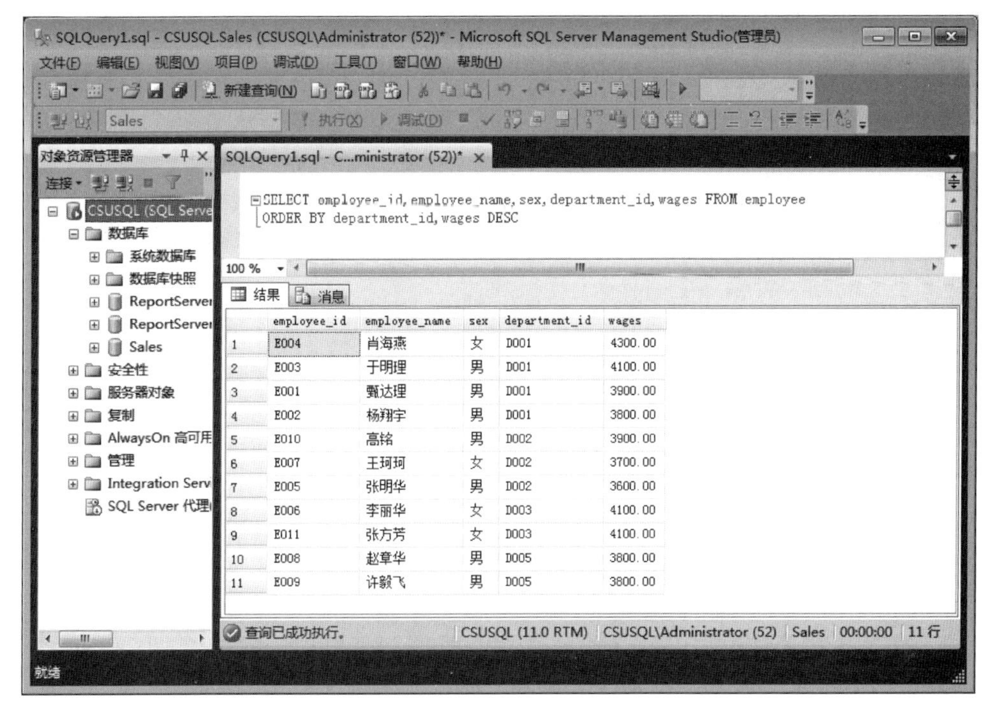

图 6-10　查询结果的排序输出

```
SELECT employee.* INTO testtable
    FROM employee WHERE department_id = 'D002'
```

3. UNION 子句

UNION 操作符将两个或更多查询的结果合并为单个结果集，该结果集包含联合查询中的所有查询的全部行。参加联合查询的各子查询使用的表结构应该相同，即各子查询中的列数和对应的数据类型都必须相同。

语法格式如下：

```
{ <query_specification>|( <query_expression> ) }
UNION [ALL] <query_specification|( <query_expression> )
[UNION [ALL] <query_specification>|( <query_expression> ) [,...,n]]
```

各选项的含义如下。

(1) <query_specification> |(<query_expression>)：查询规范或查询表达式，用以返回与另一个查询规范或查询表达式所返回的数据合并的数据。作为 UNION 运算一部分的列定义可以不相同，但它们必须通过隐式转换实现兼容。

(2) ALL：将全部行并入结果中，其中包括重复行。如果未指定该参数，则删除重复行。

(3) UNION：指定合并多个结果集并将其作为单个结果集返回。

【例 6-13】 对 employee 表，列出部门编号为 D001 或 D002 的所有员工姓名。

```
SELECT employee_name, department_id FROM employee WHERE department_id = 'D001'
UNION
```

```
SELECT employee_name,department_id FROM employee WHERE department_id = 'D002'
```

运行结果如图 6-11 所示。

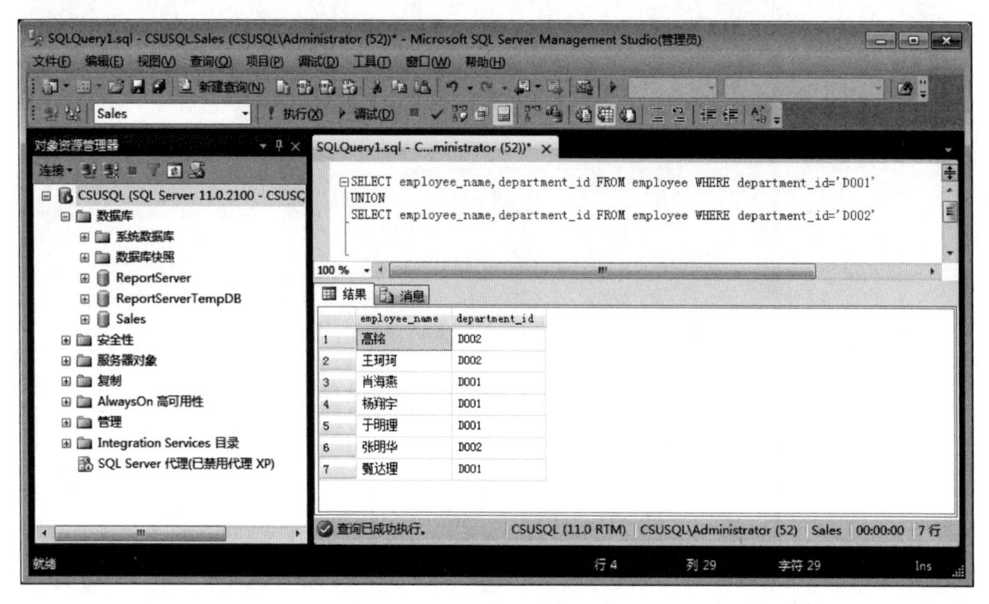

图 6-11　查询结果的合并输出

4. GROUP BY 子句

使用 GROUP BY 子句按一个或多个列或表达式的值将结果集中的行分成若干组,针对每一组返回一行。SELECT 子句< select >列表中的聚合函数提供有关每个组(而不是各行)的信息。其语法格式如下:

```
GROUP BY  < group by item > [,…,n]
< group by item >是分组选项,语句格式如下.
< group by item > ::=
< column_expression >| ROLLUP ( < composite element list > )
    | CUBE ( < composite element list > )| GROUPING SETS ( < grouping set list > )
```

各选项的含义如下。

(1) < column_expression >: 针对其执行分组操作的表达式。

(2) ROLLUP(): 生成简单的 GROUP BY 聚合行以及小计行或超聚合行,还生成一个总计行。返回的分组数等于< composite element list >中的表达式数加 1。

(3) CUBE(): 生成简单的 GROUP BY 聚合行、ROLLUP 超聚合行和交叉表格行。CUBE 针对< composite element list >中表达式的所有排列输出一个分组。生成的分组数等于 2^n,其中 n 为< composite element list >中的表达式数。

(4) < composite element list >: 分组元素的集合。

(5) GROUPING SETS(): 在一个查询中指定数据的多个分组。

(6) < grouping set list >: 分组集列表。

GROUP BY 子句中的表达式可以包含 FROM 子句中表、派生表或视图的列。这些列不必显示在 SELECT 子句< select >列表中。< select >列表中任何非聚合表达式中的每个表列或视图列都必须包括在 GROUP BY 列表中。

【例 6-14】 对 employee 表,分别统计各部门员工的人数。

```
SELECT department_id, COUNT(employee_id) as 人数 FROM employee GROUP BY
department_id
```

运行结果如图 6-12 所示。

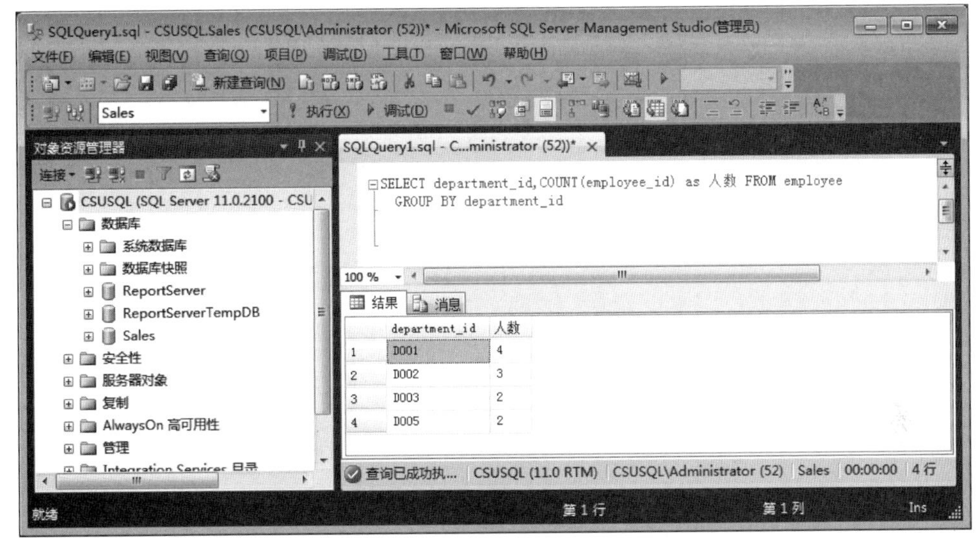

图 6-12 统计各部门员工的人数

【例 6-15】 对 employee 表,分别统计各部门男女员工的人数。

```
SELECT department_id,sex,COUNT(*) AS 人数 FROM employee GROUP BY
  department_id,sex
```

运行结果如图 6-13 所示。

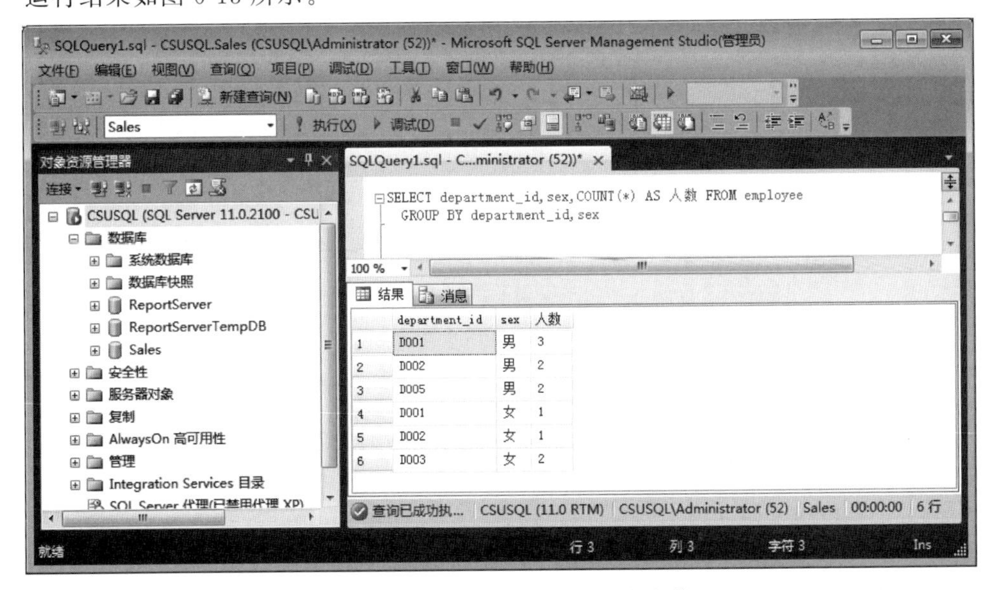

图 6-13 统计各部门男女员工的人数

【例 6-16】 对 employee 表，使用 GROUPING SETS 语句分别统计各部门员工的人数。

```
SELECT department_id, COUNT(employee_id)  as 人数 FROM  employee
GROUP  BY
GROUPING  SETS  ((department_id))
```

运行结果和例 6-14 相同。

【例 6-17】 对 employee 表，使用 GROUPING SETS 语句分别统计各部门男女员工的人数和各部门员工的总数。

```
SELECT department_id,case when sex IS NULL THEN'总数' else sex end,COUNT(employee_id) as 人数
FROM employee
GROUP  BY
GROUPING  SETS  (
(department_id),
(department_id,sex)
)
```

运行结果如图 6-14 所示。

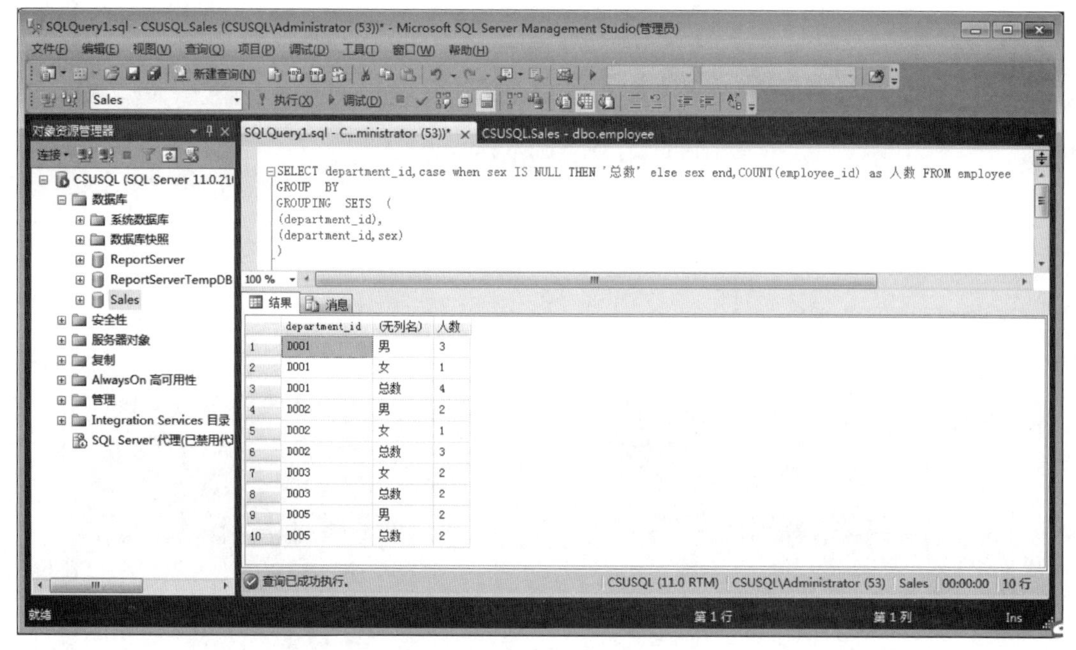

图 6-14　查询各部门男女员工的人数和各部门员工的总数

5. HAVING 子句

HAVING 子句指定组或聚合的搜索条件。

分组后的查询结果如果还要按照一定的条件进行筛选，则需使用 HAVING 子句。HAVING 只能与 SELECT 语句一起使用。HAVING 通常在 GROUP BY 子句中使用。在 HAVING 子句中不能使用 text、image 和 ntext 数据类型。

语句格式如下：

```
[HAVING < search condition >]
```

其中，< search_condition >指定组或聚合应满足的搜索条件。

HAVING 子句与 WHERE 子句一样，也可以起到按条件选择记录的功能，但两个子句作用对象不同，WHERE 子句作用于基本表或视图，而 HAVING 子句作用于组，必须与 GROUP BY 子句连用，用来指定每一分组内应满足的条件。HAVING 子句与 WHERE 子句不矛盾，在查询中先用 WHERE 子句选择记录，然后进行分组，最后再用 HAVING 子句选择记录。当然，GROUP BY 子句也可单独出现。

【例 6-18】 对 employee 表，列出部门平均工资大于 4000 元的部门编号。

```
SELECT department_id, AVG(wages) AS 平均工资 FROM employee
GROUP BY department_id HAVING AVG(wages)> 4000
```

运行结果如图 6-15 所示。

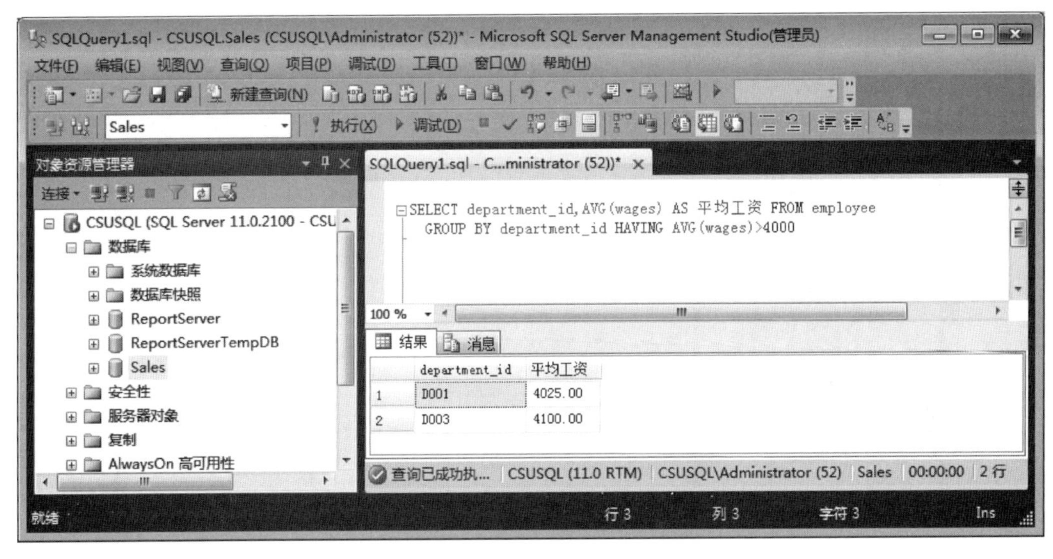

图 6-15　查询部门平均工资大于 4000 元的部门编号

6. 使用 EXCEPT 和 INTERSECT 比较两个查询的结果

EXCEPT 从 EXCEPT 操作数左边的查询中返回右边的查询未返回的所有非重复值。INTERSECT 返回 INTERSECT 操作数左右两边的两个查询均返回的所有非重复值。

语句格式如下：

```
{ < query_specification >|( < query_expression > ) }
{ EXCEPT| INTERSECT }
{ < query_specification >|( < query_expression > ) }
```

其中，query_specification 或 query_expression 返回与来自另一个 query_specification 或 query_expression 的数据相比较的数据。

使用 EXCEPT 或 INTERSECT 的两个查询的结果集组合起来的基本规则：

(1) 所有查询中的列数和列的顺序必须相同。

(2) 数据类型必须兼容。

在 EXCEPT 或 INTERSECT 运算中,列的定义可以不同,但它们必须在隐式转换后进行比较。如果数据类型不同,则用于执行比较并返回结果的类型是基于数据类型优先级的规则确定的。如果类型相同,但精度、小数位数或长度不同,则根据用于合并表达式的相同规则来确定结果。

(3) 不能返回 xml、text、ntext、image 或非二进制 CLR 用户定义类型列,因为这些数据类型不可比较。

【例 6-19】 对 employee 表和 sell_order 表使用 EXCEPT 进行运算。

```
SELECT employee_ID FROM employee
EXCEPT
SELECT employee_id FROM sell_order
```

运行结果如图 6-16 所示。

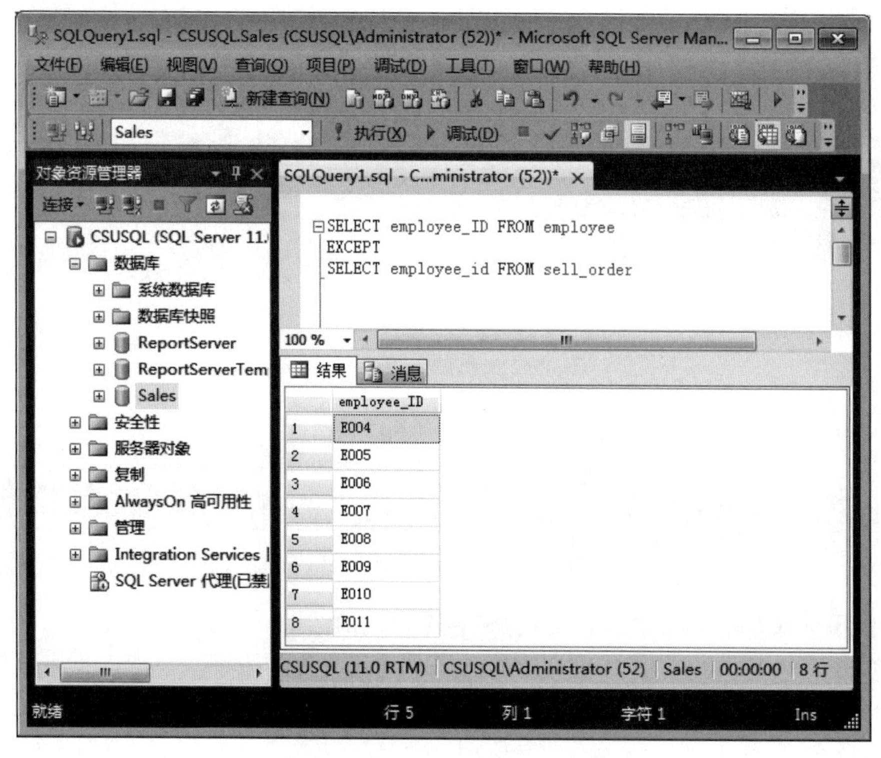

图 6-16 使用 EXCEPT 进行运算

【例 6-20】 对 employee 表和 sell_order 表使用 INTERSECT 进行运算。

```
SELECT employee_ID FROM employee
INTERSECT
SELECT employee_id FROM sell_order
```

运行结果如图 6-17 所示。

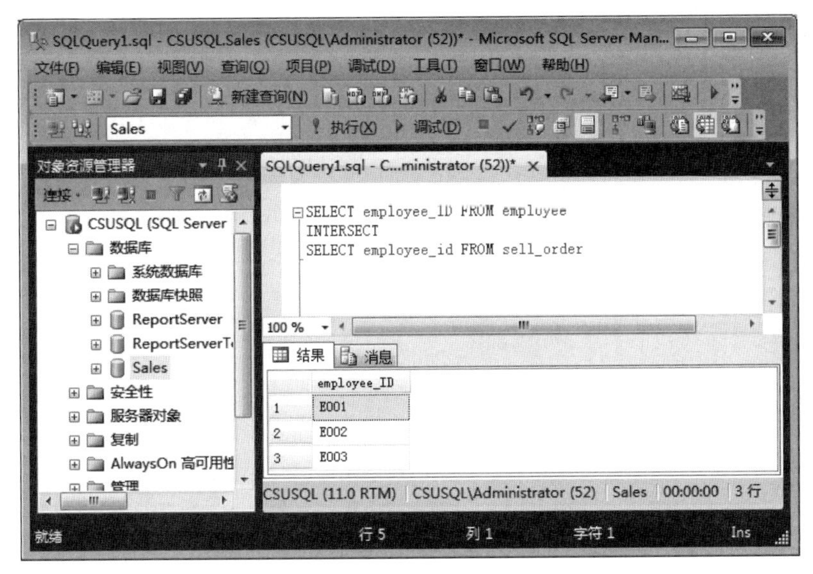

图 6-17　使用 INTERSECT 进行运算

6.2 嵌套查询

有时一个 SELECT 语句无法完成查询任务，需要一个 SELECT 语句的查询结果作为查询的条件，即需要在一个 SELECT 语句的 WHERE 子句中出现另一个 SELECT 语句，这种查询称为嵌套查询。其中，外层 SELECT 语句称为父查询或外查询，嵌入的内层 SELECT 语句称为子查询或内查询。通常把仅嵌入一层子查询的 SELECT 语句称为单层嵌套查询，把嵌入子查询多于一层的查询称为多层嵌套查询。嵌套查询可以利用多个简单查询构成复杂的查询，从而增强其查询功能。

SQL Server 允许多层嵌套查询。嵌套查询一般的查询方法是由里向外进行处理，即每个子查询在上一级查询处理之前处理，子查询的结果用于建立其父查询的查找条件。子查询中所存取的表可以是父查询没有存取的表，子查询选出的记录不显示。需要特别指出的是，子查询的 SELECT 语句中不能使用 ORDER BY 子句，ORDER BY 子句只能对最终查询结果排序。

6.2.1 单值嵌套查询

视频讲解

子查询的返回结果是一个值的嵌套查询称为单值嵌套查询。

【例 6-21】 对 Sales 数据库，列出经理办的所有员工的编号。

```
SELECT employee_id FROM employee
    WHERE department_id = (SELECT department_id FROM department
                           WHERE department_name = '经理办')
```

上述语句首先在部门表 department 中找出"经理办"的编号(例如为 D003)；然后再在员工表 employee 中找出部门号等于 D003 的记录，列出这些记录的员工编号。运行结果如图 6-18 所示。

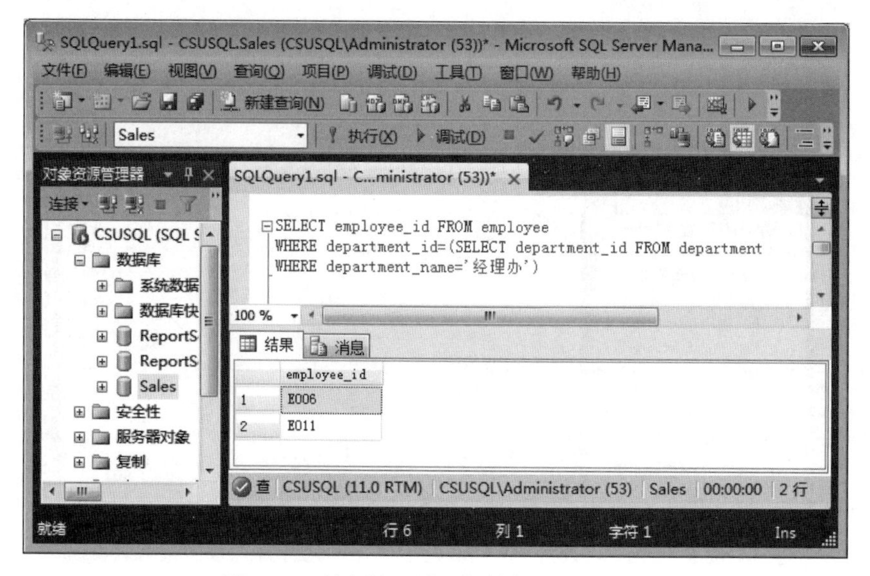

图 6-18　列出"经理办"的所有员工的编号

6.2.2　多值嵌套查询

子查询的返回结果是一列值的嵌套查询称为多值嵌套查询。若某个子查询的返回值不止一个,则必须指明在 WHERE 子句中应怎样使用这些返回值。通常使用条件运算符 ANY(或 SOME)、ALL 和 IN。

1. ANY 运算符的用法

【例 6-22】 对 Sales 数据库,列出 D001 号部门中工资比 D002 号部门的员工最低工资高的员工编号和工资。

```
SELECT employee_id, wages FROM employee
   WHERE department_id = 'D001'
     AND wages > ANY (SELECT wages FROM employee WHERE department_id = 'D002')
```

该查询必须做两件事:首先找出部门编号为 D002 的所有员工的工资(比如说结果为 2500 元和 1500 元);然后在部门号为 D001 的员工中选出其工资高于部门编号为 D002 的任何一个员工的工资(即高于 1500 元)的那些员工。语句的执行结果如图 6-19 所示。

2. ALL 运算符的用法

【例 6-23】 对 Sales 数据库,列出部门编号为 D001 的员工,这些员工的工资比部门为 D002 的员工的最高工资还要高的员工的编号和工资。

```
SELECT employee_id, wages FROM employee
  WHERE department_id = 'D001'
    AND wages > ALL (SELECT wages FROM employee WHERE department_id = 'D002')
```

该查询的含义是,首先找出编号为 D002 部门的所有员工的工资,然后再在编号 D001 部门的员工中选出其工资中高于编号为 D002 部门的所有员工工资的那些员工。运行结果如图 6-20 所示。

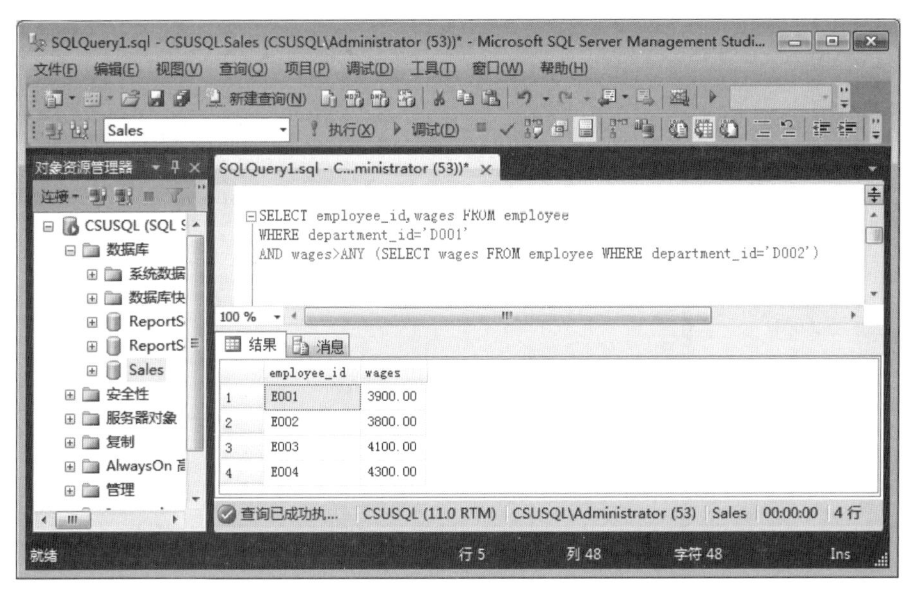

图 6-19 多值嵌套查询中 ANY 运算符的用法

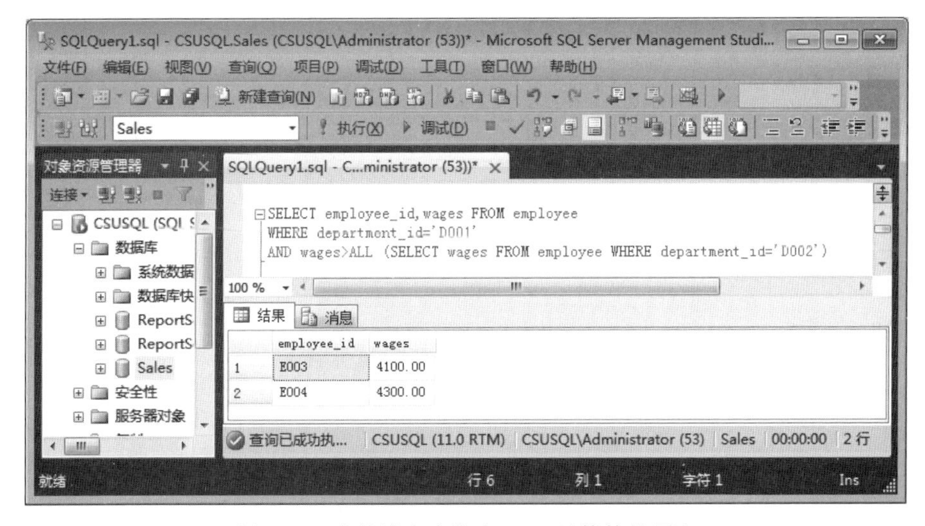

图 6-20 多值嵌套查询中 ALL 运算符的用法

3. IN 运算符的用法

【例 6-24】 对 Sales 数据库，列出部门为市场部或销售部的所有员工的编号。

```
SELECT employee_id FROM employee
  WHERE department_id IN
     (SELECT department_id FROM department
        WHERE department_name = '市场部' OR department_name = '销售部')
```

该查询首先在部门表中找出市场部或销售部的编号，然后在员工表中查找部门号属于所指两个部门的那些记录。IN 是属于的意思，等价于“=ANY”，即等于子查询中任何一个值。运行结果如图 6-21 所示。

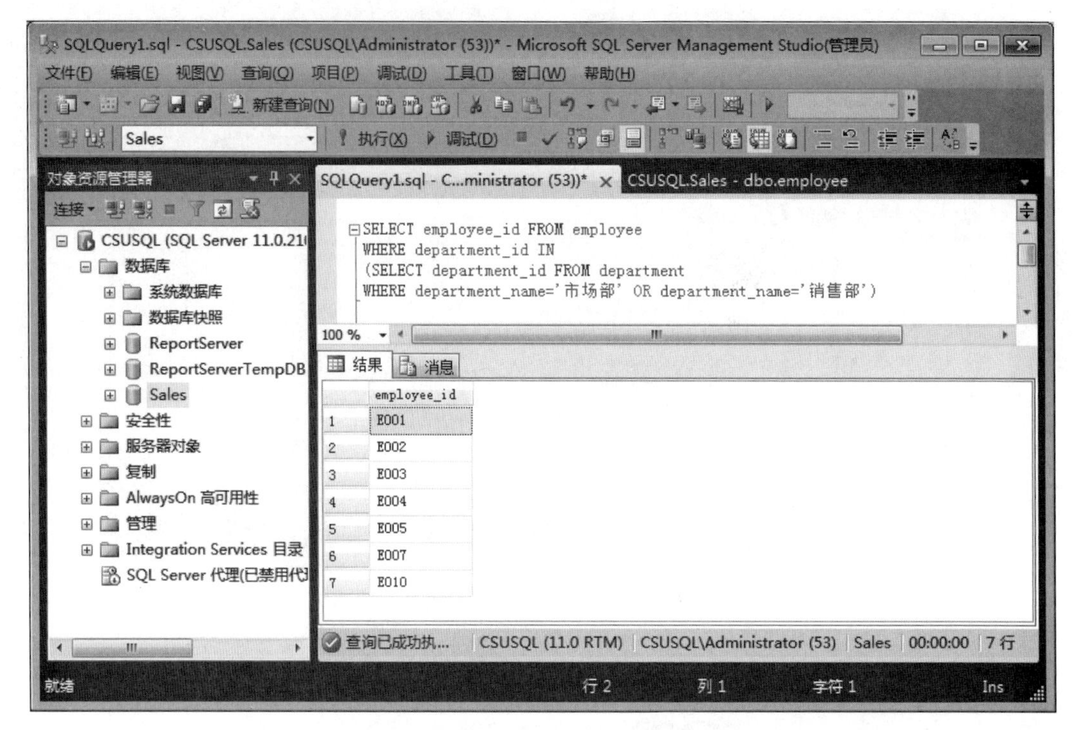

图 6-21　多值嵌套查询中 IN 运算符的用法

6.3　连接查询

在数据查询中，经常涉及提取两个或多个表的数据，这就需要使用表的连接来实现若干个表数据的连接查询。

6.3.1　连接概述

通过连接，可以从两个或多个表中根据各个表之间的逻辑关系来检索数据。连接是关系数据库模型的主要特点，也是它区别于其他类型数据库管理系统的一个标志。连接指明了 Microsoft SQL Server 应如何使用一个表中的数据来选择另一个表中的行。

连接条件可通过以下方式定义两个表在查询中的关联方式：

- 指定每个表中要用于连接的列。典型的连接条件在一个表中指定一个外键，而在另一个表中指定与其关联的键。
- 指定用于比较各列的值的逻辑运算符(例如=或<>)。

可以在 FROM 或 WHERE 子句中指定内部连接，而只能在 FROM 子句中指定外部连接。连接条件与 WHERE 和 HAVING 搜索条件相结合，用于控制从 FROM 子句所引用的基表中选定的行。在 FROM 子句中指定连接条件有助于将这些连接条件与 WHERE 子句中可能指定的其他任何搜索条件分开，建议用这种方法来指定连接。

语句格式如下：

```
FROM first_table join_type second_table [ON (join_condition)]
```

各选项的含义如下。

(1) first_table、second_table：指出参与连接操作的表名。连接可以对同一个表操作，也可以对多表操作，对同一个表操作的连接又称作自连接。

(2) join_type：指出连接类型，可分为内连接、外连接和交叉连接3种。

- 内连接(INNER JOIN)使用比较运算符进行表间某(些)列数据的比较操作，并列出这些表中与连接条件相匹配的数据行。其中INNER可以省略。根据所使用的比较方式不同，内连接又分为等值连接、不等值连接和自然连接3种。
- 外连接(OUTER JOIN)分为左外连接(LEFT OUTER JOIN)、右外连接(RIGHT OUTER JOIN)和全外连接(FULL OUTER JOIN)3种。与内连接不同的是，外连接不仅列出与连接条件相匹配的行，而且列出左表(左外连接时)、右表(右外连接时)或两个表(全外连接时)中所有符合搜索条件的数据行。
- 交叉连接(CROSS JOIN)没有WHERE子句，它返回连接表中所有数据行的笛卡儿积，其结果集合中的数据行数等于第一个表中符合查询条件的数据行数乘以第二个表中符合查询条件的数据行数。

(3) ON join_condition：指出连接条件，它由被连接表中的列和比较运算符、逻辑运算符等构成。

内连接可以在SELECT语句的WHERE子句中建立。当需要对两个或多个表连接时，可以指定连接的列，在WHERE子句中给出连接条件，在FROM子句中指定要连接的表。

【例6-25】 对Sales数据库输出所有员工的销售单，要求给出员工编号、姓名、商品编号、商品名和销售数量。

```
SELECT employee.employee_id,employee.employee_name,goods.goods_id,
       goods.goods_name,sell_order.order_num
FROM   employee,sell_order,goods
WHERE employee.employee_id = sell_order.employee_id and
       sell_order.goods_id = goods.goods_id
```

运行结果如图6-22所示。

例6-25中的连接也可以用FROM子句建立，即：

```
SELECT
a.employee_id,a.employee_name,c.goods_id,c.goods_name,b.order_num
FROM employee a INNER JOIN sell_order b
  ON a.employee_id = b.employee_id INNER JOIN goods c
  ON b.goods_id = c.goods_id
```

以上语句中，由于员工编号、商品编号等字段名在两个表中出现，为防止二义性，在使用时应在其字段名前加上表名以示区别(如果字段名是唯一的，可以不加表名)，但表名一般输入时比较麻烦，所以在语句中，可在FROM子句中给相关表定义表别名，以利于在查询的其他部分中使用。

该语句的运行结果与例6-25相同。

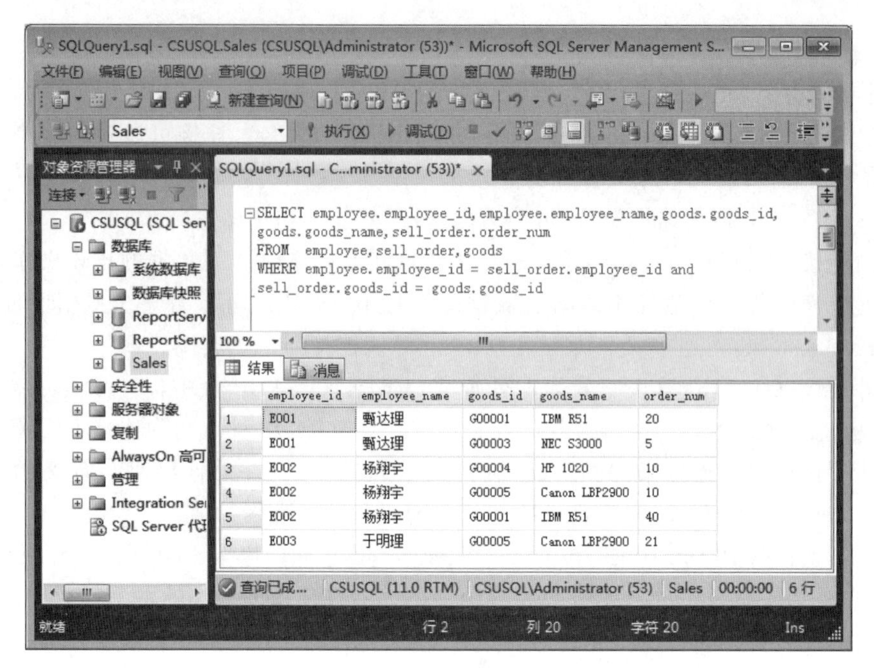

图 6-22 在 WHERE 子句中建立连接的用法

6.3.2 内连接

内连接查询操作列出与连接条件匹配的数据行，它使用比较运算符比较被连接列的列值。内连接分 3 种：等值连接、不等值连接和自然连接。

视频讲解

1. 等值连接

在连接条件中使用等于(=)运算符比较被连接列的列值，按对应列的共同值将一个表中的记录与另一个表中的记录相连接，包括其中的重复列。

【例 6-26】 Sales 数据库中部门表 department 和员工表 employee 的等值连接。

```
SELECT *
FROM department INNER JOIN  employee
  ON employee.department_id = department.department_id
```

运行结果如图 6-23 所示。从结果中可以发现，返回的列包括两个 department_id 列，为重复列。

2. 不等值连接

在连接条件中使用除等于(=)运算符以外的其他比较运算符比较被连接的列的列值。这些运算符包括>、>=、<=、<、! >、! <和<>。

【例 6-27】 对 Sales 数据库，列出销售 G00001 产品的员工中，销售数量大于编号为 E001 的员工销售该类产品销售数量的那些员工的编号和销售数量。

```
SELECT a.employee_id, a.order_num
FROM sell_order a INNER JOIN sell_order b
  ON a.order_num > b.order_num AND a.goods_id = b.goods_id
```

图 6-23　等值连接

```
WHERE (b.goods_id = 'G00001') AND (b.employee_id = 'E001')
```

在语句中，将销售表看作 a 和 b 两个独立的表，b 表中选出的编号为 E001 员工销售 G00001 产品的记录，a. order_num > b. order_num 反映的是不等值连接。运行结果如图 6-24 所示。

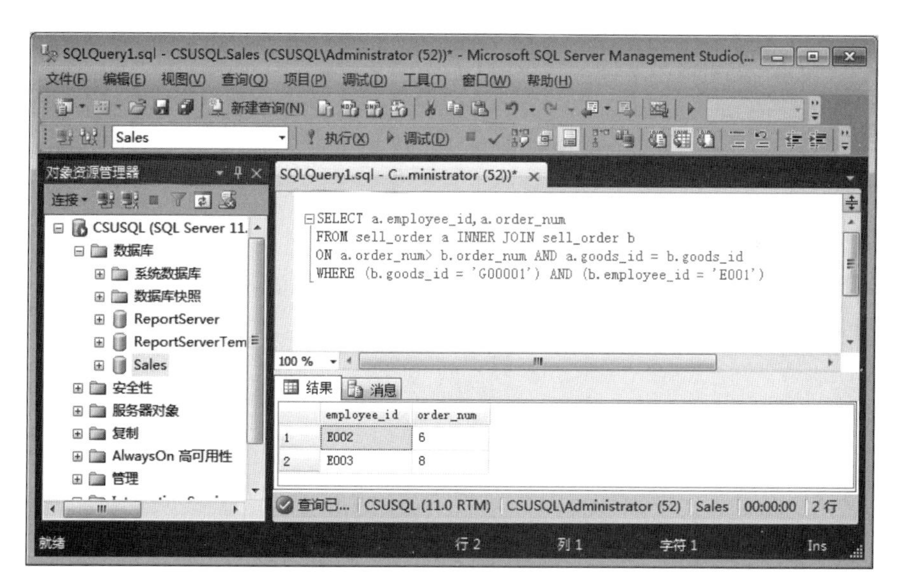

图 6-24　员工销售信息查询结果

3. 自然连接

在连接条件中使用等于(=)运算符比较被连接列的列值，它使用选择列表方式来指出查询结果集合中所包括的列，并删除连接表中的重复列。

视频讲解

【例 6-28】　Sales 数据库中部门表 department 和员工表 employee 的自然连接。

```
SELECT a.department_name, b. *
FROM department a INNER JOIN employee b
```

```
    ON b.department_id = a.department_id
```

运行结果如图 6-25 所示。本例中指定了需要返回的列，删除了重复的列，为一个自然连接。结果集中包括了表 employee 中的所有列以及表 department 中的 department_name 列。

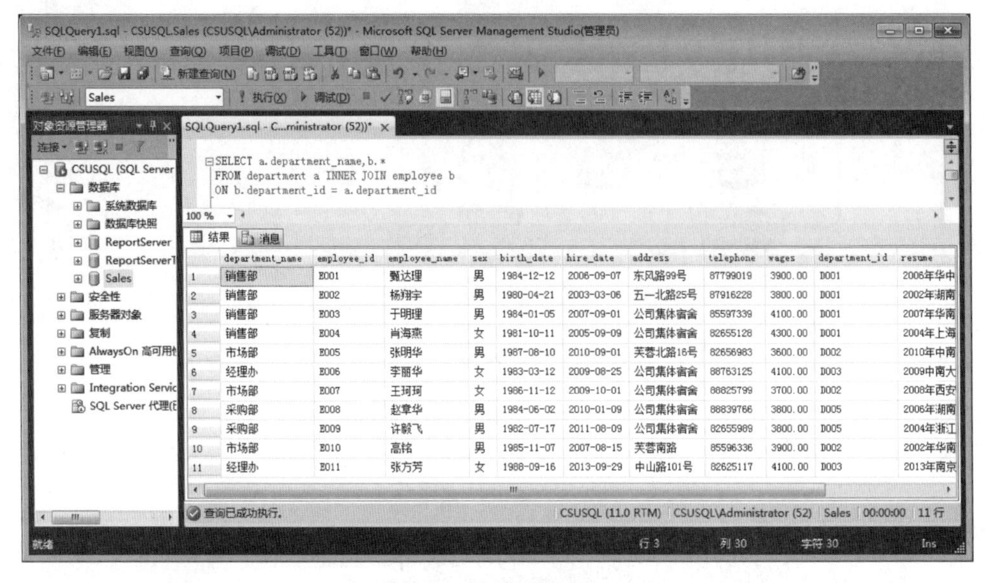

图 6-25　自然连接

6.3.3　外连接

在内连接查询时，返回查询结果集合中的仅是符合查询条件(WHERE 搜索条件或 HAVING 条件)和连接条件的行。而采用外连接时，它返回查询结果集合中的不仅包含符合连接条件的行，而且还包括左表(左外连接时)、右表(右外连接时)或两个连接表(全外连接)中的所有数据行。

1. 使用左外连接

左外连接通过左向外连接引用左表的所有行。

【例 6-29】 员工表 employee 左外连接销售表 sell_order。

```
SELECT
  a.employee_id,a.employee_name,b.goods_id,b.order_num,b.send_date
FROM employee a LEFT OUTER JOIN sell_order b
ON a.employee_id = b.employee_id
```

运行结果如图 6-26 所示。

例 6-26 中左外连接用于两个表(employee,sell_order)中，它限制表 sell_order 中的行，而不限制表 employee 中的行。也就是说，在左外连接中，表 employee 中不满足条件的行也显示出来。在返回结果中，所有不符合连接条件的数据行中的列值均为 NULL。

2. 使用右外连接

右外连接通过右向外连接引用右表的所有行。

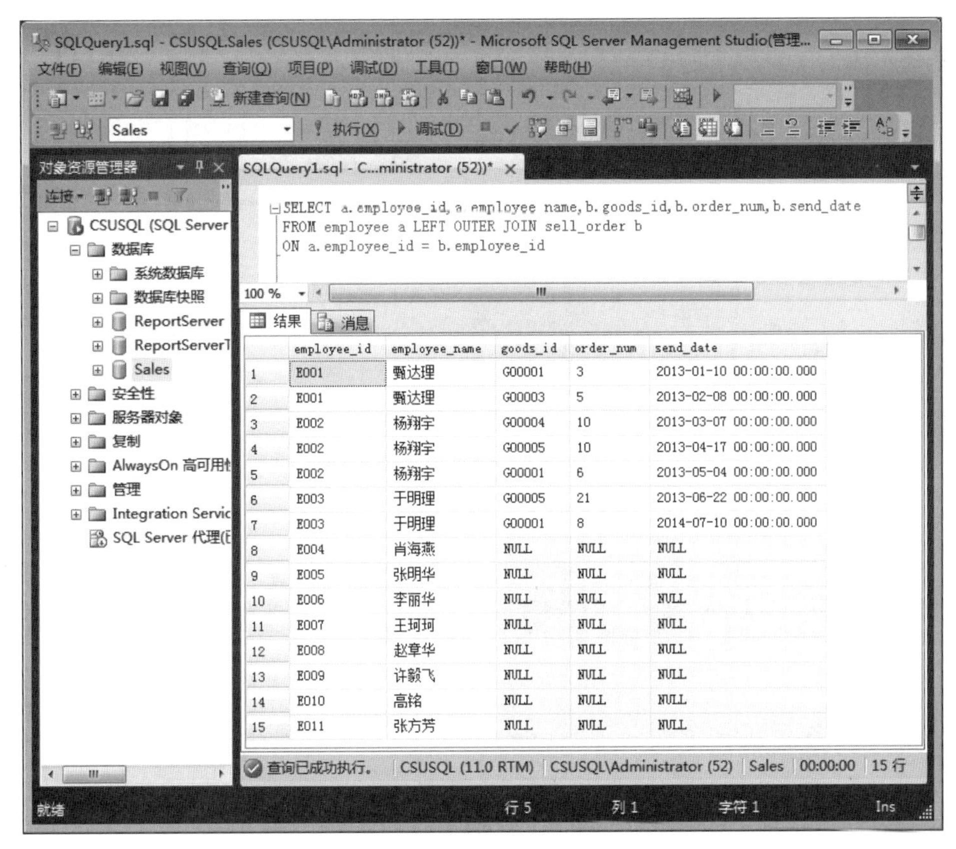

图 6-26　employee 表与 sell_order 表的左外连接

【例 6-30】 员工表 employee 右外连接销售表 sell_order。

为了说明方便，先在 sell_order 表中插入一条销售信息。

```
INSERT INTO sell_order
(order_id1,goods_id,employee_id,customer_id,transporter_id,
order_num,discount,order_date,send_date,arrival_date,cost)
VALUES ('S00007','G00005','EX','C00006','T002',21,0.5,
    GETDATE(),GETDATE(),GETDATE(),100)
```

注意：运行此条语句应先去除表 sell_order 和表 employee 之间的关于 employee_id 属性的外键约束。

```
SELECT a.employee_id,a.employee_name,b.goods_id,b.order_num,
  b.send_date,b.order_id1
FROM employee a RIGHT OUTER JOIN sell_order b
ON a.employee_id = b.employee_id
```

运行结果如图 6-27 所示。

例 6-27 中右外连接用于两个表(employee，sell_order)中，右外连接限制表 employee 中的行，而不限制表 sell_order 中的行。也就是说，在右外连接中，sell_order 表不满足条件的行也显示出来了。

运行语句发现，SELECT 语句的输出结果是销售表 sell_order 中的所有记录、员工

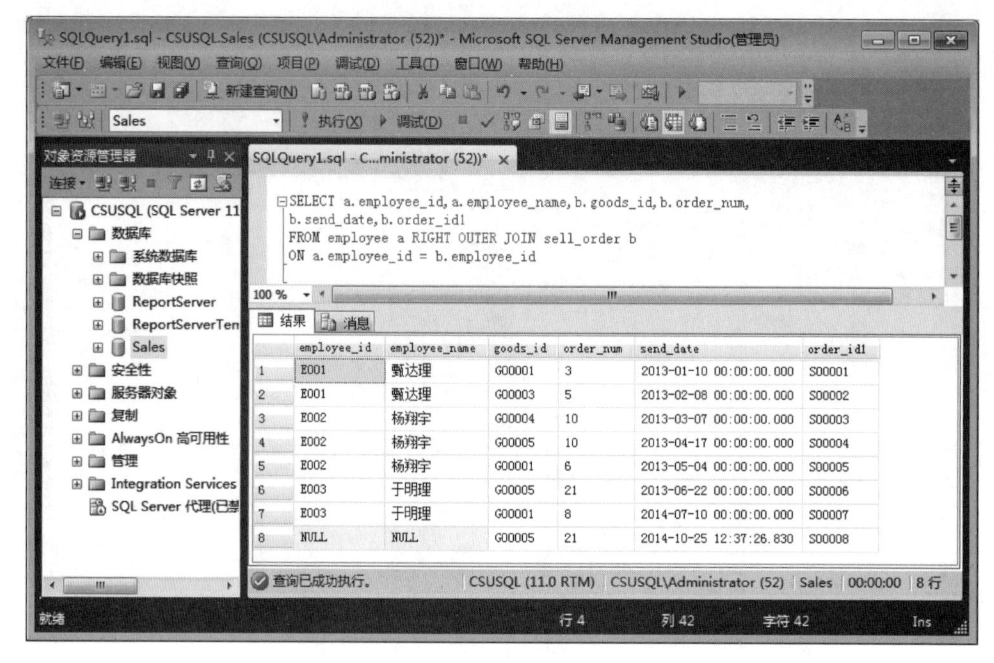

图 6-27　employee 表与 sell_order 表的右外连接

表 employee 中符合连接条件的记录、employee 中不符合连接条件的记录(以 NULL 代替)。

3. 使用全外连接

全外连接返回两个表的所有行。不管两个表的行是否满足连接条件,均返回查询结果集。对不满足连接条件的记录,另一个表相对应字段用 NULL 代替。

【例 6-31】 员工表 employee 全外连接销售表 sell_order。

```
SELECT
a.employee_id,a.employee_name,b.goods_id,b.order_num,b.send_date,
b.order_id1
FROM employee a FULL OUTER JOIN sell_order b
  ON a.employee_id = b.employee_id
```

运行结果如图 6-28 所示。

6.3.4 交叉连接

交叉连接不带 WHERE 子句,它返回被连接的两个表所有数据行的笛卡儿积,返回到结果集合中的数据行数等于第一个表中符合查询条件的数据行数乘以第二个表中符合查询条件的数据行数。例如,部门表 department 中有 5 个部门,而员工表 employee 中有 11 名员工,则下列交叉连接检索到的记录数将等于 55(即 5×11)行。

```
SELECT
a.department_id,a.department_name,b.employee_id,b.employee_name
FROM department a CROSS JOIN  employee b
```

运行结果如图 6-29 所示。

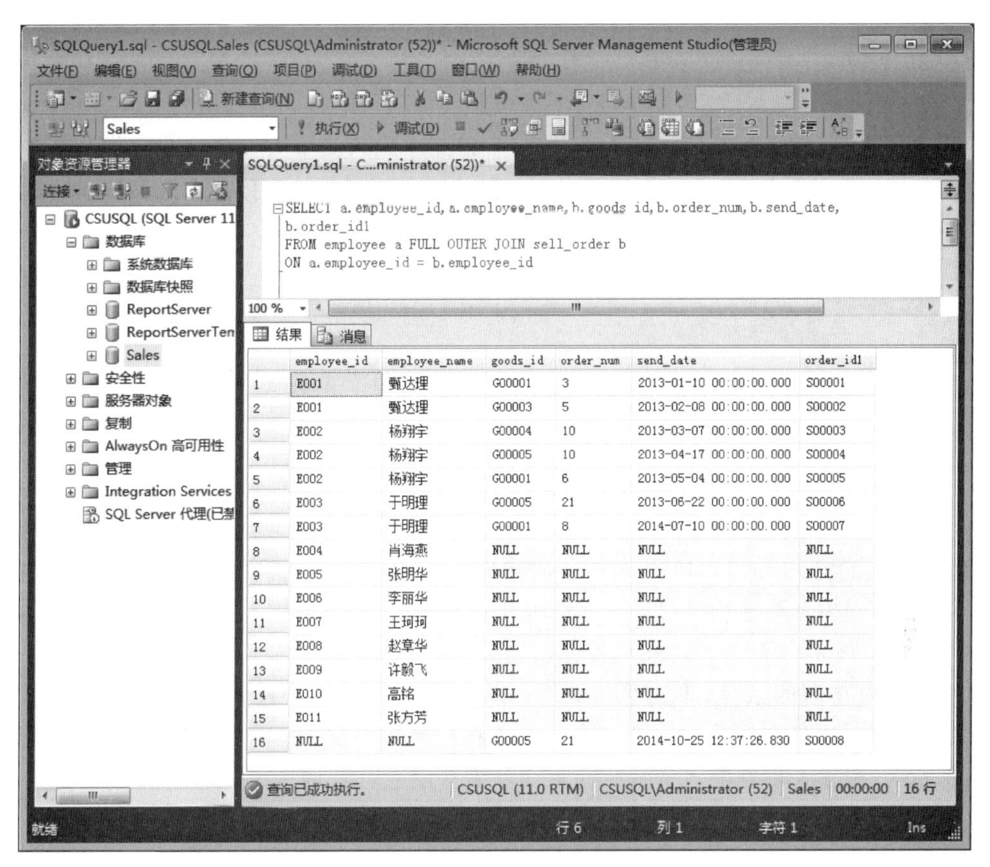

图 6-28 员工信息表全外连接销售信息表

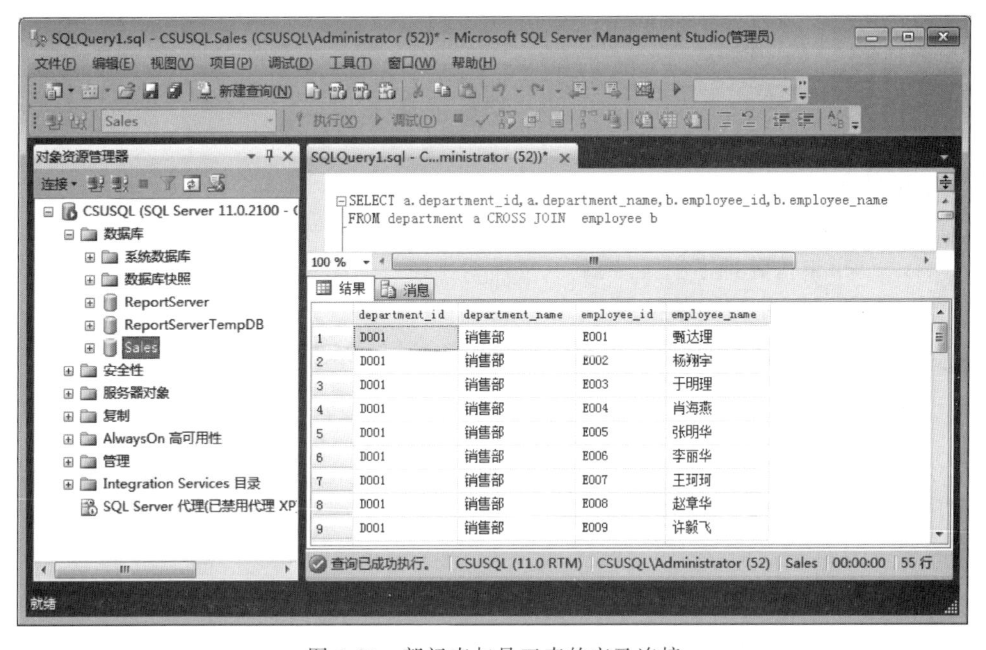

图 6-29 部门表与员工表的交叉连接

本章小结

在数据库中，数据查询是通过SELECT语句来完成的。SELECT语句可以从数据库中按用户要求检索数据，并将查询结果以表格的形式返回，是用户使用最多的技术。本章介绍了SELECT语句的基本用法。

(1) SQL数据查询语句基本结构：SELECT语句的功能非常强大，所以它的语法结构也比较复杂。其基本框架为SELECT-FROM-WHERE，它包含输出字段、数据来源、查询条件等基本子句。

(2) 带条件查询：WHERE子句中指定的查询条件可以是单表的条件表达式，也可以是多表之间的条件表达式。

(3) 查询结果处理：使用SELECT语句完成查询工作后，所查询的结果默认显示在屏幕上，若需要对这些查询结果进行处理，则需要SELECT的其他子句配合操作。这些子句有ORDER BY(排序输出)、INTO(重定向输出)、UNION(合并输出)及GROUP BY(分组统计)与HAVING(筛选)。

(4) 嵌套查询：有时一个SELECT语句无法完成查询任务，而需要一个子SELECT语句的结果作为查询的条件，即需要在一个SELECT语句的WHERE子句中出现另一个SELECT语句，这种查询称为嵌套查询。通常把仅嵌入一层子查询的SELECT语句称为单层嵌套查询，把嵌入子查询多于一层的查询称为多层嵌套查询。

(5) 连接查询：在多表之间查询必须处理数据表和数据表之间的连接关系。SQL Server的SELECT语句在FROM子句中可以应用一种称为连接的子句来实现数据表之间的连接查询。连接分为内连接、外连接和交叉连接。内连接分为等值连接、非等值连接和自然连接。外连接又分为左外连接、右外连接和全外连接。

习 题 6

一、选择题

1. 关于查询语句中ORDER BY子句的使用说法正确的是(　　)。
   A. 如果未指定排序字段，则默认按递增排序
   B. 表的字段都可用于排序
   C. 如果在SELECT子句中使用了DISTINCT关键字，则排序字段必须出现在查询结果中
   D. 连接查询不允许使用ORDER BY子句

2. 在SQL语句中，与表达式"工资 BETWEEN 1210 AND 1240"功能相同的表达式是(　　)。
   A. 工资>=1210 AND 工资<=1240
   B. 工资> 1210 AND 工资< 1240
   C. 工资<=1210 AND 工资> 1240
   D. 工资>=1210 OR 工资<=1240

3. 使用 SQL 语句进行分组检索时，为了去掉不满足条件的分组，应当(　　)。

A. 使用 WHERE 子句

B. 在 GROUP BY 后面使用 HAVING 子句

C. 先使用 WHERE 子句，再使用 HAVING 子句

D. 先使用 HAVING 子句，再使用 WHERE 子句

4. 对于某语句的条件 WHERE Sname LIKE'[CS]to%y'，将筛选出以下(　　)值。

A. CStory　　B. Story　　C. Ctors　　D. [CS]torry

5. 设 A、B 两个表的记录数分别为 3 和 4，对两个表执行交叉连接查询，查询结果中最多可获得(　　)条记录。

A. 3　　B. 4　　C. 12　　D. 81

二、填空题

1. 如果要使用 SELECT 语句返回指定条数的记录，则应使用________关键字来限定输出字段。

2. 联合查询指使用________运算将多个________合并到一起。

3. 当一个子 SELECT 的结果作为查询的条件，即在一个 SELECT 命令的 WHERE 子句中出现另一个 SELECT 命令，这种查询称为________查询。

4. 连接查询可分为 3 种类型：________、________和交叉连接。

5. 内连接查询可分为________、不等值连接和________ 3 种类型。

6. 若要把查询结果存放到一个新建的表中，可使用________子句。

三、问答题

1. 在 SELECT 语句中，对查询结果进行排序的子句是什么？能消除重复行的关键字是什么？

2. 写出与表达式“部门号 NOT IN('wh1','wh2')”功能相同的表达式。用 BETWEEN…AND 形式改写条件子句 WHERE number > 550 AND number < 650。

3. 在一个包含集合函数的 SELECT 语句中，GROUP BY 子句有哪些用途？

4. HAVING 与 WHERE 同时用于指出查询条件，请说明各自的应用场合。

5. 如果只想查看两个连接的表中互相匹配的行，应使用什么类型的连接？

四、应用题

1. 使用 SQL 语句创建学生基本信息表 student(s_no、s_name、s_sex、birthday、polity)和学生成绩表 sco(s_no、c_no、score)。针对这两个表，利用 SELECT 语句实现下列查询。

(1) 所有学生的基本信息，并按学号排序。

(2) 所有女生的信息和女生的人数。

(3) 所有男生的姓名、出生日期和年龄。

(4) 所有学生的姓名、出生日期、年龄、选修的课程和成绩。

(5) 某个指定姓名学生的选修的课程和成绩。

(6) 不及格学生的姓名(不重复)。

(7) 按性别进行分组查询，查询男女生的平均成绩。

2. 使用如下 3 个表，写出操作语句。

部门：部门号，部门名，负责人，电话。

职工：部门号，职工号，姓名，性别，出生日期。

工资：职工号，基本工资，津贴，奖金，扣除。

(1) 查询职工的实发工资。

(2) 查询 1963 年 1 月 1 日(含 1963 年 1 月 1 日)以后出生的职工信息。

(3) 查询每个部门年龄最长者的信息，要求显示部门名称和最长者的出生日期。

(4) 查询所有目前年龄在 35 岁以上(含 35 岁)的职工姓名、性别和年龄。

(5) 查询有 10 名以上(含 10 名)职工的部门名称和职工人数，并按职工人数降序排序。

第7章　索引与视图

在数据库中检索数据提并供给用户是 SQL Server 的一项重要功能。当数据库中表的数据较多时，以遍历的方式来查找记录的方法导致数据库性能降低。为了快速从数据库中找到所需要的数据，SQL Server 提供了类似书的目录作用的索引技术，合理使用索引技术能得到良好的查询性能。视图是一个虚拟表，其内容由一个查询决定，一个视图是由一组命名的列和数据行所构成。但是，视图并不是以数据库中存储的一组数据而实际存在。视图中行和列的数据来自定义了该视图的查询中所引用的数据表，并且在视图被引用时动态生成。本章主要介绍索引和视图的概念以及在 SQL Server 2012 数据库管理系统中索引和视图的基本操作。

7.1　索引概述

索引是数据库中一种特殊类型的对象，它与表有着紧密的关系。在数据库中，索引就是表中数据和相应存储位置的列表。索引用来快速、高效地提高表中数据检索的速度，并且能够实现某些数据完整性(例如记录的唯一性)。

7.1.1　索引的基本概念

索引是对数据库表中一个或多个字段的值进行排序而创建的一种分散存储结构。

数据库中的索引与书籍中的目录类似。在一本书中，利用目录可以快速查找所需内容，而无须翻阅整本书。在数据库中，索引使数据库程序无须对整个表进行扫描，就可以在其中找到所需数据。书中的目录是一个标题列表，其中注明了各级标题所对应的页码。而数据库中的索引是一个表中所包含的值的列表，其中注明了表中包含各个值的行所在的存储位置。可以为表中的单个列建立索引，也可以为一组列建立索引。索引包含一个条目，该条目有来自表中每一行的一个或多个列(搜索关键字)。索引按搜索列排序，可以在搜索列的任何子词条集合上进行高效搜索。例如，对于一个 A、B、C 列上的索引，可以在 A 以及 A、B 和 A、B、C 上对其进行高效搜索。

建立索引的目的有以下几点。

1. 加速数据检索

索引是一种物理结构，它能够提供以一列或多列的值为基础迅速查找/存取表的行的功能。索引的存在与否对存取表的 SQL 用户来说是完全透明的。

例如，查询 Sales 数据库中 employee 表中编号为 E002 的员工的信息，可以执行如下 SQL 语句：

```
SELECT * FROM employee WHERE employee_id = 'E002'
```

如果在 employee_id 列上没有索引,那么 SQL Server 就可能强制按照表的顺序一行一行地查询,观察每一行中的 employee_id 列的内容。为了找出满足检索条件的所有行,必须访问表的每一行。对于大型数据表来说,表的检索可能要花费数分钟甚至数小时。

如果在 employee_id 列上创建了索引,SQL Server 首先搜索这个索引,找到这个要求的值(E002),然后按照索引中的位置信息确定表中的行。由于索引进行了分类,并且索引的行和列比较少,所以索引搜索很快。这也是创建索引的最主要的原因。

2. 加速连接、排序和分组等操作

对表的连接以及进行排序(ORDER BY)和分组(GROUP BY)操作都需要数据检索,在建立索引后,其数据检索速度会明显加快,从而也就加速了连接、排序和分组等操作。

3. 查询优化器依赖于索引起作用

在执行查询时,SQL Server 都会对查询进行优化。查询优化器首先查看所有可用的索引并选择一个最好的索引,然后依据索引提取所需记录。

4. 强制实行的唯一性

通过创建唯一索引,可以保证表中的数据不重复。

在数据库中建立索引,会提高检索的效率。但这并不是说表中的每个字段都需要建立索引,因为增加、删除记录时,除了对表中的数据进行处理外,还需要对每个索引进行维护,索引将占用磁盘空间,并且降低增加、删除和修改的速度。在通常情况下,只有对表中经常查询的字段才创建索引。

7.1.2 索引的分类

根据数据库的功能,在 SQL Server 2012 中可创建的索引类型有聚集索引、非聚集索引和其他索引。其他索引包括唯一性索引、列存储索引、带有包含列的索引、计算列上的索引、筛选索引、空间索引、XML 索引和全文索引。

1. 聚集索引

在聚集索引中,表中各记录的物理顺序与键值的逻辑(索引)顺序相同。只有在表中建立了一个聚集索引后,数据才会按照索引键值指定的顺序存储到表中。由于一个表中的数据只能按照一种顺序来存储,所以在一个表中只能建立一个聚集索引。如果不是聚集索引,表中各记录的物理顺序与键值的逻辑顺序不要求一致。

2. 非聚集索引

非聚集索引中的每个索引行都包含非聚集键值和行定位符。此定位符指向聚集索引中包含该键值的数据行。索引中的行按索引键值的顺序存储,但是不保证数据行按任何特定顺序存储。

在检索(SELECT)记录的场合,聚集索引比非聚集索引有更快的数据访问速度。在添加(INSERT)或更新(UPDATE)记录的场合,由于使用聚集索引时需要先对记录排序,然后再存储到表中,所以使用聚集索引要比非聚集索引速度慢。在一个表中只能有一个聚集索引,但允许有多个非聚集索引。

3. 其他索引

1) 唯一性索引

在表中建立唯一性索引时,组成该索引的字段或字段组合在表中具有唯一值。也就是说，对于表中的任何两行记录来说，索引键的值都各不相同。如果表中一行以上的记录在某个或多个字段上具有相同的值，则不能基于这个或这些字段来建立唯一性索引。如果表中的一个字段或多个字段的组合在多行记录中具有NULL值，则不能将这个字段或字段组合作为唯一索引键。用INSERT或UPDATE语句添加或修改记录时，SQL Server将检查所使用的数据是否会造成唯一性索引键值的重复，如果会造成重复，则INSERT或UPDATE语句执行失败。

例如，如果在一个表中包含有身份证号码字段，则这个字段最适合于建立唯一性索引，因为不可能有两个人拥有相同的身份证号码。姓名字段不适合于建立唯一性索引，因为表中可能有同名同姓的记录。

表中通常有一个字段或一些字段的组合，其值用来唯一标识表中的每一行记录，该字段或字段组合称为表的主键。在数据库关系图中为表定义一个主键时，将自动创建主键索引，主键索引是唯一索引的特殊类型。

2）列存储索引

传统索引对每行的数据进行分组和存储，然后连接所有行以完成整个索引。列存储索引对每列的数据进行分组和存储，然后连接所有列以完成整个索引。

对于某些查询类型，SQL Server查询处理器可以利用列存储布局来显著改善查询执行时间。SQL Server列存储索引技术尤其适用于典型的数据仓库数据集，可以为常见数据仓库查询（如筛选、聚合、分组和星形连接查询）提供更快的性能。

3）带有包含列的索引

带有包含列的索引是一种非聚集索引，它扩展后不仅包含键列，还包含非键列。

4）计算列上的索引

计算列上的索引是从一个或多个其他列的值或某些确定的输入值派生的列上的索引。

5）筛选索引

筛选索引使用筛选谓词对表中的部分行进行索引。筛选索引是一种经过优化的非聚集索引，尤其适用于涵盖从定义完善的数据子集中选择数据的查询。

6）空间索引

利用空间索引，可以更高效地对geometry数据类型的列中的空间对象（空间数据）执行某些操作。空间索引可减少需要应用开销相对较大的空间操作的对象数。

7）XML索引

XML索引是与XML数据关联的索引形式，XML索引又可以分为主索引和辅助索引。

8）全文索引

全文索引是一种特殊类型的基于标记的功能性索引，由Microsoft SQL Server全文引擎生成和维护。用于帮助在字符串数据中搜索复杂的词。

7.2 索引的操作

在SQL Server 2012中，索引的操作包括创建索引、查看索引、修改索引和删除索引等，对其操作的方法可以通过SQL Server管理平台来实现，也可以通过Transact-SQL语句来实现。

7.2.1 创建索引

视频讲解

SQL Server2012 中创建索引的方法有多种。一般在创建其他相关对象时就创建了索引，例如在表中定义主键约束或唯一性约束时，也就创建了索引。

1. 使用 SQL Server 管理平台创建索引

在 SQL Server 管理平台中创建索引时，首先在“对象资源管理器”窗格中选择好要创建索引的表，展开该表的下属对象，在该表的索引对象上右击，弹出如图 7-1 所示的快捷菜单。

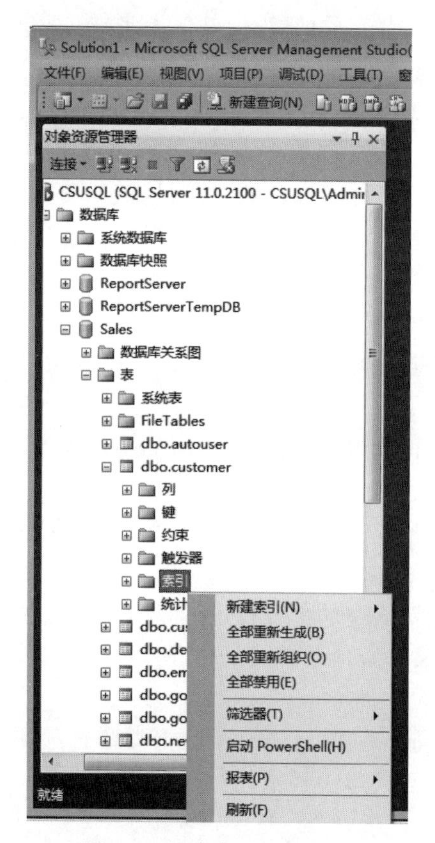

图 7-1 新建索引快捷菜单

然后，选择“新建索引”命令，将出现如图 7-2 所示的“新建索引”对话框。根据实际需要在图 7-2 所示的对话框中输入新建索引的各项参数，单击“确定”按钮后将新建一个索引。

2. 使用 Transact-SQL 语句创建索引

对指定表或指定表的视图创建关系索引。可在向表中填入数据前创建索引。可通过指定限定的数据库名称对另一个数据库中的表或视图创建关系索引。

Transact-SQL 提供了 CREATE INDEX 语句来创建索引，该语句的语法格式如下：

```
CREATE [UNIQUE] [CLUSTERED|NONCLUSTERED] INDEX index_name
    ON [database_name. [schema_name].|schema_name.] table_or_view_name
    ( column [ASC|DESC] [,...n,] )
```

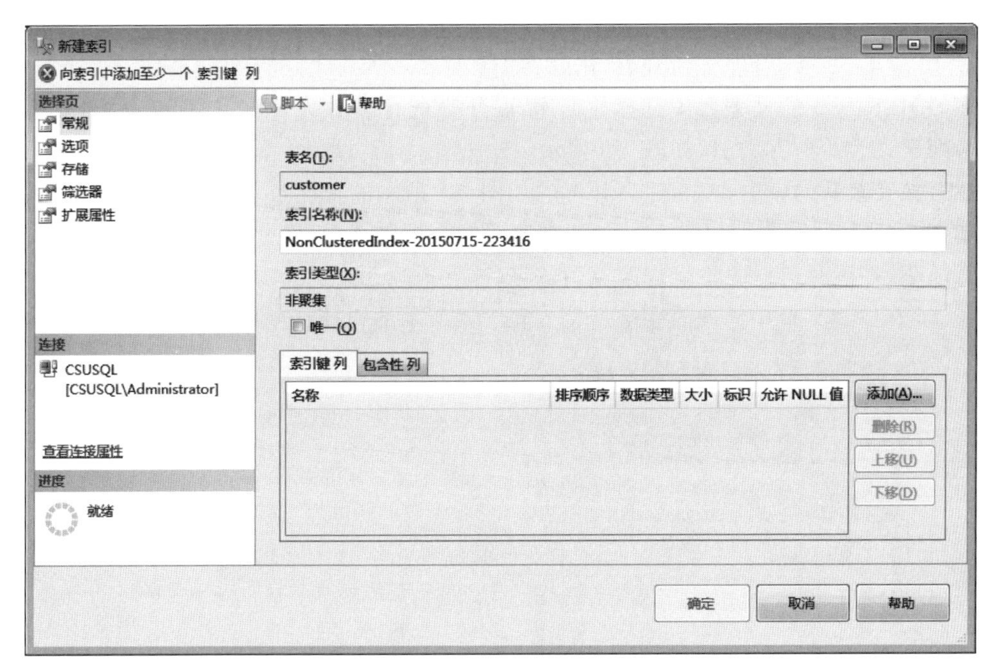

图 7-2 "新建索引"对话框

各选项的含义如下：

(1) UNIQUE：为表或视图创建唯一索引。唯一索引不允许两行具有相同的索引键值。视图的聚集索引必须唯一。

(2) CLUSTERED：创建索引时，键值的逻辑顺序决定表中对应行的物理顺序。聚集索引的底层(或称叶级别)包含该表的实际数据行。一个表或视图只允许同时有一个聚集索引。如果没有指定 CLUSTERED，则创建非聚集索引。

(3) NONCLUSTERED：创建一个指定表的逻辑排序的索引。对于非聚集索引，数据行的物理排序独立于索引排序。

(4) index_name：索引的名称。索引名称在表或视图中必须唯一，但在数据库中不必唯一。索引名称必须符合标识符的规则。

(5) database_name：数据库的名称。

(6) schema_name：该表或视图所属架构的名称。

(7) column：索引所基于的一列或多列。指定两个或多个列名，可为指定列的组合值创建组合索引。在 table_or_view_name 后的括号中，按排序优先级列出组合索引中要包括的列。

(8) [ASC|DESC]：确定特定索引列的升序或降序排序方向。默认值为 ASC。

【例 7-1】 按 employee 表的 employee_name 列建立非聚集索引。

```
CREATE NONCLUSTERED INDEX name_idx ON employee(employee_name)
```

7.2.2 查看与修改索引

在表中创建索引后，可以通过管理平台来查看索引，也可以通过 Transact-SQL 语句来查看索引。

1. 用 SQL Server 管理平台查看、修改索引

在 SQL Server 管理平台中选择数据库，展开要查看索引的表对象，选择展开“索引”对象将会列出该表的所有索引，如图 7-3 所示。

然后在要查看的索引上右击，在弹出的如图 7-4 所示的快捷菜单中选择“属性”命令，将弹出如图 7-5 所示的“索引属性”对话框，在对话框中可以查看、修改索引的相关属性。但是要注意的是，在该对话框中不能修改索引的名称，修改索引名称需要使用系统存储过程 sp_rename，要在管理平台中修改索引名称应在图 7-4 所示的快捷菜单中选择“重命名”命令。

图 7-3　查看索引

图 7-4　索引操作快捷菜单

2. 使用系统存储过程查看索引

sp_helpindex 系统存储过程可以返回表中的所有索引信息。其语法格式如下：

```
sp_helpindex [@objname] = 'name'
```

其中，[@objname]='name'子句为指定当前数据库中的表的名称。

【例 7-2】 查看表 employee 的索引。

```
USE Sales
GO
EXEC sp_helpindex employee
GO
```

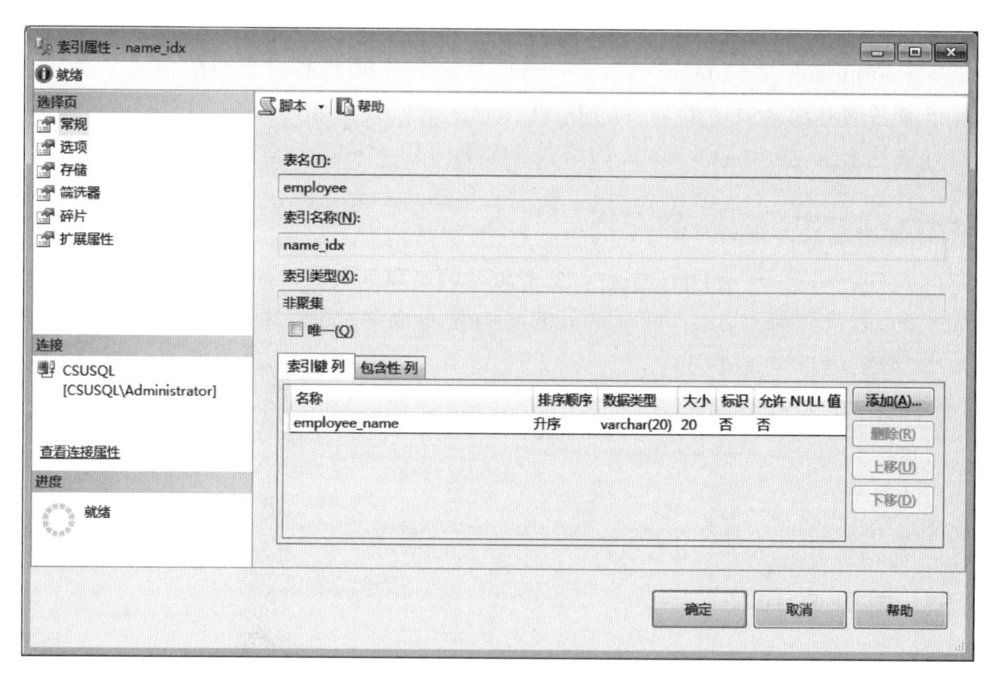

图 7-5 “索引属性”对话框

运行结果如图 7-6 所示。

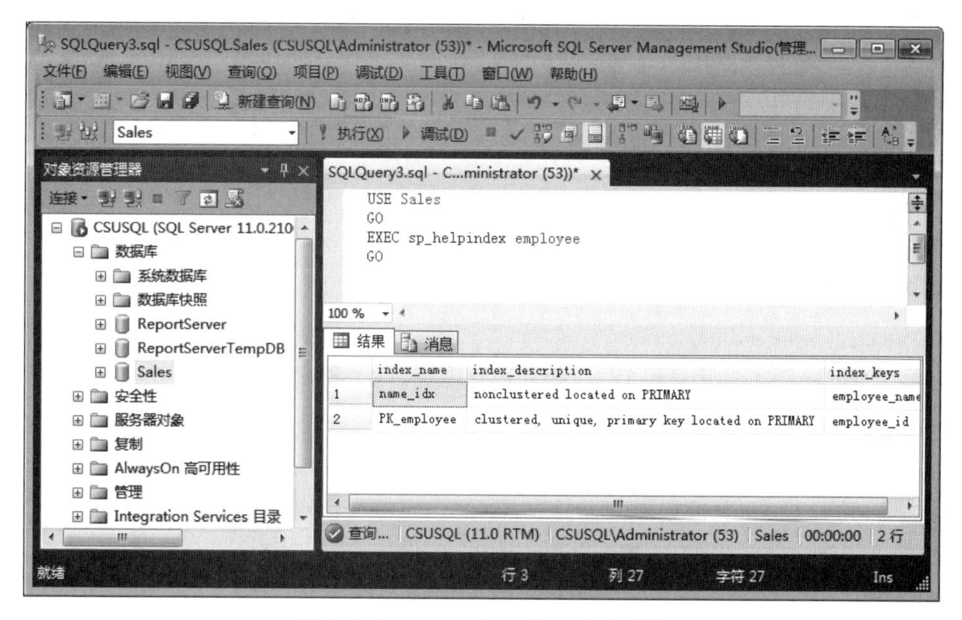

图 7-6 Transact-SQL 语句查看索引

3. 使用存储过程更改索引

也可以使用系统存储过程 sp_rename 更改索引的名称。其语法格式如下：

```
sp_rename [@objname = ]'object_name', [@newname = ]'new_name'
    [, [@objtype = ]'object_type']
```

各选项的含义如下。

(1) [@objname =]'object_name'：用户对象或数据类型的当前限定或非限定名称。如果要重命名的对象是表中的列，则 object_name 的格式必须是 table.column。如果要重命名的对象是索引，则 object_name 的格式必须是 table.index。

(2) [@newname =]'new_name'：指定对象的新名称。new_name 必须是名称的一部分，并且必须遵循标识符的规则。newname 的数据类型为 sysname，无默认值。

(3) [@objtype =]'object_type'：要重命名的对象的类型。object_type 的数据类型为 varchar(13)，默认值为 NULL，可取 COLUMN(要重命名的列)、DATABASE(用户定义数据库)、INDEX(用户定义索引)。

【例 7-3】 更改 employee 表中索引 name_idx 名称为 employee_index_name。

```
USE Sales
GO
EXEC sp_rename'employee.name_idx','employee_index_name','index'
```

7.2.3 删除索引

视频讲解

索引会减慢 INSERT、UPDATE 和 DELETE 语句的执行速度。如果发现索引阻碍整体性能或不再需要索引，则可将其删除。

1. 使用 SQL Server 管理平台删除索引

在 SQL Server 管理平台中可以从如图 7-3 所示的索引管理窗格中，选择要删除的索引，再右击，在弹出的如图 7-4 所示的快捷菜单中选择“删除”命令来删除索引。

2. 使用 Transact-SQL 语句删除索引

SQL Server2012 保留了以前版本的 DROP INDEX table_or_view_name.index_name，以便向后兼容。

SQL Server2012 的删除索引语句的语法格式如下：

```
DROP INDEX  index_name [,…,n]
  ON [database_name. [schema_name].|schema_name.] table_or_view_name
```

各选项的含义如下。

(1) index_name：要删除的索引名称。

(2) database_name：数据库的名称。

(3) schema_name：该表或视图所属架构的名称。

(4) table_or_view_name：与该索引关联的表或视图的名称。

删除索引时需要注意：

(1) 执行 DROP INDEX 后，SQL Server 将重新获得以前由索引占用的空间。此后可将该空间用于任何数据库对象。

(2) 不适用于通过定义 PRIMARY KEY 或 UNIQUE 约束创建的索引。若要删除该约束和相应的索引，应使用带有 DROP CONSTRAINT 子句的 ALTER TABLE 语句。

(3) 删除视图或表时，将自动删除为永久性和临时性视图或表创建的索引。

（4）删除索引视图的聚集索引时，将自动删除同一视图的所有非聚集索引和自动创建的统计信息。

【例 7-4】 删除 employee 表内名为 employee_index_name 的索引。

```
USE Sales
IF EXISTS (SELECT name FROM sysindexes WHERE name = 'employee_index_name')
    DROP INDEX employee_index_name  ON employee
GO
```

7.3 视图概述

数据库结构体系模式包括内模式、模式和外模式，其中外模式对应于用户视图。视图是关系数据库中提供给用户以多种角度观察数据库中数据的重要机制。用户通过视图来浏览表中数据，并对数据库数据进行维护。

7.3.1 视图的基本概念

同真实的表一样，视图包含一系列带有名称的列和数据行，其内容由查询定义。但是，视图是一个虚拟表，视图并不在数据库中以存储的数据形式存在，视图的行和列数据来自由定义视图的查询所引用的表，并且在引用视图时动态生成。

对视图的操作与对表的操作一样，可以对其进行查询、修改和删除，但对数据的操作要满足一定的条件。当对通过视图看到的数据进行修改时，相应的基础表的数据也会发生变化，同样，若基础表的数据发生变化，这种变化也会自动地反映到视图中。

对视图所引用的基础表来说，视图的作用类似于筛选。定义视图的筛选可以来自当前或其他数据库的一个或多个表，或者其他视图。

视图通常用来集中、简化和自定义每个用户对数据库的不同认识。视图可用作安全机制，方法是允许用户通过视图访问数据，而不授予用户直接访问视图基础表的权限。从 SQL Server 复制数据时也可使用视图来提高性能并分区数据。视图的作用主要表现在以下几个方面。

1. 简化操作

视图可以简化用户操作数据的方式。可将经常使用的连接、投影、联合查询和选择查询定义为视图，这样，用户每次对特定的数据执行进一步操作时，不必指定所有条件和限定。例如，一个用于报表目的，并执行子查询、外连接及联合以便从一组表中检索数据的复合查询，就可以创建为一个视图。视图简化了对数据的访问，因为每次生成报表时无须提交基础查询，而是查询视图。

2. 定制特定数据

视图使用户能够着重于他们所感兴趣的特定数据和所负责的特定任务，不必要的数据或敏感数据可以不出现在视图中。例如，可定义一个视图不仅检索由客户经理处理的客户数据，而且还可以根据使用该视图的客户经理的登录 ID 决定检索哪些数据。

3. 导出和导入数据

可使用视图将数据导出到其他应用程序。可基于多个表创建视图，然后可以使用 bcp

实用工具导出视图定义的数据。如果使用 INSERT 语句可以在某些视图中插入行，那么使用 bcp 实用工具或 BULK INSERT 语句也可将数据文件中的数据导入视图。

4. 跨服务器组合分区数据

Transact-SQL UNION 集合运算符可在视图内使用，将单独表的两个或多个查询的结果组合到单一的结果集中。分区视图可基于来自多个异类源(如远程服务器)的数据以创建数据库服务器的联合体。

5. 提供向后兼容性

在表的架构更改时，利用视图能够为表创建向后兼容接口。

6. 安全性

可以用 GRANT 和 REVOKE 命令为各种用户授予在视图上的操作权限，而没有授予用户在表上的操作权限。这样通过视图，用户只能查询或修改他们各自所能见到的数据，数据库中的其他数据对他们来说是不可见的或不可修改的。

7.3.2 视图的类型

在 SQL Server 2012 数据库中，视图类型有标准视图、索引视图、分区视图和系统视图。

1. 标准视图

标准视图组合了一个或多个表中的数据，其将重点放在特定数据及简化数据操作上。

2. 索引视图

索引视图是被具体化了的视图，即它已经过计算并存储。可以为视图创建索引，即对视图创建一个唯一的聚集索引。索引视图可以显著提高某些类型查询的性能。索引视图尤其适于聚合许多行的查询，但不太适于经常更新的基本数据集。

3. 分区视图

分区视图在一台或多台服务器间水平连接一组成员表中的分区数据。这样，数据看上去如同来自一个表。连接同一个 SQL Server 实例中的成员表的视图是一个本地分区视图。在服务器间连接表中的数据的视图是分布式分区视图。分布式分区视图用于实现数据库服务器联合。

4. 系统视图

系统视图公开目录元数据。用户可以使用系统视图返回与 SQL Server 实例或在该实例中定义的对象有关的信息。例如，查询 sys.databases 目录视图以便返回与实例中提供的用户定义数据库有关的信息。

7.3.3 视图的限制

在创建或使用视图时，应遵守相关的语法规则。SQL Server 2012 要求在创建视图前，考虑以下准则。

(1) 只能在当前数据库中创建视图，但如果使用分布式查询定义视图，则新视图所引用的表和视图可以存在于其他数据库甚至其他服务器中。

(2) 视图名称必须遵循标识符的规则，对每个架构都必须唯一，该名称不得与该架构包含的任何表的名称相同。

(3) 可以使用其他视图创建视图。Microsoft SQL Server 允许嵌套视图，但嵌套不得超过32层。

(4) 不能将规则或DEFAULT定义与视图相关联。

(5) 不能将AFTER触发器与视图相关联,只有INSTEAD OF触发器可以与之相关联。

(6) 除非还指定了TOP子句,否则视图中的ORDER BY子句无效。

(7) 视图定义中的SELECT子句不能包括INTO关键字、OPTION子句。

(8) 若要对视图创建全文搜索,则该表或视图必须具有唯一的、不可为NULL的单列索引。

(9) 不能创建临时视图,也不能引用临时表创建视图。

7.4 视图的操作

在SQL Server 2012中,对视图的操作分为创建和管理,可以通过SQL Server管理平台和Transact-SQL语句来完成。

7.4.1 创建视图

视频讲解

创建视图通常有两种方法:一种是通过SQL Server管理平台创建;另一种是使用Transact-SQL的CREATE VIEW语句创建。

1. 使用SQL Server管理平台创建视图

在SQL Server中使用管理平台创建视图的步骤如下:

(1) 启动SQL Server管理平台,登录到指定的服务器,在"对象资源管理器"窗格中选择要创建视图的数据库,在"视图"选项上右击,在弹出的快捷菜单中选择"新建视图"命令,将弹出如图7-7所示的"添加表"对话框。在对话框中选择好要创建视图的表。

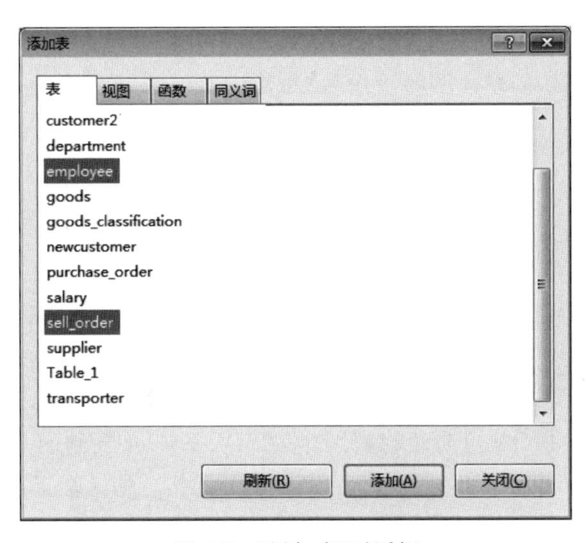

图7-7 "添加表"对话框

单击"关闭"按钮后,将出现如图7-8所示的工作界面,在该界面中共有4个区:表区、列条件区、SQL Script区和数据结果区。

(2) 在创建视图过程时,如果要添加表可以单击工具栏中的按钮,打开如图7-7所示

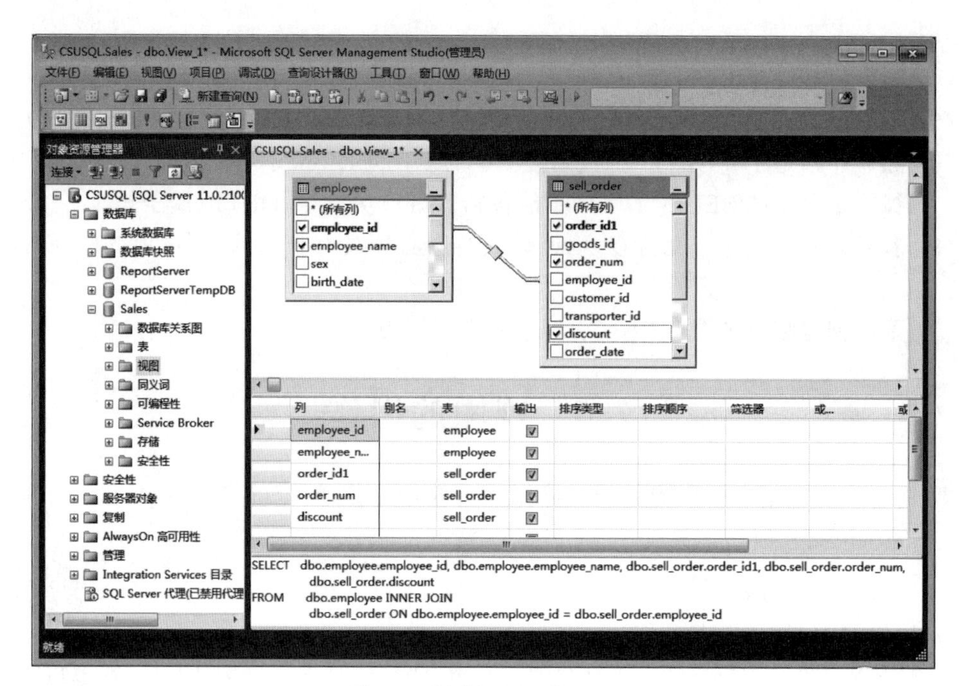

图 7-8 创建视图工作界面

的“添加表”对话框。

(3) 在列区中选择将包括在视图的数据列，此时相应的 SQL Server 脚本便显示在 SQL Script 区。

(4) 单击按钮，在数据结果区将显示包含在视图中的数据行。单击按钮，在弹出的对话框中输入视图名，单击“保存”按钮保存视图，完成视图的创建。

2. 使用 Transact-SQL 语句创建视图

使用 Transcat-SQL 创建视图的语句为 CREATE VIEW，其语法结构如下：

```
CREATE VIEW [schema_name.] view_name [(column [,…,n] )]
    [WITH {[ENCRYPTION] [SCHEMABINDING] [VIEW_METADATA]}]
```

各选项的含义如下：

(1) schema_name：视图所属架构的名称。

(2) view_name：视图的名称。视图名称必须符合有关标识符的规则。可以选择是否指定视图所有者名称。

(3) ENCRYPTION：加密 syscomments 表中包含 ALTER VIEW 语句文本的条目。使用 WITH ENCRYPTION 可防止将视图作为 SQL Server 复制的一部分发布。

(4) SCHEMABINDING：将视图绑定到基础表的架构。如果指定了 SCHEMABINDING，则不能按照将影响视图定义的方式来修改基表或表。

(5) VIEW_METADATA：指定为引用视图的查询请求浏览模式元数据时，SQL Server 实例将向 DB-Library、ODBC 和 OLE DB API 返回有关视图的元数据信息，而不返回基表的元数据信息。对于使用 VIEW_METADATA 创建的视图，浏览模式元数据在描述结果集内视图中的列时，将返回视图名，而不返回基表名。

(6) AS：视图要执行的操作。

(7) select_statement：定义视图的 SELECT 语句。该语句可以使用多个表和其他视图，利用 SELECT 命令从表中或视图中选择列构成新视图的列。

(8) WITH CHECK OPTION：要求对该视图执行的所有数据修改语句都必须符合 select_statement 中所设置的条件。

【例 7-5】 在 Sales 数据库中创建 sell_view 视图，该视图选择 3 个基表（employee，goods，sell_order）中的数据来显示员工销售货物情况的虚拟表。

```
CREATE VIEW sell_view
AS
SELECT employee.employee_name, employee.employee_id,sell_order.order_num,
  sell_order.discount,goods.goods_name,goods.unit_price,sell_order.order_date
FROM employee INNER JOIN sell_order
  ON employee.employee_id = sell_order.employee_id INNER JOIN goods
  ON sell_order.goods_id = goods.goods_id
```

7.4.2 修改视图

创建好的视图可以通过管理平台和 Transact-SQL 语句来修改。

视频讲解

1. 使用 SQL Server 管理平台修改视图

(1) 启动 SQL Server 管理平台，登录到指定的服务器。

(2) 在“对象资源管理器”窗格中展开要修改视图的文件夹，此时在右边窗口中显示当前数据库的所有视图。右击要修改的视图，在弹出的快捷菜单中选择“修改”命令，打开设计视图窗口。

(3) 设计视图窗口的使用方法和图 7-8 所示创建视图工作界面类似。

2. 使用 Transact-SQL 修改视图

可以使用 ALTER VIEW 语句来修改视图。其语法格式如下：

```
ALTER VIEW [schema_name.] view_name [( column [,...,n] )]
   [WITH {[ENCRYPTION][SCHEMABINDING][[VIEW_METADATA]] }]
   AS select_statement
   [WITH CHECK OPTION]
```

各选项的含义如下。

(1) schema_name：视图所属架构的名称。

(2) view_name：要更改的视图。

(3) column：一列或多列的名称，用逗号分开，将成为给定视图的一部分。

(4) ENCRYPTION：加密 syscomments 表中包含 ALTER VIEW 语句文本的条目。使用 WITH ENCRYPTION 可防止将视图作为 SQL Server 复制的一部分发布。

(5) SCHEMABINDING：将视图绑定到基础表的架构。如果指定了 SCHEMABINDING，则不能以可影响视图定义的方式来修改基表。

(6) VIEW_METADATA：指定为引用视图的查询请求浏览模式的元数据时，SQL Server 实例将向 DB-Library、ODBC 和 OLE DB API 返回有关视图的元数据信息，而不返回基表的元数据信息。

(7) AS：视图要执行的操作。

(8) select_statement：定义视图的 SELECT 语句。

(9) WITH CHECK OPTION：要求对该视图执行的所有数据修改语句都必须符合 select_statement 中所设置的条件。

7.4.3 删除视图

视频讲解

不再需要的视图可以通过 SQL Server 管理平台和 Transact-SQL 语句来删除。

1. 使用 SQL Server 管理平台删除视图

在 SQL Server 2012 中，通过 SQL Server 管理平台删除视图的步骤如下：

(1) 从 SQL Server 2012 程序组中启动管理平台，登录到指定的服务器。

(2) 打开要删除视图的数据库文件夹，单击"视图"选项，在右边的窗格中显示了当前数据库的所有视图，右击要删除的视图，在弹出的菜单中选择"删除"命令，弹出如图 7-9 所示的"删除对象"对话框。

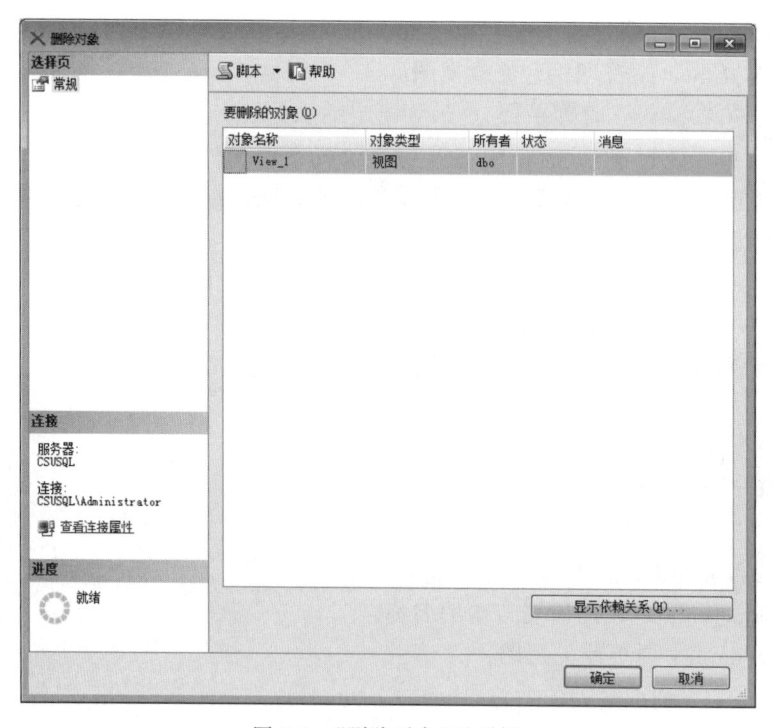

图 7-9 "删除对象"对话框

(3) 在图 7-9 中单击"确定"按钮，就可以完成视图的删除工作。

2. 使用 Transact-SQL 语句删除视图

可以使用 DROP VIEW 语句来删除视图。其语法格式如下：

```
DROP VIEW [schema_name.] view_name [,…,n]
```

各选项的含义如下。

(1) schema_name：视图所属架构的名称。

(2) view_name：要删除的视图的名称。

【例 7-6】 删除 view_1 视图。

```
USE Sales
IF EXISTS (SELECT TABLE_NAME FROM INFORMATION_SCHEMA.VIEWS
          WHERE TABLE_NAME = 'view_1')
DROP VIEW view_1
GO
```

7.4.4 查看和修改视图属性

视图属性包括视图名称、权限、所有者、创建日期和用于创建视图的文本等信息。在 SQL Server 2012 中，通过 SQL Server 管理平台和系统存储过程可以查看和修改视图的这些信息。

1. 用 SQL Server 管理平台查看视图属性

使用 SQL Server 管理平台查看视图属性、修改视图名称和文本可以使用以下操作步骤：

(1) 在 SQL Server 管理平台中选择要查看视图的数据库文件夹，展开"视图"结点显示当前数据库的所有视图，还可以看到当前数据库中的所有视图，如图 7-10 所示。

(2) 若要修改视图的名称，在窗格中选择要修改的视图，右击该视图，在弹出的快捷菜单中选择"重命名"命令，输入视图的新名称完成更名操作。

(3) 若要查看视图的其他属性，可以右击要查看的视图，在弹出的快捷菜单中选择"属性"命令，打开"视图属性"对话框，如图 7-11 所示。

(4) 在"视图属性"对话框中可以浏览到该视图的常规、权限和扩展属性。若要对该视图的访问权限进行设置，单击"权限"选项。

2. 使用系统存储过程 sp_helptext 查看视图

使用系统存储过程 sp_helptext 可以查看视图的文本信息。其语法格式如下：

```
sp_helptext [@objname = ]'name'[, [@columnname = ]
'computed_column_name']
```

各选项的含义如下。

(1) [@objname =]'name'：指定数据库对象的名称，包括视图、规则、默认、未加密的存储过程、触发器等数据库对象的文本定义信息。对象必须在当前数据库中。

(2) [@columnname =]'computed_column_name'：要显示其定义信息的计算列的名称。必须将包含列的表指定为 name。column_name 的数据类型为 sysname，无

图 7-10 管理平台中的视图信息

图 7-11 “视图属性”对话框

默认值。

例如,查看图 7-10 中的视图 View_1 的文本定义信息,使用以下语句:

```
sp_helptext View_1
```

运行结果如图 7-12 所示。

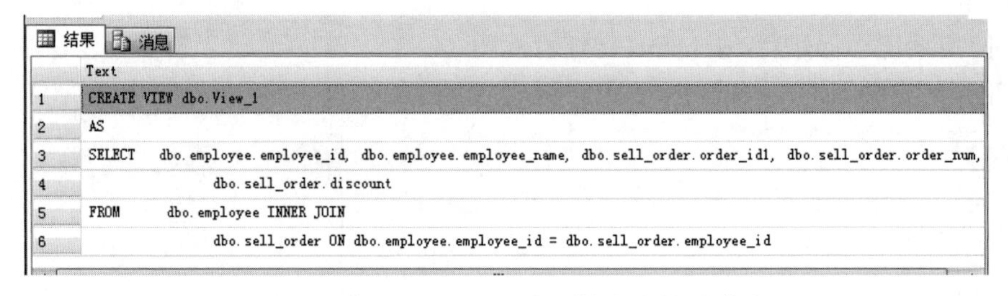

	Text
1	CREATE VIEW dbo.View_1
2	AS
3	SELECT dbo.employee.employee_id, dbo.employee.employee_name, dbo.sell_order.order_id1, dbo.sell_order.order_num,
4	dbo.sell_order.discount
5	FROM dbo.employee INNER JOIN
6	dbo.sell_order ON dbo.employee.employee_id = dbo.sell_order.employee_id

图 7-12 使用 sp_helptext 查看的视图文本信息

3. 使用系统存储过程重命名视图

可以使用系统存储过程 sp_rename 重命名视图。其语法格式如下:

```
sp_rename [@objname = ]'object_name',
          [@newname = ]'new_name'
          [,[@objtype = ]'object_type']
```

各选项的含义如下。

(1) [@objname =]'object_name'：用户对象(表、视图、列、存储过程、触发器、默认值、数据库、对象或规则)或数据类型的当前名称。如果要重命名的对象是表中的一列，那么object_name 必须为 table. column 形式。如果要重命名的是索引，那么 object_name 必须为table. index 形式。

(2) [@newname =]'new_name'：指定对象的新名称。new_name 必须是名称的一部分，并且要遵循标识符的规则。

(3) [@objtype =]'object_type'：要重命名的对象的类型。

例如，将视图 View_1 重命名为 v_employee_sell_order，使用以下语句：

```
sp_rename View_1, v_employee_sell_order
```

在 SQL Server 2012 管理平台查看到视图 View_1 的名称已更名为 v_employee_sell_order。

7.5 视图的应用

利用视图可以完成某些和基础表相同的数据操作。通过视图可以对基础表中的数据进行检索、添加、修改和删除。以下介绍如何利用视图来操作基础表的数据。

7.5.1 通过视图检索表数据

视频讲解

在建立视图后，可以用任一种查询方式检索视图数据，对视图可使用连接、GROUP BY 子句、子查询等以及它们的任意组合。

【例 7-7】 查询例 7-5 所创建的视图 sell_view 中的姓名为甄达理的员工所销售的商品名称。

```
SELECT goods_name FROM sell_view WHERE employee_name = '甄达理'
  ORDER BY order_date
```

在建立视图时，系统并不检索视图所参照的数据库对象是否存在。在通过视图检索数据时，SQL Server 将首先检查这些对象是否存在，如果视图的某个基表(或视图)不存在或被删除，将导致语句执行错误，系统向用户返回一条错误消息。当新表重新建立后，视图可恢复使用。

在 CREATE VIEW 语句中使用 SELECT 子句建立视图后，如果重新创建或修改该视图的基表结构，并且增加了一些列，这些新增的列将不出现在已定义的视图中，除非这些视图被删除后重建，所以在通过视图检索数据时也不可能检索到新表中所增加列的内容。

7.5.2 通过视图添加表数据

可以通过视图向基础表插入数据，其语法格式如下：

```
INSERT INTO 视图名 VALUES(列值 1,列值 2,列值 3, … ,列值 n)
```

利用视图添加表数据时应注意以下几点。

(1) 插入视图中的列值个数、数据类型应该和视图定义的列数、基础表对应的数据类型保持一致。

(2) 如果视图的定义中只选择了基础表的部分列,基础表的其余列至少有一列不允许为空,且该列未设置默认值,视图无法对视图中未出现的列插入数值,这样就导致插入失败。

(3) 如果视图的定义中只选择了基础表的部分列,基础表的其余列都允许为空,或有列不允许为空,但设置了默认值,此时,视图可以成功向基础表插入数据。

(4) 如果在视图定义中使用了 WITH CHECK OPTION 子句,则在视图上执行的数据插入语句必须符合定义视图的 SELECT 语句中所设定的条件。

【例 7-8】 在 goods 表中建立一个视图,利用视图插入一行数据。

```
CREATE VIEW goods_view
AS
SELECT goods_id,goods_name,classification_id,supplier_id,
  unit_price,stock_quantity,order_quantity FROM goods
INSERT INTO goods_view VALUES ('G00008','SONY EN15','F00003','R00003',1600,10,0)
```

执行语句向 goods 表插入一行数据。

7.5.3 通过视图修改表数据

可以通过视图用 UPDATE 语句更改基础表的一个或多个列或行。其语法格式如下:

```
UPDATE 视图名
  SET 列 1 = 列值 1
        列 2 = 列值 2
        …
        列 n = 列值 n
    WHERE 逻辑表达式
```

【例 7-9】 利用视图 goods_view 修改 goods_id 为 G00008 商品的 unit_price 为 1650。

```
UPDATE goods_view SET unit_price = 1650 WHERE goods_id = 'G00008'
```

用视图更改基础表的数据时需要注意以下几点。

(1) 若视图包含了多个基础表,且要更改的列属于同一个基础表,则可以通过视图更改对应基础表的列数据。

(2) 若视图包含了多个基础表,且要更改的列分别属于不同的基础表,则不能通过视图更改对应基础表的列数据。

(3) 若视图包含了多个基础表,且要更改的列为多个基础表的公共列,则不能通过视图更改对应基础表的列数据。

(4) 如果在创建视图时指定了 WITH CHECKOPTION 选项,在使用视图修改数据库信息时,必须保证修改后的数据满足视图定义的范围。

7.5.4 通过视图删除表数据

尽管视图不一定包含基础表的所有列,但可以通过视图删除基础表的数据行。用视图删除基础表的数据行语法格式如下:

```
DELETE FROM 视图名 WHERE 逻辑表达式
```

通过视图删除基础表数据时要注意以下两点。

(1) 若通过视图要删除的数据行不包含在视图的定义中,无论视图定义中是否设置 WITH CHECK OPTION 选项,该数据行不能成功删除。

(2) 若删除语句的条件中指定的列是视图未包含的列,则无法通过视图删除基础表数据行。

对开始创建的视图 goods_view,举例如下:

```
DELETE FROM goods_view WHERE goods_name LIKE'kelon%'
```

执行返回的信息如下:

```
(0 行受影响)
```

又如:

```
DELETE FROM goods_view WHERE goods_name like'SONY%'
```

执行返回的信息如下:

```
(1 行受影响)
```

本章小结

本章介绍了 SQL Server 2012 中两个重要的概念:索引和视图。索引是可以加快数据检索的一种结构,理解和掌握索引的概念与操作对于学习和进行数据查询很有帮助。视图作为一个查询结果集虽然与表具有相似的结构,但它是一个虚表,以视图结构显示在用户面前的数据并不是以视图的结构存储在数据库中,而是存储在视图所引用的基础表中,视图的存在为保障数据库的安全性提供了新手段。

(1) 索引是对数据库表中一个或多个字段的值进行排序而创建的一种分散存储结构。建立索引的主要目的是加速数据检索和连接、优化查询、强制实行唯一性等操作。其主要有聚集索引、非聚集索引和其他索引,其他索引包括唯一性索引、列存储索引、带有包含列的索引、计算列上的索引、筛选索引、空间索引、XML 索引和全文索引。

(2) 在 SQL Server 2012 中对索引的基本操作包括创建索引、查看索引、更改索引和删除索引。可以在 SQL Server 管理平台或通过 Transact-SQL 语句实现索引操作。

(3) 视图是一种数据库对象,是从一个或多个表或视图中导出的虚拟表。视图所对应的数据并不真正地存储在视图中,而是存储在其所引用的表中,被引用的表称为基础表,视图的结构和数据是对基础表进行查询的结果。视图被定义后便存储在数据库中,和真实的表一样,视图在显示时也包括几个被定义的列和多个数据行,但通过视图看到的数据只是存放在基础表中的数据。

(4) 视图的操作主要包括视图的创建、修改、删除和重命名等,其操作可以通过 SQL Server 管理平台和 Transact-SQL 语句来实现。

(5) 通过视图可以完成某些和基础表相同的一些数据操作,如数据的检索、添加、修改和删除。

习　题　7

一、选择题

1. 建立索引的作用之一是(　　)。

   A. 节省存储空间　　B. 便于管理

   C. 提高查询速度　　D. 提高查询和更新的速度

2. 索引是对数据库表中(　　)字段的值进行排序。

   A. 一个　　B. 多个　　C. 一个或多个　　D. 零个

3. SQL Server 中,可为数据表创建的索引类型有(　　)。

   A. 聚集索引、稀疏索引、辅索引

   B. 聚集索引、唯一性索引、主键索引

   C. 聚集索引、类索引、主键索引

   D. 非聚集索引、候选索引、辅索引

4. 下面几项中,关于视图的叙述正确的是(　　)。

   A. 视图是一张虚表,所有的视图中不含有数据

   B. 用户不允许使用视图修改表数

   C. 数据库中的视图只能使用所属数据库的表,不能访问其他数据库的表

   D. 视图既可以通过表得到,也可以通过其他视图得到

5. Transact-SQL 中,删除一个视图的命令是(　　)。

   A. DELETE　　B. DROP　　C. CLEAR　　D. REMOVE

二、填空题

1. 如果索引是在 CREATE TABLE 中创建,只能用________进行删除。如果用 CREATE INDEX 创建,可以用________删除。

2. 不能在由________约束或________约束创建的索引上使用 DROP INDEX 语句。为了删除索引必须删除约束。

3. ________是关系数据库中提供给用户以多种角度观察数据库中数据的重要机制。

4. 数据库中只存放视图的________,而不存放视图对应的数据,这些数据仍存放在导出视图的基础表中。

5. UPDATE 语句不能够修改视图的________数据,也不允许它修改包含集合的函数和内置函数的视图列。

6. 通过视图可以对基础表中的数据进行检索、添加、________和________。

三、问答题

1. 聚集索引与非聚集索引之间有哪些不同点?在一个表中可以建立多少个聚集索引和非聚集索引?

2. 一个复合索引中最多可以包含多少个字段?

3. 在哪些情况下 SQL Server 会自动建立索引?这些索引能否用 DROP INDEX 语句来删除?如果不能,应当用什么方法来删除?

4. 什么叫视图?视图有哪些用途?

四、应用题

1. 使用 SQL Server 管理平台在 Sales 数据库的 employee 表中建立一个索引。
2. 使用 SQL Server 管理平台在 Sales 数据库的 goods 表中建立一个索引。
3. 使用 CREATE INDEX 语句在 Sales 数据库的 sell_order 表中建立一个索引。
4. 使用 SQL Server 管理平台删除第 3 题中所建立的索引。
5. 使用 DROP INDEX 语句删除第 1 题和第 2 题中所建立的两个索引。
6. 使用 SQL Server 管理平台在 Sales 数据库中建立一个视图。
7. 使用 CREATE VIEW 语句在 Sales 数据库中建立一个视图。
8. 使用 ALTER VIEW 语句修改第 6 题中所建立的视图。
9. 使用系统存储过程 sp_rename 对第 6 题中所建立的视图进行重命名。
10. 使用 DROP VIEW 命令删除第 7 题中所建立的视图。

第 8 章 数据完整性

在数据库应用系统中，应该防止输入或输出不符合语义规定的数据，而始终保持其中数据的正确性、一致性和有效性，这就是本章要介绍的数据完整性问题。数据完整性是衡量数据库质量好坏的标准之一。数据完整性有 3 种类型：实体完整性、参照完整性和用户自定义完整性。其中，实体完整性和参照完整性是数据库必须满足的完整性约束条件，而用户自定义完整性可以根据实际情况而定。在 SQL Server 2012 中提供了完善的数据完整性机制，可以通过各种规则、默认、约束和触发器等数据库对象来保证数据的完整性。本章介绍在 SQL Server 2012 中实施数据完整性的方法。

8.1 使用规则实施数据完整性

规则(Rule)是数据库中对存储在表的列或用户定义数据类型中的值的规定和限制。规则是单独存储的独立的数据库对象。规则与其作用的表或用户定义数据类型是相互独立的，即表或用户定义对象的删除、修改不会对与之相连的规则产生影响。规则和约束可以同时使用，表的列可以有一个规则及多个约束。规则与检查约束在功能上相似，但在使用上有所区别。检查约束是在 CREATE TABLE 或 ALTER TABLE 语句中定义的，嵌入了被定义的表结构，即删除表的时候检查约束也就随之被删除。而规则需要用 CREATE RULE 语句定义后才能使用，是独立于表之外的数据库对象，删除表并不能删除规则，需要用 DROP RULE 语句才能删除规则对象。相比之下，使用在 CREATE TABLE 或 ALTER TABLE 语句中定义的检查约束是更标准的限制列值的方法，但检查约束不能直接作用于用户定义数据类型。

规则的管理主要包括创建、查看、绑定、松绑和删除等操作。

8.1.1 创建规则

创建规则只能通过 Transact-SQL 的 CREATE RULE 语句，而不能使用 SQL Server 管理平台工具创建。CREATE RULE 的语法格式如下：

```
CREATE RULE rule_name AS condition_expression
```

其中，condition_expression 子句是规则的定义。condition_expression 子句可以是能用于 WHERE 条件子句的任何表达式，它可以包含算术运算符、关系运算符和谓词(如 IN、LIKE、BETWEEN 等)。

注意：condition_expression 子句中的表达式的变量必须以字符“@”开头，通常情况下，该变量的名称应与规则所关联的列或用户定义的数据类型具有相同的名字。

【例 8-1】 创建雇用日期规则 hire_date_rule。

```
CREATE RULE hire_date_rule
AS @hire_date >= '1980-01-01' and @hire_date <= getdate()
```

本例将限定绑定该规则的列所能插入的数据范围在 1980-01-01 和当前日期之间。

【例 8-2】 创建性别规则 sex_rule。

```
CREATE RULE sex_rule
AS @sex in ('男','女')
```

本例将限定绑定该规则的列只能接收的值为其列出的值(男或女)。

【例 8-3】 创建评分规则 grade_rule。

```
CREATE RULE grade_rule
AS @value between 1 and 100
```

【例 8-4】 创建字符规则 my_character_rule。

```
Create rule my_character_rule
AS @value like'[a-f]%[0-9]'
```

本例创建的规则 my_character_rule 为模式规则，它限定绑定的列所接收的字符串必须以 a～f 的字母开头，以 0～9 的数字结尾。

8.1.2 查看规则

使用系统存储过程 sp_helptext 语句可以查看某个规则的定义信息，或在 SQL Server 管理平台中，单击指定数据库下面的“可编程性”选项，选中“规则”结点后找到要查看的规则名称，右击，在弹出的菜单中选择“编写规则脚本为”→“CREATE 到”→“新查询编辑器窗口”命令来查看规则。

sp_helptext 的语法格式如下：

```
sp_helptext [@objname = ]'name'
```

其中，[@objname=]'name'子句指明对象的名称，用 sp_helptext 存储过程查看的对象可以是当前数据库中的规则、默认值、触发器、视图或未加密的存储过程。

【例 8-5】 查看规则 hire_date_rule 的文本信息。

```
EXECUTE sp_helptext hire_date_rule
```

运行结果如图 8-1 所示。

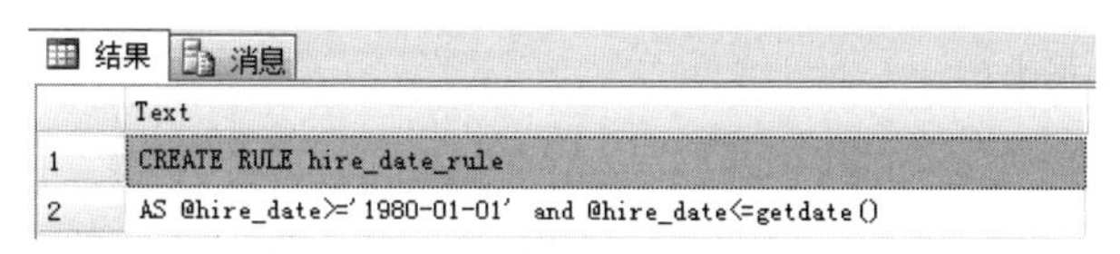

图 8-1 hire_date_rule 的文本信息

8.1.3 规则的绑定与松绑

创建规则后,规则仅仅只是一个存在于数据库中的对象,并未发生作用。需要将规则与数据库表或用户定义对象联系起来,才能达到创建规则的目的。联系的方法称为绑定,所谓绑定就是指定规则作用于哪个表的哪一列或哪一个用户定义数据类型。当向绑定了规则的列或绑定了规则的用户定义数据类型的所有列中插入或更新数据时,新的数据必须符合规则。表的一列或一个用户定义数据类型只能与一个规则相绑定,而一个规则可以绑定多个对象。解除规则与对象的绑定称为松绑。

1. 用存储过程 sp_bindrule 绑定规则

系统存储过程 sp_bindrule 可以绑定一个规则到表的一个列或一个用户定义数据类型上。其语法格式如下:

```
sp_bindrule [@rulename = ]'rule',
[@objname = ]'object_name'
[,[@futureonly= ]'futureonly']
```

各选项的含义如下。

(1) [@rulename =]'rule': 指定规则名称。

(2) [@objname =]'object_name': 指定规则绑定的对象,可以是表的列或用户定义数据类型。如果是表的某列,则 object_name 采用格式 table. column 书写,否则认为它是用户定义数据类型。

(3) [@futureonly=]'futureonly': 此选项仅在绑定规则到用户定义数据类型上时才可以使用。当指定此选项时,仅以后使用此用户定义数据类型的列会应用新规则,而当前已经使用此数据类型的列则不受影响。

【例 8-6】 将例 8-1 创建的规则 hire_date_rule 绑定到 employee 表的 hire_date 列上。

```
EXEC sp_bindrule hire_date_rule,'employee.hire_date'
```

运行结果如下:

```
已将规则绑定到表的列。
```

【例 8-7】 定义用户定义数据类型 pat_char,将例 8-4 创建的规则 my_character_rule 绑定到 pat_var 上。

```
EXEC sp_addtype pat_char,'varchar(10)','NOT NULL'
GO
EXEC sp_bindrule my_character_rule,pat_char,'futureonly'
```

运行结果如下:

```
已将规则绑定到数据类型。
```

本例先定义用户定义数据类型 pat_char,再将规则 my_character_rule 绑定到 pat_char 上。使用了 futureonly 选项,表明只有以后使用 pat_char 数据类型的列才使用该规则。

【例 8-8】 绑定例 8-2 创建的规则 sex_rule 到 employee 表的字段 sex。

```
EXEC sp_bindrule sex_rule,'employee.sex'
```

运行结果如下：

```
已将规则绑定到表的列。
```

注意：

(1) 规则对已经输入表中的数据不起作用。

(2) 规则所指定的数据类型必须与所绑定的对象的数据类型一致，且规则不能绑定一个数据类型为 Text、Image 或 Timestamp 的列。

(3) 与表的列绑定的规则优先于与用户定义数据类型绑定的列，因此，如果表的列的数据类型与规则 A 绑定，同时列又与规则 B 绑定，则以规则 B 为列的规则。

(4) 可以直接用一个新的规则来绑定列或用户定义数据类型，而不需要先将其原来绑定的规则解除，系统会将原规则覆盖。

2. 用系统存储过程 sp_unbindrule 解除规则的绑定

如果不再使用规则，可以解除规则。使用系统存储过程 sp_unbindrule 语句可解除规则与列或用户定义数据类型的绑定。其语法格式如下：

```
sp_unbindrule [@objname = ]'object_name'
[,[@futureonly = ]'futureonly']
```

参数的含义与 sp_bindrule 相同。其中，'futureonly'选项指定现有的由此用户定义数据类型定义的列仍然保持与此规则的绑定。如果不指定此选项，所有由此用户定义数据类型定义的列也将随之解除与此规则的绑定。

【例 8-9】 解除例 8-6 和例 8-7 绑定在 employee 表的 hire_date 列和用户定义数据类型 pat_char 上的规则。

```
EXEC sp_unbindrule'employee.hire_date'
```

运行结果如下：

```
已解除了表列与规则之间的绑定。
EXEC sp_unbindrule pat_char,'futureonly'
```

运行结果如下：

```
已解除了数据类型与规则之间的绑定。
```

8.1.4 删除规则

当不再需要规则时，可以在 SQL Server 管理平台中选择规则对象，右击，在弹出的快捷菜单中选择“删除”命令删除规则，也可使用 DROP RULE 语句删除当前数据库中的一个或多个规则。其语法格式如下：

```
DROP RULE {rule_name} [,...,n]
```

注意：在删除一个规则前，必须先将与其绑定的对象解除绑定，否则，在执行删除语句时会出错。

【例 8-10】 删除例 8-1 和例 8-2 中创建的规则。

```
DROP RULE sex_rule,hire_date_rule
```

8.2 使用默认值实施数据完整性

默认值(Default)是用户输入记录时向没有指定具体数据的列中自动插入的数据。默认值对象与 CREATE TABLE 或 ALTER TABLE 语句操作表时用默认约束指定的默认值功能相似,两者的区别类似于规则与检查约束在使用上的区别。默认值对象可以用于多个列或用户定义数据类型,它不会因数据列或用户定义数据类型的修改、删除等操作而受影响。表的一列或一个用户定义数据类型只能与一个默认值相绑定。

默认值对象主要包括创建、查看、绑定、松绑和删除等操作。

8.2.1 创建默认值

和规则一样,默认值对象的创建只能使用 Transact-SQL 语句 CREATE DEFAULT 来创建。其语法格式如下:

```
CREATE DEFAULT default_name AS constant_expression
```

其中,constant_expression 是默认值的定义,是一常量表达式,可以使用数学表达式或函数等,当然默认值也可以是空值(NULL),但不能包含表的列名或其他数据库对象。

【例 8-11】 创建生日默认值 birthday_defa。

```
CREATE DEFAULT birthday_defa
AS'1978 - 1 - 1'
```

【例 8-12】 创建当前日期默认值 today_defa。

```
CREATE DEFAULT today_defa
AS getdate()
```

上述语句创建了一个 today_defa 默认值,其常量表达式是一个内置函数,表示自动填入的默认值是当前系统日期。

8.2.2 查看默认值

使用 sp_helptext 系统存储过程可以查看默认值的细节。

【例 8-13】 查看默认值 today_defa。

```
EXEC sp_helptext today_defa
```

运行结果如图 8-2 所示。

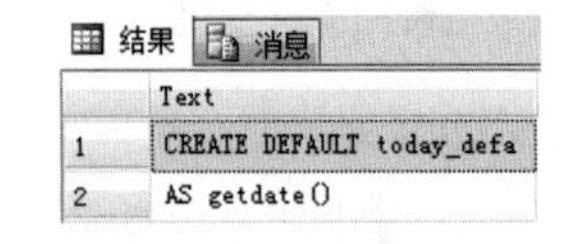

	Text
1	CREATE DEFAULT today_defa
2	AS getdate()

图 8-2 sp_helptext 查看默认值的细节

8.2.3 默认值的绑定与松绑

创建默认值后,默认值仅仅只是一个存在于数据库中的对象,并未发生作用。同规则一样,需要将默认值与数据库表的列或用户定义数据类型进行绑定,这样才能将创建的默认值应用到数据列或用户定义的数据类型中。

1. 用系统存储过程 sp_bindefault 绑定默认值

系统存储过程 sp_bindefault 可以绑定一个默认值到表的一个列或一个用户定义数据类型上。其语法格式如下：

```
sp_bindefault [@defname = ]'default',
  [@objname = ]'object_name'
  [,[@futureonly = ]'futureonly']
```

其中，'futureonly'选项仅在绑定默认值到用户定义数据类型上时才可以使用。当指定此选项时，仅以后使用此用户定义数据类型的列会应用新默认值，而当前已经使用此数据类型的列则不受影响。

【例 8-14】 绑定默认值 today_defa 到 employee 表的 hire_date 列上。

```
EXEC sp_bindefault today_defa,'employee.hire_date'
```

运行结果如下：

```
已将默认值绑定到列。
```

2. 用系统存储过程 sp_unbindefault 解除默认值的绑定

系统存储过程 sp_unbindefault 可以解除默认值与表的列或用户定义数据类型的绑定。其语法格式如下：

```
sp_unbindefault [@objname = ]'object_name'
[,[@futureonly = ]'futureonly']
```

其中，'futureonly'选项同绑定时一样，仅用于用户定义数据类型，它指定现有的用此用户定义数据类型定义的列仍然保持与此默认值的绑定。如果不指定此选项，所有由此用户定义数据类型定义的列也将随之解除与此默认值的绑定。

注意： 使用 sp_bindefault 将一个新的默认对象绑定到列后，原有的默认对象就会被自动解除，只有最后一个被绑定的默认对象才有效。

【例 8-15】 解除默认值 today_defa 与表 employee 的 hire_date 列的绑定。

```
EXEC sp_unbindefault'employee.hire_date'
```

运行结果如下：

```
已解除了表列与其默认值之间的绑定。
```

注意： 如果列同时绑定了一个规则和一个默认值，那么默认值应该符合规则的规定。不能绑定默认值到一个用 CREATE TABLE 或 ALTER TABLE 语句创建或修改表时用 DEFAULT 选项指定了默认值的列上。

8.2.4 删除默认值

当不再需要定义默认值时，可以在 SQL Server 管理平台中选择默认值对象，右击，在弹出的快捷菜单中选择“删除”命令删除默认值，也可以使用 DROP DEFAULT 语句删除当前数据库中的一个或多个默认值。其语法格式如下：

```
DROP DEFAULT {default_name} [,…,n]
```

注意：在删除一个默认值前必须先将与其绑定的对象解除绑定，否则，在执行删除语句时会出错。

【例 8-16】 删除生日默认值 birthday_defa。

```
DROP DEFAULT birthday_defa
```

8.3 使用约束实施数据完整性

约束(Constraint)是 SQL Server 提供的自动保持数据库中数据完整性的一种机制，它定义了可输入表或表的单个列中的数据的限制条件。使用约束优先于使用触发器、规则和默认值。

约束独立于表结构，作为数据库定义部分在 CREATE TABLE 语句中声明，可以在不改变表结构的基础上，通过 ALTER TABLE 语句添加或删除。当表被删除时，表所带的所有约束定义也随之被删除。

在 SQL Server 中有 6 种约束：主键约束、外键约束、唯一性约束、检查约束、默认约束和非空值约束。其中非空值约束已在第 5 章中做了详细介绍，本节只介绍其他 5 种约束。

8.3.1 主键约束

视频讲解

表的一列或几列组合的值在表中唯一地指定一行记录，这样的一列或多列称为表的主键(Primary Key,PK)，通过它可强制表的实体完整性。主键不允许为空值，且不同两行的键值不能相同。表中可以有不止一个键唯一标识行，每个键都称为候选键，只可以选其中一个候选键作为表的主键，其他候选键称作备用键。

表本身并不要求一定要有主键，但应该养成给表定义主键的良好习惯。在规范化的表中，每行中的所有数据值都完全依赖于主键。当创建或更改表时可通过定义主键约束来创建主键。

如果一个表的主键由单列组成，则该主键约束可以定义为该列的列约束。如果主键由两个以上的列组成，则该主键约束必须定义为表约束。

定义列级主键约束的语法格式如下：

```
[CONSTRAINT constraint_name]
  PRIMARY KEY [CLUSTERED|NONCLUSTERED]
```

定义表级主键约束的语法格式如下：

```
[CONSTRAINT constraint_name]
  PRIMARY KEY [CLUSTERED|NONCLUSTERED]
  { (column_name [,…,n] )}
```

各选项的含义如下。

(1) constraint_name：指定约束的名称。如果不指定，则系统会自动生成一个约束名。

(2) [CLUSTERED|NONCLUSTERED]：指定索引类别，即聚集索引或非聚集索引，CLUSTERED 为默认值表示聚集索引。聚集索引只能通过删除 PRIMARY KEY 约束或其相关表的方法进行删除，而不能通过 DROP INDEX 语句删除。

(3) column_name：指定组成主键的列名。n 最大值为 16。

【例 8-17】 在 Sales 数据库中创建 customer 表，并声明主键约束。

```
CREATE TABLE Sales.dbo.customer
( customer_id bigint NOT NULL
  IDENTITY(0,1) PRIMARY KEY,
  customer_name varchar(50) NOT NULL,
  linkman_name char(8),
  address varchar(50),
  telephone char(12) NOT NULL
)
```

本例在创建 customer 表的同时，指定 customer_id 列为标识列，其起始值(种子)为 0，增量为 1；并在 customer_id 列上指定主键约束，该约束默认具有聚集索引。因为未提供该约束的名称，此约束由系统提供约束名，该主键为列约束。

若要定义 customer_id 列为非聚集主键约束，并指定约束名为 PK_customer，使用以下语句：

```
customer_id char(5)
    CONSTRAINT PK_customer PRIMARY KEY NONCLUSTERED
```

虽然该语句没有显式指定该列为非空约束，但主键约束将自动在该列增加非空约束。

【例 8-18】 创建一个产品信息表 goods1，将产品编号 goods_id 列声明为主键。

```
CREATE TABLE goods1
(goods_id char(6) NOT NULL,
  goods_name varchar(50) NOT NULL,
  classification_id char(6) NOT NULL,
  unit_price money NOT NULL,
  stock_quantity float NOT NULL,
  order_quantity float NULL
  CONSTRAINT pk_p_id PRIMARY KEY (goods_id)
) ON [PRIMARY]
```

本例定义了表 goods1 的表级主键约束 pk_p_id(即主键)，使用了 CONSTRAINT 关键字指定 goods_id 列为主键。

注意：列约束只能基于该约束所在的列，而表约束可以包含多个列。由多列组成的主键/外键、检查约束等，必须使用表约束来定义。

【例 8-19】 根据商品销售的时间和商品类别来确定销售的商品的数量。

```
CREATE TABLE g_order
( good_type int,
  order_time datetime,
  order_num int,
  CONSTRAINT g_o_key PRIMARY KEY (good_type,order_time)
)
```

本例由两列组合成主键 g_o_key，使用表约束来定义。

8.3.2 外键约束

外键约束定义了表与表之间的关系。通过将一个表中一列或多列添加到另一个表中，创建两个表之间的连接，这个列就成为第二个表的外键（Foreign Key，FK），即外键是用于建立和加强两个表数据之间的连接的一列或多列，通过它可以强制参照完整性。

当一个表中的一列或多列的组合和其他表中的主键定义相同时，就可以将这些列或列的组合定义为外键，并设定与它关联的表或列。这样，当向具有外键的表插入数据时，如果与之相关联的表的列中没有与插入的外键列值相同的值时，系统会拒绝插入数据。

例如，Sales 数据库中的 employee、sell_order、goods 这 3 个表之间存在以下逻辑联系：sell_order（销售订单）表中 employee_id（员工编号）列的值必须是 employee 表 employee_id 列中的某一个值，因为签订销售订单的人必须是当前公司员工；而 sell_order 表中 goods_id（货物编号）列的值必须是 goods（货物）表的 goods_id 列中的某一个值，因为销售订单上售出的只能是已知货物。因此，在 sell_order 表上应建立两个外键约束 FK_sell_order_employee 和 FK_sell_order_goods 来限制 sell_order 表 employee_id 列和 goods_id 列的值必须分别来自 employee 表的 employee_id 列及 goods 表的 goods_id 列。图 8-3 所示的关系图说明了这 3 个表之间的联系。

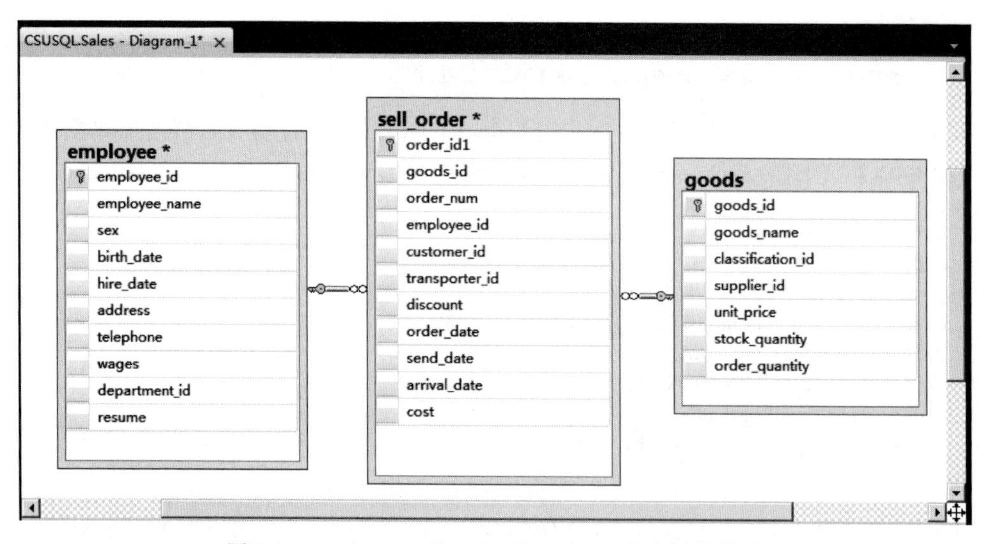

图 8-3　employee、sell_order 和 goods 3 表之间的联系

尽管外键约束的主要目的是控制存储在外键表中的数据，但它还可以根据主键表中数据的修改而对外键表中的数据相应地做相同的更新操作。这种操作被称为级联操作。例如，若在 goods 表中删除某货物或更改了某货物的 goods_id，那么该货物的原 goods_id 在 sell_order 表中记录的销售信息将变得孤立而失去意义，这破坏了两个表之间关联的完整性。SQL Server 提供了两种级联操作以保证数据完整性：级联删除和级联修改。

（1）级联删除确定当主键表中某行被删除时，外键表中所有相关行都将被删除。

（2）级联修改确定当主键表中某行的键值被修改时，外键表中所有相关行的该外键值也都将被自动修改为新值。

在 SQL Server 创建和修改表时，可通过定义 FOREIGN KEY 约束来创建外键。外键约束与主键约束相同，也分为表约束与列约束。

定义表级外键约束的语法格式如下：

```
[CONSTRAINT constraint_name]
 FOREIGN KEY (column_name [, …, n])
 REFERENCES ref_table [(ref_column [, …, n] )]
[ON DELETE { CASCADE|NO ACTION }]
[ON UPDATE { CASCADE|NO ACTION }]]
[NOT FOR REPLICATION]
```

定义列级外键约束的语法格式如下：

```
[CONSTRAINT constraint_name]
[FOREIGN KEY]
  REFERENCES ref_table
[NOT FOR REPLICATION]
```

各选项的含义如下。

(1) REFERENCES：指定要建立关联的表的信息。

(2) ref_table：指定要建立关联的表的名称。

(3) ref_column：指定要建立关联的表中的相关列的名称。

(4) n：指定组成外键的列数，最多由 16 列组成。

(5) ON DELETE {CASCADE|NO ACTION}：指定在删除表中数据时，对关联表做级联删除操作。如果设置为 CASCADE，则当主键表中某行被删除时，外键表中所有相关行将随之被删除；如果设置为 NO ACTION，则当主键表中某行被删除时，SQL Server 将报错，并回滚该删除操作。NO ACTION 是默认值。

(6) ON UPDATE {CASCADE|NO ACTION}：指定在更新表中数据时，对关联表做级联修改操作。如果设置为 CASCADE，则当主键表中某行的键值被修改时，外键表中所有相关行的该外键值也将被 SQL Server 自动修改为新值；如果设置为 NO ACTION，则当主键表中某行的键值被修改时，SQL Server 将报错，并回滚该修改操作。NO ACTION 是默认值。

(7) NOT FOR REPLICATION：指定列的外键约束在把从其他表中复制的数据插入到表中时不发生作用。

【例 8-20】 创建一个订货表 sell_order1，与例 8-18 创建的产品表 goods1 相关联。

```
CREATE TABLE sell_order1
( order_id1 char(6) NOT NULL,
  goods_id char(6) NOT NULL,
  employee_id char(4) NOT NULL,
  customer_id char(4)NOT NULL,
  transporter_id char(4)NOT NULL,
  order_num float NULL,
  discount float NULL,
  order_date datetime NOT NULL,
  send_date datetime NULL,
```

```
    arrival_date datetime NULL,
    cost money NULL,
    CONSTRAINT pk_order_id PRIMARY KEY (order_id1),
    FOREIGN KEY (goods_id)REFERENCES goods1(goods_id)
)
```

本例创建了表 sell_order1,并同时定义了列 order_id1 为主键 pk_order_id,以及 goods1 表的 goods_id 列为外键,该外键为表约束,语句中没有指定其名称,因此由 SQL Server 为它指定名称。

【例 8-21】 创建表 sell_order2,并为 goods_id、employee_id、custom_id 列定义外键约束。

```
CREATE TABLE sell_order2
( order_id1 char(6)
    PRIMARY KEY,
goods_id char(6)NOT NULL
  CONSTRAINT FK_goods_id
  FOREIGN KEY (goods_id)REFERENCES Goods1(goods_id)
  ON DELETE NO ACTION
  ON UPDATE CASCADE,
employee_id char(4) NOT NULL
  FOREIGN KEY (employee_id) REFERENCES employee(employee_id)
  ON UPDATE CASCADE,
customer_id char(4) NOT NULL,
transporter_id char(4) NOT NULL,
order_num float,
discount float,
order_date datetime NOT NULL,
send_date datetime,
arrival_date datetime,
cost money,
CONSTRAINT FK_customer_id
FOREIGN KEY (customer_id) REFERENCES customer(customer_id)
)
```

本例创建表 sell_order2,除了为列 order_id1 指定了列级主键约束外,还指定了 3 个外键约束。

goods_id 上的外键约束是一个完整的列级外键定义,不仅显式地指定了约束名称、外键列、主键表、主键列,而且显式地指定了关闭级联删除和打开级联更新。

employee_id 列的外键约束省略了约束名的定义,该约束名将由系统提供;若没有设置 ON DELETE 子句,则采用默认设置 NO ACTION,即关闭级联删除。

customer_id 列的外键约束则是以表约束的形式定义出来,显式地指定了约束名称 customer_id (也可以省略,交由系统指定),级联删除与更新采用默认设置。在此定义中外键名称必须指定。

外键约束也可以是多列,但多列的外键约束只能作为表约束定义。本例中,如果 employee 表的主键是由 department_id 和 employee_id 组成的复合主键,则 sell_order 表中应增加相同类型的 department_id 列定义,而原本定义在 employee_id 列的外键应当定义如下:

```
CONSTRAINT FK_sell_order_employee              /* 可省略 */
FOREIGN KEY (department_id, employee_id)
REFERENCES employee(department_id, employee_id)
```

注意：临时表不能指定外键约束。与主键相同，不能使用一个定义为 Text 或 Image 数据类型的列创建外键。

8.3.3 唯一性约束

唯一性(Unique)约束指定一个或多个列的组合的值具有唯一性，以防止在列中输入重复的值，为表中的一列或者多列提供实体完整性。唯一性约束指定的列可以有 NULL 属性。主键也强制执行唯一性，但主键不允许空值，故主键约束强度大于唯一性约束。因此主键列不能再设定唯一性约束。

定义列级唯一性约束的语法格式如下：

```
[CONSTRAINT constraint_name]
  UNIQUE [CLUSTERED|NONCLUSTERED]
```

唯一性约束应用于多列时的定义格式如下：

```
[CONSTRAINT constraint_name]
  UNIQUE [CLUSTERED|NONCLUSTERED]
  (column_name [, … ,n])
```

参数的含义与主键约束的参数含义相同。

唯一性约束与主键约束的区别如下：

(1) 唯一性约束用于非主键的一列或列组合。

(2) 一个表可以定义多个唯一性约束，而只能定义一个主键约束。

(3) 唯一性约束可用于定义允许空值的列，而主键约束不能用于定义允许空值的列。

【例 8-22】 创建 goods2 表，使 goods_name 具有唯一性约束。

```
CREATE TABLE goods2
( goods_id char(6) NOT NULL
  PRIMARY KEY,
goods_name varchar(50) NOT NULL
  CONSTRAINT u_goods_name UNIQUE NONCLUSTERED,
classification_id char(6) NOT NULL,
unit_price money NOT NULL,
stock_quantity float NOT NULL,
order_quantity float
)
```

本例创建 goods2 表，并为列 goods_name 指定了唯一性约束 u_goods_name。约束名可由系统指定，非聚集(NONCLUSTERED)也是默认设定，其最简形式可如下：

```
goods_name varchar(50) NOT NULL
UNIQUE,
```

采用表级约束则应当显式地指定组成唯一约束的一列或多列的列名(用逗号分隔)。

【例 8-23】 定义一个员工信息表 employees,其中员工的身份证号 emp_cardid 列具有唯一性。

```
CREATE TABLE employees
( emp_id char(8),
  emp_name char(10),
  emp_cardid char(18),
  CONSTRAINT pk_emp_id PRIMARY KEY (emp_id),
  CONSTRAINT uk_emp_cardid UNIQUE (emp_cardid)
)
```

本例创建了表 employees,同时显式地定义了表级主键约束 pk_emp_id 和唯一性约束 uk_emp_cardid。

8.3.4 检查约束

视频讲解

检查(Check)约束对输入列或整个表中的值设置检查条件,以限制输入值,保证数据库的数据完整性。

当对具有检查约束列进行插入或修改时,SQL Server 将用该检查约束的逻辑表达式对新值进行检查,只有满足条件(逻辑表达式返回 TRUE)的值才能填入该列,否则报错。可以为每列指定多个 CHECK 约束。

例如,在 employee 表中,可以为 sex(性别)列定义检查约束,其逻辑表达式为:

```
sex = '男' OR sex = '女' 或 sex IN('男','女')
```

从而限制该列只能输入"男""女"两值之一。

检查约束的逻辑表达式可以使用当前表的多列。例如,可以检查约束的逻辑表达式为:

```
DATEDIFF(year,Birth_Date,Hire_Date)> 18
```

该约束要求员工的雇用日期和出生日期这两个日期数据在年份上的差距大于 18(即确保不雇用 18 岁以下员工)。此时,该检查约束必须定义为表级。

定义检查约束的语法格式如下:

```
[CONSTRAINT constraint_name]
CHECK [NOT FOR REPLICATION]
(logical_expression)
```

各选项的含义如下。

(1) NOT FOR REPLICATION:指定检查约束在把从其他表中复制的数据插入到表中时不发生作用。

(2) logical_expression:指定检查约束的逻辑表达式。

【例 8-24】 更改表 employee2 以添加未验证检查约束。

```
ALTER TABLE employee2
WITH NOCHECK
ADD CONSTRAINT CK_Age
CHECK (DATEDIFF(year,Birth_Date,Hire_Date)> 18)
```

本例向 employee2 表添加表级检查约束以限制员工的聘用年龄必须大于 18 岁。利用 WITH NOCHECK 来防止对现有行验证约束，从而允许在存在违反约束的值的情况下添加该约束。

【例 8-25】 创建一个订货表 orders，保证各订单的订货量必须不小于 10。

```
CREATE TABLE orders
( order_id char(8),
 p_id char(8),
 p_name char(10),
 quantity smallint
 CONSTRAINT chk_quantity CHECK (quantity> = 10),
 CONSTRAINT pk_orders_id PRIMARY KEY (order_id)
)
```

本例为列 quantity 定义了列级检查约束，使其值必须大于或等于 10。

【例 8-26】 创建 transporters 表，并定义检查约束。

```
CREATE TABLE transporters
(  transporter_id char(4) NOT NULL,
   transport_name varchar(50),
   linkman_name char(8),
   address varchar(50),
   telephone char(12) NOT NULL
   CHECK(telephone LIKE
   '0[1-9][0-9][0-9]-[1-9][0-9][0-9][0-9][0-9][0-9][0-9]'
   OR telephone LIKE
   '0[1-9][0-9]-[1-9][0-9][0-9][0-9][0-9][0-9][0-9][0-9]')
)
```

本例中，LIKE 后面的字符串是两个用来进行比较（匹配）的模板，其中[]用来指定一个范围内的单个字符，[1-9]表示只接受 1～9 这 9 个数字字符中的一个。本例中定义的检查约束使用两个模板字符串以确保 telephone 字段只接受形如 0731-7654321 或 010-12345678 的字符串数据。

注意：对计算列不能作为检查约束外的任何约束。

8.3.5 默认约束

默认（Default）约束通过定义列的默认值或使用数据库的默认值对象绑定表的列，以确保在没有为某列指定数据时指定列的值。默认值可以是常量，也可以是表达式，还可以为 NULL 值。当给表列定义了 Default 约束后，在表中插入一条记录时，SQL Server 会将该列的对应位置填入默认值。

SQL Server 推荐使用默认约束，而不使用默认值对象的方式来指定列的默认值。

定义默认约束的语法格式如下：

```
[CONSTRAINT constraint_name]
  DEFAULT constant_expression [FOR column_name]
```

【例 8-27】 在 Sales 数据库中，为员工表 employee 的 sex 列添加默认约束，默认值是

“男”。

```
ALTER TABLE employee
ADD CONSTRAINT sex_default DEFAULT'男'FOR sex
```

本例为 employee 表的 sex 列定义了默认约束 sex_default,参数项 FOR sex 指定该约束为列级约束。当插入数据时,若没有指定该列的值,将使用默认值“男”。

【例 8-28】 更改表 employee,为 hire_date 列定义默认约束。

```
ALTER TABLE employee
ADD CONSTRAINT hire_date_df DEFAULT (getdate()) FOR hire_date
```

本例修改了 employee 表,为其添加列级默认约束 hire_date_df,使 hire_date (雇用日期)具有默认值,为当天日期。

注意:

(1) 每列中只能有一个默认约束。

(2) 默认约束只能用于 INSERT 语句。

(3) 约束表达式不能应用于数据类型为 timestamp 的列和 IDENTITY 属性的列上。对于用户定义数据类型列,如果已经将默认值对象与该数据类型绑定时,对此列不能使用默认值约束。

(4) 约束表达式不能参照表中的其他列以及其他表、视图或存储过程。

(5) 默认约束允许指定一些系统提供的值,如 SYSTEM_USER、CURRENT_USER、USER。

(6) 如果列不允许空值且没有指定默认约束,就必须明确地指定列值,否则 SQL Server 将会返回错误信息。

【例 8-29】 添加具有默认值的可为空的列。

```
ALTER TABLE employee
ADD hire_date datetime
    DEFAULT (getdate()) WITH VALUES
```

本例在 employee 表中添加可为空的、具有默认约束的列 hire_date,并使用 WITH VALUES 参数为表中的各现有行提供值。如果没有使用 WITH VALUES,那么现有每行的新列中都将具有 NULL 值。

【例 8-30】 使用默认约束。

```
-- 创建表 purchase_order
CREATE TABLE purchase_order
( order_id2 char(6)NOT NULL,
  goods_id char(6) NOT NULL,
  employee_id char(4) NOT NULL,
  supplier_id char(5) NOT NULL,
  transporter_id char(4),
  order_num float NOT NULL,
  discount float
    DEFAULT (0),
  order_date datetime NOT NULL
```

```
    DEFAULT (GetDate()),
  send_date datetime,
  arrival_date datetime
)
```

使用 DEFAULT VALUES 选项为 purchase_order 表装载数据。

```
INSERT INTO purchase_order
  DEFAULT VALUES
```

本例创建了 purchase_order 表，并定义了两个默认约束。当插入一个新行到该表时，如果没有提供 discount 列与 order_date 列的值，那么这两列上的默认约束为 discount 列提供一个浮点数值 0.0（折扣为 0，即无折扣），为 order_date 列提供 GetDate()函数的返回值（即当日日期）。

本例的 INSERT 语句使用 DEFAULT VALUES 选项指定由 SQL Server 自动为所有列提供值。purchase_order 表的 discount 列和 order_date 列定义了默认约束，transporter_id 列、send_date 列、arrival_date 列虽然未定义默认约束，但允许为空。SQL Server 可以自动提供默认值或空值给这 5 列。但其余几列既未提供默认值也不允许为空，系统无法自动提供值。因此，虽然例中的 INSERT 语句没有语法错误，但执行时 SQL Server 却会报错，执行该命令将失败。

【例 8-31】 为表 purchase_orders 定义多个约束。

```
CREATE TABLE purchase_orders
( order_id2 char(6) NOT NULL,
  goods_id char(6) NOT NULL,
  employee_id char(4) NOT NULL,
  supplier_id char(5) NOT NULL,
  transporter_id char(4),
  order_num float NOT NULL,
  discount float
    CHECK (discount >= 0 AND discount <= 50)
    DEFAULT (0),
  order_date datetime NOT NULL
    DEFAULT (GetDate()),
  send_date datetime,
  arrival_date datetime,
    CONSTRAINT CK_Send_date
    CHECK (send_date > order_date),
    CHECK (arrival_date > send_date)
)
```

本例为表 purchase_orders 定义了 2 个默认约束和 3 个检查约束。discount 列上的未命名检查约束确保折扣在 0～50 之间（即最多 5 折）且默认值为 0；order_date 列的默认约束限定其数据值为当天日期。定义表级的检查约束 CK_Send_date，确保发货日期在订货日期之后，而最后的未命名表级检查约束确保到货日期在发货日期之后。

从本例可以看出，一列可以有多个不同类约束（如 discount 列和 order_date 列的默认约束和检查约束），一个表的多列可以定义多个默认约束，还可以定义多个表级约束。

本章小结

本章介绍了数据完整性的概念以及在 SQL Server 2012 中的操作方法，它们通过在数据库端使用特定的规定来管理输入与输出系统的信息，而不是由应用程序本身来控制信息的类型，这使得数据独立于应用程序成为开放的数据库系统。

(1) 数据完整性有实体完整性、参照完整性和用户自定义完整性 3 种类型。在 SQL Server 2012 中可以通过各种约束、默认、规则和触发器等数据库对象来保证数据的完整性。

(2) 规则实施数据的完整性。规则是数据库中对存储在表的列或用户定义数据类型中的值的规定和限制。可以通过 Transact-SQL 语句来创建、删除、查看规则以及规则的绑定与松绑。

(3) 默认值实施数据完整性。默认值是用户输入记录时没有指定具体数据的列中自动插入的数据。默认值对象可以用于多个列或用户定义数据类型，它的管理与应用同规则有许多相似之处。表的一列或一个用户定义数据类型也只能与一个默认值相绑定。在 SQL Server 中使用 Transact-SQL 语句实现默认值的创建、查看、删除以及默认值的绑定与松绑。

(4) 使用约束实施数据完整性。约束是 SQL Server 提供的自动保持数据库完整性的一种方法，定义了可输入表或表的单个列中的数据的限制条件。在 SQL Server 中有 6 种约束：非空值约束、主键约束、外键约束、唯一性约束、检查约束和默认约束。

习 题 8

一、选择题

1. 参照完整性要求有关联的两个或两个以上表之间数据的一致性。参照完整性可以通过建立(　　)来实现。

A. 主键约束和唯一约束　　B. 主键约束和外键约束

C. 唯一约束和外键约束　　D. 以上都不是

2. 域完整性用于保证给定字段中数据的有效性，它要求表中指定列的数据具有正确的数据类型、格式和有效的(　　)。

A. 数据值　　B. 数据长度

C. 取值范围　　D. 以上都不是

3. 以下关于规则的叙述中，不正确的是(　　)。

A. 规则是数据库中对存储在表的列或用户定义数据类型中的值的规定和限制

B. 规则是单独存储的独立的数据库对象。表或用户定义对象的删除、修改不会对与之相关联的规则产生影响

C. 规则和约束不能同时使用

D. 表的列可以有一个规则及多个约束

4. 创建默认值用 Transact-SQL 语句(　　)。

A. CREATE DEFAULT　　B. DROP DEFAULT

C. sp_bindefault　　D. sp_unbindefault

5. 下列关于唯一性约束的叙述中，不正确的是(　　)。

A. 唯一性约束指定一个或多个列的组合的值具有唯一性，以防止在列中输入重复的值

B. 唯一性约束指定的列可以有 NULL 属性

C. 主键也强制执行唯一性，但主键不允许空值，故主键约束强度大于唯一约束

D. 主键列可以设定唯一性约束

二、填空题

1. 实体完整性又称为________完整性，要求表中有一个主键。

2. 创建规则和默认值对象的 Transact-SQL 语句分别为________和________。

3. 如果要确保一个表中的非主键列不输入重复值，应在该列上定义________约束。

4. 在一个表中最多只能有一个关键字为________的约束，关键字为 FOREIGN KEY 的约束可以出现________次。

5. CHECK 约束被称为________约束，UNIQUE 约束被称为________约束。

6. 使用一种约束时，可以使用关键字________和标识符________的选项命名该约束，也可以省略该选项由系统自动命名，因为用户很少再使用其约束名。

三、问答题

1. 什么是数据完整性？

2. 在 SQL Server 2012 中包括几种数据完整性类型？

3. 什么是约束？如何定义约束？

4. 主键约束和唯一性约束的异同点是什么？

5. 外键约束的特点是什么？

6. 如何定义默认约束和检查约束？

四、应用题

分别使用 Transact-SQL 语句完成下列操作。

(1) 修改 Sales 数据库的销售订单表 Sell_Order 使销售订单编号(order_id1)为标识列 IDENTITY(1,2)。

(2) 为 Sell_Order 表添加主键约束，该主键约束由 order_id1 单列组成。

(3) 为 Sell_Order 表添加外键约束，使之与 Customer 表建立级联删除和级联关联操作。

(4) 为 Customer 表建立约束，使其 customer_name 列的值具有唯一性。

(5) 为 Sell_Order 表添加约束，使其 discount 列的默认值为 0。

(6) 为 Sell_Order 表添加约束，确保 order_date 列早于 send_date 列，send_date 列早于 arrival_date 列。

(7) 为 Sell_Order 表添加列：发货日期 datetime，创建规则并绑定到“发货日期”列上，用于检查该列存放的数据是否为形如 2019-02-18 的日期格式。

(8) 创建默认值并绑定到 order_date 列上，以确保日期的默认值为当天日期。

(9) 在 Sell_Order 表中插入以下数据，观察约束的作用。

goods_id	employee_id	customer_id	order_num	discount	order_date	send_date	arrival_date	cost
26	E002	6	200	0.8	2019-01-10	2018-12-21	2018-07-12	200000
135	E016	99	30	0.95	2019-02-26			

当该数据插入表 Sell_Order 中时,会产生什么现象?若 SQL Server 返回出错信息,如何处理数据以保证数据能插入到表中?

第9章 Transact-SQL 程序设计

SQL Server 2012 数据库管理系统的编程语言为 Transact-SQL,这是一种结构化查询语言,具有非常强大的数据库查询功能,是对标准结构化查询语言(SQL)的实现和扩展。Transact-SQL 增强了 SQL 的功能,又保持与标准 SQL 的兼容性。本章介绍 Transact-SQL 的数据类型、常量与变量、运算符、表达式、函数、控制流语句以及游标的管理与应用。

9.1 数据与表达式

和其他程序设计语言一样,SQL Server 也提供了用于编写结构化程序的数据类型、常量、变量、运算符和表达式等语法。理解和掌握这些语法是 Transact-SQL 程序设计的基础。

9.1.1 用户定义数据类型

SQL Server 有 4 种基本数据类型:字符和二进制数据、日期/时间数据、逻辑数据和数值数据。SQL Server 也支持用户定义的数据类型,但这只是使用户能够限定已有的数据类型,方便用户对数据的操作,而不是定义具有新的存储和检索特点的新类型。

SQL Server 允许在系统数据类型的基础上建立用户定义的数据类型。用户定义数据类型可以用在 CREATE DATABASE 和 ALTER DATABASE 语句中定义数据表列,并且可以将默认和规则关联于用户定义数据类型,为用户定义数据类型的列提供默认值和完整性约束。

例如,创建员工表的编号列时,可能将员工编号设置为 char(4),而可能将出勤表的员工编号设置为 char(3),在创建数据库关系时,会出现员工编号列的长度输入错误,这种错误的解决办法是使用用户定义数据类型来为经常使用的列设置一种类型。

创建用户定义数据类型时,必须提供 3 个参数:名称、作为新数据类型基础的系统数据类型和 NULL 值属性(数据类型是否允许 NULL 值)。

在 SQL Server 中,提供了两种方式来创建用户定义数据类型:系统存储过程和 SQL Server 管理平台。

1. 使用系统存储过程来创建用户定义数据类型

命令格式如下:

```
sp_addtype [@typename = ] type,
  [@phystype = ] system_data_type
  [,[@nulltype = ]'null_type']
  [,[@owner = ]'owner_name']
```

各选项的含义如下：

(1) [@typename=] type：用户定义数据类型的名称。

(2) [@phystype=]system_data_type：用户定义的数据类型所基于的物理数据类型或 SQL Server 提供的数据类型(如 decimal、int 等)。

(3) [@nulltype=]'null_type'：指明用户定义的数据类型处理空值的方式，默认值为 NULL，还可以为 NOT NULL 或 NONULL。

(4) [@owner =]'owner_name'：指定新数据类型的创建者或所有者。若没有指定，则为当前用户。

执行系统存储过程 sp_addtype 后，如果执行成功，则会返回数值 0；否则返回数值 1。

例如，为 Sales 数据库创建一个不允许为 NULL 值的 test_add 用户定义数据类型。

```
EXEC sp_addtype test_add,'Varchar(10)','NOT NULL'
```

此后，test_add 可用为数据列或变量的数据类型。

2. 使用 SQL Server 管理平台创建用户定义数据类型

在 SQL Server 管理平台中，为 Sales 数据库创建一个不允许 NULL 值的 test_add 用户定义数据类型，操作步骤如下：

(1) 选择 Sales 数据库并展开，然后选择"可编程性"结点并展开，选择"类型"并展开，在"用户定义数据类型"结点上右击，在弹出的快捷菜单中选择"新建用户定义数据类型"命令，弹出"新建用户定义数据类型"对话框。

(2) 在"新建用户定义数据类型"对话框的"名称"文本框内输入 test_add，在"数据类型"下拉列表框中选择 char，在"长度"文本框中输入 10，选中"允许 NULL 值"复选框，如图 9-1 所示。

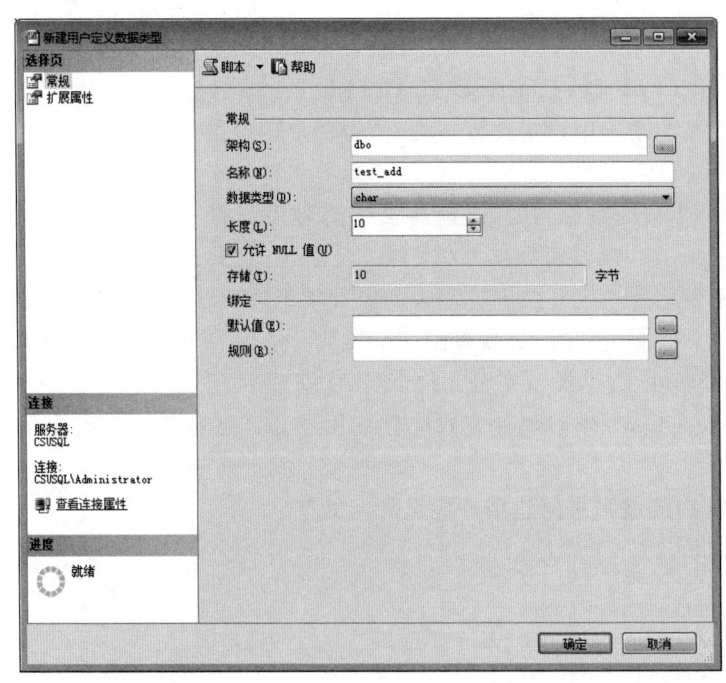

图 9-1 "新建用户定义数据类型"对话框

（3）单击“确定”按钮完成创建用户自定义数据类型。

9.1.2 常量与变量

在程序运行中保持常值的数据，即程序本身不能改变其值的数据，称为常量，在程序中经常直接使用文字符号表示。相应地，在程序运行过程中可以改变其值的数据，称为变量。

1. 常量

常量是表示特定数据值的符号，其格式取决于其数据类型，具有以下几种类型：字符串常量和二进制常量、日期/时间常量、数值常量、逻辑数据常量和空值。

1）字符串常量和二进制常量

字符串常量放在单引号或双引号内，由字母（a～z、A～Z）、数字字符（0～9）以及特殊字符（如感叹号（!）、at 符（@）和数字号（#））等组成。若字符串中本身又有单引号字符，则单引号字符要用两个单引号来表示。例如，'Cincinnati'、'O''Brien'、'Process X is 50% complete.'为字符串常量。

SQL Server 中，字符串常量还可以采用 Unicode 字符串的格式，即在字符串前面用 N 标识（N 表示 SQL-92 标准中的国际语言，即 National Language），如 N'A SQL Server string'表示字符串'A SQL Server string'为 Unicode 字符串。

二进制常量是由 0 或者 1 构成的串，并且不使用引号。如果使用一个大于 1 的数字，它将被转换为 1。例如，10111101、11、111000111 等均为二进制常量。

二进制常量具有前辍 0x 且后跟十六进制数字字符串时表示十六进制整型常量，它们不使用引号。

例如，0xAE、0x12Ef、0x69048AEFDD010E、0x（空串）为十六进制常量。

2）日期/时间常量

datetime 常量使用特定格式的字符日期值表示，用单引号括起来。表 9-1 概括了几种常见的日期时间格式。

表 9-1 SQL Server 日期时间格式

输入格式	datetime 值	Smalldatetime 值
Sep 3,2019 1：34：34.122	2019-09-03 01：34：34.123	2019-09-03 01：35：00
9/3/2019 1PM	2019-09-03 13：00：00.000	2019-09-03 13：00：00
9.3.2019 13：00	2019-09-03 13：00：00.000	2019-09-03 13：00：00
13：25：19	1900-01-01 13：25：19.000	1900-01-01 13：25：00
9/3/2019	2019-09-03 00：00：00.000	2019-09-03 00：00：00

输入时，可以使用“/”“.”“－”作日期/时间常量的分隔符。默认情况下，服务器按照 mm/dd/yy 的格式（即月/日/年的顺序）来处理日期类型数据。SQL Server 支持的日期格式有 mdy、dmy、ymd、myd、dym，用 SET DATEFORMAT 命令来设定格式。

对于没有日期的时间值，服务器将其日期指定为 1900 年 1 月 1 日。

3）数值常量

数值常量包括整型常量、浮点常量、精确数值常量、货币常量、uniqueidentifier 常量。

（1）整型常量由没有用引号括起来且不含小数点的一串数字表示。例如，1894、2015、

−1635、+121 等均为整型常量。

(2) 浮点常量主要采用科学记数法表示。例如,101.5E5、0.5E-2 为浮点常量。

(3) 精确数值常量由没有用引号括起来且包含小数点的一串数字表示。例如,1894.1204、2.0、+1984.0321、−2015.528 为精确数值常量,也称为定点常量。

(4) 货币常量是以“$”为前缀的一个整型或实型常量数据,不使用引号。例如,$12.5、$542023.14 为货币常量。

(5) uniqueidentifier 常量是表示全局唯一标识符 GUID 值的字符串。可以使用字符或二进制字符串格式指定。

4) 逻辑数据常量

逻辑数据常量使用数字 0 或 1 表示,并且不使用引号。非 0 的数字当作 1 处理。

5) 空值

在数据列定义之后,还需要确定该列是否允许空值(NULL)。允许空值意味着用户在向表中插入数据时可以忽略该列值。空值可以表示整型、实型、字符型数据。

2. 变量

变量用于临时存放数据,变量中的数据随着程序的运行而变化。变量由变量名和变量值组成,类型与常量相同,但变量名不允许与函数名或命令名相同。

变量的命名使用常规标识符,即以字母、下画线(_)、at 符号(@)、数字符号(#)开头,后续为字母、数字、at 符号、美元符号($)、下画线的字符序列。不允许嵌入空格或其他特殊字符。

SQL Server 2012 将变量分为全局变量和局部变量两类,其中全局变量由系统定义并维护,通过在名称前面加“@@”符号区别于局部变量,局部变量的首字母为单个“@”。

1) 局部变量

局部变量是指作用域局限在一定范围内的变量。相对于全局变量,局部变量需要先声明后使用。创建局部变量使用 DECLARE 语句,局部变量的定义仅存在于声明它的批处理、存储过程或触发器中,处理结束后,存储在局部变量中的信息将丢失。

DECLARE 语句的语法格式如下:

```
DECLARE {@local_variable data_type }[, … ,n]
```

其中,@local_variable 是变量的名称。局部变量名必须以“@”符号开头,且必须符合标识符规则。data_type 是任何由系统提供或用户定义的数据类型。用 DECLARE 定义的变量不能是 text、ntext 或 image 数据类型。

在使用 DECLARE 语句来声明局部变量时,必须提供变量名称及它的数据类型。变量名前必须有一个“@”符号,其最大长度为 30 个字符。一条 DECLARE 语句可以定义多个变量,各变量之间使用逗号隔开。例如:

```
DECLARE @name varchar(30),@type int
```

局部变量的值使用 SELECT 或者 PRINT 语句显示。局部变量的赋值可以通过 SELECT、UPDATE 和 SET 语句进行。

(1) 使用 SELECT 语句为局部变量赋值。

在 Transact-SQL 中,通常用 SELECT 语句为变量赋值,格式如下:

```
SELECT @ local_variable = expression[, … ,n]
FROM
WHERE
```

例如：

```
DECLARE @int_var int
SELECT @int_var = 12            /* 给@int_var 赋值 */
SELECT @int_var                 /* 将@int_var 的值输出到屏幕上 */
```

在一条语句中可以同时对几个变量进行赋值，例如：

```
DECLARE @LastName char(8),@Firstname char(8),@BirthDate datetime
SELECT @LastName = 'Smith',@Firstname = 'David',@BirthDate = '1985 - 2 - 20'
SELECT @LastName,@Firstname,@BirthDate
```

局部变量没有被赋值前，其值是 NULL，若要在程序中引用它，必须先赋值。当 SELECT 语句中的局部变量没有被赋值时，其作用是将局部变量的值输出到屏幕。

说明：若表达式含有 NULL 值，则该表达式的计算结果也是 NULL，因此必须使用赋值语句来初始化变量。

SELECT 赋值语句通过 FROM 子句可以从一个表中检索出数据并赋值给局部变量。

【例 9-1】 使用 SELECT 语句从 customer 表中检索出顾客编号为 C0002 的行，再将顾客的名字赋给变量@customer。

```
DECLARE @customer varchar(40),@curdate datetime
SELECT @customer = customer_name,@curdate = getdate()
FROM customer
WHERE customer_id = 'C0002'
```

通常情况下，一条 SELECT 赋值语句只能返回一行。若一条 SELECT 赋值语句在检索数据后返回了多行，则只将返回的最后一行的值赋给局部变量。

如果检索结果为空，则此局部变量的值保持不变。

(2) 使用 UPDATE 语句为局部变量赋值。

在 SQL Server 中，还可以使用 UPDATE 语句来为变量赋值。

【例 9-2】 将 sell_order 表中的 transporter_id 列值为 T001、goods_id 列值为 G00003 的 order_num 列的值赋给局部变量@order_num。

```
DECLARE @order_num float
UPDATE sell_order
SET @order_num = order_num * 2
/* @order_num 为局部变量,order_num 为 sell_order 表中的列名称 */
WHERE transporter_id = 'T001' AND goods_id = 'G00003'
```

说明：SQL Server 会在 SELECT 赋值语句中自动地执行许多隐式的数据转换，但在 UPDATE 语句中不会执行这些自动转换。在例 9-2 中，如果将变量@order_num 声明为整型(int)，则会因为所创建的数据类型与表中数据类型不匹配而出错。

(3) 使用 SET 语句为局部变量赋值。

在为变量赋值时，建议使用 SET 语句，其语法格式如下：

```
SET {@local_variable = expression}
```

其中,expression 是任何有效的 SQL Server 表达式。

使用 SET 初始化变量的方法与 SELECT 语句相同,但一个 SET 语句只能为一个变量赋值。SET 也可以使用查询给变量赋值。

【例 9-3】 计算 employee 表的记录数并赋值给局部变量@rows。

```
DECLARE @rows int
SET @rows = (SELECT COUNT( * ) FROM employee)
SELECT @rows
```

2) 全局变量

全局变量通常被服务器用来跟踪服务器范围和特定会话期间的信息,不能显式地被赋值或声明。全局变量不能由用户定义,也不能被应用程序用来在处理器之间交叉传递信息。

全局变量由系统提供,在某个给定的时刻,各用户的变量值将肯定互不相同。表 9-2 列出了 SQL Server 中常用的全局变量。

表 9-2 SQL Server 中常用的全局变量

变　量	说　明
@@rowcount	前一条命令处理的行数
@@error	前一条 SQL 语句报告的错误号
@@trancount	事务嵌套的级别(当前连接打开的事务数)
@@transtate	事务的当前状态
@@tranchained	当前事务的模式(链接的、非链接的)
@@servername	当前 SQL Server 服务器的名称
@@version	SQL Server 和 OS 版本信息
@@spid	当前进程 ID
@@identity	上次 INSERT 操作中使用的 identity 值
@@nestlevel	存储过程/触发器中的嵌套层
@@fetch_status	游标中前一条 FETCH 语句的状态
@@connections	SQL Server 启动后接受的或试图连接的次数
@@cursorrows	指定返回游标打开后,游标中的行数

下面介绍这些常用的全局变量。

(1) @@rowcount。

@@rowcount 存储前一条命令影响到的记录总数。除了 DECLARE 语句以外,其他任何语句都可以影响@@rowcount 的值。如果需要重复使用此值,或者在执行某些中间处理后再回过头引用该值,则需要声明一个整型局部变量,利用该变量存储@@rowcount 的值。例如:

```
DECLARE @rows int
SELECT @rows = @@rowcount
```

在触发器中,这项技术特别有用,因为用户可能要经常访问@@rowcount,以确保表中的所有行都是有效的。

(2) @@error。

一般情况下,为了保证编写的代码运行起来更为流畅,以及对数据的操作更为稳妥,用户应当在执行完每条 SQL 语句后都检查一遍@@error,尤其是在存储过程和触发器中。如果@@error 为非 0 值,则表明执行过程中产生了错误,此时应当在程序中采取相应的措施加以处理。

@@error 的值与@@rowcount 一样,会随着每一条 SQL Server 语句的变化而改变。

【例 9-4】 使用 raiserror()函数生成 SQL Server 引擎错误或警告信息,若@@error 非 0,显示错误号@@error。

```
raiserror('miscellaneous error message',16,1)          /* 产生一个错误 */
if @@error <> 0
SELECT @@error as'last error'
```

运行结果如下:

```
消息 50000,级别 16,状态 1,行 1
miscellaneous error message
last error
0
```

第一行输出信息表明实际的出错误号为 50000,这是错误陷阱起了作用,指出前一个语句执行后@@error 不为 0。接着 IF 语句成功,输出的错误号为 0。可见@@error 会随着执行语句的变化而报告不同的内容。

用户要根据不同的错误号采用不同的操作,或在错误记录表中记录错误,需要在语句执行后立即捕捉@error 的值。

【例 9-5】 捕捉例 9-4 中服务器产生的错误号,并显示出来。

```
DECLARE @my_error int
RAISERROR('miscellaneous error message',16,1)
SELECT @my_error = @@error
IF @my_error <> 0
    SELECT @my_error as'last error'
```

运行结果如下:

```
消息 50000,级别 16,状态 1,行 2
miscellaneous error message
last error
50000
```

本例通过定义局部变量@my_error 保存当前@@error 的值,SELECT 语句显示错误号为 50000。

(3) @@trancount。

@@trancount 记录当前的事务数量,当某个事务当前并没有结束会话过程时,@@trancount 的值大于 0。

(4) @@version。

@@version 的值代表服务器的当前版本和当前操作系统版本,是 SQL Server 中一项较实用的技术支持，通常对识别网络中某一个未命名的服务器时非常有用。

(5) @@spid。

@@spid 返回当前用户进程的 ID，可以用来识别 sp_who 输出中的当前用户进程。

【例 9-6】 使用@@spid 返回当前用户进程的 ID。

```
SELECT @@spid as'ID',SYSTEM_USER AS'Login Name',USER AS'User Name'
```

运行结果如下：

```
ID  Login Name  User Name
53  sa          dbo
```

(6) @@identity。

当 INSERT、SELECT INTO 或批复制语句完成后，@@identity 等于由语句产生的最后一个 identity 值。如果语句没有影响任何表的 identity 列，@@identity 返回 NULL；如果插入了多行，产生了多个 identity 值，@@identity 返回最后产生的 identity 值；如果语句激发了一个或多个触发器，而这些触发器执行了产生 identity 值的插入操作，那么在语句执行结束后就会立即调用@@identity 来返回由触发器产生的最后一个 identity 值。如果 INSERT、SELECT INTO 语句或批复制失效，或者事务撤销了，@@identity 值并不恢复到以前的设置。

【例 9-7】 在 Sales 数据库中创建 jobs 表，并在表中插入带有 identity 列的行，并且使用@@identity 来显示新行中所用的 identity 值。

```
CREATE TABLE jobs (
    [job_id] [smallint] IDENTITY (1, 1) NOT NULL,
    [job_desc] [varchar] (50) COLLATE Chinese_PRC_CI_AS NOT NULL,
    [min_lvl] [tinyint] NOT NULL,
    [max_lvl] [tinyint] NOT NULL
) ON [PRIMARY]
INSERT INTO jobs(job_desc,min_lvl,max_lvl)
VALUES('Accountant',12,125)
SELECT @@IDENTITY AS'Identity'
```

运行结果如下：

```
Identity
1
```

(7) @@nestlevel。

@@nestlevel 返回当前存储过程执行的嵌套层(初始值为 0)。

一个存储过程每次调用另一个存储过程时，嵌套层就增加，当超过最大值 32 时，事务就被终止。

【例 9-8】 创建两个过程：innerproc 和 outerproc。outerproc 过程用来调用 innerproc 过程，innerproc 过程用来显示@@nestlevel 的设置。

① 定义 innerproc 为内嵌过程。

```
CREATE PROCEDURE innerproc as
```

```
SELECT @@nestlevel AS'Inner Level'
GO
```

② 定义 outerproc 为外层过程。

```
CREATE PROCEDURE outerproc as
SELECT @@nestlevel AS'Outer Level'
EXEC innerproc
GO
```

③ 执行 outerproc。

```
EXECUTE outerproc
GO
```

运行结果如下：

```
Outer Level
1
Inner Level
2
```

(8) @@fetch_status。

@@fetch_status 返回最后一个游标语句 FETCH 的状态，返回值有 0、−1 和−2，其含义如表 9-14 所示。

因为@@fetch_status 对于连接的所有游标是一个全局变量，所以使用它时要格外谨慎。当一个 FETCH 语句执行后，对@@fetch_status 的检测必须在另一个游标执行任何其他 FETCH 语句之前进行。在任何取数据操作发生之前，@@fetch_status 的值是不确定的。

9.1.3 运算符与表达式

运算符用来执行数据列之间的数学运算或比较操作。Transact-SQL 运算符可以分为算术运算符、位运算符、逻辑运算符、比较运算符、连接运算符等。

表达式是符号与运算符的组合。简单表达式可以是一个常量、变量、列、运算符或函数，复杂表达式是由运算符连接一个或多个简单表达式。

1. 算术运算符与表达式

算术运算符用于数值型列或变量间的算术运算。算术运算符包括加(＋)、减(－)、乘(＊)、除(/)和取模(%)运算等。表 9-3 列出了所有算术运算符及其可操作的数据类型。

表 9-3 算术运算符及其可操作的数据类型

算术运算符	数 据 类 型
＋、－、＊、/	int、smallint、tinyint、numeric、decimal、float、real、money、smallmoney
%	int、smallint、timyint

加(＋)和减(－)运算符也可用于对 datetime 及 smalldatetime 值执行算术运算。

【例 9-9】 使用“＋”将 goods 表中高于 9000 元的商品价格增加 15 元。

```
SELECT goods_name,unit_price,(unit_price + 15) AS nowprice
FROM goods
WHERE unit_price > 9000
```


运行结果如图 9-2 所示。

图 9-2　例 9-9 运行结果

本例创建一个虚拟列,并通过"+"修改该列的值。

如果表达式中有多个算术运算符,则先计算乘除和求余,然后计算加减法。如果表达式中所有算术运算符都具有相同的优先顺序,则执行顺序为从左到右。括号中的表达式比所有其他运算都要优先。算术运算的结果为优先级较高的参数的数据类型。

2. 位运算符与表达式

位运算符用以对数据进行按位与(&)、或(|)、异或(^)、求反(~)等运算。在 Transact-SQL 语句中,进行整型数据的位运算时,SQL Server 先将它们转换为二进制数,然后再进行计算。其中与、或、异或运算符需要两个操作数,求反运算符仅需要一个操作数。表 9-4 列出了位运算符及其可操作的数据类型。

表 9-4　位运算符及其可操作的数据类型

位运算符	左操作数	右操作数
&	int、smallint、tinyint	int、smallint、tinyint、bigint
|	int、smallint、tinyint	int、smallint、tinyint、binary
^	binary、varbinary、int	int、smallint、tinyint、bit
~	无左操作数	int、smallint、tinyint、bit

& 运算只有当两个表达式中的两个位值都为 1 时,结果中的位才被设置为 1,否则结果中的位被设置为 0。

|运算时,如果在两个表达式的任一位为 1 或者两个位均为 1,那么结果的对应位被设置为 1;如果表达式中的两个位都不为 1,则结果中该位的值被设置为 0。

^运算时,如果在两个表达式中只有一位的值为 1,则结果中位的值被设置为 1;如果两个位的值都为 0 或者都为 1,则结果中该位的值被清除为 0。

~运算时,如果表达式某位为 1,则结果中的该位为 0,否则相反。

例如,170 与 75 进行 & 运算,先将 170 和 75 转换为二进制数 0000 0000 1010 1010 和 0000 0000 0100 1011,再进行 & 运算的结果是 0000 0000 0000 1010,即十进制数 10。

同样,表达式 5^2,~1,5|2 的运算结果为 7,0,7。

3. 比较运算符与表达式

比较运算符也称为关系运算符,用来比较两个表达式的值之间的关系,可用于字符、数字或日期数据。SQL Server 中的比较运算符有大于(>)、小于(<)、大于或等于(>=)、小于或等于(<=)和不等于(!=)等,比较运算返回布尔值,通常出现在条件表达式中。

比较运算的结果为布尔数据类型,根据表达式的输出结果,返回 TRUE、FALSE 及 UNKNOWN 值。

例如,表达式 2=3 的运算结果为 FALSE。

一般情况下,带有一个或两个 NULL 表达式的运算符返回 UNKNOWN。当 SET

ANSI_NULLS 为 OFF 且两个表达式都为 NULL 时，“=”运算符返回 TRUE。

4. 逻辑运算符与表达式

逻辑运算符与(AND)、或(OR)、非(NOT)等，用于对某个条件进行测试，以获得其真实情况。逻辑运算符和比较运算符一样，返回 TRUE 或 FALSE 的布尔数据值。表 9-5 列出逻辑运算符及其运算情况。

表 9-5 逻辑运算符及其运算情况

运 算 符	含 义
AND	如果两个布尔表达式都为 TRUE，那么结果为 TRUE
OR	如果两个布尔表达式中的一个为 TRUE，那么结果就为 TRUE
NOT	对任何其他布尔运算符的值取反
LIKE	如果操作数与一种模式相匹配，那么值为 TRUE
IN	如果操作数等于表达式列表中的一个，那么值为 TRUE
ALL	如果一系列的比较都为 TRUE，那么值为 TRUE
ANY	如果一系列的比较中任何一个为 TRUE，那么值为 TRUE
BETWEEN	如果操作数在某个范围之内，那么值为 TRUE
EXISTS	如果子查询包含一些行，那么值为 TRUE
SOME	如果在一系列的比较中有些为 TRUE，那么值为 TRUE

例如，NOT TRUE 为假；TRUE AND FALSE 为假；TRUE OR FALSE 为真。

逻辑运算符通常和比较运算一起构成更为复杂的表达式。与比较运算符不同的是，逻辑运算符的操作数都只能是布尔型数据。

例如，在表 employee 中查找 1973 年以前与 1980 年以后出生的男员工的表达式为：

```
(year(birth_date)< 1973 OR year(birth_date)> 1980) AND sex = '男'
```

LIKE 运算符确定给定的字符串是否与指定的模式匹配，通常只限于字符数据类型。模式可以使用通配符字符，如表 9-6 所示，它们使 LIKE 更加灵活。例如：

```
SELECT employee_name, address
FROM employee
WHERE employee_name LIKE'钱 % '
```

本例查找所有姓“钱”的员工及住址。

表 9-6 LIKE 的通配符

运 算 符	描 述	示 例
%	包含零个或多个字符的任意字符串	address LIKE'%公司%'将查找地址任意位置包含公司的所有职员
_	下画线，对应任何单个字符	employee_name LIKE'_海燕'将查找以“海燕”结尾的所有 6 个字符的名字
[]	指定范围(a～f)或集合([abcdef])中的任何单个字符	employee_name LIKE'[张李王]海燕'将查找张海燕、李海燕、王海燕等
[^]	不属于指定范围(a～f)或集合([abcdef])的任何单个字符	employee_name LIKE'[^张李]海燕'将查找不姓张、李的名为海燕的职员

5. 连接运算符与表达式

连接运算符(+)用于两个字符串数据的连接,通常也称为字符串运算符。在 SQL Server 中,对字符串的其他操作通过字符串函数进行。字符串连接运算符的操作数类型有 char、varchar 和 text 等。例如,'Dr. '+'Computer'中的"+"运算符将两个字符串连接成一个字符串'Dr. Computer'。

6. 运算符的优先级别

不同运算符具有不同的运算优先级,在一个表达式中,运算符的优先级决定了运算的顺序。SQL Server 中各种运算符的优先顺序如下:

```
()→~→^→&→|→ * 、/、% → + 、- →NOT→AND→OR
```

排在前面的运算符的优先级高于其后的运算符。在一个表达式中,先计算优先级较高的运算,后计算优先级低的运算,相同优先级的运算按自左向右的顺序依次进行。

9.2 函　　数

函数是一组编译好的 Transact-SQL 语句,它们可以带一个或一组数值做参数,也可以不带参数,它返回一个数值、数值集合,或执行一些操作。函数能够重复执行一些操作,从而避免不断重写代码。

SQL Server 2012 支持两种函数类型:内置函数和用户定义函数。内置函数是一组预定义的函数,是 Transact-SQL 的一部分,按 Transact-SQL 参考中定义的方式运行且不能修改。用户定义函数是由用户定义的 Transact-SQL 函数,它将频繁执行的功能语句块封装到一个命名实体中,该实体可以由 Transact-SQL 语句调用。

本节将介绍一些常用的内置函数和用户定义函数的设计和使用方法。

9.2.1 常用函数

在 SQL Server 中,函数主要用来获得系统的有关信息、执行数学计算和统计、实现数据类型的转换等。SQL Server 2012 提供的函数包括字符串函数、数学函数、日期和时间函数、系统函数等几类。

1. 字符串函数

字符串函数用来实现对字符型数据的转换、查找、分析等操作,通常用作字符串表达式的一部分。表 9-7 列出了 SQL Server 的常用字符串函数。

表 9-7　SQL Server 的常用字符串函数

类　别	函　数	定　义
长度与分析函数	Datalength(char_expr)	返回表达式所占用的字节数,不包括尾部空格
	Len(string_expression)	返回表达式的字符个数,不包含尾部空格
	Substring(expression,start,length)	返回字符串的指定部分
	Left(char_expression,int_expression)	返回从字符串左边开始 int_expression 个字符
	Right(char_expr,int_expr)	返回字符串右部的 int_expr 个字符

续表

类　别	函　数	定　义
基本字符串操作函数	Upper(char_expr)	把字符串转换为大写字符
	Lower(char_expr)	把字符串转换为小写字符
	Space(int_expr)	生成包含 int_expr 个空格的字符串
	Replicate(char_expr,int_expr)	重复字符串 int_expr 次
	Stuff(char_expr1, start, length, char_expr2)	从 start 位置开始删除 char_expr1 中的 length 个字符,在删除处插入 char_expr2
	Reverse(char_expr)	反转字符串
	Ltrim(char_expr)	删除字符串开头的空格
	Rtrim(char_expr)	删除字符串尾部的空格
转换函数	Ascii(char_expr)	返回字符串首字符的 ASCII 码值
	Char(int_expr)	把 ASCII 码转换为字符
	Str(float_expr[,length[,decimal]])	数字型转换为字符型
	Soundex(char_expr)	返回字符串的 soundex 值
	Difference(char_expr1,char_expr2)	返回字符串表达式的 soundex 代码值之差
字符串查找函数	Charindex(expr1,expr2[,start_location])	返回 expr1 在 expr2 中的起始位置
	Patindex('%pattern%',expression)	返回指定表达式中子串第一次出现的起始位置

1) 使用 Datalength 和 Len 函数

Datalength 函数主要用于判断可变长字符串的长度,对于定长字符串将返回该列的长度。要得到字符串的真实长度,通常需要使用 Rtrim 函数截去字符串尾部的空格。

Len 函数可以获取字符串的字符个数,而不是字节数,也不包含尾随空格。

【例 9-10】 从表 department 中读取 manager 列的各记录的实际长度。

```
SELECT Datalength(rtrim(manager)) AS'DATALENGTH',
      Len(rtrim(manager)) AS'LEN'
FROM department
```

运行结果如下:

```
DATALENGTH   LEN
4            2
6            3
6            3
6            3
```

说明:

(1) Right 函数用来返回字符串最右边的 int_expr 个字符。如果要返回最左边的若干个字符,可使用 Substring 函数并将其起始位置 start 设置为 1,或者使用 Left 函数。

(2) Upper 和 Lower 函数用于字符串大小写转换,主要在忽略大小写的文本比较中使用这两个函数。

2) 使用 Soundex 函数

Soundex 函数将 char_expr 转换为 4 个字符的声音码,其中第一个码为原字符串的第一个字符,第 2~4 个字符为数字,是该字符串的声音字母所对应的数字,但忽略了除首字母外的串中的所有元音。Soundex 函数可用来查找声音相似的字符串，但它对数字和汉字均只返回 0 值。例如：

```
SELECT Soundex('1'),Soundex('a'),Soundex('计算机'),Soundex('abc'),
      Soundex ('abcd'),Soundex('a12c'),Soundex('a 数字')
```

返回值为：

```
0000  A000  0000  A120  A120  A000  A000
```

使用此函数的意义在于如果两个字符串有相同的 soundex 代码值，则它们的发音肯定相似。

3) 使用 Difference 函数

Difference 函数返回两个字符表达式的 soundex 值的差。值的差异用 0～4 的数字来表示，其含义如下：

0：两个 Soundex 函数返回值的第一个字符不同。

1：两个 Soundex 函数返回值的第一个字符相同。

2：两个 Soundex 函数返回值的第一、二个字符相同。

3：两个 Soundex 函数返回值的第一、二、三个字符相同。

4：两个 Soundex 函数返回值完全相同。

例如：

```
SELECT Difference('red','read'),Difference(Soundex('ac'),Soundex('zc')),
    Difference(Soundex('abc'),Soundex('abcd'))
```

运行结果如下：

```
4    0    4
```

差值的等级为 0～4 的值，当值为 4 时，字符串匹配得最精确。

4) 使用 Charindex 函数实现串内搜索

Charindex 函数主要用于在串内找出与指定串匹配的串，如果找到的话，Charindex 函数返回第一个匹配的位置。

在表 9-7 中的 Charindex 函数格式中，expr1 是待查找的字符串，expr2 是用来搜索 expr1 的字符表达式，start_location 是在 expr2 中查找 expr1 的开始位置，如果此值省略、为负或为 0，均从起始位置开始查找。例如：

```
SELECT Charindex(',','red,white,blue')
```

该查询确定了字符串'red,white,blue'中第一个逗号的位置。

在 SQL Server 中，如果 expr1 或 expr2 为 NULL，Charindex 函数将返回 NULL。

5) 使用 Patindex 函数

Patindex 函数返回在指定表达式中模式第一次出现的起始位置，如果模式没有则返回 0。

在表 9-7 的 Patindex 函数格式中，pattern 是字符串，%字符必须出现在模式的开头和结尾。expression 通常是搜索指定子串的表达式或列。例如：

```
SELECT Patindex('%abc%','abc123'),Patindex('123','abc123')
```

子串'abc'和'123'在字符串'abc123'中出现的起始位置分别为：1 和 0。因为子串'123'不是以%开头和结尾。

2. 数学函数

数学函数用来实现各种数学运算，如指数运算、对数运算、三角运算等，其操作数为数值型数据，如 int、float、real、money 等。表 9-8 列出了 SQL Server 常用的 20 多个数学函数。

表 9-8 SQL Server 常用的数学函数

函数名称及格式	描　述
Abs(numeric_expr)	求绝对值
Acos(float_expr)	求反余弦值
Asin(float_expr)	求反正弦值
Atan(float_expr)	求反正切值
Atan2(float_expr1,float_expr2)	求 float_expr1/float_expr2 的反正切值
Ceiling(numeric_expr)	求大于或等于指定值的最小整数
Cos(float_expr)	求余弦值
Sin(float_expr)	求正弦值
Cot(float_expr)	求余切值
Tan(float_expr)	求正切值
Degrees(numeric_expr)	求角度值
Radians(numeric_expr)	求弧度值
Exp(float_expr)	求指定值的指数值
Floor(numeric_expr)	求小于或等于指定值的最大整数
Exp(float_expr)	求以 e 为底的幂值
Log(float_expr)	求自然对数值
Log10(float_expr)	求以 10 为底的对数值
Pi()	返回常量 3.1415926…
Power(numeric_expr,power)	返回 numeric_expr 的 power 次幂
Rand([int_expr])	返回 0 和 1 之间的一个随机浮点数，也可选择使用 int_expr 作为起始值
Round(numeric_expr,int_expr)	把表达式四舍五入到 int_expr 指定的精度
Sign(int_expr)	根据指定值的正负返回 1,0 或－1
Sqrt(int_expr)	返回 float_expr 的平方根

【例 9-11】 在同一表达式中使用 Sin、Atan、Rand、Pi、Sign 函数。

```
SELECT  Sin(23.45),Atan(1.234),Rand(),pi(),Sign(-2.34)
```

运行结果如下：

```
-0.99374071017265964    0.88976244895918932    0.1975661765616786
3.1415926535897931        -1.00
```

【例 9-12】 用 Ceiling 和 Floor 函数返回大于或等于指定值的最小整数值和小于或等于指定值的最大整数值。

```
SELECT  Ceiling(123),Floor(321),Ceiling(12.3),Ceiling(-32.1),Floor(-32.1)
```

运行结果如下：

```
123    321    13    -32    -33
```

【例 9-13】 Round 函数的使用。

```
SELECT Round(12.34512,3),Round(12.34567,3),Round(12.345,-2),Round(154.321,-2)
```

运行结果如下：

```
12.34500     12.3460     0.000     200.000
```

int_expr 为负数时，将小数点左边第 int_expr 位四舍五入。

3. 日期和时间函数

日期和时间函数用来操作 datetime 和 smalldatetime 类型的数据，执行算术运算。与其他函数一样，可以在 SELECT 语句和 WHERE 子句以及表达式中使用日期和时间函数。表 9-9 列出了 SQL Server 2012 的 9 个日期和时间函数。

表 9-9　SQL Server 的日期和时间函数

函数名称及格式	描　　述
Getdate()	以 datetime 值的 SQL Server 2012 标准内部格式返回当前系统日期和时间
Getutcdate()	返回表示当前的 UTC 时间(通用协调时间或格林尼治标准时间)的 datetime 值
Datename(datepart,date_expr)	以字符串形式返回 date_expr 中的指定部分，如果合适的话还将其转换为名称(如 June)
Datepart(datepart,date_expr)	以整数形式返回 date_expr 中的 datepart 指定部分
Datediff(datepart,date_expr1,date_expr2)	以 datepart 指定的方式，返回 date_expr2 与 date_expr1 之差
Dateadd(datepart,number,date_expr)	返回以 datepart 指定方式表示的 date_expr 加上 number 以后的日期
Day(date_expr)	返回 date_expr 中的日期值
Month(date_expr)	返回 date_expr 中的月份值
Year(date_expr)	返回 date_expr 中的年份值

日期部分与日期函数一起使用来指定日期值的某一部分，以便于分析和进行日期运算。表 9-10 列出了 SQL Server 支持的日期部分。

表 9-10　SQL Server 支持的日期部分

日 期 部 分	写　　法	取 值 范 围
Year	yy	1753～9999
Quarter	qq	1～4
Month	mm	1～12

续表

日期部分	写　法	取值范围
Dayofyear	dy	1～366
Day	dd	1～31
Week	wk	1～54
Weekday	dw	1～7(Mon～Sun)
Hour	hh	0～23
Minute	mi	0～59
Second	ss	0～59
Millisecond	ms	0～999

使用 Getdate 函数可返回 SQL Server 的当前日期和时间，例如：

```
SELECT Getdate()
```

运行结果如下：

```
2019-09-03 13:42:21.967
```

使用 SELECT 返回 getdate 值时，会自动地转换成格式化的 mm dd yyyy hh：mm AM/PM 字符串。因此有时可以不用 Gettime 和 Dateadd 函数来返回 datetime 或 smalldatetime 值。

【例 9-14】 使用 Datediff 函数来确定货物是否按时送给客户。

```
SELECT goods_id,Datediff(dd,send_date,arrival_date)
FROM purchase_order
```

为了从 datediff 中得到一个正值，应注意把较早的日期放在前面。

【例 9-15】 使用 Datename 函数返回员工的出生日期的月份(mm)名称。

```
SELECT employee_name,(Datename(mm,birth_date)
FROM employee
```

运行结果如下：

```
钱达理 December
东方牧 April
郭文斌 March
肖海燕 July
张明华 August
```

注意：要显示月份的英文名称，语言设置应为美国英语。

4. 系统函数

系统函数用于获取有关计算机系统、用户、数据库和数据库对象的信息。与其他函数一样，可以在 SELECT 和 WHERE 子句以及表达式中使用系统函数。表 9-11 列出了 SQL Server 2012 常见的系统函数。

表 9-11　SQL Server 2012 常见的系统函数

函数名称及格式	描　述
Host_id()	客户进程的当前主进程的 ID 号
Host_name()	返回服务器端计算机的名称
Suser_sid(['login_name'])	根据用户的登录名返回 SID(Security Identification Number，安全账户名)号
Suser_sname([server_user_sid])	根据用户的 SID 返回用户的登录名
User_id(['name_in_db'])	根据用户数据库的用户名返回用户的数据库 ID 号
User_name([user_id])	根据用户的数据库 ID 号返回用户的数据库用户名
Show_rule()	当前对用户起作用的规则
Db_id(['db_name'])	数据库 ID 号
Db_name([db_id])	数据库名
Object_id('objname')	返回数据库对象 ID 号
Object_name(obj_id)	返回数据库对象名
Col_name(obj_id,col_id)	返回表中指定字段的名称
Col_length('objname',colname')	返回表中指定字段的长度值
Index_col('objname',index_id,key_id)	返回表内索引识别码为 index_id 的索引名称，并找出组成该索引的列组合中第 key_id 个列名
Datalength(expression)	返回数据表达式的数据的实际长度

使用 Suser_sname 函数可返回登录者的名称，例如：

```
SELECT Suser_sname(0x01)
```

返回结果为 sa。sa 的 SID 号始终为 1。

Object_name 函数的作用是将系统表 sysobjects 中的 ID 值转换成对象名字，相应地，Object_id 函数则将对象名转换成 sysobjects 中该对象对应的 ID 值。

【例 9-16】 使用 Object_name 函数返回已知 ID 号的对象名。

```
SELECT Object_name(469576711)
```

运行结果如下：

```
Employee
```

【例 9-17】 利用 Object_id 函数，根据表名返回该表的 ID 号。

```
SELECT name FROM sysindexes
WHERE id = Object_id('customer')
```

运行结果如下：

```
name
customer
_WA_Sys_customer_id_75D7831F
```

其他的系统函数在此不再介绍，可以在实践中逐步了解它们的使用方法和功能。

9.2.2 用户定义函数

尽管 SQL Server 2012 有各种各样的内置函数，但它所具有的通用函数有时不能满足应用程序的特殊需要。这就需要创建用户自己定义的函数了，并且根据客户业务规则的改变，能够很容易地修改所创建的函数。

用户定义函数是用户定义的 Transact-SQL 函数，它可以拥有零个、一个或多个输入参数，必须返回单一的返回值。返回值可以是单个数值，也可以是一个表。但是，自定义函数不支持输出参数。

在 SQL Server 2012 中，根据函数返回值形式的不同将用户定义函数分为 3 种类型。

(1) 标量值自定义函数。标量值函数返回一个确定类型的标量值，其函数值类型为 SQL Server 的系统数据类型(除 text、ntext、image、cursor、timestamp、table 类型外)。函数体语句定义在 BEGIN…END 语句内。

(2) 内嵌表值自定义函数。内嵌表值函数返回的函数值为一个表。内嵌表值函数的函数体不使用 BEGIN…END 语句，其返回的表是 RETURN 子句中的 SELECT 命令查询的结果集，其功能相当于一个提供参数化的视图。

(3) 多语句表值自定义函数。多语句表值函数可以看作标量函数和内嵌表值函数的结合体。其函数的返回值也是一个表，但函数体也用 BEGIN…END 语句定义，返回值的表中的数据由函数体中的语句插入。因此，多语句表值函数可以进行多次查询，弥补了内嵌表值自定义函数的不足。

1. 创建用户定义函数

创建用户定义函数可以使用 SQL Server 管理平台，也可以使用 Transact-SQL 语句 CREATE FUNCTION 实现。

1) 使用 CREATE FUNCTION 创建用户定义函数

SQL Server 2012 根据用户定义函数类型的不同提供了不同创建函数的格式。

标量值自定义函数的语法格式如下：

```
CREATE FUNCTION [owner_name.] function_name
( [{ @parameter_name [AS] scalar_parameter_data_type[ = default] } [, … ,n]] )
RETURNS scalar_return_data_type
[WITH < function_option > [[,] … ,n]]
[AS]
BEGIN
    function_body
    RETURN scalar_expression
END
```

内嵌表值自定义函数的语法格式如下：

```
CREATE FUNCTION [owner_name.] function_name
( [{@parameter_name [AS] scalar_parameter_data_type [ = default] } [, … ,n]] )
RETURNS TABLE
[WITH < function_option > [[,] … ,n]]
[AS]
RETURN [(] select_stmt [)]
```

多语句表值自定义函数的语法格式如下：

```
CREATE FUNCTION [owner_name.] function_name
( [{ @parameter_name [AS] scalar_parameter_data_type [ = default] } [,…,n]] )
RETURNS @return_variable TABLE < table_type_definition >
[WITH < function_option > [[,] …,n]]
[AS]
BEGIN
  function_body
  RETURN
END
```

各选项的含义如下。

(1) owner_name：拥有该用户定义函数的用户 ID 的名称。function_name 为用户定义函数的名称。函数名称必须符合标识符的规则。

(2) @parameter_name：用户定义函数的参数。参数可以声明一个或多个，最多可以有 1024 个参数。函数执行时每个参数值必须由用户指定，除非定义了默认值。函数参数的默认值在调用时必须由 default 关键字指定。

参数名称的第一个字符应为@符号，参数名称必须符合标识符的规则。每个函数的参数仅用于该函数本身，相同的参数名称可以用在不同的函数中。参数值只能为常量，而不能为表名、列名或其他数据库对象的名称。

(3) scalar_parameter_data_type：指定参数的数据类型。所有标量数据类型(包括 bigint 和 sql_variant)都可为函数的参数。不支持 timestamp 数据类型、用户定义数据类型、cursor、table。

(4) scalar_return_data_type：标量函数的返回值，它可以是 SQL Server 支持的任何标量数据类型(text、ntext、image 和 timestamp 除外)。

(5) scalar_expression：指定标量函数返回的标量值。

(6) TABLE：指定表值函数的返回值为表。内嵌表值函数通过单个 SELECT 语句定义 TABLE 返回值，它没有相关联的返回变量。在多语句表值函数中，@return_variable 是 TABLE 变量，用于存储作为函数值返回的行。

(7) function_body：函数体，由 Transact-SQL 语句组成，只用于标量函数和多语句表值函数。在标量函数中，function_body 可求得标量值。在多语句表值函数中，function_body 返回表变量。

(8) select-stmt：定义内嵌表值函数返回值的单个 SELECT 语句。

(9) function_option 的语法格式为：

```
< function_option >:: = {ENCRYPTION|SCHEMABINDING}
```

其中，ENCRYPTION 指出 SQL Server 加密包含 CREATE FUNCTION 语句文本的系统表列。SCHEMABINDING 指明用该选项创建的函数不能更改(使用 ALTER 语句)或删除(使用 DROP 语句)该函数引用的数据库对象。

(10) table_type_definition 的语法格式如下：

```
< table_type_definition >:: = ( { column_definition|table_constraint } [,…,n] )
```

其中，column_definition 为表的列声明，table_constraint 为表约束。

【例 9-18】 创建一个用户定义函数 DatetoQuarter，将输入的日期数据转换为该日期对应的季度值。如输入'2014-8-5'，返回'3Q2014'，表示 2014 年第 3 季度。

```
CREATE FUNCTION DatetoQuarter(@dqdate datetime)
RETURNS char(6)
AS
BEGIN
    RETURN(datename(q,@dqdate) + 'Q' + datename(yyyy,@dqdate))
END
```

本例创建了用户定义标量函数 DatetoQuarter，其参数为日期型变量@dqdate。DatetoQuarter 函数通过 RETURNS 指明函数值类型为 char(6)，在函数体中由 RETURN 计算并返回其括号中的表达式的值作为函数值。该表达式调用了内置函数 datename，分别获取输入日期的季度值和年份值再组合成题目所需要的字符串。

【例 9-19】 创建用户定义函数 goodsq，返回输入商品编号的商品名称和库存量。

```
CREATE FUNCTION goodsq(@goods_id varchar(30))
RETURNS TABLE
AS
RETURN(SELECT goods_name,stock_quantity
        FROM goods
        WHERE goods_id = @goods_id)
```

本例创建了一个内嵌表值函数 goodsq，其输入参数为@goods_id，用于输入商品编号。goodsq 函数的返回值类型为表，该表中数据通过 SELECT 子句从数据表 goods 获取。

【例 9-20】 根据输入的订单编号，返回该订单对应商品的编号、名称、类别编号、类别名称。

```
CREATE FUNCTION good_info(@in_o_id varchar(10))
RETURNS @goodinfo TABLE
( o_id char(6),
  g_id char(6),
  g_name varchar(50),
  c_id char(6),
  c_name varchar(20))
AS
BEGIN
  DECLARE @g_id varchar(10),@g_name varchar(30)
  DECLARE @c_id varchar(10),@c_name varchar(30)
  SELECT @g_id = goods_id FROM sell_order
  WHERE order_id1 = @in_o_id
  SELECT @g_name = goods_name,@c_id = classification_id
  FROM goods WHERE goods_id = @g_id
  SELECT @c_name = classification_name
  FROM goods_classification WHERE @c_id = classification_id
  INSERT @goodinfo
  VALUES(@in_o_id,@g_id,@g_name,@c_id,@c_name)
  RETURN
END
```

本例创建了一个多语句表值函数 good_info，其输入参数为@in_o_id，用于输入订单编号。good_info 函数的返回值类型为表，并定义返回表@goodinfo 的列属性。该表通过 SELECT 语句从表 sell_order、goods、goods_classification 中查询输入订单号对应商品的编号、名称、类别编号、类别名称信息，以 INSERT 语句插入数据到表中。

2）使用 SQL Server 管理平台创建用户定义函数

在 SQL Server 管理平台中选择要创建用户定义函数的数据库（如 Sales），在数据库对象"函数"选项上右击，在弹出的快捷菜单中选择"新建"→"内联表值函数"命令，如图 9-3 所示，出现"用户定义函数属性"编辑框。

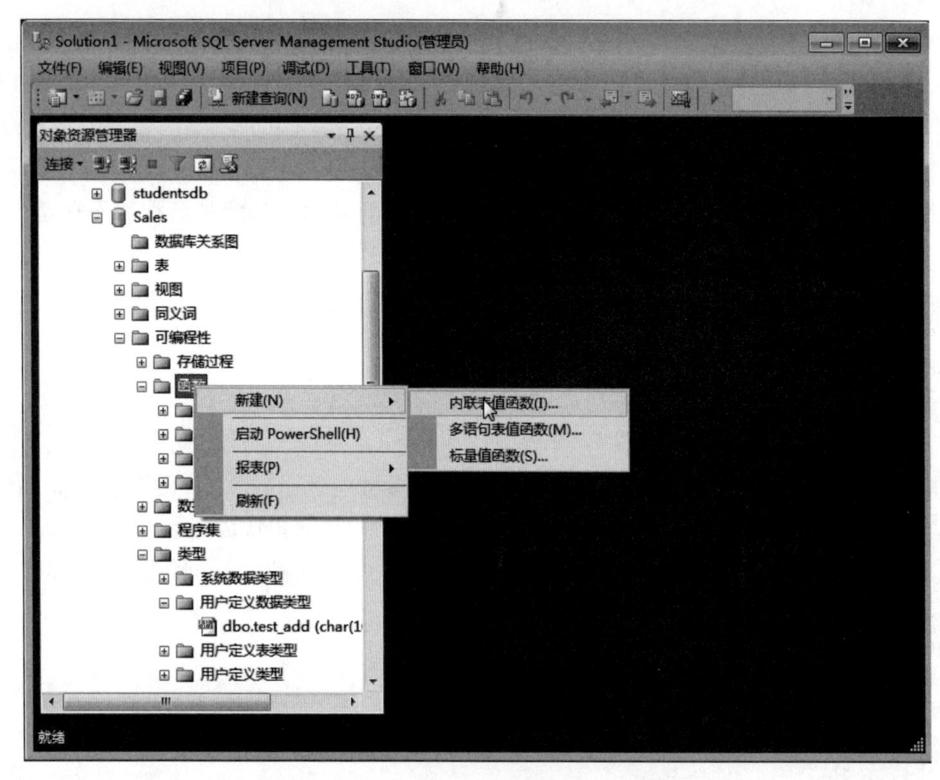

图 9-3　选择"新建"→"内联表值函数"命令

在"用户定义函数属性"编辑框的文本框中指定函数名称（如 numtostr），编写函数的代码。执行代码后，将用户定义函数对象添加到数据库中。

2. 执行用户定义函数

创建新函数后，就可以使用它了。使用函数的方法基本与 SQL Server 2012 内置函数完全一样，除了需要指出函数所有者外，即为函数加上所有者权限作为前缀。其语法格式如下：

```
[database_name.]owner_name.function_name ([argument_expr] [, … ] )
```

例如，调用例 9-18 创建的用户定义函数 DatetoQuarter，使用以下语句：

```
SELECT dbo.DatetoQuarter ('2014 - 8 - 5')
```

运行结果为 3Q2014。

调用例 9-19 创建的用户定义函数 goodsq，使用以下语句：

```
SELECT * FROM dbo.goodsq('G00002')
```

运行结果为表数据。

调用例 9-20 创建的用户定义函数 good_info，使用以下语句：

```
SELECT * FROM dbo.good_info('S00002')
```

运行结果为表的记录，如图 9-4 所示。

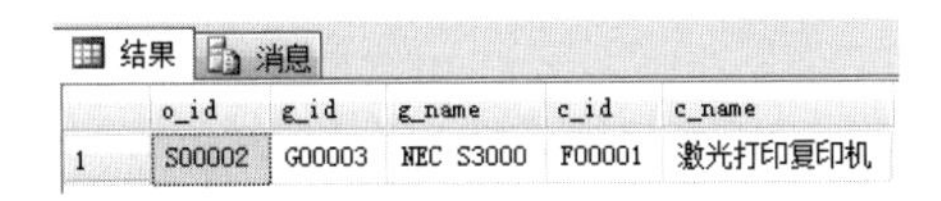

	o_id	g_id	g_name	c_id	c_name
1	S00002	G00003	NEC S3000	F00001	激光打印复印机

图 9-4　good_info('S00002')函数的返回值

3. 修改和删除用户定义函数

用 SQL Server 管理平台修改用户定义函数，选择要修改的函数，右击，在弹出的快捷菜单中选择"修改"命令，打开"用户定义函数属性"编辑框。在该对话框中可以修改用户定义函数的函数体、参数等。从快捷菜单中选择"删除"选项，则可删除用户定义函数。

用 ALTER FUNCTION 命令也可以修改用户定义函数。此命令的语法与 CREAT FUNCTION 相同，也分为标量函数、内嵌表值函数、多语句表值函数定义格式，因此使用 ALTER FUNCTION 命令其实相当于重建一个同名的函数。

使用 DROP FUNCTION 命令删除用户定义函数，其语法如下：

```
DROP FUNCTION { [owner_name.] function_name } [, … ,n]
```

其中，function_name 是要删除的用户定义的函数名称。可以选择是否指定所有者名称，但不能指定服务器名称和数据库名称。

例如，删除例 9-18 创建的用户定义函数，使用以下语句：

```
DROP FUNCTON DatetoQuarter
```

删除用户定义函数时，可以不加所有者前缀。

9.3　程序控制流语句

与所有的程序设计语言一样，Transact-SQL 提供了控制流语言的特殊关键字和用于编写过程性代码的语法结构，可进行顺序、分支、循环、存储过程、触发器等程序设计，编写结构化的模块代码，并放置到数据库服务器上。

9.3.1　语句块和注释

在 SQL Server 中，控制流语句能够有效地控制 Transact-SQL 语句、批处理、存储过程等执行流程，如同一般程序语言一样。

如果不使用控制流语句，则各 Transact-SQL 语句按其出现的顺序分别执行。

在实际应用中，设计人员需要根据实际情况将需要执行的工作设计为一个逻辑单元，用一组 Transact-SQL 语句实现。这就需要使用 BEGIN…END 语句将其语句组合起来。

对于批处理或者存储过程中的源代码,为了方便编程人员开发或调试、帮助读者理解程序员的意图,在其中加入注释使得注释部分在编译和执行中可以被 SQL Server 忽略。

1. 语句块 BEGIN…END

BEGIN…END 用来设定一个语句块,将在 BEGIN…END 内的所有语句视为一个逻辑单元执行。语句块 BEGIN…END 的语法格式为:

```
BEGIN
{ sql_statement|statement_block }
END
```

其中,关键字 BEGIN 定义 Transact-SQL 语句的起始位置,END 标识同一块 Transact-SQL 语句的结尾。{sql_statement|statement_block }是任何有效的 Transact-SQL 语句或以语句块定义的语句分组。

从语法格式上讲,控制流语句 IF、WHILE 等体内通常只允许包含一条语句。但在实际程序设计时,一条语句往往不能满足复杂的程序设计要求,这时,就需要使用 BEGIN…END 语句将一条以上 SQL 语句封闭起来,构成一个语句块,在处理时,整个语句块被视为一条语句。

【例 9-21】 显示 Sales 数据库中 customer 表的编号为 C0001 的联系人姓名。

```
USE Sales
GO
DECLARE @linkman_name char(8)
BEGIN
  SELECT @linkman_name = (SELECT linkman_name FROM customer
                          WHERE customer_id LIKE'C0001')
  SELECT @linkman_name
END
```

本例中,BEGIN…END 将两个 SELECT 语句组合成一个语句块,用于给@linkman_name 变量赋值和显示。

在 BEGIN…END 中可嵌套另外的 BEGIN…END 来定义另一个程序块。

【例 9-22】 语句块嵌套举例。

```
DECLARE @errorcode int,@nowdate datetime
BEGIN
  SET @nowdate = getdate()
  INSERT sell_order(order_date,send_date,arriver_date,custom_id)
  VALUES(@nowdate,@nowdate + 5,@nowdate + 10,'C0002')
  SELECT @errorcode = @@error
  IF @errorcode > 0
  BEGIN
    RAISERROR('当表 sell_order 插入数据时发生错误!',16,1)
    RETURN
  END
END
```

运行结果如下:

```
当表 sell_order 插入数据时发生错误!
```

本例在语句块中嵌套了另一个语句块，用于产生错误时显示出错信息。当本例插入数据行时，由于有些列不能为 NULL 而使服务器终止语句的执行，并显示运行结果所示的出错信息。

尽管 BEGIN…END 几乎可以用在程序中的任何地方，但它最常见的用法是和 WHILE、CASE 或 IF…ELSE 组合使用。

2. 注释

在源代码中加入注释可以帮助读者理解程序员的意图，也可以标识出 Transact-SQL 源代码中开发者出于某些原因不想执行的那部分。

有两种方法来声明注释：单行注释和多行注释。

1）单行注释

在语句中，使用两个连字符“--”开头，则从此开始的整行或者行的一部分就成为了注释，注释在行的末尾结束。

```
-- This is a comment. Whole line will be ignored.
SELECT employee_name, address                -- 查询所有姓"钱"的员工
FROM employee
WHERE employee_name LIKE'钱 % '
```

注释的部分不会被 SQL Server 执行。

2）多行注释

多行注释方法是 SQL Server 自带特性，可以注释大块跨越多行的代码，它必须用一对分隔符“/ * ”“ * /”将剩下的其他代码分隔开。

```
/ *
This is a commnet.
All these lines will be ignored.
 * /
/ * List all employees. * /
SELECT  *  FROM employee
```

注释并没有长度限制。SQL Server 文档禁止嵌套多行注释，但单行注释可以嵌套在多行注释中。

```
/ *
-- List all employees.
SELECT  *  FROM employee
 * /
```

9.3.2 选择控制

SQL Server 提供了多个根据检查条件值并改变程序的流程的控制语句：IF…ELSE 语句是最常用的控制流语句，CASE 函数可以判断多个条件值，GOTO 语句无条件地改变流程，RETURN 语句会将当前正在执行的批处理、存储过程等中断。

1. 条件执行语句 IF…ELSE

通常，计算机按顺序执行程序中的语句。但在许多情况下，语句执行的顺序以及是否执

行依赖于程序运行的中间结果。在这种情况下,必须根据条件表达式的值,以决定执行哪些语句。这时,利用 IF…ELSE 结构可以实现这种控制。

IF…ELSE 的语法格式如下:

```
IF Boolean_expression
    { sql_statement|statement_block }                -- 条件表达式为真时执行
[ELSE
     { sql_statement|statement_block }]              -- 条件表达式为假时执行
```

其中,Boolean_expression 是值为 TRUE 或 FALSE 的布尔表达式。如果表达式中含有 SELECT 语句,则必须用圆括号将 SELECT 语句括起来;{sql_statement|statement_block}是 Transact-SQL 语句或用语句块。IF 或 ELSE 条件只能影响一个 Transact-SQL 语句。若要执行多个语句,则必须使用 BEGIN 和 END 将其定义成语句块。

【例 9-23】 判断表 goods 中 supplier_id 为 S001 的商品的平均单价是否大于 9799。

视频讲解

```
IF (SELECT avg(unit_price)
     FROM goods
     WHERE supplier_id = 'S001')> $ 9799.0
     SELECT'supplier_id 为 S001 的商品的平均单价比 9799 元高'
ELSE
     SELECT'supplier_id 为 S001 的商品的平均单价不比 9799 元高'
```

运行结果如下:

```
supplier_id 为 S001 的商品的平均单价不比 9799 元高
```

若条件表达式含有一个 SELECT 语句,则此语句被作为一个查询对待。在本例中,IF 的条件表达式是一个 SELECT 语句,因此要用圆括号将其括起来,它返回表 goods 的 supplier_id 为 S001 的商品的平均单价,用于比较操作形成条件。

IF 语句与 EXISTS 组合,用于检测数据是否存在,而不考虑与它匹配的行数。执行时只要找到第一个匹配的行,服务器就停止执行 SELECT 语句,因此效率更高。

【例 9-24】 用 EXISTS 确定表 department 中是否存在"陈晓兵"。

```
DECLARE @lname varchar(40),@msg varchar(255)
SELECT @lname = '陈晓兵'
IF EXISTS(SELECT * FROM department WHERE manager = @lname)
  BEGIN
    SELECT @msg = '有人名为' + @lname
    SELECT @msg
  END
ELSE
BEGIN
    SELECT @msg = '没有人名为' + @lname
    SELECT @msg
END
```

运行结果如下:

```
有人名为陈晓兵
```

IF…ELSE 语句可以嵌套。如果在 IF…ELSE 语句内使用 Transact-SQL 的 CREATE

TABLE 或 SELECT INTO 语句，则这些语句必须使用相同的表格名称。

【例 9-25】 嵌套 IF…ELSE 语句的使用。

```
IF (SELECT SUM(order_num) FROM sell_order)> 50
  PRINT'他们是最佳的客户'
ELSE
  IF (SELECT SUM(order_num) FROM sell_order)> 30
    PRINT'必须与他们保持联络'
ELSE
  PRINT'再想想办法吧!!'
```

本例在 IF…ELSE 语句嵌套了另一个 IF…ELSE 语句作为外层 ELSE 的子句，只有当外层 IF…ELSE 的条件不满足时，才会执行内层 IF…ELSE 语句的条件判断。两个嵌套的 IF…ELSE 语句可以实现 3 个条件分支。

2. CASE 函数

如果有多个条件要判断，可以使用到多个嵌套的 IF…ELSE 语句，但这样会造成日后维护及除错的困难，此时使用 CASE 函数来取代多个嵌套的 IF…ELSE 语句较为合适。

CASE 函数计算多个条件并为每个条件返回单个值。CASE 具有如下两种格式。

（1）简单 CASE 函数：将某个表达式与一组简单表达式进行比较以确定结果。

```
CASE input_expression
    WHEN when_expression THEN result_expression
    [ …,n]
    [ELSE else_result_expression]
END
```

（2）CASE 搜索函数：CASE 计算一组逻辑表达式以确定结果。

```
CASE
  WHEN Boolean_expression THEN result_expression
  [ …,n]
  [ELSE else_result_expression]
END
```

各选项的含义如下。

① input_expression 是使用简单 CASE 格式时所计算的表达式。

② WHEN when_expression 是使用简单 CASE 格式时与 input_expression 进行比较的简单表达式。input_expression 和每个 when_expression 的数据类型必须相同，或者是隐性转换。

③ n 表明可以使用多个 WHEN 子句。

④ THEN result_expression 是当 input_expression＝when_expression 或者 Boolean_expression 取值为 TRUE 时返回的表达式。

⑤ ELSE else_result_expression 是当比较运算取值不为 TRUE 时返回的表达式。如果省略此参数并且比较运算取值不为 TRUE，CASE 将返回 NULL 值。else_result_expression 和所有 result_expression 的数据类型必须相同，或者必须是隐性转换。

⑥ WHEN boolean_expression 是使用 CASE 搜索格式时所计算的布尔表达式。

Boolean_ expression 是任意有效的布尔表达式。

⑦ input_expression、when_expression、result_expression、else_result_expression 是任意有效的 SQL Server 表达式。

【例 9-26】 使用简单 CASE 函数将 goods 表中的商品分类重命名,以使它更易被理解。

视频讲解

```
SELECT
  CASE classification_id
    WHEN'F00001'THEN'激光打印复印机'
    WHEN'F00002'THEN'投影仪'
    WHEN'F00003'THEN'扫描仪'
    WHEN'F00004'THEN'路由器'
    ELSE'没有这种品牌'
  END AS Classification,
  goods_name AS'Goods Name', unit_price AS Price
FROM goods
WHERE unit_price IS NOT NULL
```

运行结果如图 9-5 所示。

【例 9-27】 根据 goods 表中库存货物数量与订货量的差,使用 CASE 搜索函数判断该商品是否进货。

```
SELECT goods_name AS 商品名称,
  CASE
    WHEN stock_quantity - order_quantity <= 3 THEN'紧急进货'
    WHEN stock_quantity - order_quantity > 3
        and stock_quantity - order_quantity <= 10 THEN'暂缓进货'
    WHEN stock_quantity - order_quantity > 10 THEN'货物充足'
  END AS 进货判断
FROM goods
```

运行结果如图 9-6 所示。

	Classification	Goods Name	Price
1	激光打印复印机	IBM R51	8999.00
2	激光打印复印机	SUN 160-D2G	9599.00
3	激光打印复印机	NEC S3000	8910.00
4	投影仪	HP 1020	1395.00
5	投影仪	Canon LBP2900	1242.00
6	扫描仪	HP 3938	450.00
7	路由器	LS-106C	2500.00
8	扫描仪	SONY EN15	1650.00

图 9-5 简单 CASE 函数运行结果

	商品名称	进货判断
1	IBM R51	货物充足
2	SUN 160-D2G	紧急进货
3	NEC S3000	货物充足
4	HP 1020	紧急进货
5	Canon LBP2900	紧急进货
6	HP 3938	货物充足
7	LS-106C	紧急进货
8	SONY EN15	暂缓进货

图 9-6 CASE 搜索函数运行结果

3. GOTO 语句

GOTO 语句将允许程序的执行转移到标签处,尾随在 GOTO 语句之后的 Transact-SQL 语句被忽略,而从标签继续处理,这增加了程序设计的灵活性。但是,GOTO 语句破坏了程序结构化的特点,使程序结构变得复杂而且难以测试。事实上,使用 GOTO 语句的程序可以用其他语句来代替,所以尽量少使用 GOTO 语句。

GOTO 语句的语法格式如下:

```
GOTO label
```

其中,label 为 GOTO 语句处理的起点。label 必须符合标识符规则。

【例 9-28】 使用 GOTO 语句改变程序流程。

```
  DECLARE @x int
  SELECT @x = 1
label_1:
  SELECT @x
  SELECT @x = @x + 1
  WHILE @x < 6
    GOTO label_1
```

程序通过 GOTO label_1 语句实现循环,当@x < 6 时,执行@x=@x+1;当@x=6 时,循环条件不满足,则执行 GOTO 之后的语句,即结果该程序。

4. RETURN 语句

RETURN 语句可使程序从批处理、存储过程或触发器中无条件退出,不再执行本语句之后的任何语句。

RETURN 语句的语法格式如下:

```
RETURN [integer_expression]
```

其中,integer_expression 是返回的整型值。存储过程可以给调用过程或应用程序返回整型值,具体参见第 10 章存储过程相关内容。

【例 9-29】 RETURN 语句应用示例。

```
DECLARE @x int,@y int
SELECT @x = 1,@y = 2
IF @x >@y
  RETURN
ELSE
  RETURN
```

如果没有指定返回值,SQL Server 系统会根据程序执行的结果返回一个内定状态值,如表 9-12 所示。

表 9-12 RETURN 命令返回的内定状态值

返 回 值	含 义	返 回 值	含 义
0	程序执行成功	−7	资源错误,如:磁盘空间不足
−1	找不到对象	−8	非致命的内部错误
−2	数据类型错误	−9	已达到系统的极限
−3	死锁	−10、−11	致命的内部不一致性错误
−4	违反权限原则	−12	表或指针破坏
−5	语法错误	−13	数据库破坏
−6	用户造成的一般错误	−14	硬件错误

5. 调度执行语句 WAITFOR

在 SQL Server 中有两种方法可以调度执行批处理或者存储过程:一种方法是基于

SQL Server Agent 的使用；另一种方法是使用 WAITFOR 语句。WAITFOR 语句允许开发者定义一个时间，或者一个时间间隔，在定义的时间内或者经过定义的时间间隔时，其后的 Transact-SQL 语句会被执行。

WAITFOR 语句格式如下：

```
WAITFOR {DELAY'time'|TIME'time'}
```

这个语句中有两个变量。DELAY'time'指定执行继续进行下去前必须经过的延迟(时间间隔)。作为语句的参数，指定的时间间隔必须小于 24 小时。

例如，服务器在查询 grade 表之前暂停 1 分钟。

```
WAITFOR DELAY'00:01:00'
SELECT * FROM grade
```

TIME'time'允许开发者安排一个时间使得任务可以继续执行下去。

例如，在晚上 11:00 执行整个数据库的备份。

```
WAITFOR TIME'23:00'
BACKUP DATABASE studentsdb TO studentsdb_bkp
```

使用 WAITFOR 语句的问题是，当服务器等待执行 WAITFOR 语句时，数据库的连接仍然被阻塞。因此在调度作业时，最好还是使用 SQL Server Agent。

9.3.3 循环控制

WHILE 语句根据条件表达式设置 Transact-SQL 语句或语句块重复执行的次数。如果所设置的条件为真(TRUE)时，在 WHILE 循环体内的 Transact-SQL 语句会一直重复执行，直到条件为假(FALSE)为止。在 WHILE 循环内 Transact-SQL 语句的执行可以使用 BREAK 与 CONTINUE 关键词来控制。

WHILE 循环语句的语法格式如下：

```
WHILE boolean_expression
{ sql_statement|statement_block }
[BREAK]
[sql_statement|statement_block]
[CONTINUE]
```

各选项的含义如下。

(1) boolean_expression 返回值为 TRUE 或 FALSE。如果该表达式含有 SELECT 语句，必须用圆括号将 SELECT 语句括起来。

(2) {sql_statement|statement_block}为 Transact-SQL 语句或语句块。语句块定义应使用控制流关键字 BEGIN 和 END。

(3) BREAK 导致从最内层的 WHILE 循环中退出，将执行出现在 END 关键字后面的任何语句，END 关键字为循环结束标记。

(4) CONTINUE 使 WHILE 循环重新开始执行，忽略 CONTINUE 关键字后的任何语句。

在 WHILE 循环中，只要 boolean_expression 的条件为 TRUE，就会重复执行循环体内语句或语句块。

【例 9-30】 将 goods 表中库存数最大的商品每次订购两件，计算如此需要多少次订购才能使库存数不够一次订购。

视频讲解

```
DECLARE @count int,@maxstockid char(6),@maxstock float
SET @count = 0
SET @maxstock = (SELECT max(stock_quantity) FROM goods)
SET @maxstockid = (SELECT goods_id FROM goods
                  WHERE stock_quantity = @maxstock)
SELECT @maxstockid,@maxstock
WHILE (@maxstock > =
      (SELECT order_quantity FROM goods WHERE goods_id = @maxstockid))
BEGIN
  UPDATE goods
  SET order_quantity = order_quantity + 2
  WHERE goods_id = @maxstockid
  SET @count = @count + 1
END
SELECT @count
```

运行结果如下：

```
8
```

本例中，@ count 变量存储订购次数，初始化为 0；@ maxstock 为最大库存数，@maxstockid 为最大库数所在记录的商品编号，使用 SELECT 语句赋值。WHILE 的循环条件是判断编号为@maxstockid 的商品的订购数 order_quantity 是否小于@maxstock，若是则在循环体中更新 order_quantity，使之每次循环加数值 2，并且@count 加 1，表示进行一次订购；否则退出循环。循环体是由 BEGIN…END 定义的语句块。

可以使用 BREAK 或 CONTINUE 语句控制 WHILE 循环体内语句的执行。BREAK 语句让程序跳出循环，CONTINUE 语句让程序跳过 CONTINUE 命令之后的语句，回到 WHILE 循环的第一行命令，重新开始循环。

【例 9-31】 对于 goods 表，如果平均库存少于 12，WHILE 循环就将各记录库存增加 5%，再判断最高库存是否少于或等于 25，若是则 WHILE 循环重新启动并再次将各记录库存增加 5%。当循环不断地将库存增加直到最高库存超过 25 时，退出 WHILE 循环。在 WHILE 中使用 BREAK 或 CONTINUE 控制循环体的执行。

```
/* 执行循环,直到库存平均值超过 12 */
WHILE(SELECT avg(stock_quantity) FROM goods)< 12
BEGIN
  UPDATE goods
  SET stock_quantity = stock_quantity * 1.05
  SELECT max(stock_quantity) FROM goods
  /* 如果最大库存值超过 25,则用 BREAK 退出 WHILE 循环,否则继续循环 */
  IF(SELECT max(stock_quantity) FROM goods)> 25
  BEGIN
  PRINT'库存太多了'
  BREAK
END
```

```
ELSE
  CONTINUE
END
```

视频讲解

如果程序嵌套了两个或多个 WHILE 循环,内层的 BREAK 将导致退出到下一个外层循环。运行完内层循环之后的所有语句后,重新执行下一个外层循环。

【例 9-32】 计算 s=1!+2!+…+10!。

```
DECLARE @s int,@n int,@t int,@c int
/* @s 存储阶乘和,@n 为外层循环控制变量,@c 为内层循环控制变量,@t 为@n 的阶乘值 */
SET @S = 0
SET @n = 1
WHILE @n <= 10
BEGIN
    SET @c = 1
    SET @t = 1
    WHILE @c <= @n
    BEGIN
      SET @t = @t * @c
      SET @c = @c + 1
    END
    SET @s = @s + @t
    SET @n = @n + 1
END
SELECT @s,@n
```

本例中,设计了两层 WHILE 循环,内层 WHILE 计算@n(@n 取值为 1～10)的阶乘,外层 WHILE 将每次内层 WHILE 计算出来@n 的阶乘累加到@s 变量,同时控制内层@n 的值,每循环一次,使@n 的值加 1。这里@n 的作用包括两个方面:一方面是作为外层循环次数的控制变量,当表达式为@n<=10 成立时,即执行循环,使循环次数控制在 10 次,当条件不成立时,退出循环;另一方面,@n 作为内层循环的终值,用于计算@n 的阶乘。外层 WHILE 每循环一次,内层 WHILE 循环@n 次。

9.3.4 批处理

一个批处理是一条或多条 Transact-SQL 语句的集合。当它被提交给 SQL Server 服务器后,SQL Server 把这个批处理作为一个整体进行分析、优化、编译、执行。

也就是说,SQL Server 服务器对批处理的处理分为 4 个阶段:分析阶段,服务器检查命令的语法,验证表和列的名字的合法性;优化阶段,服务器确定完成一个查询的最有效的方法;编译阶段,生成该批处理的执行计划;运行阶段,一条一条地执行该批处理中的语句。

批处理最重要的特征就是它作为一个不可分的实体在服务器上解释和执行。在某些情况下批处理被隐式地设定。例如,用查询编辑器来执行一组 Transact-SQL 语句,这组语句将被视为一个批处理来对待。

1. 批处理的指定

SQL Server 有以下几种指定批处理的方法。

(1) 应用程序作为一个执行单元发出的所有 SQL 语句构成一个批处理,并生成单个执行计划。

（2）存储过程或触发器内的所有语句构成一个批处理。每个存储过程或触发器都编译为一个执行计划。

（3）由 EXECUTE 语句执行的字符串是一个批处理，并编译为一个执行计划。例如：

```
EXEC ('SELECT * FROM employee')
```

（4）由 sp_executesql 系统存储过程执行的字符串是一个批处理，并编译为一个执行计划。例如：

```
execute sp_executesql N'SELECT * from Sales.dbo.employee'
```

注意：

（1）CREATE DEFAULT、CREATE PROCEDURE、CREATE RULE、CREATE TRIGGER 和 CREATE VIEW 语句不能在批处理中与其他语句组合使用。批处理必须以 CREATE 语句开始。所有跟在该批处理后的其他语句将被解释为第一个 CREATE 语句定义的一部分。

（2）不能在同一个批处理中更改表，然后引用新列。

（3）如果 EXECUTE 语句是批处理中的第一句，则不需要 EXECUTE 关键字，否则需要 EXECUTE 关键字。

2. 批处理的结束与退出

GO 是批处理的结束标志。当编译器执行到 GO 时会把 GO 前面的所有语句当成一个批处理来执行。GO 不是 Transact-SQL 语句，而是可被 SQL Server 查询编辑器识别的命令。

GO 命令和 Transact-SQL 语句不可处在同一行上。但在 GO 命令行中可以包含注释。在批处理的第一条语句后执行任何存储过程必须包含 EXECUTE 关键字。局部（用户定义）变量的作用域限制在一个批处理中，不可在 GO 命令后引用。

RETURN 可在任何时候从批处理中退出，而不执行位于 RETURN 之后的语句。

【例 9-33】 创建一个视图，使用 GO 命令将 CREATE VIEW 语句与批处理中的其他语句（如 USE、SELECT 语句等）隔离。

```
USE Sales
GO
-- 批处理结束标志
CREATE VIEW employee_info
AS
SELECT * FROM employee
GO
-- CREATE VIEW 语句与其他语句隔离
SELECT * FROM employee_info
GO
```

9.4 游标管理与应用

关系数据库中的操作作用于表中的所有数据行，SELECT 语句返回的结果集由满足 WHERE 子句条件的所有行组成。应用程序并非总是能有效地把整个结果集作为一个单元来处理,它们需要一种机制来每次处理一行或几行,游标(Cursor)正是为结果集提供这种机制的工具。

9.4.1 游标概述

游标是一种处理数据的方法,类似于C语言中的指针结构。它可以对结果集进行逐行处理,也可以指向结果集中的任意位置,并对该位置的数据进行处理。

1. 游标种类

SQL Server 支持3种类型的游标：Transact-SQL 游标、API 游标和客户游标。

1) Transact-SQL 游标

Transact-SQL 游标是由 DECLARE CURSOR 语句定义,主要用在服务器上,由从客户端发送给服务器的 Transact-SQL 语句或批处理、存储过程、触发器中的 Transact-SQL 语句进行管理。Transact-SQL 游标不支持提取数据块或多行数据。

2) API 游标

API 游标支持在 OLE DB、ODBC 以及 DB_library 中使用游标函数,主要用在服务器上。每一次客户端应用程序调用 API 游标函数,SQL Server 的 OLE DB 提供者、ODBC 驱动器或 DB_library 的动态链接库(DLL)都会将这些客户请求送给服务器以对 API 游标进行处理。

3) 客户游标

当客户机缓存结果集时才使用客户游标。在客户游标中,有一个默认的结果集被用来在客户机上缓存整个结果集。客户游标仅支持静态游标。一般情况下,服务器游标能支持绝大多数的游标操作,但不支持所有的 Transact-SQL 语句或批处理,所以客户游标常常仅被用作服务器游标的辅助。

由于 API 游标和 Transact-SQL 游标使用在服务器端,所以被称为服务器游标或后台游标,而客户端游标被称为前台游标。

2. 服务器游标与默认结果集的比较

SQL Server 以两种方式为用户返回结果集：默认结果集和服务器游标。

(1) 默认结果集具有的特点：开销小；取数据时提供最大性能；仅支持默认的单进、只读游标功能；返回结果行时一次一行；连接时一次只支持一个活动语句；支持所有 Transact-SQL 语句。

(2) 服务器游标具有的特点：支持所有游标功能；可以为用户返回数据块；在单个连接上支持多个活动语句；以性能补偿游标功能；不支持所有返回多于一行结果集的 Transact-SQL 语句。

使用游标不如使用默认结果集的效率高。在默认结果集中,客户端只向服务器发送要执行的语句。而使用服务器游标时,每个 FETCH 语句都必须从客户端发往服务器,再在服务器中分析此语句并将它编译为执行计划。

如果一个 Transact-SQL 语句将返回一个相对小的结果集,此结果集可以存放在内存中供客户端应用程序使用,而且用户事先知道在执行此语句之前必须检索整个结果集,那么就使用默认结果集。只有在需要游标操作以支持应用程序的功能,或者可能只检索一部分结果集时才使用服务器游标。

3. 服务器游标与客户端游标的比较

使用服务器游标比使用客户游标有以下几方面的优点。

(1) 性能：如果要在游标中访问部分数据，使用服务器游标将提供最佳性能，因为只有被取到的数据在网络上发送，客户游标在客户端存取所有结果集。

(2) 更准确的定位更新：服务器游标直接支持定位操作，如 UPDATE 和 DELETE 语句，客户游标通过产生 Transact-SQL 搜索 UPDATE 语句模拟定位游标更新，如果多行与 UPDATE 语句的 WHERE 子句的条件相匹配将导致无意义更新。

(3) 内存使用：使用服务器游标时，客户端不需要高速存取大量数据或者保持有关游标位置的信息，这些都由服务器来完成。

(4) 多活动语句：使用服务器游标时，结果不会存留在游标操作之间的连接上，这就允许同时拥有多个活动的基于游标的语句。

4. 服务器游标类型

SQL Server 支持 4 种类型的服务器游标，它们是单进游标、静态游标、动态游标和键集驱动游标。

(1) 单进游标只支持游标按从前向后顺序提取数据，游标从数据库中提取一条记录并进行操作，操作完毕后，再提取下一条记录。

(2) 静态游标也称为快照游标，它总是按照游标打开时的原样显示结果集，并不反映在数据库中对任何结果集成员所做的修改，因此不能利用静态游标修改基表中的数据。静态游标打开时的结果集存储在数据库 tempdb 中。静态游标始终是只读的。

(3) 动态游标也称为敏感游标，与静态游标相对。当游标在结果集中滚动时，结果集中的数据记录的数据值、顺序和成员的变化均反映到游标上，用户所做的各种操作均可通过游标反映。

(4) 键集驱动游标介于静态游标和动态游标之间，兼有两者的特点。打开键集驱动游标后，游标中的成员和行顺序是固定的。键集驱动游标由一套唯一标识符控制，这些唯一标识符就是键集。用户对基表中的非关键值列插入数据或进行修改造成数据值的变化，在整个游标中都是可见的。键集驱动游标的键集在游标打开时建立在数据库 tempdb 中。

各种游标对资源的消耗各不相同，静态游标虽然存储在 tempdb 中，但消耗的资源很少，而动态游标使用 tempdb 较少，但在滚动期间检测的变化多，消耗的资源更多。键集驱动游标介于两者之间，它能检测大部分的变化，但比动态游标消耗的资源少。在实际操作中，单进游标作为选项应用到静态游标、动态游标或键集驱动游标中，而不单独列出。

9.4.2 声明游标

SQL Server 游标具有下面的处理过程。

(1) 声明游标，定义其特性，如游标中的行是否可以被更新。

(2) 执行 Transact-SQL 语句生成游标。

(3) 在游标中检索要查看的行。从游标中检索一行或几行的操作称为取数据。向前或向后执行取数据操作来检索行的行为称为滚动。

(4) 关闭游标。

通常使用 DECLARE CURSOR 语句来声明一个游标，该语句接受基于 SQL-92 标准的语法和使用一组 Transact-SQL 扩展的语法。

1. SQL-92 游标定义格式

语法格式如下：

```
DECLARE cursor_name [INSENSITIVE] [SCROLL] CURSOR
FOR select_statement
[FOR { READ ONLY|UPDATE [OF column_name [, … ,n]] }]
```

各选项的含义如下。

(1) cursor_name：所定义的 Transact-SQL 服务器游标名称。

(2) INSENSITIVE：定义的游标使用查询结果集的临时副本，并保存在 tempdb 数据库中，即定义静态游标。如果省略 INSENSITIVE，则定义动态游标，对基表的修改都反映在后面的提取中。

(3) SCROLL：指定游标使用的提取选项，默认时为 NEXT，其取值如表 9-13 所示。

表 9-13 SCROLL 的取值

SCROLL 选项	含 义
FIRST	提取游标中的第一行数据
LAST	提取游标中的最后一行数据
PRIOR	提取游标当前位置的上一行数据
NEXT	提取游标当前位置的下一行数据
RELATIVE n	提取游标当前位置之前或之后的第 n 行数据(n 为正表示向后，n 为负表示向前)
ABSULUTE n	提取游标中的第 n 行数据

(4) select_statement：定义游标结果集的 SELECT 语句，不能使用关键字 COMPUTE、COMPUTE BY、FOR BROWSE 和 INTO。

(5) READ ONLY：表示定义的游标为只读游标，禁止 UPDATE、DELETE 语句通过游标修改基表中的数据。

(6) UPDATE [OF column_name [,…,n]]：指定游标内可修改的列，若未指定则所有列均可被修改。

【例 9-34】 使用 SQL-92 标准的游标声明语句声明一个游标，用于访问 Sales 数据库中的 goods 表的信息。

```
USE Sales
GO
DECLARE Goods_cursor CURSOR
FOR
SELECT * FROM Goods
FOR READ ONLY
```

2. Transact-SQL 扩展游标定义格式

语法格式如下：

```
DECLARE cursor_name CURSOR
[LOCAL|GLOBAL]
[FORWARD_ONLY|SCROLL]
```

```
[STATIC|KEYSET|DYNAMIC|FAST_FORWARD]
[READ_ONLY|SCROLL_LOCKS|OPTIMISTIC]
[TYPE_WARNING]
FOR select_statement
[FOR UPDATE [OF column_name [, … ,n]]]
```

各选项的含义如下。

(1) LOCAL：定义游标的作用域仅限在其所在的批处理、存储过程或触发器中。当建立游标的批处理、存储过程、触发器执行结束后，游标被自动释放。

(2) GLOBAL：定义游标的作用域是整个会话层。会话层指用户的连接时间，包括从用户登录 SQL Server 到脱离数据库的时间段。选择 GLOBAL 表明在整个会话层的任何存储过程、触发器或批处理中都可以使用该游标，只有当用户脱离数据库时，该游标才会被自动释放。

(3) FORWARD_ONLY：指明游标为单进游标，只能从第一行滚动到最后一行。此时只能使用 FETCH NEXT 操作。如果在指定 FORWARD_ONLY 时不指定 STATIC、KEYSET 和 DYNAMIC 关键字，则游标作为 DYNAMIC 游标进行操作。如果 FORWARD_ONLY 和 SCROLL 均未指定，除非指定 STATIC、KEYSET 或 DYNAMIC 关键字，否则默认为 FORWARD_ONLY。STATIC、KEYSET 和 DYNAMIC 游标默认为 SCROLL。

(4) STATIC：定义静态游标，使用数据的临时备份。对游标的所有请求都从 tempdb 数据库的临时表中得到应答。因此，对基本表的修改不影响游标中的数据，也无法通过游标来更新基本表。

(5) KEYSET：定义键值驱动游标，指定在游标打开时，游标中列的顺序是固定的。唯一标识行的关键字集合在 tempdb 内形成表 keyset。对基表中的非关键值的更改(由游标服务器产生或由其他用户提交)在用户滚动游标时是可视的。由其他用户插入的值是不可视的(不能通过 Transact-SQL 服务器游标插入)。

(6) DYNAMIC：定义动态游标，指明基本表的变化将反映到游标中。使用该选项会最大程度上保证数据的一致性，但需要大量的游标资源。

(7) FAST_FORWARD：指明一个单进只读型游标。此选项已为执行进行了优化。FAST_FORWARD 和 FORWARD_ONLY 互斥，两者任选其一。

(8) SCROLL_LOCKS：指明锁被放置在游标结果集所使用的数据上。当数据被读入游标中时，就会出现锁，以确保通过游标对基表进行的更新或删除操作被成功执行。

(9) OPTIMISTIC：指明在填充游标时不锁定基表中的数据行。在数据被读入游标后，如果游标中某行数据已改变，那么对游标数据进行更新或删除操作可能会导致失败。

(10) TYPE_WARNING：指明若游标类型被修改成与用户定义的类型不同时，将发送一个警告信息给客户端。

cursor_name、select_statement、SCROLL、READ_ONLY、UPDATE [OF column_name [,…,n]]的含义与 SQL-92 游标格式的含义相同。

【例 9-35】 为 customer 表定义一个全局滚动动态游标，用于访问顾客的编号、姓名、地址、电话信息。

```
DECLARE cur_customer CURSOR
```

```
GLOBAL SCROLL DYNAMIC
FOR
SELECT customer_id,customer_name,address,telephone
FROM customer
```


9.4.3 使用游标

用 DECLARE CURSOR 定义了游标后,可以用 OPEN 语句打开游标,FETCH 语句读取游标数据,CLOSE 语句关闭游标,DEALLOCATE 语句释放游标占用的系统资源。

1. 打开游标

游标声明之后,必须打开才能使用。打开游标的语法格式如下:

```
OPEN {{[GLOBAL] cursor_name}|cursor_variable_name }
```

各选项的含义如下。

(1) GLOBAL:指定全局游标。

(2) cursor_name:已声明的游标名称。如果一个全局游标与一个局部游标同名,则使用 GLOBAL 表明其为全局游标。

(3) cursor_variable_name:游标变量的名称,该名称可以引用一个游标。

如果游标是以 STATIC 选项声明的,即静态游标,OPEN 语句将创建一个临时表来放置结果集。如果游标是以 KEYSET 选项声明的,即键值驱动游标,OPEN 将创建一个临时表来放置关键值。这些临时表都储存在 tempdb 数据库中。

打开游标的时候,服务器就执行 SELECT 语句,以寻找游标集合的成员并且安排游标集合的顺序。

例如,打开例 9-35 所声明的游标:

```
OPEN cur_customer
```

游标可以重复地关闭和打开。此时,游标选择语句要重新执行,以决定这个集合更新后的顺序和成员,且行指针移到集合的第一行。

游标打开之后,使用全局变量@@cursor_rows 可以得到最后打开的游标中符合条件的行数。为了提高性能,SQL Server 允许以异步方式从基本表向 KEYSET 或 STATIC 游标读入数据,即 SQL Server 将启动另一个独立的线程继续从基本表中读取数据行,从游标中读取数据的操作不必等到所有符合条件的数据行都从基本表中读入游标再进行。

2. 读取游标数据

一旦游标被成功打开,就可以从游标中逐行地读取数据,以进行相关处理。从游标中读取数据主要使用 FETCH 命令。其语法格式如下:

```
FETCH
[[NEXT|PRIOR|FIRST|LAST
    |ABSOLUTE {n|@nvar}
    |RELATIVE {n|@nvar}]
  FROM]
  {{[GLOBAL] cursor_name}| cursor_variable_name }
[INTO @variable_name [,…,n]]
```

各选项的含义如下。

(1) NEXT、PRIOR、FIRST、LAST：分别返回当前行之后、当前行之前、第一行、最后一行，并且将其作为当前行。NEXT 为默认的游标提取选项。

(2) ABSOLUTE {n|@nvar}：表示提取游标的第 n 行。如果 n 或@nvar 为正数，则返回从游标头开始的第 n 行；如果 n 或@nvar 为负数，则返回游标尾之前的第 n 行，并将返回的行作为当前行；如果 n 或@nvar 为 0，则没有行返回。n 必须为整型常量，@nvar 必须为 smallint、tinyint 或 int。

(3) RELATIVE {n|@nvar}：对 n 或@nvar 的符号处理与 ABSOLUTE 选项相同，区别是 RELATIVE 以当前行为基础进行操作。

(4) INTO @variable_name[,…,n]：允许将提取操作的列数据存放到局部变量中。列表中的各个变量从左到右与游标结果集中的相应列相关联，各变量的数据类型也要与结果列的数据类型匹配。

参数{[GLOBAL] cursor_name}|cursor_variable_name 与 OPEN 语句的参数含义相同。

全局变量@@fetch_status 返回最后一条 FETCH 语句的状态，每执行一条 FETCH 语句后，都应检查此变量，以确定上次 FETCH 操作是否成功。表 9-14 为该变量可能出现的 3 种状态值。

表 9-14　@@fetch_status 变量

返　回　值	描　　述
0	FETCH 命令已成功执行
−1	FETCH 命令失败或者行数据已超出了结果集
−2	所读取的数据已经不存在

注意：

(1) 如果游标定义了 FORWARD_ONLY 或 FAST_FORWARD 选项，则只能选择 FETCH NEXT 命令。

(2) 如果游标未定义 DYNAMIC、FORWARD_ONLY 或 FAST_FORWARD 选项，而定义了 KEYSET、STATIC 或 SCROLL 中的某一个，则支持所有 FETCH 选项。

(3) DYNAMIC SCROLL 支持除 ABSOLUTE 之外的所有 FETCH 选项。

【例 9-36】 打开例 9-35 中声明的游标，读取游标中的数据。

```
OPEN cur_customer
FETCH NEXT FROM cur_customer          /* 取第一个数据行 */
WHILE @@fetch_status = 0              /* 检查@@fetch_status 是否还有数据可取 */
BEGIN
  FETCH NEXT FROM cur_customer
END
```

运行结果如图 9-7 所示。

本例中，通过 WHILE 循环来读取游标的每一行数据库，WHILE 循环每执行一次，循环体语句 FETCH NEXT 就从游标中读取一行数据。判断循环的条件是@@fetch_status

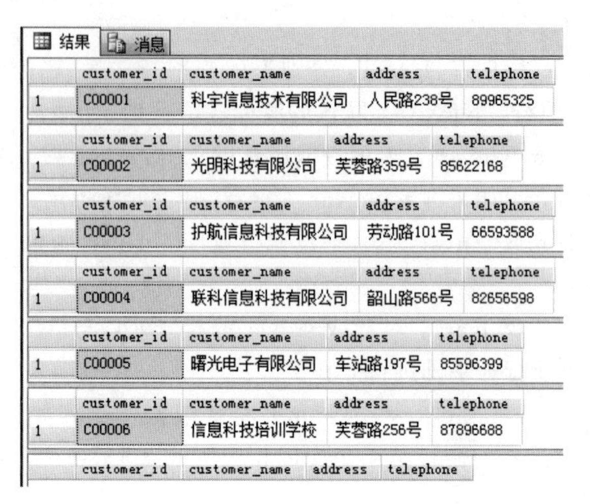

图 9-7　读取游标数据

全局变量的值是否为 0,若是则表示 FETCH NEXT 语句成功执行,可以继续循环,否则退出循环。

3. 关闭游标

在处理完游标中的数据之后,必须关闭游标来释放数据结果集和定位于数据记录上的锁。CLOSE 语句关闭游标,但不释放游标占用的数据结构。CLOSE 的语法格式如下:

```
CLOSE {{[GLOBAL] cursor_name }|cursor_variable_name }
```

其参数与 OPEN 语句的参数含义相同。

例如,关闭例 9-35 中的游标 cur_customer 的命令:

```
CLOSE cur_customer
```

游标 cur_customer 在关闭后,仍可用 OPEN 语句打开继续读取数据行。

4. 释放游标

在使用游标时,各种针对游标的操作都要引用游标名,或者引用指向游标的游标变量。当 CLOSE 命令关闭游标时,并没有释放游标占用的数据结构。因此常用 DEALLOCATE 命令删除游标与游标名或游标变量之间的联系,并且释放游标占用的所有系统资源。其语法格式为:

```
DEALLOCATE {{[GLOBAL]cursor_name }|cursor_variable_name }
```

其参数与 OPEN 语句的参数含义相同。

一旦某个游标被删除,在重新打开之前,必须再次对其进行声明。

例如,释放例 9-35 所定义的游标 cur_customer:

```
DEALLOCATE cur_customer
```

DEALLOCATE cursor_variable_name 语句只删除对游标命名变量的引用。直到批处理、存储过程或触发器结束时变量离开作用域,才释放变量。

9.4.4 游标的应用

1. 用游标修改和删除表数据

通常情况下，使用游标从基本表中检索数据，以实现对数据的行处理。但在某些情况下，需要修改游标中的数据，即进行定位更新或删除游标所包含的数据。所以必须执行另外的更新或删除命令，并在 WHERE 子句中重新给定条件。如果声明游标时使用了 FOR UPDATE 选项，则可以在 UPDATE 或 DELETE 命令中以 WHERE CURRENT OF 关键字直接修改或删除游标中的数据。

定位修改游标数据的语法格式如下：

```
UPDATE table_name
SET {column_name = {expression|DEFAULT|NULL }[, … ,n]
WHERE CURRENT OF {{[GLOBAL] cursor_name}|cursor_variable_name}
```

删除游标数据的语法格式如下：

```
DELETE FROM table_name
WHERE CURRENT OF {{[GLOBAL] cursor_name}|cursor_variable_name}
```

各选项的含义如下。

(1) table_name：要更新或删除的表名。

(2) column_name：要更新的列名。

(3) expression：变量、常量、表达式或加上括号的返回单个值的 SELECT 语句。expression 返回的值将替换 column_name 的现有值。DEFAULT|NULL 指定使用对列定义的默认值或空值替换列中的现有值。

(4) cursor_name：游标名，cursor_variable_name 为游标变量名。

为了修改与删除游标中的数据，在声明游标时应使用 FOR UPDATE 选项。

视频讲解

【例 9-37】 定义游标 cur_customer，通过 cur_customer 更新 customer 表中的 customer_name 和 linkman_name 列。

```
DECLARE cur_customer CURSOR
FOR
SELECT * FROM customer
FOR UPDATE OF customer_name,linkman_name       /* 该两列可更新 */
OPEN cur_customer                              /* 打开 cur_customer 游标 */
FETCH NEXT FROM cur_customer                   /* 将第一行数据放入缓冲区,以便更新操作 */
UPDATE customer
SET customer_name = '南方体育用品公司',linkman_name = '李强'
WHERE CURRENT OF cur_customer
CLOSE cur_customer                             /* 关闭 cur_customer 游标 */
```

本例执行后，通过 cur_customer 游标更新了表 customer 读入的第一行数据。

若要删除 customer 表的一行数据，则使用以下命令替换例 9-37 中的 UPDATE 语句，就可以删除通过游标读入的一行数据。

```
DELETE FROM customer
WHERE CURRENT OF cur_customer
```

2. 使用游标变量

CURSOR 关键字还可以作为变量类型来使用，此时，必须要将 CURSOR 进行变量声明。其语法格式为：

```
DECLARE {@cursor_variable_name CURSOR } [,…,n]
```

其中，@cursor_variable_name 是游标类型的局部变量名。

游标与一个游标变量相关联的方法有两种。

(1) 分别定义游标变量与游标，再将游标赋给游标变量。

```
DECLARE @cur_var CURSOR                  /* 定义游标变量 */
DECLARE cur_customer CURSOR
FOR SELECT * FROM customer               /* 定义游标 */
SET @cur_var = cur_customer              /* 设置游标与游标变量的关联 */
```

(2) 定义游标变量后，通过 SET 命令直接创建游标与游标变量关联。

```
DECLARE @cur_var CURSOR                  /* 定义游标变量 */
SET @cur_var = CURSOR SCROLL KEYSET FOR
SELECT * FROM customer                   /* 创建游标并与游标变量的关联 */
```

经 SET 语句设置游标与游标变量相关联之后，在 Transact-SQL 游标语句中就可以使用游标变量代替游标名称进行数据操作了。

【例 9-38】 通过游标变量来操作例 9-35 所声明的游标 cur_customer，操作完成后删除游标变量。

```
DECLARE @cur_var cursor
SET @cur_var = cur_customer
OPEN @cur_var
FETCH NEXT FROM @cur_var
CLOSE @cur_var
DEALLOCATE @cur_var
```

DEALLOCATE @cur_var 语句执行后，就不能重新 OPEN @cur_var 了。

3. 滚动游标

如果在游标定义语句中使用了关键字 SCROLL，则可以用 FETCH 语句在游标集合内向前或向后滚动，也可以直接跳到集合的某一条记录。

【例 9-39】 定义可以任意滚动的游标。

```
-- 声明 SCROLL 游标 cur_customer
DECLARE cur_customer CURSOR
SCROLL
READ_ONLY
FOR
SELECT * FROM customer
```

一旦用 SCROLL 关键字声明游标，则 FETCH 语句的灵活性就大大增加了。以下用 FETCH 语句将记录指针滚动到下一条、前一条、第一条、最后一条记录，以及用 ABSOLUTE 滚动到第 5 条记录、用 RELATIVE 相对滚动到第 5 条的前(负值)两条记录。

```
OPEN cur_customer
FETCH NEXT FROM cur_customer
FETCH PRIOR FROM cur_customer
FETCH FIRST FROM cur_customer
FETCH LAST FROM cur_customer
FETCH ABSOLUTE 5 FROM cur_customer
FETCH RELATIVE -2 FROM cur_customer
```

注意：每次滚动操作都应检查@@fetch_status，以确保新位置的有效性。若@@fetch_status 值不为 0，则操作无效。

9.4.5 使用系统存储过程管理游标

在建立一个游标后，便可利用系统存储过程对游标进行管理，管理游标的系统过程主要有以下几个：sp_cursor_list、sp_describe_cursor、sp_describe_cursor_tables、sp_describe_cursor_ columns。

1. sp_cursor_list

sp_cursor_list 显示在当前作用域内的游标及其属性，其命令格式为：

```
sp_cursor_list [@cursor_return = ]cursor_variable_name OUTPUT,
               [@cursor_scope = ]cursor_scope
```

其中，cursor_variable_name 为游标变量，cursor_scope 指出游标的作用域，如表 9-15 所示。

表 9-15 游标作用域

cursor_scope 值	描　　述
1	表示返回所有的 LOCAL 游标
2	表示返回所有的 GLOBAL 游标
3	表示 LOCAL、GLOBAL 游标都返回

【例 9-40】 声明一个键值驱动游标，并使用 sp_cursor_list 报告该游标的特性。

```
DECLARE employee_cur CURSOR KEYSET
FOR
SELECT employee_name FROM Employee
WHERE employee_name LIKE'肖 %'
OPEN employee_cur/* 打开游标 employee_cur */
/* 声明游标变量@report 以存储来自 sp_cursor_list 的游标信息 */
DECLARE @report CURSOR
/* 执行 sp_cursor_list 将信息送游标变量@report */
EXEC master.dbo.sp_cursor_list @cursor_return = @report OUTPUT,
    @cursor_scope = 2
FETCH NEXT FROM @report
WHILE (@@fetch_status <> -1)
BEGIN
    FETCH NEXT FROM @report
END
CLOSE @report
DEALLOCATE @report
GO
```

```
CLOSE employee_cur
DEALLOCATE employee_cur
GO
```

运行结果如图 9-8 所示。

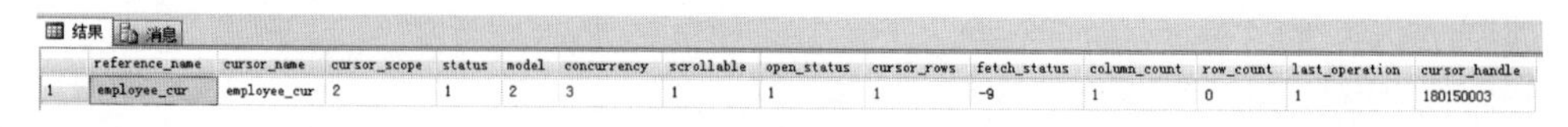
结果 消息

	reference_name	cursor_name	cursor_scope	status	model	concurrency	scrollable	open_status	cursor_rows	fetch_status	column_count	row_count	last_operation	cursor_handle
1	employee_cur	employee_cur	2	1	2	3	1	1	1	-9	1	0	1	180150003

图 9-8　例 9-40 运行结果

2. sp_describe_cursor

sp_describe_cursor 用来显示游标的属性。其语法格式如下:

```
sp_describe_cursor [@cursor_return = ] output_cursor_variable OUTPUT
   {[,[@cursor_source = ] N'local',[@cursor_identity = ] N'local_cursor_name']
     |[,[@cursor_source = ] N'global',[@cursor_identity = ] N'global_cursor_name']
     |[,[@cursor_source= ] N'variable',[@cursor_identity = ] N'input_cursor_variable']
}
```

其中,output_cursor_variable 为游标变量,接收游标的输出; @cursor_source 指定进行报告的游标是 LOCAL、GLOBAL 或游标变量; @cursor_identity 指定具有 LOCAL 类型、GLOBAL 类型或关联的游标变量的名称。

【例 9-41】 定义并打开一个全局游标,使用 sp_describe_cursor 报告游标的特性。

```
DECLARE employee_cur CURSOR STATIC FOR
SELECT employee_name FROM employee
OPEN employee_cur
DECLARE @report CURSOR
EXEC master.dbo.sp_describe_cursor @cursor_return = @Report OUTPUT,
     @cursor_source = N'global',@cursor_identity = N'employee_cur'
FETCH NEXT from @report
WHILE (@@FETCH_STATUS <> -1)
BEGIN
  FETCH NEXT from @report
END
CLOSE @report
DEALLOCATE @report
GO
CLOSE employee_cur
DEALLOCATE employee_cur
GO
```

说明:

(1) sp_describe_cursor_tables 用来显示游标引用的基本表。

(2) sp_describe_cursor_columns 用来显示游标结果集中数据列的属性。

本 章 小 结

本章介绍了 Transact-SQL 的自定义数据类型、常量与变量、函数、运算符、程序控制流语句、游标等内容,还介绍了利用 Transact-SQL 进行程序设计的方法与技巧。

(1) 数据类型是学习 Transact-SQL 的基础,不同种类的数据类型具有不同的精度和取值范围。除基本数据类型外,SQL Server 也支持用户定义的数据类型。

(2) 变量分为局部变量和全局变量两种。局部变量由 DECLARE 语句声明,可以由 SET、SELECT 或 UPDATE 语句赋值;全局变量不可由用户定义。

(3) Transact-SQL 的运算符分为算术运算符、位运算符、比较运算符、逻辑运算符、连接运算符。每种运算符都有专门的数据类型或操作数,各运算符间遵循一定的优先级。

(4) 函数是一组编译好的 Transact-SQL 语句。SQL Server 2012 支持的函数分为内置函数和用户定义函数两种类型。用户定义函数可以通过 SQL Server 管理平台和 Transact-SQL 语句来管理。CREATE FUNCTION、ALTER FUNCTION、DROP FUNCTION 分别创建、修改、删除用户定义函数。用户定义函数的调用要在函数名前加所有者作为前缀。

(5) 程序控制流语句 BEGIN 和 END 要一起使用,其功能是将语句块括起来。IF…ELSE 语句根据条件来执行语句块。当程序有多个条件需要判断时,可以使用 CASE 函数实现。WHILE 循环可根据条件多次重复执行语句。GOTO 语句会破坏程序结构化的特点,尽量不要使用。

(6) 游标是应用程序通过行来管理数据的一种方法。有 3 种游标:Transact-SQL 游标、API 游标和客户游标。游标声明使用 DECLARE CURSOR 语句,游标的使用包括打开游标、读取游标数据、关闭游标、删除游标等,分别使用 OPEN、FETCH、CLOSE、DEARLLOCATE 语句。

习 题 9

一、选择题

1. 字符串连接运算符是(　　)。

   A. －　　B. ＋　　C. &　　D. *

2. 下列标识符可以作为局部变量使用的是(　　)。

   A. [@Myvar]　　B. My var　　C. @Myvar　　D. @My var

3. 表达式'123'＋'456'的结果是(　　)。

   A. '579'　　B. 579

   C. '123456'　　D. '123'

4. 表达式 Datepart(yy,'2004-3-13')＋2 的结果是(　　)。

   A. '2004-3-15'　　B. 2004

   C. '2006'　　D. 2006

5. SQL Server 2012 使用 Transact-SQL 语句(　　)来声明游标。

   A. CREATE CURSOR　　B. ALTER CURSOR

   C. SET CURSOR　　D. DECLARE CURSOR

二、填空题

1. 某标识符的首字母为@时,表示该标识符为________变量名。
2. 位运算 124&46 的值为________,124∧46 的值为________,124|46 的值为________。
3. 函数 LEFT('gfertf',2)的结果是________。

4. 单行或行尾注释的开始标记为________,多行注释的开始标记为________,结束标记为________。

5. 在条件结构的语句中,关键字 IF 和 ELSE 之间及 ELSE 之后,可以使用________语句,也可以使用具有________格式的语句块。

6. 在循环结构的语句中,当执行到关键字________后将终止整个语句的执行,当执行到关键字________后将结束一次循环体的执行。

7. 声明游标语句的关键字________为,该语句必须带有________子句。

三、问答题

1. Transact-SQL 的运算符有哪几类?

2. 全局变量有哪些特点?

3. 如何简化 WHERE a>=10 and a<=30 子句?

4. 假设 Fistname 与 Lastname 是相互独立的两列,什么运算符可将它们连接在一起?

5. 什么叫游标? 游标的种类有哪些?

6. 全局变量@@fetch_status 的内容表示什么?

7. 函数 charindex()与 patindex()的区别是什么?

四、应用题

1. 阅读程序,写出程序的执行结果或者功能。

(1)

```
SELECT goods_name AS 商品名称,
  CASE
    WHEN classification_id = 'P001' THEN'笔记本计算机'
    WHEN classification_id = 'P002' THEN'激光打印机'
    WHEN classification_id = 'P003' THEN'喷墨打印机'
    WHEN classification_id = 'P004' THEN'交换机'
  END AS 商品类别,
  unit_price 单价,stock_quantity AS 库存
FROM goods
```

(2)

```
DECLARE @value real
SET @value = -1
WHILE @value < 2
BEGIN
  SELECT SIGN(@value)
  SELECT @value = @value + 1
END
```

(3)

```
DECLARE employ_cursor CURSOR
FOR
SELECT t.employee_id,s.cost
FROM employee t JOIN sell_order s ON t.employee_id = s.Employee_id
WHERE s.cost > 15000
```

以上程序是一个简单的游标声明,试述该游标的功能。

(4)

```
-- 定义游标 employee_cur
DECLARE employee_cur CURSOR
FOR
SELECT employee_id,employee_name
FROM employee
WHERE department_id  = 'D001'
DECLARE @employee_id char(4),@employee_name varchar(8)
OPEN employee_cur                                -- 打开游标 employee_cur
FETCH NEXT FROM employee_cur INTO @employee_id,@employee_name
WHILE @@FETCH_STATUS = 0
BEGIN
  SELECT @employee_id AS 员工编号,@employee_name AS 员工姓名
  SELECT g.goods_name AS 商品名称,so.order_num 销售数量
  FROM goods g,sell_order so
  WHERE g.goods_id = so.goods_id and so.employee_id = @employee_id
  FETCH NEXT FROM employee_cur INTO @employee_id,@employee_name
END
CLOSE employee_cur
```

2. 编写程序,使用 CASE 函数,输出 employee 表中的全部员工所在的年龄段(每 10 年为一个年龄段),并说明对应员工所属的部门。

3. 编写用户定义函数,输入正整数,返回该正整数的阶乘值。

4. 编写程序,计算 1～100 所有能被 7 整除的数的个数及总和。

5. 编写程序,定义一个游标 cur_employee,通过读取 cur_employee 数据行计算 employee 表中男员工和女员工的数量。

第 10 章 存储过程与触发器

存储过程是一组 Transact-SQL 语句的集合，经编译后存放在数据库服务器端，供客户端调用，因此存储过程可以充分地利用服务器的高性能运算能力，而无须把大量的结果集传送到客户端处理，从而可大大减少网络数据传输开销，提高应用程序访问数据库的速度和效率。触发器实质上是一种特殊类型的存储过程，它在插入、修改或删除指定表中的数据时触发执行。使用触发器可提高数据库应用程序的灵活性和健壮性，实现复杂的业务规则，更有效地实施数据完整性。事务是 SQL Server 中的一个逻辑工作单元，该单元将被作为一个整体进行处理。锁可以防止用户读取正在由其他用户更改的数据以及多个用户同时更改相同的数据。触发器、事务和锁都是用于保证数据完整性和一致性的机制，本章介绍存储过程和触发器，以及事务和锁的创建、执行和管理等内容。

10.1 存储过程概述

存储过程是 SQL Server 2012 中一个非常重要的数据库对象。存储过程是 SQL Server 服务器上一组预编译的 Transact-SQL 语句，用于完成某项任务，它可以接收参数、返回状态值和参数值，并且可以嵌套调用。

1. 存储过程的类型

SQL Server 存储过程的类型包括系统存储过程、用户定义存储过程、临时存储过程、扩展存储过程。

1) 系统存储过程

系统存储过程是指由系统提供的存储过程，主要存储在 master 数据库中并以 sp_为前缀，它从系统表中获取信息，从而为系统管理员管理 SQL Server 提供支持。通过系统存储过程，SQL Server 中的许多管理性或信息性的活动(例如使用 sp_depends、sp_helptexts 可以了解数据数据库对象、数据库信息)都可以顺利、有效地完成。尽管系统存储过程被放在 master 数据库中，仍可以在其他数据库中对其进行调用(调用时，不必在存储过程名前加上数据库名)。当创建一个新数据库时，一些系统存储过程会在新数据库中被自动创建。

2) 用户定义存储过程

用户定义存储过程是由用户创建并能完成某一特定功能(例如查询用户所需数据信息)的存储过程。它处于用户创建的数据库中，存储过程名前没有前缀 sp_。本章所涉及的存储过程主要是指用户定义存储过程。在 SQL Server 2012 中有两种类型的用户定义存储过程：Transact-SQL 或 CLR。其中，Transact-SQL 存储过程是指保存的 Transact-SQL 语句集合，可以接收和返回用户提供的参数。CLR 存储过程是指对 Microsoft.NET Framework

公共语言运行时(CLR)方法的引用,可以接收和返回用户提供的参数,它们在.NET Framework 程序集中作为类的公共静态方法实现。

3) 临时存储过程

临时存储过程与临时表类似,分为局部临时存储过程和全局临时存储过程,且可以分别向该过程名称前面添加“#”或“##”前缀来表示。“#”表示本地临时存储过程,“##”表示全局临时存储过程。使用临时存储过程必须创建本地连接,当 SQL Server 关闭后,这些临时存储过程将自动被删除。

由于 SQL Server 支持重新使用执行计划,所以连接到 SQL Server 2012 的应用程序应使用 sp_executesql 系统存储过程,而不使用临时存储过程。

4) 扩展存储过程

扩展存储过程是 SQL Server 2012 的实例可以动态加载和运行的动态链接库(DLL)。它直接在 SQL Server 2012 实例的地址空间中运行,可以使用 SQL Server 扩展存储过程 API 完成编程。当扩展存储过程加载到 SQL Server 中时,它的使用方法与系统存储过程一样。扩展存储过程只能添加到 master 数据库中,其前缀是 xp_。

2. 存储过程的功能特点

SQL Server 中的存储过程可以实现以下功能:

(1) 接收输入参数并以输出参数的形式为调用过程或批处理返回多个值。

(2) 包含执行数据库操作的编程语句,包括调用其他过程。

(3) 为调用过程或批处理返回一个状态值,以表示成功或失败(及失败原因)。

在 SQL Server 中,使用存储过程而不使用存储在本地客户计算机中的 Transact-SQL 程序,是因为存储过程具有以下优点。

(1) 模块化编程。创建一次存储过程,存储在数据库中后,就可以在程序中重复调用任意多次。存储过程可以由专业人员创建,也可以独立于程序源代码来修改它们。

(2) 快速执行。当某操作要求大量的 Transact-SQL 代码或者要重复执行时,存储过程要比 Transact-SQL 批处理代码快得多。当创建存储过程时,它得到了分析和优化。在第一次执行之后,存储过程就驻留在内存中,省去了重新分析、重新优化和重新编译等工作。

(3) 减少网络通信量。存储过程可以由几百条 Transact-SQL 语句组成,但执行时,仅用一条语句,所以只有少量的 SQL 语句在网络线上传输,从而减少了网络流量和网络传输时间。

(4) 提供安全机制。对没有权限执行存储体(组成存储过程的语句)的用户也可以授权执行该存储过程。

(5) 保证操作一致性。由于存储过程是一段封装的查询,从而对于重复的操作将保持功能的一致性。

注意: *存储过程虽然有参数和返回值,但与函数不同,其返回值只是指明执行是否成功,也不能像函数那样被直接调用,即存储过程必须由 EXECUTE 命令执行。*

10.2 存储过程的创建与使用

在 SQL Server 2012 中,可以使用 SQL Server 管理平台和 Transact-SQL 语句 CREATE PROCEDURE 创建存储过程,创建存储过程后,还可以进行存储过程的执行、修改和删除等操作。

10.2.1 创建存储过程

1. 使用 SQL Server 2012 管理平台创建存储过程

在 SQL Server 管理平台中,创建存储过程的步骤如下:

(1) 打开 SQL Server 管理平台,展开"对象资源管理器"→"数据库服务器"→"可编程性"→"存储过程"结点,在窗口的右侧显示出当前数据库的所有存储过程。右击,在弹出的快捷菜单中选择"新建存储过程"命令,如图 10-1 所示。

图 10-1 选择"新建存储过程"命令

(2) 在打开的 SQL 命令窗口中,系统给出了创建存储过程命令的模板,如图 10-2 所示。在该模板中输入创建存储过程的 Transact-SQL 语句后,单击"执行"按钮即可创建存储过程。

(3) 建立存储过程的命令被成功执行后,选择"对象资源管理器"→"数据库服务器"→"可编程性"→"存储过程"命令可以看到新建的存储过程,如图 10-3 所示。

2. 使用 CREATE PROCEDURE 语句创建存储过程

SQL Server 还可以使用 CREATE PROCEDURE 语句创建存储过程。在创建存储过程之前,应该考虑以下几个方面:

(1) 在一个批处理中,CREATE PROCEDURE 语句不能与其他 SQL 语句合并在一起。

(2) 数据库所有者具有默认的创建存储过程的权限,它可以把该权限传递给其他的用户。

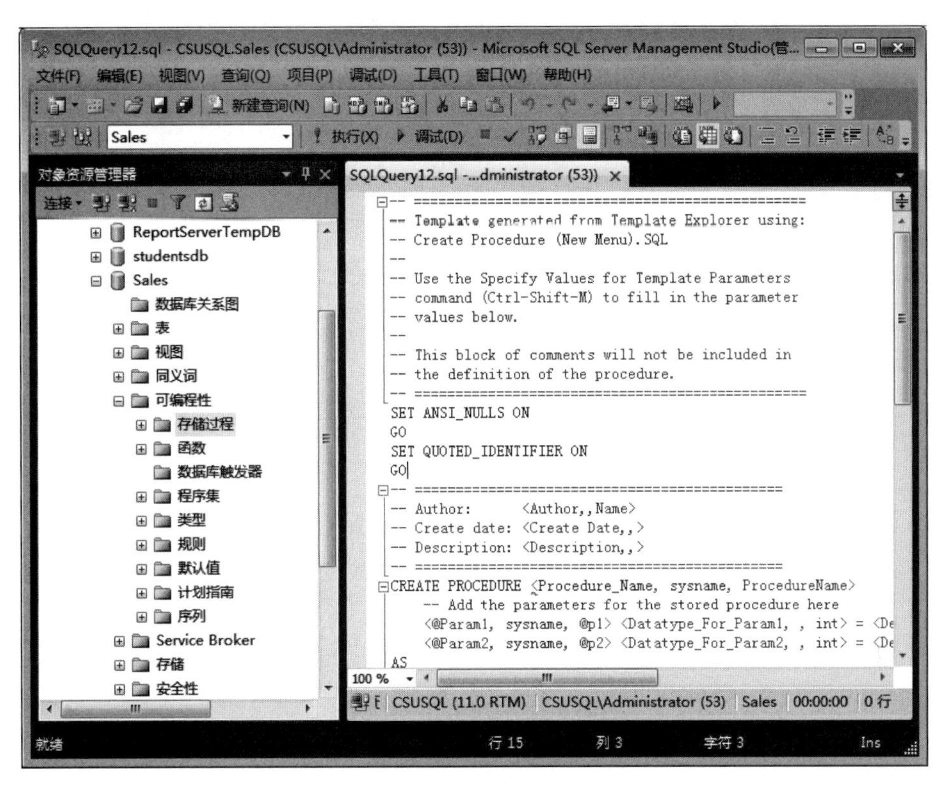

图 10-2 创建存储过程命令的模板

(3) 存储过程作为数据库对象其命名必须符合标识符的命名规则。

(4) 只能在当前数据库中创建属于当前数据库的存储过程。

图 10-3 查看新建的存储过程

创建存储过程语句的语法格式如下：

```
CREATE PROC[EDURE] procedure_name [ ; number]
[{@parameter data_type }
    [VARYING] [ = default] [OUTPUT]] [, … ,n]
[WITH
    { RECOMPILE|ENCRYPTION|RECOMPILE,ENCRYPTION }]
[FOR REPLICATION]
AS sql_statement [, … ,n]
```

各选项的含义如下。

(1) procedure_name：新建存储过程的名称。它后面跟的可选项 number 是一个整数，用来区别一组同名的存储过程。存储过程的命名必须符合标识符的命名规则，在一个数据库中或对其所有者而言，存储的名字必须唯一。

(2) @parameter：存储过程的参数。在 CREATE PROCEDURE 语句中可以声明一个或多个参数。用户必须在执行过程时提供每个声明参数的值(除非定义了该参数的默认值)。若参数的形式以@parameter=value 出现，则参数的次序可以不同，否则用户给出的参数值必须与参数列表中参数的顺序保持一致。若某一参数以@parameter=value 形式给出,则其他参数必须具有相同形式。一个存储过程最多可以有 2100 个参数。

(3) data_type：指示参数的数据类型。所有数据类型(包括 text、ntext、image)均可以用作存储过程的参数。但游标 CURSOR 类型只能用于 OUTPUT 参数,而且必须同时指定 VARYING 和 OUTPUT 关键字。

(4) default：给定参数的默认值。如果定义了默认值,则不指定该参数值仍能执行过程。默认值必须是常量或 NULL。

(5) OUTPUT：表明参数是返回参数。使用 OUTPUT 参数可将信息返回给调用过程。

(6) RECOMPILE：表明 SQL Server 不保存该过程的执行计划,该过程每执行一次都要重新编译。

(7) ENCRYPTION：表示 SQL Server 加密 syscomments 表,该表中包含 CREATE PROCEDURE 语句的存储过程文本。使用该关键字可防止通过 syscomments 表来查看存储过程内容。

(8) FOR REPLICATION：指定不能在订阅服务器上执行为复制创建的存储过程。只有在创建过滤存储过程时,才使用该选项。本选项不能和 WITH RECOMPILE 选项一起使用。

(9) AS sql_statement：指定过程要执行的操作,sql_statement 是过程中要包含的任意数目和类型的 Transact-SQL 语句。

视频讲解

【例 10-1】 创建存储过程,从表 goods 和表 goods_classification 的连接中返回商品名、商品类别、单价。

```
CREATE PROCEDURE goods_info AS
SELECT goods_name,classification_name,unit_price
FROM goods g INNER JOIN goods_classification gc
     ON g.classification_id = gc.classification_id
```

存储过程创建后,存储过程的名称存放在 sysobject 表中,文本存放在 syscomments 表中。

10.2.2 执行存储过程

视频讲解

要执行某个存储过程,只要简单地通过名字就可以。如果对存储过程的调用不是批处理中的第一条语句,则需要使用 EXECUTE 关键字。下面是执行存储过程的语法格式。

```
[[EXEC[UTE]]
   {[[@return_status = ]
  procedure_name [; number]|@procedure_name_var}
 [[@parameter = ]{value|@variable[OUTPUT]|[DEFAULT]]
 [,…,n]
[WITH RECOMPILE]
```

各选项的含义如下。

(1) @return_status：一个可选的整型变量,保存存储过程的返回状态。这个变量在 EXECUTE 语句使用前必须已声明。

(2) @procedure_name_var：一个局部变量名,用来代表存储过程的名称。

(3) @parameter：过程参数，在 CREATE PROCEDURE 语句中定义。

(4) value：过程中参数的值。如果参数名称没有指定，参数值必须以 CREATE PROCEDURE 语句中定义的顺序给出。

其他数据和保留字的含义与 CREATE PROCEDURE 中介绍的一样。

例如，执行例 10-1 的存储过程 goods_info。在查询编辑器中输入如下命令。

```
EXEC goods_info
```

执行结果如图 10-4 所示。

结果 | 消息

	goods_name	classification_name	unit_price
1	IBM R51	激光打印复印机	8999.00
2	SUN 160-D2G	激光打印复印机	9599.00
3	NEC S3UUU	激光打印复印机	0910.00
4	HP 1020	投影仪	1395.00
5	Canon LBP2900	投影仪	1242.00
6	HP 3938	扫描仪	450.00
7	LS-106C	路由器	2500.00
8	SONY EN15	扫描仪	1650.00

图 10-4　存储过程的执行结果

10.2.3　修改存储过程

修改存储过程可以通过 SQL Server 管理平台和 Transact-SQL 语句实现。

1. 使用 SQL Server 2012 管理平台修改存储过程

修改存储过程的操作步骤如下：

(1) 打开 SQL Server 管理平台，展开"对象资源管理器"→"数据库服务器"→"可编程性"→"存储过程"结点，选择要修改的存储过程，右击，在弹出的快捷菜单中选择"修改"命令。

(2) 此时在右边的编辑器窗口中出现存储过程的源代码(将 CREATE PROCEDURE 改为了 ALTER PROCEDURE)，如图 10-5 所示，可以直接进行修改。修改完后单击工具栏中的"执行"按钮执行该存储过程，从而达到目的。

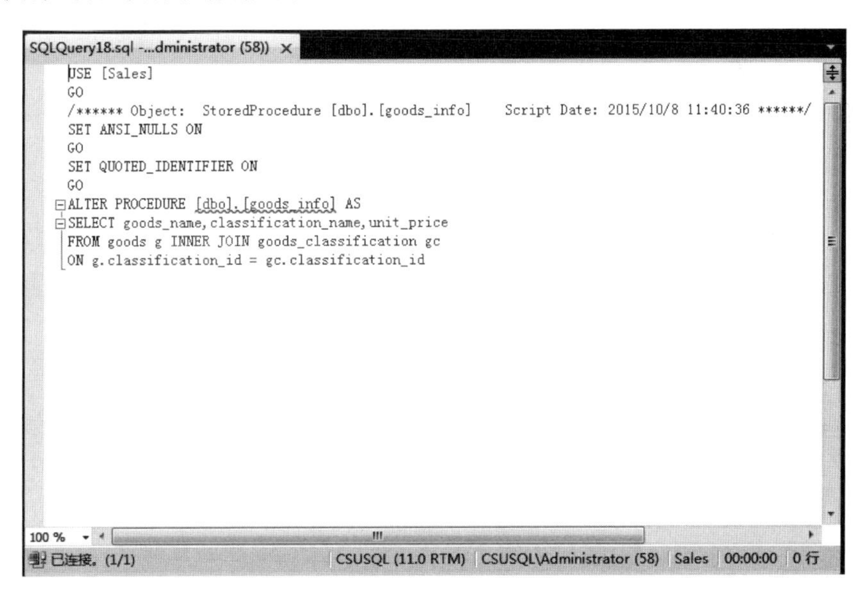

图 10-5　使用管理平台修改存储过程

2. 使用 ALTER PROCEDURE 语句修改存储过程

修改用 CREATE PROCEDURE 语句创建的存储过程，并且不改变权限的授予情况，不影响任何其他独立的存储过程或触发器，常使用 ALTER PROCEDURE 语句。其语法规则如下：

```
ALTER PROC[EDURE] procedure_name [; number]
[{@parameter data_type}
[VARYING][ = default] [OUTPUT]] [, … ,n]
[WITH { RECOMPILE|ENCRYPTION|RECOMPILE,ENCRYPTION}]
[FOR REPLICATION]
AS sql_statement [, … ,n]
```

其中的参数和保留字的含义与 CREATE PROCEDURE 语句中的含义相似。

【例 10-2】 使用 ALTER PROCEDURE 语句修改存储过程。

(1) 创建存储过程 employee_dep，以获取经理办的女员工。

```
CREATE PROCEDURE employee_dep AS
SELECT employee_name, sex, address, department_name
FROM employee e INNER JOIN department d
ON e.department_id = d.department_id
WHERE sex = '女' AND e.department_id = 'D003'
GO
```

执行存储过程 employee_dep，结果如图 10-6 所示。

	employee_name	sex	address	department_name
1	李丽华	女	公司集体宿舍	经理办
2	张方芳	女	中山路101号	经理办

图 10-6　employee_dep 存储过程的执行结果

(2) 用 SELECT 语句查询系统表 sysobjects 和 syscomments，查看 employee_dep 存储过程的文本信息的代码如下：

```
SELECT o.id, c.text
FROM sysobjects o INNER JOIN syscomments c ON o.id = c.id
WHERE o.type = 'P' AND o.name = 'employee_dep'
GO
```

(3) 使用 ALTER PROCEDURE 语句对 employee_dep 过程进行修改，使其能够显示出所有男员工，并使 employee_dep 过程以加密方式存储在表 syscomments 中，其代码如下：

```
ALTER PROCEDURE employee_dep
WITH ENCRYPTION AS
SELECT employee_name, sex, address, department_name
FROM employee e INNER JOIN department d
ON e.department_id = d.department_id
WHERE sex = '男'
GO
```

执行修改后的存储过程 employee_dep，结果如图 10-7 所示。

(4) 从系统表 sysobjects 和 syscomments 提取修改后的存储过程 employee_dep 的文本信息可以运行步骤(2)中的代码，结果如图 10-8 所示。

	employee_name	sex	address	department_name
1	甄达理	男	东风路99号	销售部
2	杨翔宇	男	五一北路25号	销售部
3	于明理	男	公司集体宿舍	销售部
4	张明华	男	芙蓉北路16号	市场部
5	赵章华	男	公司集体宿舍	采购部
6	许毅飞	男	公司集体宿舍	采购部
7	高铭	男	芙蓉南路	市场部

图 10-7 修改后 employee_dep 存储过程的执行结果

	id	text
1	2098106515	NULL

图 10-8 加密后存储过程的执行结果

这是由于在 ALTER PROCEDURE 语句中使用 WITH ENCRYPTION 关键字对存储过程 employee_dep 的文本进行了加密，其文本信息显示为 NULL。

也可以使用系统存储过程 sp_helptext 显示存储过程的定义（存储在 syscomments 系统表内），其命令如下：

```
sp_helptext employee_dep
```

结果为“对象'employee_dep'的文本已加密”。

10.2.4 删除存储过程

存储过程可以被快速删除和重建，因为它没有存储数据。删除存储过程可以使用 SQL Server 管理平台和 Transact-SQL 语句。

1. 使用 SQL Server 2012 管理平台删除存储过程

操作步骤如下：

(1) 打开 SQL Server 管理平台，展开“对象资源管理器”→“数据库服务器”→“可编程性”→“存储过程”结点，选择要删除的存储过程，右击，在弹出的快捷菜单中选择“删除”命令。

(2) 在弹出的“删除对象”对话框中单击“确定”按钮即可删除存储过程。

2. 使用 DROP PROCEDURE 语句删除存储过程

DROP PROCEDURE 语句可将一个或多个存储过程从当前数据库中删除。其语法如下：

```
DROP PROCEDURE { procedure_name } [, … ,n]
```

例如，删除例 10-2 创建的存储过程 employee_dep 可使用以下语句：

```
DROP PROCEDURE employee_dep
GO
```

删除某个存储过程时，将从 sysobjects 和 syscomments 系统表中删除该过程的相关信息。

10.2.5 存储过程参数与状态值

存储过程和调用者之间通过参数交换数据，可以按输入的参数执行，也可以由参数输出执行结果。调用者通过存储过程返回的状态值对存储过程进行管理。

1. 参数

存储过程的参数在创建过程时声明。SQL Server 支持两类参数：输入参数和输出参数。

1）输入参数

输入参数允许调用程序为存储过程传送数据值。要定义存储过程的输入参数，必须在 CREATE PROCEDURE 语句中声明一个或多个变量及类型。

【例 10-3】 创建带参数的存储过程，从表 employee、sell_order、goods、goods_classification 的连接中返回输入的员工名、该员工销售的商品名、商品类别、销售量等信息。

```
CREATE PROC sell_info @employee_name varchar(20)AS
SELECT employee_name,goods_name,classification_name,order_num
FROM employee e INNER JOIN sell_order s ON e.employee_id = s.employee_id
JOIN goods g ON g.goods_id = s.goods_id
JOIN goods_classification gc ON gc.classification_id = g.classification_id
WHERE employee_name LIKE @employee_name
```

存储过程 sell_info 以@employee_name 变量作为输入参数，执行时，可以省略参数名，直接给出参数值。在 SQL 查询编辑器中输入命令：

```
EXEC sell_info'甄达理'
```

执行结果如图 10-9 所示。

结果　消息

	employee_name	goods_name	classification_name	order_num
1	甄达理	IBM R51	激光打印复印机	3
2	甄达理	NEC S3000	激光打印复印机	5

图 10-9　带参数存储过程的执行结果

参数值可以包含通配符“%”，例如，查找所有姓“钱”的员工的销售情况可以使用以下命令：

```
EXEC sell_info'钱%'
```

如果有多个输入参数，应该为某一个输入参数提供默认值，参数的默认值必须为常量或 NULL。执行输入参数带默认值的存储过程时，可以不为该参数指定值。

执行时，参数可以由位置标识，也可以由名字标识。如果以名字传递参数，则参数的顺序是任意的。名字应该尽量选用具有意义的，以帮助用户和程序员传递合适的值。

例如，定义一个具有 3 个参数的存储过程：

```
CREATE PROC myproc @val1 int,@val2 int,@val3 int
AS ...
```

以下命令中参数以位置传递，参数的赋值以其在 CREATE PROCEDURE 语句中定义的顺序进行：

```
EXEC myproc 10,20,15
```

以下命令以名字传递参数，每个值由对应的参数名引导：

```
EXEC myproc @val2 = 20,@val1 = 10,@val3 = 15
```

按名字传递参数比按位置传递参数具有更大的灵活性。但是，按位置传递参数却具有更快的速度。

2）输出参数

输出参数允许存储过程将数据值或游标变量传回调用程序。OUTPUT 关键字用以指出能返回到调用它的批处理或过程中的参数。为了使用输出参数，在 CREATE PROCEDURE 和 EXECUTE 语句中都必须使用 OUTPUT 关键字。

【例 10-4】 创建存储过程 price_goods，通过输入参数在 goods 表中查找商品，以输出参数获取商品单价。

```
CREATE PROC price_goods @goods_name varchar(80) = NULL,
          @price_goods real OUTPUT
AS
SELECT @price_goods = unit_price
FROM goods
WHERE goods_name = @goods_name
```

本例中，输入参数为@goods_name 变量，在执行时将商品名称传递给过程 price_goods。输出参数为@price_goods 变量，在执行后将商品名为@goods_name 的商品单价返回给调用程序的变量。因此 EXECUTE 语句需要一个已声明的变量以存储返回的值（如@price），变量的数据类型应当同输出参数的数据类型相匹配。EXECUTE 语句还需要关键字 OUTPUT 以允许参数值返回给变量。执行 price_goods 存储过程的代码如下：

```
/* 先定义变量,商品单价按变量的位置返回 */
DECLARE @price real
EXEC price_goods'Canon LBP2900',@price OUTPUT
SELECT @price
```

执行结果是商品名为 Canon LBP2900 的商品单价：

```
1380
```

存储过程输入的参数值不同，获取的输出结果也不同，这样存储过程可以多次被用户调用以满足用户的查询需求。

2. 返回存储过程的状态

1）用 RETURN 语句定义返回值

存储过程可以返回整型状态值，表示过程是否成功执行，或者过程失败的原因。如果存储过程没有显式设置返回代码的值，则 SQL Server 返回代码为 0，表示成功执行；若返回 −99～−1 的整数，表示没有成功执行。也可以使用 RETURN 语句，用大于 0 或小于−99 的整数来定义自己的返回状态值，以表示不同的执行结果。

在建立过程的时候，需要定义出错条件并把它们与整型的出错代码联系起来。

【例 10-5】 创建存储过程，输入商品类别，返回各种商品名称。在存储过程中，用值 15 表示用户没有提供参数；值−101 表示没有输入商品类别；值 0 表示过程运行没有出错。

```
/* 存储过程在出错时设置出错状态 */
```

```
CREATE PROC cl_goods @cl_name varchar(40) = NULL
AS
IF @cl_name = NULL
  RETURN 15
IF NOT EXISTS
(SELECT * FROM goods_classification WHERE classification_name = @cl_name)
  RETURN -101
SELECT g.goods_name FROM goods_classification gc,goods g
WHERE gc.classification_id = g.classification_id
      AND gc.classification_name = @cl_name
RETURN 0
```

2）捕获返回状态值

在执行过程时，要正确接收返回的状态值，必须使用以下语句；

```
EXECUTE @status_var = procedure_name
```

其中，@status_var 变量应在 EXECUTE 命令之前声明。它可以接收返回的状态码。如此，当存储过程执行出错时，调用它的批处理或应用程序将会采取相应的措施。

例 10-5 的存储过程 cl_goods 执行时使用以下语句。

```
/* 检查状态并报告出错原因 */
DECLARE @return_status int
EXEC @return_status = cl_goods'笔记本计算机'
IF @return_status = 15
  SELECT'语法错误'
ELSE
IF @return_status =-101
  SELECT'没有找到该商品类别'
```

执行时，将对不同的输入值返回不同的状态值及处理结果。

除了用户定义的状态码以外，如果存储过程在运行中异常中止，SQL Server 提供了相应的出错代码。9.3.2 节中表 9-12 列出了当前 SQL Server 使用的返回状态码及其含义。

10.3 触发器概述

SQL Server 2012 除使用约束机制强制规则和数据完整性外，还可以使用触发器(Trigger)。触发器是一种特殊类型的存储过程，它不同于前面介绍的存储过程。触发器主要是通过事件进行触发而被执行的，而存储过程可以通过过程名字直接调用。当对某一表进行 UPDATE、INSERT、DELETE 操作时，SQL Server 就会自动执行触发器所定义的 SQL 语句，从而确保对数据的处理必须符合由这些 SQL 语句所定义的规则。

触发器的主要作用就是能够实现由主键和外键所不能保证的参照完整性和数据的一致性。除此之外，触发器还有如下功能。

(1) 强化约束。触发器能够实现比 CHECK 语句更为复杂的约束。

(2) 跟踪变化。触发器可以侦测数据库内的操作，从而不允许数据库中不经许可的指定更新和变化。

(3) 级联运行。触发器可以侦测数据库内的操作,并自动地级联影响整个数据库的各项内容。例如,某个表上的触发器中包含有对另一个表的数据操作(如删除、更新、插入),该操作又导致该表的触发器被触发。

(4) 存储过程的调用。为了响应数据库更新,触发器可以调用一个或多个存储过程,甚至可以通过外部过程的调用而在 DBMS 本身之外进行操作。

可见,触发器可以扩展 SQL Server 约束、默认值和规则的完整性检查逻辑,可以解决高级形式的业务规则、复杂行为限制、实现定制记录等方面的问题。例如,触发器能够找出某表在数据修改前后状态发生的差异,并根据这种差异执行一定的处理。一个表的多个触发器能够对同一种数据操作采取多种不同的处理。但是,只要约束和默认值提供了全部所需的功能,就应使用约束和默认值。

10.4 触发器的创建与使用

在 SQL Server 中,可以使用 SQL Server 2012 管理平台和 Transact-SQL 语句 CREATE TRIGGER 定义表的触发器、引发触发器的事件以及触发器执行引发的操作。

10.4.1 创建触发器

1. 使用 SQL Server 2012 管理平台创建触发器

在 SQL Server 2012 管理平台中,创建触发器的步骤如下:

(1) 打开 SQL Server 2012 管理平台,展开"对象资源管理器"→Sales→"表"→dbo. employee 结点,在"触发器"结点上右击,在弹出的快捷菜单中选择"新建触发器"命令,如图 10-10 所示。

(2) 在打开的 SQL 命令窗口中,系统给出了创建触发器的模板,如图 10-11 所示。在模板中输入创建触发器的 Transact-SQL 语句后,单击"执行"按钮即可创建触发器。

(3) 建立存储过程的命令被成功执行后,将该触发器保存到相关的系统表中。

2. 使用 CREATE TRIGGER 语句创建触发器

使用 CREATE TRIGGER 语句创建触发器以前必须考虑到以下几个方面。

(1) CREATE TRIGGER 语句必须是批处理的第一个语句。

(2) 表的所有者具有创建触发器的默认权限,且不能把该权限传给其他用户。

(3) 触发器是数据库对象,所以其命名必须符合命名规则。

(4) 不能在视图或临时表上创建触发器,而只能在基表或创建视图的表上创建触发器。

(5) 触发器只能创建在当前数据库中,一个触发器只能对应一个表。

CREATE TRIGGER 语句的语法格式如下:

```
CREATE TRIGGER trigger_name
ON {table_name|view }
[WITH ENCRYPTION]
{ FOR|AFTER|INSTEAD OF }
{ [INSERT] [,] [UPDATE] [,] [DELETE]}
AS sql_statement [, … ,n]
```

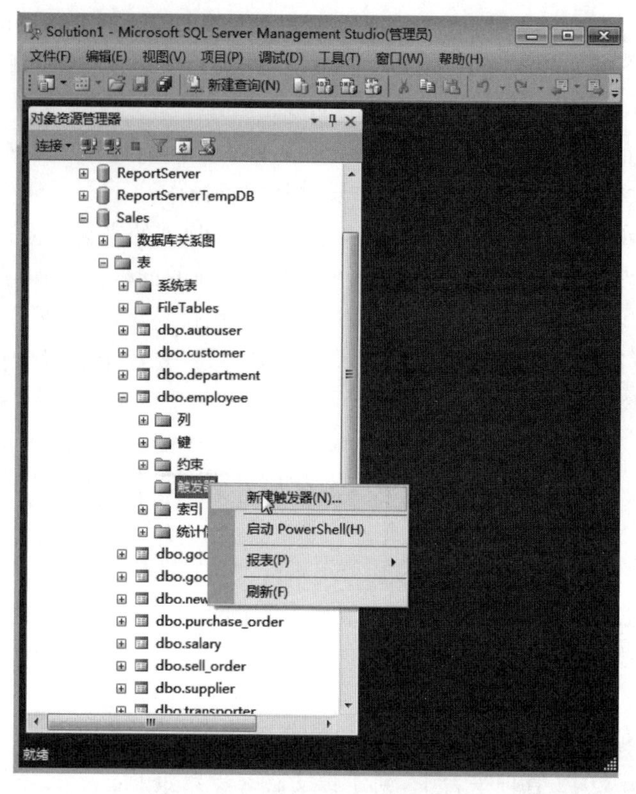

图 10-10 选择“新建触发器”命令

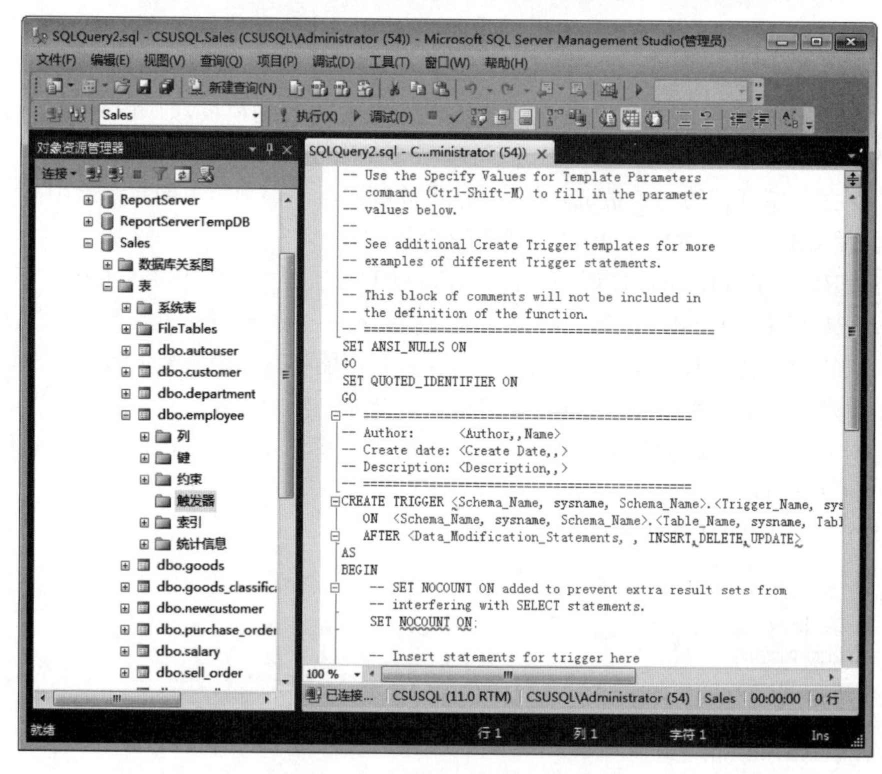

图 10-11 创建触发器命令的模板

各选项的含义如下。

(1) trigger_name：触发器名称，触发器是对象，必须具有数据库中的唯一名称。

(2) {table_name|view}：在其上执行触发器的表或视图，有时称为触发器表或触发器视图。

(3) WITH ENCRYPTION：表明加密 syscomments 表中包含 CREATE TRIGGER 语句文本的条目。

(4) AFTER：指定触发器只有在触发 SQL 语句中指定的所有操作(包括引用级联操作和约束检查)都已成功执行后被触发。这种触发器只能在表上定义，可以为表的同一操作定义多个触发器。如果仅指定 FOR 关键字，则 AFTER 是默认设置。

(5) INSTEAD OF：表示不执行其所定义的操作(INSERT、UPDATE、DELETE)，而仅执行触发器本身。这种触发器可在表和视图上定义，但对于同一操作只能定义一个 INSTEAD OF 触发器。

(6) {[INSERT][,][UPDATE][,][DELETE]}：用来指明哪种数据操作将激活触发器。至少要指明一个选项，在触发器的定义中三者的顺序不受限制，且各选项要用逗号隔开。

【例 10-6】 在 employee 表上创建一个 DELETE 类型的触发器，该触发器的名称为 tr_employee。

(1) 创建触发器 tr_employee。

视频讲解

```
CREATE TRIGGER tr_employee ON employee
FOR DELETE
AS
  DECLARE @msg varchar(50)
  SELECT @msg = STR(@@ROWCOUNT) + '个员工被删除'
  SELECT @msg
  RETURN
```

注意：通过全局变量@@ROWCOUNT，可以知道激发触发器的语句所影响的行数。触发器可以包含一个 RETURN 语句来指明成功地完成了任务。

(2) 执行触发器 tr_employee。

触发器不能通过名字来执行，而是在相应的 SQL 语句被执行时自动触发的。例如执行以下 DELETE 语句：

```
DELETE FROM employee
WHERE employee_name = '张三'
```

该语句要删除员工姓名为“张三”记录，由此激活了表 employee 的 DELETE 类型的触发器 tr_employee，系统执行 tr_employee 触发器中 AS 之后的语句，并显示以下信息：

```
1 个员工被删除
```

3. deleted 表和 inserted 表

在触发器的执行过程中，SQL Server 2012 建立和管理两个临时的虚拟表：deleted 表和 inserted 表。这两个表包含了在激发触发器的操作中插入或删除的所有记录。可以用这一特性来测试某些数据修改的效果,以及设置触发操作的条件。这两个特殊表可供用户浏览,但是用户不能直接改变表中的数据。

在执行 INSERT 或 UPDATE 语句之后所有被添加或被更新的记录都会存储在 inserted 表中。在执行 DELETE 或 UPDATE 语句时,从触发程序表中被删除的行会发送到 deleted 表。对于更新操作,SQL Server 先将要进行修改的记录存储到 deleted 表中,然后再将修改后的数据复制到 inserted 表以及触发程序表。

激活触发程序时 deleted 表和 inserted 表的内容如表 10-1 所示。

表 10-1 激活触发程序时 deleted 表和 inserted 表的内容

Transact-SQL 语句	inserted 表	deleted 表
INSERT	所要添加的行	空
UPDATE	新的行	旧的行
DELETE	空	删除的行

【例 10-7】 为表 customer 创建一个名为 test_tr 的触发器,当执行添加、更新或删除时,激活该触发器。

创建 test_tr 触发器:

```
CREATE TRIGGER test_tr
ON customer FOR INSERT,UPDATE,DELETE
AS
  SELECT * FROM inserted
  SELECT * FROM deleted
customer 表执行以下插入记录操作:
INSERT INTO customer(customer_id,customer_name,linkman_name,address,telephone)
VALUES('12346','张三','王五','青年路 15 号','1234567')
```

INSERT 操作激活触发器 test_tr,输出如图 10-12 所示的结果。

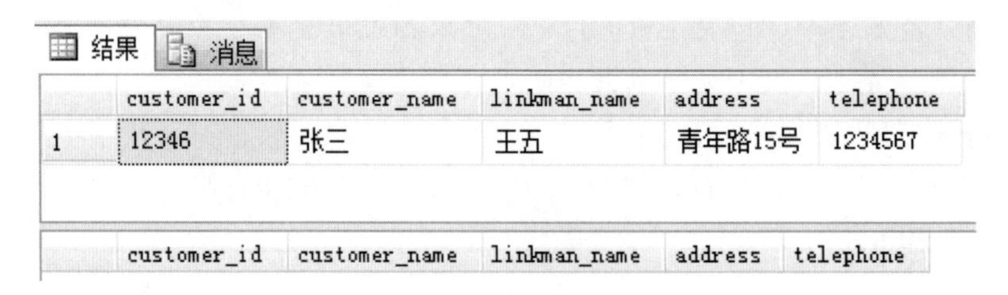

图 10-12 触发器的执行结果

对于 INSERT 操作,inserted 表为刚插入的数据,deleted 表中无数据。同样,如果对 customer 表执行 UPDATE、DELETE 操作时,也会激活触发器 test_tr,但 inserted 表和 deleted 表中的数据变化情况与 INSERT 操作的不同。

10.4.2 修改触发器

通过 SQL Server 2012 管理平台、系统存储过程或 Transact_SQL 语句,可以修改触发器的名字和正文。

1. 使用 sp_rename 系统存储过程修改触发器的名字

语法格式如下：

```
sp_rename oldname,newname
```

其中，oldname 为修改前的触发器名，newname 为修改后的触发器名。

系统存储过程还可以获得触发器的定义信息，例如，使用系统存储过程 sp_helptrigger 查看触发器的类型，使用系统存储过程 sp_helptext 查看触发器的文本信息，使用系统存储过程 sp_depends 查看触发器的相关性。

2. 使用 SQL Server 2012 管理平台修改触发器的正文

修改触发器的操作步骤如下：

(1) 打开 SQL Server 2012 管理平台，展开"对象资源管理器"→ Sales→"表"→dbo.customer→"触发器"结点，选择要修改的触发器(如例 10-7 创建的 test_tr 触发器)，右击，在弹出的快捷菜单中选择"修改"命令。

(2) 此时在右边的编辑器窗口中出现触发器的源代码(将 CREATE TRIGGER 改为 ALTER TRIGGER)，如图 10-13 所示，可以直接进行修改。修改完后单击工具栏中的"执行"按钮执行该触发器代码，从而达到目的。

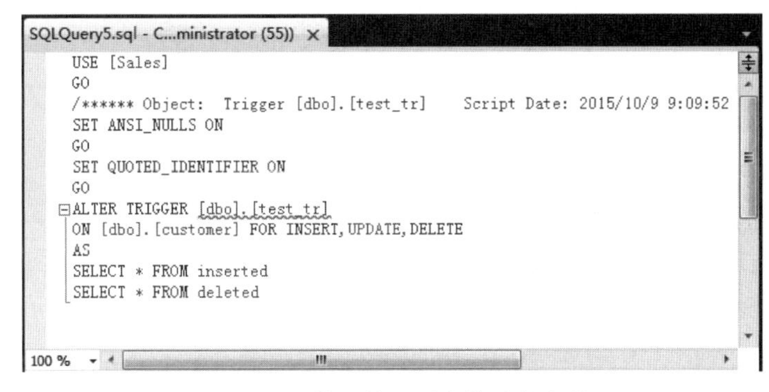

图 10-13　使用管理平台修改触发器

3. 使用 ALTER TRIGGER 语句修改触发器

修改触发器的语法如下：

```
ALTER TRIGGER trigger_name
ON {table|view}
[WITH ENCRYPTION]
{FOR|AFTER|INSTEAD OF}
{[DELETE] [,] [INSERT] [,] [UPDATE] }
AS sql_statement [,…,n]
```

其中，参数的含义与 CREATE TRIGGER 语句的相同。

使用代码修改触发器通常在应用程序中进行，包括触发器将实现的功能及触发器名称等内容。

视频讲解

例如，将例 10-6 的触发器 tr_employee 修改为 INSERT 操作后进行。

```
ALTER TRIGGER tr_employee ON employee
```

```
FOR INSERT
AS
  DECLARE @msg varchar(50)
  SELECT @msg = STR(@@ROWCOUNT) + '个员工数据被插入'
SELECT @msg
RETURN
```

对 employee 表执行以下插入语句：

```
INSERT employee(employee_id,employee_name,sex,birth_date,hire_date)VALUES ('E016','王五',
'男','1989 - 6 - 7','2014 - 11 - 23')
```

激活 INSERT 触发器 tr_employee,显示信息如下：

```
1 个员工数据被插入
```

10.4.3 删除触发器

用户在使用触发器后可以将其删除,但只有触发器所有者才有权删除触发器。可以通过删除触发器或删除触发器表来删除触发器。删除表时,也将删除所有与表关联的触发器。删除触发器时,将从 sysobjects 和 syscomments 系统表中删除有关触发器的信息。

1. 使用 SQL Server 2012 管理平台删除触发器

操作步骤如下：

(1) 打开 SQL Server 2012 管理平台,展开"对象资源管理器"→Sales→"表"→dbo.customer→"触发器"结点,选择要删除的触发器(如例 10-7 创建的 test_tr 触发器),右击,在弹出的快捷菜单中选择"删除"命令。

(2) 在弹出的"删除对象"对话框中单击"确定"按钮即可删除触发器。

2. 使用 DROP TRIGGER 语句删除指定触发器

删除触发器语句的语法格式如下：

```
DROP TRIGGER trigger_name [,…,n]
```

使用代码删除触发器通常在应用程序中进行,适合于动态删除临时创建的触发器。例如,删除例 10-6 的触发器 tr_employee,可以使用以下代码：

```
DROP TRIGGER tr_employee
```

删除触发器所在的表时,SQL Server 2012 将自动删除与该表相关的触发器。

10.5 事务处理

事务(Transaction)是 SQL Server 2012 中的一个逻辑工作单元,该单元将被作为一个整体进行处理。事务保证连续多个操作必须全部执行成功,否则必须立即恢复到未执行任何操作的状态,即执行事务的结果要么全部将数据所要执行的操作完成,要么全部数据都不修改。

10.5.1 事务概述

1. 事务的由来

在 SQL Server 中,使用 DELETE 或 UPDATE 语句对数据库进行更新时一次只能操作一个表，这会带来数据库的数据不一致的问题。例如，企业取消了仓储部，需要将“仓储部”从 department 表中删除，而 employee 表中的部门编号与仓储部相对应的员工也应删除。因此，两个表都需要修改，这种修改只能通过两条 DELETE 语句进行。

假设仓储部编号为 D004，第一条 DELETE 语句修改 department 表为：

```
DELETE FROM department WHERE department_id = 'D004'
```

第二条 DELETE 语句修改 employee 表为：

```
DELETE FROM employee WHERE department_id = 'D004'
```

在执行第一条 DELETE 语句后，数据库中的数据已处于不一致的状态，因为此时已经没有仓储部了，但 employee 表中仍然保存着属于仓储部的员工记录。只有执行了第二条 DELETE 语句后数据才重新处于一致状态。如果执行完第一条语句后，计算机突然出现故障，无法再继续执行第二条 DELETE 语句，则数据库中的数据将处于永远不一致的状态。

因此，必须保证这两条 DELETE 语句都被执行，或都不执行。这时可以使用数据库中的事务技术来实现。

2. 事务属性

事务是指用户定义的一个数据库操作序列，这些操作要么全部执行要么全不执行。由于事务作为一个不可分割的逻辑工作单元，当事务执行遇到错误时，将取消事务所做的修改。一个逻辑单元必须具有 4 个属性，即原子性（Atomicity）、一致性（Consistency）、隔离性（Isolation）、持久性（Durability），这些属性称为 ACID。

（1）原子性。事务必须是工作的最小单元，即原子单元，对于其数据的修改，要么全都执行，要么全都不执行。

（2）一致性。事务在完成后，必须使所有的数据都保持一致性状态。在相关数据库中，事务必须遵守数据库的约束和规则，以保持所有数据的完整性。事务结束时，所有的内部数据结构（如 B 树索引或双向链表）都必须是正确的。

（3）隔离性。一个事务所做的修改必须与任何其他并发事务所做的修改隔离。事务查看数据时，数据所处的状态要么是另一个并发事务修改它之前的状态，要么是另一个事务修改它之后的状态，事务不会查看中间状态的数据。这称为可串行性，因为它能够重新装载起始数据，并且重播一系列事务，以使数据结束时的状态与原始事务执行的状态相同。

（4）持久性。事务完成后，它对于系统的影响是永久性的。该修改即使出现系统故障也将一直保持。

3. 事务模式

应用程序主要通过指定事务启动和结束的时间来控制事务。这可以使用 Transact-SQL 语句来控制事务的启动与结束。系统还必须能够正确处理那些在事务完成之前便中止事务的错误。

事务是在连接层进行管理的。当事务在一个连接上启动时，在该连接上执行的所有 Transact-SQL 语句在该事务结束之前都是该事务的一部分。

SQL Server 以 3 种事务模式管理事务。

（1）自动提交事务模式。每条单独的语句都是一个事务。在此模式下，每条 Transact-SQL 语句在成功执行完成后，都被自动提交，如果遇到错误，则自动回滚该语句。该模式为系统默认的事务管理模式。

(2) 显式事务模式。该模式允许用户定义事务的启动和结束。事务以 BEGIN TRANSACTION 语句显式开始，以 COMMIT 或 ROLLBACK 语句显式结束。

(3) 隐性事务模式。在当前事务完成提交或回滚后，新事务自动启动。隐性事务不需要使用 BEGIN TRANSACTION 语句标识事务的开始，但需要以 COMMIT 或 ROLLBACK 语句来提交或回滚事务。

10.5.2 事务管理

SQL Server 按事务模式进行事务管理，设置事务启动和结束的时间，正确处理事务结束之前产生的错误。

1. 启动和结束事务

在应用程序中，通常用 BEGIN TRANSACTION 语句来标识一个事务的开始，用 COMMIT TRANSACTION 语句标识事务结束。

启动事务语句的语法格式如下：

```
BEGIN TRAN[SACTION] [transaction_name|@tran_name_variable
[WITH MARK ['description']]]
```

结束事务语句的语法格式如下：

```
COMMIT [TRAN[SACTION] [transaction_name|@tran_name_variable]]
```

各选项的含义如下。

(1) transaction_name：指定事务的名称。transaction_name 必须遵循标识符规则，且只有前 32 个字符能被系统识别。

(2) @tran_name_variable：用户定义的、含有有效事务名称的变量的名称。必须用 char、varchar、nchar 或 nvarchar 数据类型来声明该变量。

(3) WITH MARK ['description']：指定在日志中标记事务。description 是描述该标记的字符串。如果使用了 WITH MARK，则必须指定事务名。WITH MARK 允许将事务日志还原到命名标记。

【例 10-8】 建立一个显式事务以显示 Sales 数据库的 employee 表的数据。

```
BEGIN TRANSACTION
    SELECT * FROM employee
COMMIT TRANSACTION
```

本例创建的事务以 BEGIN TRANSACTION 语句开始，以 COMMIT TRANSACTION 语句结束。

【例 10-9】 建立一个显式命名事务以删除 department 表的"仓储部"记录行。

```
DECLARE @transaction_name varchar(32)
SELECT @transaction_name = 'tran_delete'
BEGIN TRANSACTION @transaction_name
DELETE FROM department WHERE department_id = 'D004'
DELETE FROM employee WHERE department_id = 'D004'
```

```
COMMIT TRANSACTION tran_delete
```

本例命名了一个事务 tran_delete，该事务用于删除 department 表的“仓储部”记录行及相关数据。在 BEGIN TRANSACTION 和 COMMIT TRANSACTION 语句之间的所有语句被作为一个整体，只有执行到 COMMIT TRANSACTION 语句时，事务中对数据库的更新操作才算确认。

【例 10-10】 隐性事务处理过程。

```
CREATE TABLE imp_tran
(num char(2) NOT NULL,
  cname char(6) NOT NULL)
GO
SET IMPLICIT_TRANSACTIONS ON                        --启动隐性事务模式
GO
--第一个事务由 INSERT 语句启动
INSERT INTO imp_tran VALUES ('01','Zhang')
INSERT INTO imp_tran VALUES ('02','Wang')
COMMIT TRANSACTION                                  --提交第一个隐性事务
GO
--第二个隐性事务由 SELECT 语句启动
SELECT COUNT( * ) FROM imp_tran
INSERT INTO imp_tran VALUES ('03','Li')
SELECT * FROM imp_tran
COMMIT TRANSACTION                                  --提交第二个隐性事务
GO
SET IMPLICIT_TRANSACTIONS OFF                       --关闭隐性事务模式
GO
```

本例在启动隐性事务模式后，由 COMMIT TRANSACTION 语句提交了两个事务：第一个事务在 imp_tran 表中插入两条记录；第二事务显示 imp_tran 表的数据行数、插入一条新记录、显示所有记录列表。隐性事务不需要 BEGIN TRANSACTION 标识开始位置，而由第一个 Transact-SQL 语句启动，直到遇到 COMMIT TRANSACTION 语句结束。应用程序使用 SET IMPLICIT_TRANSACTIONS ON/OFF 语句启动/关闭隐性事务模式。

2. 事务回滚

当事务执行过程中遇到错误时，该事务修改的所有数据都恢复到事务开始时的状态或某个指定位置，事务占用的资源将被释放。这个操作过程叫事务回滚(Transaction Rollback)。

事务回滚使用 ROLLBACK TRANSACTION 语句实现，其语法格式如下：

```
ROLLBACK [TRAN[SACTION][transaction_name|@tran_name_variable
          |savepoint_name|@savepoint_variable]]
```

其中，savepoint_name 用于指定回滚到某一个指定位置的标记名称，@savepoint_variable 为存放该标记名称的变量，变量只能声明为 char、varchar、nchar 或 nvarchar 数据类型。其他参数含义与 BEGIN TRANSACTION 语句相同。

如果要让事务回滚到指定位置，则需要在事务中设定保存点(Save Point)。所谓保存点是指定其所在位置之前的事务语句，不能回滚的语句即此语句前面的操作被视为有效。其语法格式如下：

```
SAVE TRAN[SACTION] {savepoint_name|@savepoint_variable}
```

参数含义与 ROLLBACK TRANSACTION 语句相同。

【例 10-11】 使用 ROLLBACK TRANSACTION 语句标识事务结束。

```
BEGIN TRANSACTION
  UPDATE goods
  SET stock_quantity = stock_quantity - 5
  WHERE goods_id = 'G00006'
  INSERT INTO sell_order(order_id1,goods_id,order_num,order_date)
  VALUES('S00005','G00006',5,getdate())
ROLLBACK TRANSACTION
```

本例建立的事务对 goods 表和 sell_order 表进行更新和插入操作。但当服务器遇到 ROLLBACK TRANSACTION 语句时，就会抛弃事务处理中的所有变化，把数据恢复到开始工作之前的状态。因此事务结束后，goods 表和 sell_order 表都不会改变。

【例 10-12】 删除仓储部，再将仓储部的职工划分到总经理办。

```
BEGIN TRANSACTION my_transaction_delete
  DELETE FROM department WHERE department_id = 'D005'
  SAVE TRANSACTION after_delete                    -- 设置保存点
  UPDATE employee SET department_id = 'D001' WHERE department_id = 'D005'
  IF (@@error = 0 OR @@rowcount = 0)
  BEGIN
    ROLLBACK TRANSACTION after_delete              -- 如果出错则回滚到保存点 after_delete
    COMMIT TRANSACTION my_transaction_delete
  END
  ELSE
    COMMIT TRANSACTION my_transaction_delete
GO
```

本例由 IF 语句根据条件(@@error=0 OR @@rowcount=0，出错或无此记录)是否满足来确定事务是回滚到保存点或还是提交。

如果不指定回滚的事务名称或保存点，则 ROLLBACK TRANSACTION 语句会将事务回滚到事务执行前；如果事务是嵌套的，则会回滚到最靠近的 BEGIN TRANSACTION 语句前。

【例 10-13】 为表 goods 定义触发器 trig_uptab，如果 goods 表更新数据，则把新数据复制到表 newgoods 中，若出错，则取消复制操作。

```
CREATE TRIGGER trig_uptab ON goods
FOR UPDATE
AS
SAVE TRANSACTION tran_uptab
INSERT INTO newgoods
    SELECT * FROM inserted
IF (@@error <> 0)
BEGIN
    ROLLBACK TRANSACTION tran_uptab
END
```

本例把事务和触发器结合起来实现数据的完整性。触发器 trig_uptab 内部是一个自动提交事务，用户使用 SAVE TRANSACTION 语句完成部分回滚到保存点 tran_uptab，避免 ROLLBACK TRANSACTION 回滚到最远的 BEGIN TRANSACTION 语句。回滚的操作由 IF 语句控制，只有当 INSERT 操作不能成功完成，才进行回滚。否则，触发器 trig_uptab 中的事务被自动提交。

3. 事务嵌套

和 BEGIN…END 语句类似，BEGIN TRANSACTION 和 COMMIT TRANSACTION 语句也可以进行嵌套，即事务可以嵌套执行。

【例 10-14】 提交事务。

```
CREATE TABLE employee_tran
(num char(2) NOT NULL,
  cname char(6) NOT NULL)
GO
BEGIN TRANSACTION Tran1                    -- @@TRANCOUNT 为 1
  INSERT INTO employee_tran VALUES ('01','Zhang')
  BEGIN TRANSACTION Tran2                  -- @@TRANCOUNT 为 2
    INSERT INTO employee_tran VALUES ('02','Wang')
    BEGIN TRANSACTION Tran3                -- @@TRANCOUNT 为 3
      PRINT @@TRANCOUNT
      INSERT INTO employee_tran VALUES ('03','Li')
    COMMIT TRANSACTION Tran3               -- @@TRANCOUNT 为 2
    PRINT @@TRANCOUNT
  COMMIT TRANSACTION Tran2                 -- @@TRANCOUNT 为 1
  PRINT @@TRANCOUNT
COMMIT TRANSACTION Tran1                   -- @@TRANCOUNT 为 0
PRINT @@TRANCOUNT
```

运行结果如下：

```
3
2
1
0
```

本例创建了一个表，生成 3 个级别的嵌套事务，然后提交该嵌套事务。SQL Server 忽略提交内部事务。根据最外部事务结束时采取的操作，将事务提交或者回滚。如果提交外部事务，则内层嵌套的事务也会提交。如果回滚外部事务，则不论此前是否单独提交过内层事务，所有内层事务都将回滚。@@TRANCOUNT 返回当前共有多个事务在处理中。

10.6 SQL Server 的锁机制

锁(Lock)作为一种安全机制，用于控制多个用户的并发操作，以防止用户读取正在由其他用户更改的数据或者多个用户同时修改同一数据，从而确保事务完整性和数据库一致性。虽然 SQL Server 会自动强制执行锁，但是用户可以通过对锁进行了解并在应用程序中自定义锁来设计出更有效率的应用程序。

10.6.1 锁模式

当对一个数据源加锁后,此数据源就有了一定的访问限制,称对此数据源进行了“锁定”。SQL Server 2012 有多种粒度锁,允许一个事务锁定不同类型的资源。

(1) 数据行(Row):数据页中的单行数据。

(2) 索引行(Key):索引页中的单行数据,即索引的键值。

(3) 页(Page):SQL Server 存取数据的基本单位,其大小为 8KB。

(4) 扩展盘区(Extent):一个盘区由 8 个连续的页组成。

(5) 表(Table)。

(6) 数据库(Database)。

为了使锁定的成本减至最少,SQL Server 自动将资源锁定在适合任务的级别。如果锁定于较小的粒度(如行)时,可以提高并行,但如果锁定了许多行,则需要控制更多的锁,因此会造成更高的开销。反之,如果锁定于较大的粒度(如表)时,若锁定整个表,则会限制其他事务对于表其他部分的存取因而更费时,但由于维护的锁较少而要求的开销较低。

SQL Server 2012 使用不同的锁模式锁定资源,这些锁模式确定了并发事务访问资源的方式。

(1) 共享锁(Shared Lock)。共享锁锁定的资源可以被其他用户读取,但其他用户不能修改它(只读操作)。例如在 SELECT 语句执行时,SQL Server 通常会对对象进行共享锁锁定。通常加共享锁的数据页被读取完毕后,共享锁就会立即被释放。

(2) 排他锁(Exclusive Lock)。排他锁锁定的资源只允许进行锁定操作的程序使用,其他任何对它的操作均不会被接受。例如执行数据更新语句(INSERT、UPDATE 或 DELETE)时,SQL Server 会自动使用排他锁,确保不会同时对同一资源进行多重更新。当对象上有其他锁存在时,无法对其加排他锁。排他锁一直到事务结束才能被释放。

(3) 更新锁(Update Lock)。更新锁用于可更新的资源中,是为了防止死锁而设立的。

如果更新操作使用共享锁,会出现以下问题。一个更新操作组成一个事务,此事务读取记录,获取资源(页或行)的共享锁,然后在修改数据时,将锁转换为排他锁。当有两个事务获得了资源上的共享锁,并试图同时更新数据,则一个事务尝试将锁转换为排他锁。从共享锁到排他锁的转换必须等待一段时间,因为一个事务的排他锁与其他事务的共享锁不兼容,因而发生锁等待。此时如果第二个事务也试图获取排他锁以进行更新,由于两个事务都要转换为排他锁,并且每个事务都等待另一个事务释放共享锁,则会发生死锁。

更新锁可以避免这种死锁现象,因为一次只有一个事务可以获得资源的更新锁,其他事务只能获得共享锁。当 SQL Server 准备更新数据时,首先对数据对象加更新锁,这样数据将不能被修改,但可以读取。等到 SQL Server 确定要进行更新数据操作时,它会自动将更新锁换为排他锁。否则,锁转换为共享锁。

从程序员的角度,锁可以分为以下两种类型。

(1) 乐观锁(Optimistic Lock)。乐观锁假定在处理数据时,不需要在应用程序的代码中做任何事情就可以直接在记录上加锁,即完全依靠数据库来管理锁的工作。一般情况下,当执行事务处理时,SQL Server 会自动对事务处理范围内更新到的表做锁定。

(2) 悲观锁(Pessimistic Lock)。悲观锁需要程序员直接管理数据或对象上的加锁处理，并负责获取、共享和放弃正在使用的数据上的任何锁。

10.6.2 隔离级别

隔离(Isolation)是计算机安全技术中的概念，其本质上是一种封锁机制。它是指自动数据处理系统中的用户和资源的相关牵制关系，也就是用户和进程彼此分开，且和操作系统的保护控制也分开。

尽管可串行性对于事务确保数据库中的数据在所有时间内的正确性相当重要，然而许多事务并不总是要求完全地隔离。例如，多个作者工作于同一本书的不同章节。新章节可以在任意时候提交到项目中。但是，对于已经编辑过的章节，没有编辑人员的批准，作者不能对此章节进行任何更改。这样，尽管有未编辑的新章节，但编辑人员仍可以确保在任意时间该书籍项目的正确性。编辑人员可以查看以前编辑的章节以及最近提交的章节。

事务准备接受不一致数据的级别称为隔离级别(Isolation Level)。隔离级别是一个事务必须与其他事务进行隔离的程度。较低的隔离级别可以增加并发，但代价是降低数据的正确性。相反，较高的隔离级别可以确保数据的正确性，但可能对并发产生负面影响。应用程序要求的隔离级别确定了 SQL Server 使用的锁定行为。

在 SQL Server 支持以下 4 种隔离级别。

(1) 提交读(Read Committed)。它是 SQL Server 的默认级别。在此隔离级别下，SELECT 语句不会也不能返回尚未提交(Committed)的数据(即脏数据)。

(2) 未提交读(Read Uncommitted)。与提交读隔离级别相反，它允许读取脏数据，即已经被其他用户修改但尚未提交的数据。它是最低的事务隔离级别，仅可保证不读取物理损坏的数据。

(3) 可重复读(Repeatable Read)。在此隔离级别下，用 SELECT 语句读取的数据在整个语句执行过程中不会被更改。此选项会影响系统的效能，非必要情况最好不用此隔离级别。

(4) 可串行读(Serializable)。将共享锁保持到事务完成，而不是不管事务是否完成都在不再需要所需的表或数据页时就立即释放共享锁。其与 DELETE、SELECT 和 UPDATE 语句中 SERIALIZABLE 选项含义相同。它是最高的事务隔离级别，事务之间完全隔离。

默认情况下，SQL Server 2012 操作在“提交读”这一隔离级别上。但是，应用程序可能需要运行于不同的隔离级别。若要在应用程序中使用更严格或较宽松的隔离级别，可以通过使用 SET TRANSACTION ISOLATION LEVEL 语句设置会话的隔离级别，来自定义整个会话的锁定。其语法格式如下：

```
SET TRANSACTION ISOLATION LEVEL
{READ COMMITTED
|READ UNCOMMITTED
|REPEATABLE READ
|SERIALIZABLE }
```

一次只能设置一个选项。指定隔离级别后，SQL Server 会话中所有 SELECT 语句的锁定行为都运行于该隔离级别上，并一直保持有效直到会话终止或者设置另一个隔离级别。

10.6.3 查看和终止锁

查看锁可以通过 SQL Server 2012 管理平台或系统存储过程 sp_lock 来实现。

1. 用 SQL Server 2012 管理平台查看锁信息

查看数据库系统中的锁,最便捷的方式就是使用 SQL Server 2012 管理平台中的查询编辑器,在查询编辑器中使用快捷键"Ctrl+2",即可查看到进程、锁以及对象等信息,如图 10-14 所示。

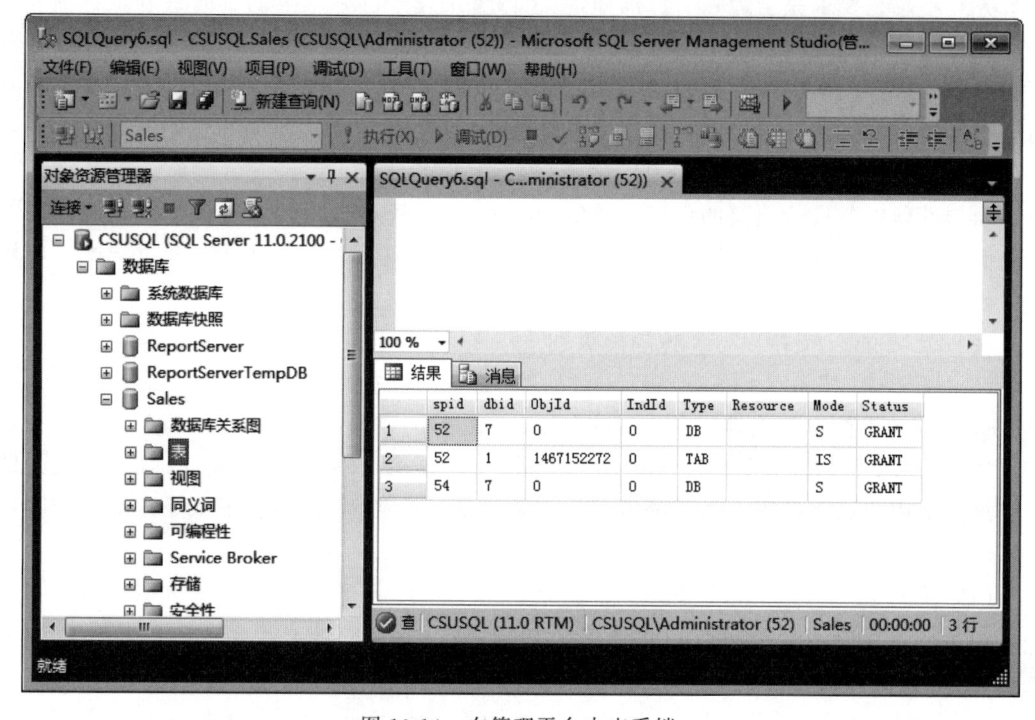

图 10-14 在管理平台中查看锁

2. 用系统存储过程 sp_lock 查看锁

系统存储过程 sp_lock 的语法格式如下:

```
sp_lock spid
```

其中,spid 是 SQL Server 的进程编号,它可以在 master. dbo. sysprocesses 系统表中查到。spid 数据类型为 int,如果不指定 spid,则显示所有的锁。

例如,显示当前系统中所有的锁,结果如图 10-15 所示。

又如,显示编号为 54 的锁的信息,结果如图 10-16 所示。

终止进程还可以用如下命令来进行:

```
KILL spid
```

其中,spid 是系统进程编号。例如,终止的进程 54 的语句如下:

```
KILL 54
```

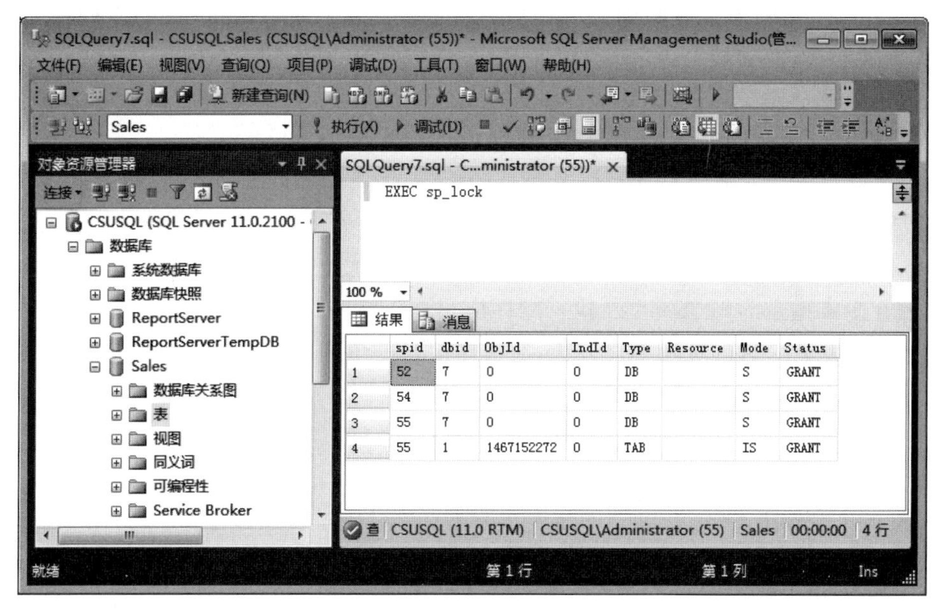

图 10-15　显示当前系统中所有的锁

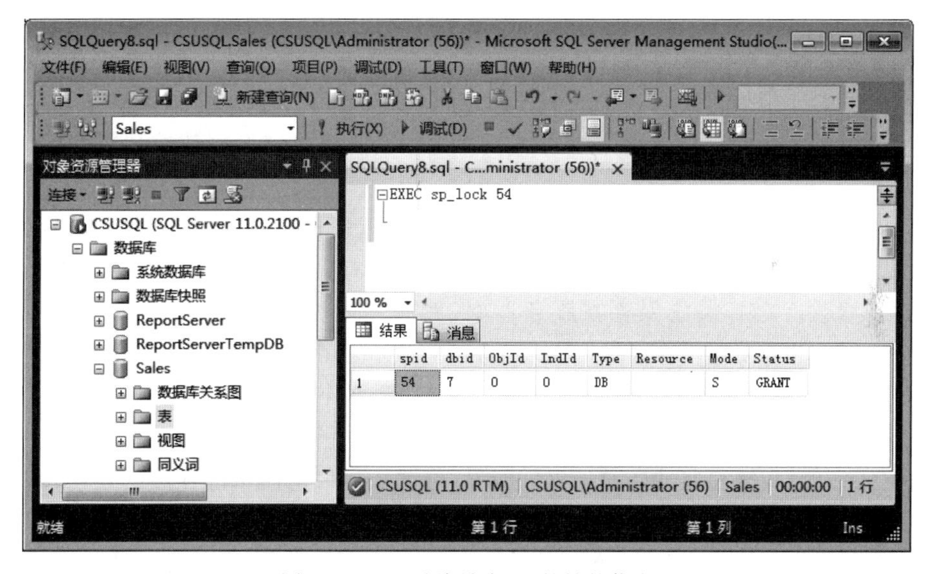

图 10-16　显示编号为 54 的锁的信息

10.6.4　死锁及其防止

死锁(Deadlocking)是在多用户或多进程状况下,为使用同一资源而产生的无法解决的争用状态。通俗地讲,就是两个用户各占用一个资源,两人都想使用对方的资源,但同时又不愿放弃自己的资源,就一直等待对方放弃资源,如果不进行外部干涉,就将一直耗下去。

死锁会造成资源的大量浪费,甚至会使系统崩溃。因此,在 SQL Server 2012 中,通常由锁监视器线程自动定期对死锁进行检测。当识别死锁后,SQL Server 自动设置一个事务结束死锁进程。

SQL Server 解决死锁的原则是“牺牲一个比两个都死强”，即挑出一个进程作为牺牲者，将其事务回滚，并向执行此进程的程序发送编号为1205的错误信息。

虽然不能完全避免死锁，但可以使死锁的数量减至最少。防止死锁的途径就是不能让满足死锁条件的情况发生，为此，用户需要遵循以下原则：

(1) 尽量避免并发地执行涉及修改数据的语句。

(2) 要求每个事务一次就将所有要使用的数据全部加锁，否则就不予执行。

(3) 预先规定一个封锁顺序，所有的事务都必须按这个顺序对数据执行封锁。例如，不同的过程在事务内部对对象的更新执行顺序应尽量保持一致。

(4) 每个事务的执行时间不可太长，对程序段长的事务可考虑将其分割为几个事务。

本章小结

本章介绍了SQL Server 2012的几个重要概念：存储过程和触发器、事务与锁。在数据库系统开发过程中，理解和掌握这些概念是很重要的。

(1) 存储过程是一组SQL语句和流程控制语句的集合，以一个名字存储并作为一个单元处理。存储过程用于完成某项任务，它可以接收参数、返回状态值和参数值，并且实现嵌套调用。

(2) 触发器就其本质而言是一种特殊的存储过程，有3种类型：插入触发器、更新触发器和删除触发器。当执行插入、删除、更新操作时，触发器将自动触发，以确保对数据的处理符合由触发器所定义的规则。使用触发器可以有效地检查数据的有效性和数据的完整性、一致性。

(3) 创建、删除、查看、修改存储过程和触发器可以使用SQL Server 2012管理平台或Transact-SQL语句。存储过程可以由CREATE PROCEDURE和ALTER PROCEDURE语句创建和修改。它必须先保存在服务器中，然后才能被EXECUTE语句执行，同时必须提供输入和输出参数。Transact-SQL支持按位置和按名称两种方法传递参数。触发器可以由CREATE TRIGGER和ALTER TRIGGER语句创建和修改，因事件触发而被执行。

(4) 存储过程和触发器的各种信息的查看、修改还可以使用系统存储过程sp_helptext、sp_rename、sp_helptrigger、sp_depends实现。

(5) 事务是一个操作序列，它包含了一组数据库操作命令，所有的命令作为一个整体一起向系统提交或撤销操作请求，即要么都执行，要么都不执行。通常在程序中用BEGIN TRANSACTION语句来标识一个事务的开始，用COMMIT TRANSACTION语句标识一个事务的结束。事务回滚是指当事务中的某一语句执行失败时，将对数据库的操作恢复到事务执行前或某个指定位置，事务回滚使用ROLLBACK TRANSACTION语句。

(6) 锁是在多用户环境下对资源访问的一种限制。当对一个数据源加锁后，此数据源就有了一定的访问限制。

(7) 事务与锁也是保证数据完整性和正确性的机制，可以确保数据能够正确地被存储、修改，而不会造成数据在存储或修改过程中因事故或其他用户的中断而导致的数据不完整。

习　题　10

一、选择题

1. 关于存储过程的描述正确的一项是(　　)。

   A. 存储过程的存在独立于表,它存放在客户端,供客户端使用

   B. 存储过程只是一些 Transact-SQL 语句的集合,不能看作 SQL Server 的对象

   C. 存储过程可以使用控制流语句和变量,大大增强了 SQL 的功能

   D. 存储过程在调用时会自动编译,因此使用方便

2. 关于触发器的描述正确的是(　　)。

   A. 触发器是自动执行的,可以在一定条件下触发

   B. 触发器不可以同步数据库的相关表进行级联更新

   C. SQL Server 2012 不支持 DDL 触发器

   D. 触发器不属于存储过程

3. 属于事务控制的语句是(　　)。

   A. BEGIN TRAN、COMMIT、ROLLBACK

   B. BEGIN、CONTINUE、END

   C. CREATE TRAN、COMMIT、ROLLBACK

   D. BEGIN TRAN、CONTINUE、END

4. 如果有两个事务,同时对数据库中同一数据进行操作,不会引起冲突的操作是(　　)。

   A. 一个是 DELETE,一个是 SELECT

   B. 一个是 SELECT,一个是 DELETE

   C. 两个都是 UPDATE

   D. 两个都是 SELECT

5. 解决并发操作带来的数据不一致问题普遍采用(　　)技术。

   A. 封锁　　　　　　B. 存取控制

   C. 恢复　　　　　　D. 协商

二、填空题

1. 用户定义存储过程是指在用户数据库中创建的存储过程,其名称不能以________为前缀。

2. 触发器是一种特殊的________,基于表而创建,主要用来保证数据的完整性。

3. 在 SQL Server 2012 中,一个事务处理控制语句以关键字________开始,以关键字________或________结束。

4. 在网络环境下,当多个用户同时访问数据库时,就会产生并发问题,SQL Server 2012 是利用________完成并发控制的。

三、问答题

1. 简述存储过程的概念并说明使用存储过程有哪些优点。

2. 如何执行存储过程? 存储过程的执行有何特点?

3. 存储过程的输入、输出参数如何表示? 如何使用?

4. 存储过程的状态值有何含义？如何在编写过程时正确运用返回值？

5. 使用存储过程有哪些限制和注意事项？

6. 简述存储过程与触发器的区别。

7. 什么是事务？事务的作用是什么？

8. 为什么要在 SQL Server 2012 中引入锁的机制？

9. 锁的类型是什么？

10. 为什么会出现死锁？如何解决死锁现象？

11. 如何查看系统的锁信息？

四、应用题

1. 为 sell_order 表创建两个存储过程：prStoreOrderID 可以插入一个订单并返回订单号；prStoreOrderItem 可以插入订单项。

2. 创建一个存储过程，该存储过程创建一个只有一个整型字段的临时表，然后此存储过程把从 1～100 的数插入表中，最后作为一个结果集返回给调用者。

3. 创建一个名为 prUpdateName 的存储过程，并用它来更新表 goods 中指定记录的 goods_name 字段。

4. 创建一个包含 SELECT 语句的存储过程 prTest，并使用查询编辑器证实该存储过程确实存在于当前数据库中。

5. 使用查询编辑器获取存储过程 prTest 的源代码。

6. 使用查询编辑器查看存储过程 prTest 的依赖关系。

7. 使用查询编辑器将存储过程 prTest 重命名为 npr_Test。

8. 使用查询编辑器删除存储过程 sp_Test。

第11章 数据库的安全管理

数据库的安全管理是指保护数据库以防止不合法的使用而造成数据的破坏和泄密。这就需要采取一定的安全保护措施。为了维护数据库的安全，SQL Server 2012 提供了完善的安全管理机制，包括登录账号管理、数据库用户管理、角色管理和权限管理等。只有使用特定的身份验证方式的用户，才能登录到系统中。只有具有一定权限的用户，才能对数据库对象执行相应的操作。本章介绍 SQL Server 2012 的身份验证模式及其设置、登录账号管理、数据库用户管理、角色管理和权限管理等有关内容。

11.1 SQL Server 的安全机制

SQL Server 2012 的安全性管理是建立在身份验证(Authentication)和访问许可(Permission)两者机制上的。身份验证是确定登录 SQL Server 的用户的登录账号和密码是否正确，以此来验证其是否具有连接 SQL Server 的权限。通过验证的用户必须获取访问数据库的权限，才能对数据库进行权限许可下的操作。

11.1.1 身份验证模式

身份验证模式是指 SQL Server 如何处理用户名和密码，SQL Server 2012 有两种身份验证模式：Windows 身份验证模式和混合身份验证模式。

1. Windows 身份验证模式

该模式使用 Windows 操作系统的安全机制验证用户身份，只要用户能够通过 Windows 用户账号验证，即可连接到 SQL Server 而不再进行身份验证。这种模式只适用于能够提供有效身份验证的 Windows 操作系统。

2. 混合身份验证模式

在该模式下，Windows 身份验证和 SQL Server 验证两种模式都可用。对于可信任连接用户(由 Windows 验证)，系统直接采用 Windows 的身份验证机制，否则 SQL Server 将通过账号的存在性和密码的匹配性自行进行验证，即采用 SQL Server 身份验证模式。

在 SQL Server 验证模式下，用户在连接 SQL Server 时必须提供登录名和登录密码，这些登录信息存储在系统表 syslogins 中，与 Windows 的登录账号无关。SQL Server 自己执行认证处理，如果输入的登录信息与系统表 syslogins 中的某条记录相匹配时表明登录成功。

Windows 身份验证模式相对可以提供更多的功能，如安全验证和密码加密、审核、密码过期、密码长度限定、多次登录失败后锁定账户等，对于账户以及账户组的管理和修改也更为方便。混合验证模式可以允许某些非可信的 Windows 操作系统账户连接到 SQL Server,如 Internet 客户等,它相当于在 Windows 身份验证机制之后加入 SQL Server 身份验证机制,对非可信的 Windows 账户进行自行验证。

身份验证内容包括确认用户的账号是否有效、能否访问系统、能访问系统的哪些数据库。

11.1.2 身份验证模式的设置

视频讲解

在安装 SQL Server 2012 时默认的是 Windows 身份验证模式。可以使用 SQL Server 管理工具来设置验证模式,但设置验证模式的工作只能由系统管理员来完成,以下为在 SQL Server 2012 管理平台下的设置方法。

(1) 打开 SQL Server 2012 管理平台后,在弹出的“连接到服务器”窗口中输入服务器的名称,并选择登录服务器使用的身份验证模式(默认是 Windows 身份验证模式),单击“连接”按钮连接到服务器中。

(2) 服务器连接完成后,在 SQL Server 2012 管理平台的“对象资源管理器”窗格中,右击服务器名称,在弹出的快捷菜单中选择“属性”命令,打开“服务器属性”对话框,并选择该窗口中的“安全性”页,如图 11-1 所示。

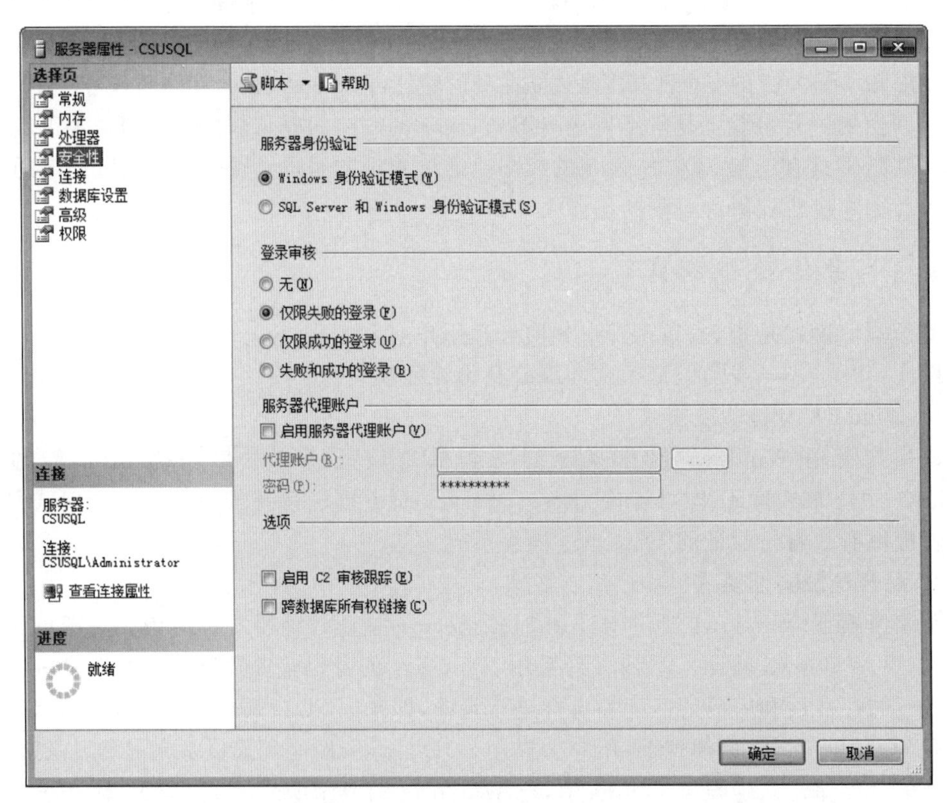

图 11-1 “服务器属性”对话框

(3) 在“安全性”页的“服务器身份验证”项目下,选择新的服务器身份验证模式,再单击“确定”按钮,完成验证模式的设置或修改。

以上设置方法,需要重启 SQL Server(MSSQLSERVER)服务后,才能生效。

11.2 登录账号管理

通过身份验证并不代表能够访问 SQL Server 中的数据,用户只有在获取访问数据库的权限之后,才能够对服务器上的数据库进行权限许可下的各种操作(主要针对数据库对象,如表、视图、存储过程等),这种用户访问数据库权限的设置是通过用户登录账号来实现的。

11.2.1 创建登录账户

创建登录账户的方法有两种:一种是从 Windows 用户或组中创建登录账户;另一种是创建新的 SQL Server 登录账户。

1. 通过 Windows 身份验证创建登录

Windows 用户或组通过 Windows 的"计算机管理"创建,它们必须被授予连接 SQL Server 的权限后才能访问数据库,其用户名称用"域名\计算机名\用户名"的方式指定。Windows 包含一些预先定义的内置本地组和用户,如 Administrators 组、本地 Administrators 账号、sa 登录、Users、Guest、数据库所有者(dbo)等,它们不需要创建。

视频讲解

首先,创建 Windows 7 用户,其操作步骤如下:

(1) 以管理员身份登录到 Windows 7,打开"控制面板"窗口,选择"系统和安全"→"管理工具"→"计算机管理"命令,展开"系统工具"→"本地用户和组"结点,如图 11-2 所示。

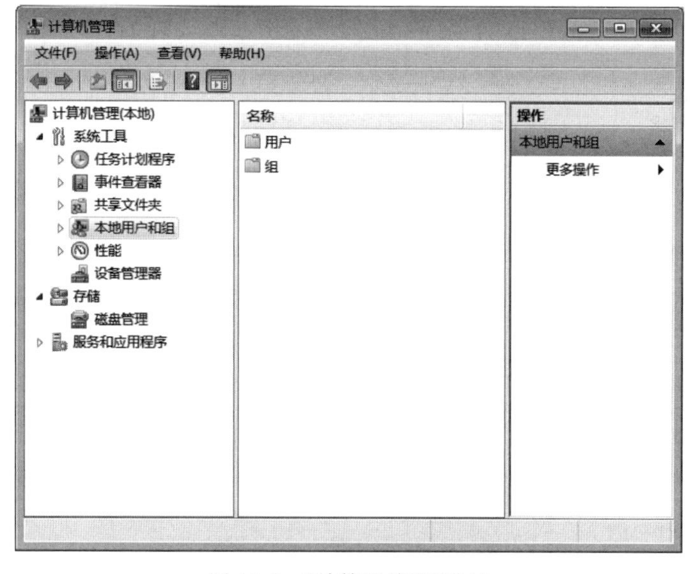

图 11-2 "计算机管理"窗口

(2) 展开"本地用户和组"文件夹,选择"用户"图标,右击,在弹出的快捷菜单中选择"新用户"命令,打开"新用户"对话框,如图 11-3 所示,输入用户名、确认密码,单击"创建"按钮,然后单击"关闭"按钮完成创建。

创建好 Windows 7 账号后,再使用 SQL Server 2012 管理平台将 Windows 7 账号映射到 SQL Server 中,以创建 SQL Server 登录,其操作步骤如下:

图 11-3 “新用户”对话框

(1) 启动 SQL Server 2012 管理平台,在“对象资源管理器”窗格中分别展开“服务器”→“安全性”→“登录名”结点。

(2) 右击“登录名”结点,在弹出的快捷菜单中选择“新建登录名”命令,打开“登录名-新建”对话框,如图 11-4 所示。

(3) 在图 11-4 中选择“Windows 身份验证”模式,登录名通过单击“搜索”按钮自动产生,单击“搜索”按钮后出现“选择用户或组”对话框,如图 11-5 所示,在“输入要选择的对象

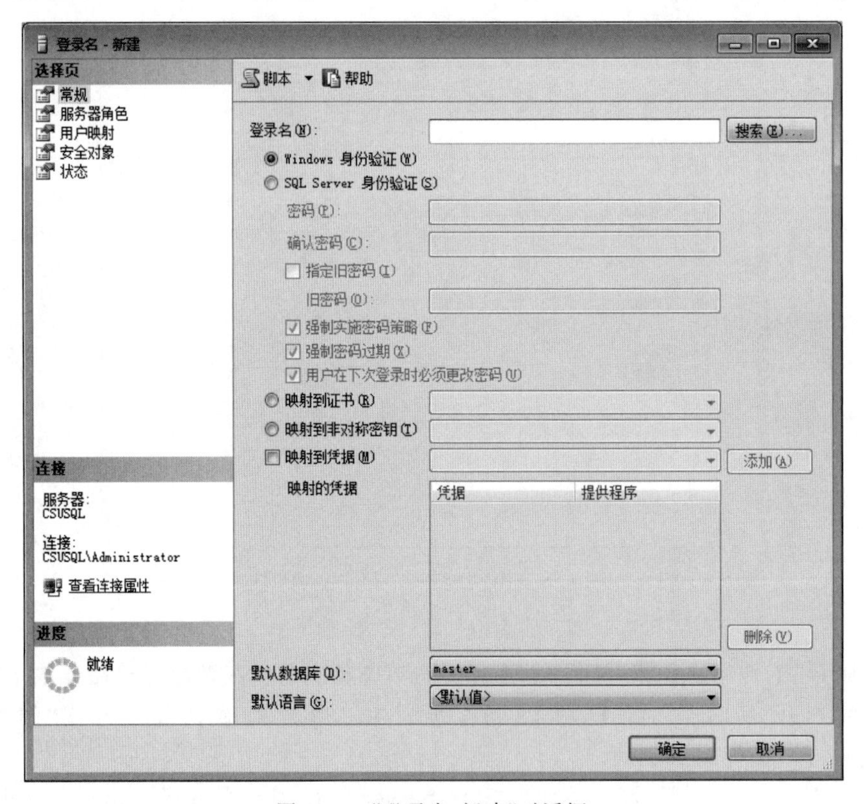

图 11-4 “登录名-新建”对话框

名称”文本框中直接输入名称或单击“高级”和“立即查找”按钮后查找用户或组名称来完成输入。

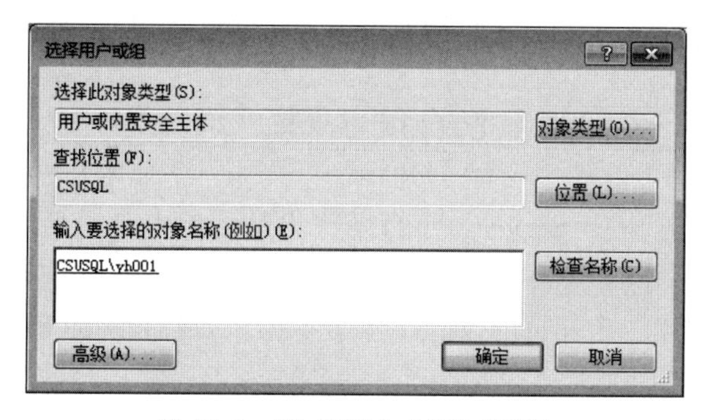

图 11-5 “选择用户或组”对话框

(4) 在图 11-4 中选择“服务器角色”页,可以查看或更改登录名在固定服务器角色中的成员身份。

(5) 选择“用户映射”页,以查看或修改 SQL 登录名到数据库用户的映射,并可选择其在该数据库中允许担任的数据库角色。

(6) 单击“确定”按钮,一个 Windows 组或用户即可增加到 SQL Server 2012 登录账户中。

对于已经创建的 Windows 用户或组,可以使用系统存储过程 sp_grantlogin 授予其登录 SQL Server 的权限。其语法格式如下:

```
sp_grantlogin [@loginame = ]'login'
```

其中,[@loginame=]'login'为要添加的 Windows 用户或组的名称,名称格式为“域名\计算机名\用户名”。

【例 11-1】 使用系统存储过程 sp_grantlogin 将 Windows 用户 huang 加入 SQL Server 中。

```
EXEC sp_grantlogin'CSUSQL\huang'
```

或

```
EXEC sp_grantlogin [CSUSQL\huang]
```

该操作授予了 Windows 用户 CSUSQL\huang 连接到 SQL Server 的权限。

【例 11-2】 授予本地组 Users 中的所有用户连接 SQL Server 的权限。

```
EXEC sp_grantlogin'BUILTIN\Users'
```

该操作由于授予的是本地组中的用户,所以使用 BUILTIN 关键字代替域名和计算机名。

注意:仅 sysadmin 或 securityadmin 固定服务器角色的成员可以执行 sp_grautlogin。后面内容的 sp_addlogin、sp_password、sp_defaultdb、sp_defaultlanguage 等存储过程也具有相同权限。

2. 创建 SQL Server 登录

如果使用混合验证模式或不通过 Windows 用户或用户组连接 SQL Server,则需要在 SQL Server 下创建用户登录权限,使用户得以连接使用 SQL Server 身份验证的 SQL Server 实例。

1) 使用 SQL Server 2012 管理平台创建登录账户

在 SQL Server 2012 管理平台中创建 SQL Server 登录账户的具体步骤类似于“将 Windows 7 账号映射到 SQL Server 中”的操作方法,如图 11-4 所示,只是要选择“SQL Server 身份验证”模式,并输入登录账户名称、密码及确认密码,禁用“强制实施密码策略”复选框,并选择默认数据库。选择页的设置操作基本类似,最后单击“确定”按钮,即增加了一个新的登录账户。

2) 使用系统存储过程 sp_addlongin 创建登录

sp_addlogin 语法格式如下:

```
sp_addlogin [@loginame = ]'login'
[,[@passwd = ]'password']
[,[@defdb = ]'database']
[,[@deflanguage = ]'language']
[,[@sid = ]sid]
[,[@encryptopt = ]'encryption_option']
```

各选项的含义如下。

(1) [@loginame=]'login':登录名称,login 没有默认设置。

(2) [@passwd=]'password':登录密码,默认设置为 NULL,设置后 password 被加密并存储在系统表中。

(3) [@defdb=]'database':登录的默认数据库,默认设置为 master。

(4) [@deflanguage=]'language':用户登录 SQL Server 时系统指派的默认语言,默认值为 NULL。若没有指定语言,那么 language 被设置为服务器当前的默认语言。

(5) [@sid=]sid:安全标识号(SID)。sid 的数据类型为 varbinary(16),默认设置为 NULL。如果 sid 为 NULL,则系统为新登录生成 SID。

(6) [@encryptopt=]'encryption_option':指定存储在系统表中的密码是否要加密。encryption_option 的数据类型为 varchar(20),其值可以为 NULL、skip_encryption 或 skip_encryption_old,分别表示加密密码(默认设置)、密码已加密和已提供的密码由 SQL Server 较早版本加密。

【例 11-3】 使用系统存储过程 sp_addlongin 创建登录,新登录名为 ZG002,密码为 002,默认数据库为 Sales。

```
EXEC sp_addlogin'ZG002','002','Sales'
```

注意:SQL Server 登录和密码最多可包含 128 个字符,可以由任意字母、符号和数字组成,但不能包括反斜线(\)、系统保留的登录名称、已经存在的名称、NULL 或空字符串。

【例 11-4】 创建没有密码和默认数据库的登录,登录名为 ZG003。

```
EXEC sp_addlogin'ZG003'
```

该操作为用户 ZG003 创建一个 SQL Server 登录名，没有指定密码和默认数据库，使用默认密码 NULL 和默认数据库 master。

3. 查看用户

创建了登录账户后，如果需要确定用户是否有连接 SQL Server 实例的权限，以及可以访问哪些数据库的信息时，可以使用系统存储过程 sp_helplogins 查看。

sp_helplogins 的语法格式如下：

```
sp_helplogins [[@LoginNamePattern = ]'login']
```

其中，[@LoginNamePattern=]'login'为登录名。若没有指定 login，则返回有关的所有用户的信息。返回信息包括登录名、安全标识符、默认连接的数据库、默认语言、映射的用户账户及所属角色等，与 sp_addlogin 的参数基本对应。

【例 11-5】 查看账户信息。

```
EXEC sp_helplogins'ZG002'
```

该操作查询有关登录 ZG002 的信息如图 11-6 所示。

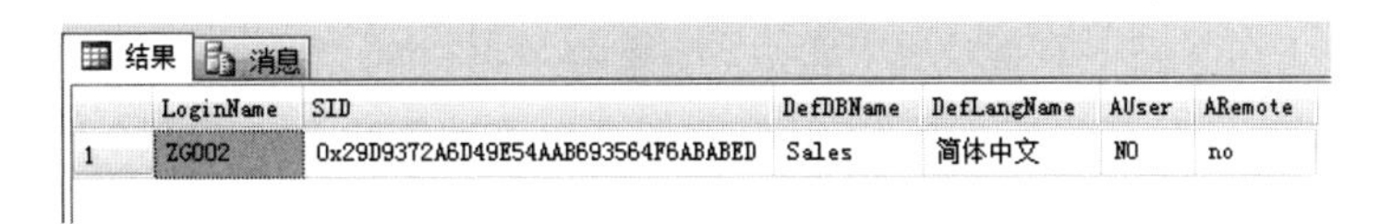

结果
消息
LoginName
SID
DefDBName
DefLangName
AUser
ARemote
1
ZG002
0x29D9372A6D49E54AAB693564F6ABABED
Sales
简体中文
NO
no

图 11-6　查询登录 ZG002 的信息

11.2.2　修改登录账户

有时需要更改已有登录的一些设置，根据修改项目的不同，可以进行密码修改、默认数据库修改或默认语言修改，分别使用 sp_password、sp_defaultdb、sp_defaultlanguage 等系统存储过程。

sp_password 的语法格式如下：

```
sp_password [[@old = ]'old_password',]
{[@new = ]'new_password'} [,[@loginame = ]'login']
```

sp_defaultdb 的语法格式如下：

```
sp_defaultdb [@logname = ]'login',[@defdb = ]'databases'
```

sp_defaultlanguage 的语法格式如下：

```
sp_defaultlanguage [@loginame = ]'login'[,[@language = ]'language']
```

其中，[@old=]'old_password'为旧密码，[@new=]'new_password'为新密码，其他参数的含义与 sp_addlogin 语句相同。

【例 11-6】 给例 11-4 创建的登录 ZG003 添加密码，修改默认数据库设置为 Sales。

```
EXEC sp_password NULL,'123','ZG003'
EXEC sp_defaultdb'master','Sales'
```

该操作为登录 ZG003 添加密码 123，默认连接数据库为 Sales。

11.2.3 删除登录账户

当某一个登录账户不再使用时，应该将其删除，以保证数据库的安全性和保密性。删除登录账户可以通过管理平台和 Transact-SQL 语句来进行。

1. 使用 SQL Server 2012 管理平台删除登录

其操作步骤如下：

(1) 启动 SQL Server 2012 管理平台，在“对象资源管理器”窗格中分别展开“服务器”→“安全性”→“登录名”结点。

(2) 在“登录名”详细列表中右击要删除的用户，在弹出的快捷菜单中选择“删除”命令，打开“删除对象”对话框，单击“确定”按钮，完成删除操作。

注意：这时没有删除 Windows 用户，只是该用户不能登录 SQL Server 2012 了。

2. 使用 Transact-SQL 语句删除登录账号

删除登录账号有两种形式：删除 Windows 用户或组登录和删除 SQL Server 登录。

1) 删除 Windows 用户或组登录

使用 sp_revokelogin 从 SQL Server 中删除用 sp_grantlogin 创建的 Windows 用户或组的登录。sp_revokelogin 并不是从 Windows 中删除了指定的 Windows 用户或组，而是禁止了该用户用 Windows 登录账户连接 SQL Server。如果被删除登录权限的 Windows 用户所属的组仍然有权限连接 SQL Server，则该用户也仍然可以连接 SQL Server。

sp_revokelogin 的语法格式如下：

```
sp_revokelogin [@liginame = ]'login'
```

其中，[@liginame=]'login'为 Windows 用户或组的名称。

【例 11-7】 使用系统存储过程 sp_revokelogin 删除例 11-1 创建的 Windows 用户'CSU SQL\huang'的登录账号。

```
EXEC sp_revokelogin'CSUSQL\huang'
```

或

```
EXEC sp_revokelogin [CSUSQL\huang]
```

2) 删除 SQL Server 登录

使用 sp_droplogin 可以删除 SQL Server 登录。其语法格式如下：

```
sp_droplogin [@loginame = ]'login'
```

其中，[@liginame=]'login'为要删除的 SQL Server 登录。要删除的登录不能为 sa(系统管理员)、拥有现有数据库的登录、在 msdb 数据库中拥有作业的登录以及当前正在使用且被连接到 SQL Server 的登录。

【例 11-8】 使用系统存储过程 sp_droplogin 删除 SQL Server 登录账号 ZG001。

```
EXEC sp_droplogin'ZG001'
```

注意：要删除映射到任何数据库中现有用户的登录必须先使用 sp_dropuser 删除该用户。

11.3　数据库用户的管理

通过 Windows 创建登录账户，如果在数据库中没有授予该用户访问数据库的权限，则该用户仍不能访问数据库，所以对于每个要求访问数据库的登录，必须将用户账户添加到数据库中，并授予其相应的活动权限。

1. 使用 SQL Server 2012 管理平台创建数据库用户

其操作步骤如下：

(1) 打开 SQL Server 2012 管理平台，在"对象资源管理器"窗格中依次展开"服务器"→"数据库"→"安全性"→"用户"结点。在"用户"结点上右击，在弹出的快捷菜单中选择"新建用户"命令，打开如图 11-7 所示的"数据库用户-新建"对话框。

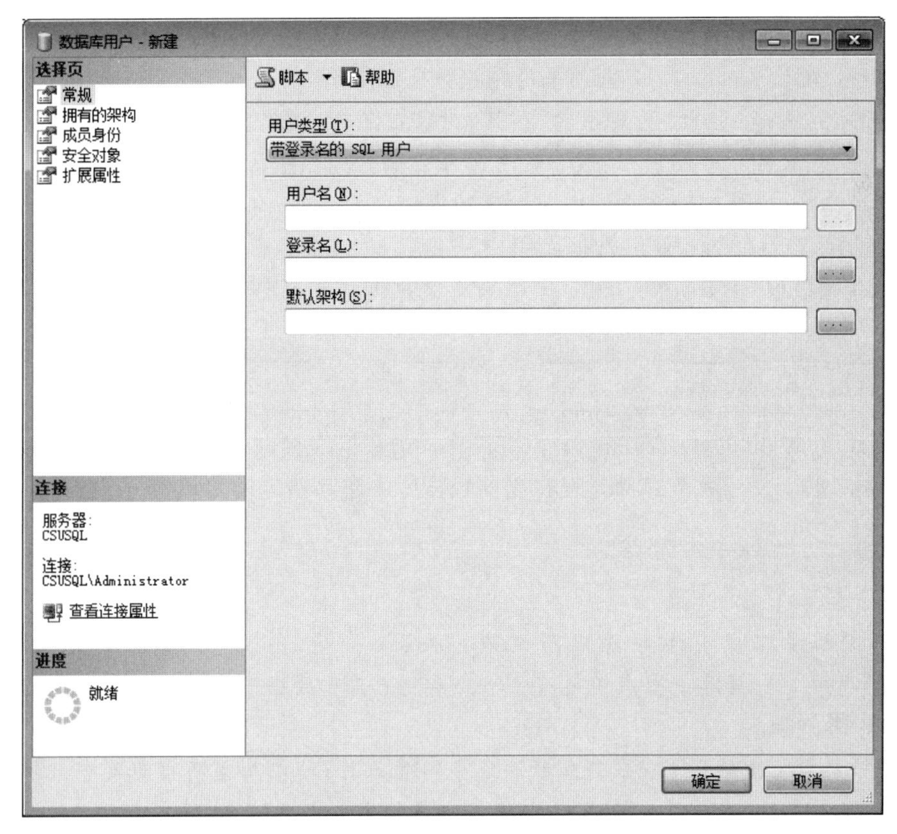

图 11-7　"数据库用户-新建"对话框

(2) 在打开的"数据库用户-新建"对话框的"常规"页中，单击"登录名"右边的 ... 按钮可搜索登录用户或直接在文本框中输入用户的登录名，在"用户名"文本框中输入用户名，用户名可以与登录名不一样。

(3) 在"数据库用户-新建"对话框的"拥有的架构"页中，选择此用户拥有的架构，在"成员身份"页选择"数据库角色成员身份"复选框。

(4) 单击"数据库用户-新建"对话框的"确定"按钮，数据库用户建立完成。

2. 使用系统存储过程创建数据库用户

SQL Server 使用系统存储过程 sp_grantdbaccess 为数据库添加用户，其语法格式如下：

```
sp_grantdbaccess [@loginame = ]'login'[,[@name_in_db = ]'name_in_db'[OUTPUT]
```

各选项的含义如下。

(1) [@loginame=]'login'：当前数据库中新安全账户的名称，Windows 组或用户必须用域名限定。

(2) [@name_in_db=]'name_in_db'[OUTPUT]：数据库中账户名称，name_in_db 为 OUTPUT 变量，默认值为 NULL。

【例 11-9】 使用系统存储过程在当前数据库中增加一个用户。

```
EXEC sp_grantdbaccess'ZG002'
```

3. 删除数据库中的用户或组

1) 使用 SQL Server 2012 管理平台删除数据库用户

打开 SQL Server 2012 管理平台，在其"对象资源管理器"面板中依次展开"服务器"→"数据库"→"安全性"→"用户"结点。右击选择要删除的数据库用户，在弹出的快捷菜单中选择"删除"命令，则从当前数据库中删除该数据库用户。

2) 使用系统存储过程删除数据库用户

系统存储过程 sp_revokedbaccess 用来将数据库用户从当前数据库中删除，其语法格式为：

```
sp_revokedbaccess [@name_in_db = ]'name'
```

其中，@name_in_db 的含义与 sp_grantdbaccess 语法格式相同。

【例 11-10】 使用系统存储过程在当前数据库中删除指定的用户。

```
EXEC sp_revokedbaccess'ZG002'
```

注意：

(1) 该存储过程不能删除以下用户：public 角色、dbo 角色、INFORMATION_SCHEMA 用户；数据库中固定角色；master 和 tempdb 数据库中的 guest 用户；Windows NT 组中的用户等。

(2) 用户与登录的区别：在建立新的服务器登录时，可以指定用户为某个数据库用户；在建立登录后才可以在特定的数据库中将用户添加为数据库用户，用户是对数据库而言，属于数据库级。登录是对服务器而言，用户首先必须是一个合法的服务器登录，登录属于服务器级。

11.4 角色管理

在 SQL Server 中，角色是为了方便权限管理而设置的管理单位，它将数据库中的不同用户集中到不同的单元中，并以单元为单位进行权限管理，该单元的所有用户都具有该权限，大大减少了管理员的工作量。

11.4.1 SQL Server 角色的类型

SQL Server 2012 中有两种角色类型：固定角色和用户定义数据库角色。

1. 固定角色

在 SQL Server 中，系统定义了一些固定角色，它们涉及服务器配置管理以及服务器和数据库的权限管理，固定角色分为固定服务器角色和固定数据库角色。

固定服务器角色独立于各个数据库，具有固定的权限。可以在这些角色中添加用户以获得相关的管理权限。表 11-1 所示列出了固定服务器角色的名称及权限。

表 11-1 固定服务器角色的名称及权限

角色名称	权限
sysadmin	系统管理员，可以在 SQL Server 服务器中执行任何操作
serveradmin	服务器管理员，具有对服务器设置和关闭的权限
setupadmin	设置管理员，添加和删除链接服务器，并执行某些系统存储过程
securityadmin	安全管理员，管理服务器登录标识、更改密码、CREATE DATABASE 权限，还可以读取错误日志
processadmin	进程管理员，管理在 SQL Server 服务器中运行的进程
dbcreator	数据库创建者，可创建、更改和删除数据库
diskadmin	管理系统磁盘文件
bulkadmin	可执行 BULK INSERT 语句，但必须有 INSERT 权限

固定数据库角色是指角色所具有的管理、访问数据库权限已被 SQL Server 定义，并且 SQL Server 管理者不能对其所具有的权限进行任何修改。SQL Server 中的每一个数据库中都有一组固定数据库角色，在数据库中使用固定数据库角色可以将不同级别的数据库管理工作分给不同的角色，从而很容易实现工作权限的传递。例如，如果准备让某一用户临时或长期具有创建和删除数据库对象(表、视图、存储过程)的权限，那么只要把它设置为 db_ddladmin 数据库角色即可。表 11-2 所示列出了固定数据库角色的名称及权限。

表 11-2 固定数据库角色的名称及权限

角色名称	权限
db_owner	数据库的所有者，可以执行任何数据库管理工作，可以对数据库内的任何对象进行任何操作，如删除、创建对象，将对象权限指定给其他用户。该角色包含以下各角色的所有权限
db_accessadmin	数据库访问权限管理者，可添加或删除用户、组或登录标识
db_securityadmin	管理角色和数据库角色成员、对象所有权、语句执行权限、数据库访问权限 db_ddladmin 数据库 DDL 管理员，在数据库中创建、删除或修改数据库对象
db_backupoperator	执行数据库备份权限
db_datareader	能且仅能对数据库中任何表执行 SELECT 操作，从而读取所有表的信息
db_datawriter	能对数据库中任何表执行 INSERT、UPDATE、DELETE 操作，但不能进行 SELECT 操作
db_denydatawriter	不能对任何表进行增、删、修改操作
db_denydatareader	不能读取数据库中任何表的内容
public	每个数据库用户都是 public 角色成员。因此，不能将用户、组或角色指派为 public 角色的成员，也不能删除 public 角色的成员

使用系统存储过程 sp_helpsrvrole 可以查询固定服务器角色的列表，sp_srvrolepermission 可以查看每个角色的特定权限，sp_helpdbfixedrole 可以查询固定数据库角色的列表，sp_dbfixedrolepermission 可以查询每个角色的特定权限。

2. 用户定义数据库角色

当某些数据库用户需要被设置为相同的权限，但是这些权限不同于固定数据库角色所具有的权限时，就可以定义新的数据库角色来满足这一要求，从而使这些用户能够在数据库中实现某一特定功能。

用户定义数据库角色的优点是 SQL Server 数据库角色可以包含 Windows 用户组或用户；同一个数据库的用户可以具有多个不同的用户定义角色，这种角色的组合是自由的，而不仅仅是 public 与其他一种角色的结合；角色可以进行嵌套，从而在数据库中实现不同级别的安全性。

11.4.2 固定服务器角色管理

固定服务器角色不能进行添加、删除或修改等操作，只能将用户登录添加为固定服务器角色的成员。

1. 添加固定服务器角色成员

添加固定服务器角色成员可以使用 SQL Server 2012 管理平台和 Transact-SQL 语句实现。

视频讲解

【例 11-11】 使用 SQL Server 2012 管理平台将登录名 ZG001 添加为固定服务器角色 dbreator 成员。

添加固定服务器角色成员的操作步骤如下：

(1) 打开 SQL Server 管理平台，在"对象资源管理器"窗格中展开"数据库服务器"→"安全性"→"服务器角色"结点，在下侧窗口中显示了当前数据库服务器的所有服务器角色。

(2) 在要添加或删除成员的某固定服务器角色(如 dbcreator 角色)上右击，在弹出的快捷菜单中选择"属性"命令，打开如图 11-8 所示的"服务器角色属性"对话框。

(3) 在"服务器角色属性"对话框中能方便地单击"添加"和"删除"按钮实现对成员的添加和删除。

固定服务器角色成员的添加也可以从"安全性"结点的"登录名"实现，操作步骤如下：

(1) 打开 SQL Server 2012 管理平台，在"对象资源管理器"窗格中展开"数据库服务器"→"安全性"→"登录名"结点，在某个登录名上右击(如选择登录名 ZG001)，在弹出的快捷菜单上选择"属性"命令，在打开的"登录属性"对话框中选择"服务器角色"页，如图 11-9 所示。

(2) 在"登录属性"对话框的"服务器角色"页能直接选择多项登录名需要属于的固定服务器角色，这样也完成了对固定服务器角色成员的添加与删除。

系统存储过程 sp_addsrvrolemember 用于添加固定服务器角色成员，其语法格式如下：

```
sp_addsrvrolemember [@loginame = ]'login',[@rolename = ]'role'
```

各选项的含义如下。

(1) [@loginame=]'login'：添加到固定服务器角色的登录名称。

(2) [@rolename=]'role'：要加入的角色名称，role 代表固定服务器名称。

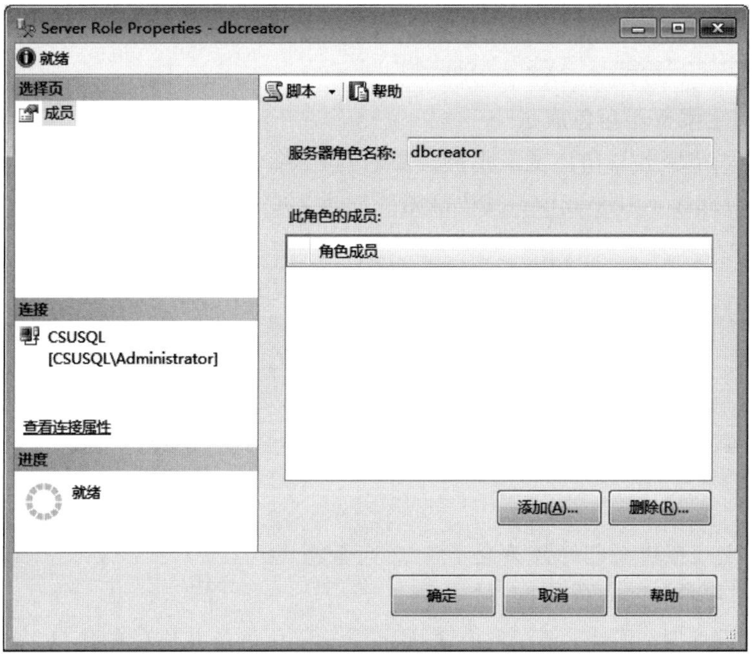

Server Role Properties - dbcreator

就绪

选择页

成员

脚本 帮助

服务器角色名称: dbcreator

此角色的成员:

角色成员

连接

CSUSQL
[CSUSQL\Administrator]

查看连接属性

进度

就绪

添加(A)... 删除(R)...

确定 取消 帮助

图 11-8 “服务器角色属性”对话框

登录属性 - ZG001

选择页

常规
服务器角色
用户映射
安全对象
状态

脚本 帮助

服务器角色用于向用户授予服务器范围内的安全特权。

服务器角色(S):

- [ ] bulkadmin
- [ ] dbcreator
- [ ] diskadmin
- [ ] processadmin
- [x] public
- [ ] securityadmin
- [ ] serveradmin
- [ ] setupadmin
- [ ] sysadmin

连接

服务器:
CSUSQL

连接:
CSUSQL\Administrator

查看连接属性

进度

就绪

确定 取消

图 11-9 “登录属性”对话框

【例 11-12】 使用系统存储过程将登录名 ZG002 添加为固定服务器角色 sysadmin 的成员。

```
EXEC sp_addsrvrolemember'ZG002','sysadmin'
```

2. 删除固定服务器角色成员

如果某个固定服务器角色成员不再需要时,可以将其删除。删除固定服务器角色成员的语句是 sp_dropsrvrolemember,其语法格式如下:

```
sp_dropsrvrolemember [@loginame = ]'login',[@rolename = ]'role'
```

各选项的含义如下。

(1) [@loginame=]'login':要从固定服务器角色中删除的登录名称。

(2) [@rolename=]'role':固定服务器角色名称,role 代表固定服务器名称。

【例 11-13】 使用系统存储过程从固定服务器角色 sysadmin 中删除登录名 ZG002。

```
EXEC sp_dropsrvrolemember'ZG002','sysadmin'
```

注意:固定服务器角色必须为表 11-1 所列角色。

3. 查看固定服务器角色信息

在使用数据库时,可能需要了解有关固定服务器角色及其成员的信息,分别使用系统存储过程 sp_helpsrvrole、sp_helpsrvrolemember 来实现。

查看固定服务器角色 sp_helpsrvrole 存储过程的语法格式如下:

```
sp_helpsrvrole [[@srvrolename = ]'role']
```

其中,[@srvrolename=]'role'为固定服务器角色名称。

注意:固定服务器角色不能添加、修改、删除。

查看固定服务器角色成员 sp_helpsrvrolemember 语句的语法格式如下:

```
sp_helpsrvrolemember [[@srvrolename = ]'role']
```

其中,[[@srvrolename=]'role']的取值与 sp_helpsrvrole 语句的相同。

【例 11-14】 查看固定服务器角色 sysadmin 及其成员的信息。

```
EXEC sp_helpsrvrole'sysadmin'
GO
EXEC sp_helpsrvrolemember'sysadmin'
```

运行结果如图 11-10 所示。

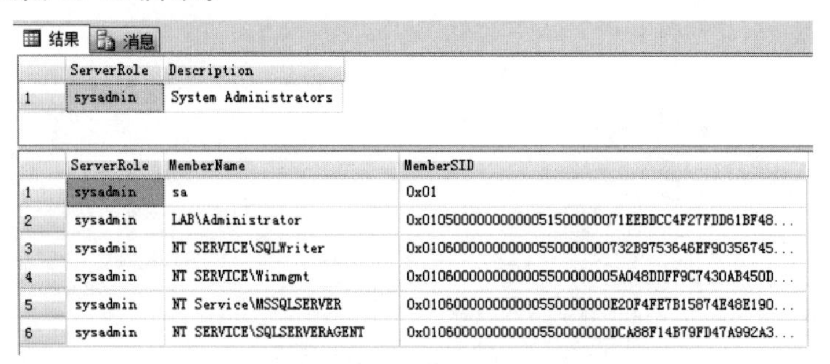

结果 消息

	ServerRole	Description
1	sysadmin	System Administrators

	ServerRole	MemberName	MemberSID
1	sysadmin	sa	0x01
2	sysadmin	LAB\Administrator	0x01050000000000051500000071EEBDCC4F27FDD61BF48...
3	sysadmin	NT SERVICE\SQLWriter	0x010600000000000550000000732B9753646EF90356745...
4	sysadmin	NT SERVICE\Winmgmt	0x0106000000000005500000005A048DDFF9C7430AB450D...
5	sysadmin	NT Service\MSSQLSERVER	0x010600000000000550000000E20F4FE7B15874E48E190...
6	sysadmin	NT SERVICE\SQLSERVERAGENT	0x010600000000000550000000DCA88F14B79FD47A992A3...

图 11-10　固定服务器角色 sysadmin 及其成员的信息

注意：查看固定服务器角色成员的信息通过管理平台的“安全性”→“服务器角色”中的“属性”选项卡可以实现。

11.4.3 数据库角色管理

与固定服务器角色一样，固定数据库角色也不能进行添加、删除或修改等操作，只能将用户登录添加为固定数据库角色的成员。

1. 添加数据库角色成员

使用系统存储过程 sp_addrolemember 向数据库角色中添加成员，其语法格式如下：

```
sp_addrolemember [@rolename = ]'role',[@membername = ]'security_account'
```

各选项的含义如下。

(1) [@rolename=]'role'：数据库角色名称，可以是固定数据库角色，也可以是用户定义数据库角色。

(2) [@membername=]'security_account'：添加到数据库角色的登录账户名称。

【例 11-15】 向数据库 Sales 添加 Windows 用户 CSUSQL\yh001。

```
USE Sales
GO
EXEC sp_grantdbaccess'CSUSQL\yh001','yh001'
GO
EXEC sp_addrolemember'db_ddladmin','yh001'
```

本例中，将 Windows 用户 CSUSQL\yh001 添加到数据库 Sales 中，使其成为数据库用户 yh001，再将 yh001 添加到 Sales 数据库的 db_ddladmin 角色中。由于在数据库 Sales 中，CSUSQL\yh001 被当作用户 yh001，所以必须用 sp_addrolemember 来指定用户名 yh001。

【例 11-16】 向数据库添加例 11-3 创建的 SQL Server 用户 ZG002 为 db_owner 角色成员。

```
EXEC sp_addrolemember'db_owner','ZG002'
```

本例中，将 SQL Server 用户 ZG002 添加到数据库的 db_owner 角色中，由于没有指定数据库，则 ZG002 被添加为当前数据库的 db_owner 成员。

2. 删除数据库角色成员

使用系统存储过程 sp_droprolemember 删除当前数据库角色中的成员，其语法格式如下：

```
sp_droprolemember [@rolename = ]'role',[@membername = ]'security_account'
```

各选项的含义如下。

(1) [@rolename=]'role'：要查询的数据库角色名称，若不指定角色名称，则返回所有角色的信息。

(2) [@name_in_db=]'security_account'：当前数据库的用户名称，可以是 SQL Server 用户、Windows 用户、数据库角色名称。

【例 11-17】 删除数据库角色中的用户。

```
EXEC sp_droprolemember'db_owner','ZG002'
```

本例从当前数据库的角色 db_owner 中删除用户 ZG002。

3. 查看数据库角色及其成员信息

查看数据库角色及其成员的信息可以使用系统存储过程 sp_helpdbfixedrole、sp_helprole 和 sp_helpuser,它们分别查看当前数据库的固定数据库角色、当前数据库中定义的角色、数据库角色的成员信息。

sp_helpdbfixedrole 的语法格式如下:

```
sp_helpdbfixedrole [[@rolename = ]'role']
```

sp_helprole 的语法格式如下:

```
sp_helprole [[@rolename = ]'role']
```

sp_helpuser 的语法格式如下:

```
sp_helpuser [[@name_in_db = ]'security_account']
```

各选项的含义如下。

(1) [@rolename=]'role':要查询的数据库角色名称,若不指定角色名称,则返回所有角色的信息。

(2) [@name_in_db=]'security_account':当前数据库的用户名称,可以是 SQL Server 用户、Windows 用户、数据库角色名称。

【例 11-18】 查看当前数据库中所有用户及 db_owner 数据库角色的信息。

```
EXEC sp_helpuser
EXEC sp_helpdbfixedrole'db_owner'
```

11.4.4 用户定义数据库角色管理

1. 创建和删除用户定义数据库角色

创建和删除用户定义数据库角色可以使用 SQL Server 管理平台和系统存储过程实现。使用 SQL Server 2012 管理平台创建、修改或删除数据库角色的步骤如下:

(1) 打开 SQL Server 2012 管理平台,在"对象资源管理器"窗格中展开"服务器实例"→"数据库"→选定的数据库→"安全性"→"角色"→"数据库角色"结点,显示了当前数据库的所有数据库角色。

(2) 在"数据库角色"结点或某具体数据库角色上右击,在弹出的快捷菜单中选择"新建数据库角色"命令,打开如图 11-11 所示的"数据库角色-新建"对话框。

(3) 在"数据库角色-新建"对话框中,指定角色名称与所有者,单击"确定"按钮即简单创建了新的数据库角色。

(4) 在某数据库角色上右击,在弹出的快捷菜单中选择"属性"命令,在打开的"数据库角色属性"对话框中,可以查阅或修改角色信息,如指定新的所有者、对安全对象等信息的修改。

(5) 在某数据库角色上右击,在弹出的快捷菜单中选择"删除"命令,打开"删除对象"对话框来删除数据库角色。

图 11-11 “数据库角色-新建”对话框

使用系统存储过程 sp_addrole 和 sp_droprole 可以创建和删除用户定义数据库角色，其语法格式分别如下：

```
sp_addrole [@rolename = ]'role' [,[@ownername = ]'owner']
sp_droprole [@rolename = ]'role'
```

各选项的含义如下。

(1) [@rolename=]'role'：角色的名称。

(2) [@ownername=]'owner'：新角色的所有者，默认值为 dbo。owner 必须是当前数据库中的某个角色或用户。

【例 11-19】 使用系统存储过程创建名为 role01 的用户定义数据库角色到 Sales 数据库中。

```
Use Sales
GO
EXEC sp_addrole'role01'
```

【例 11-20】 使用系统存储过程删除数据库 Sales 中名为 role01 的用户定义数据库角色。

```
USE Sales
GO
EXEC SP_droprole'role01'
```

2. 添加和删除用户定义数据库角色成员

添加和删除用户定义数据库角色成员可以使用 SQL Server 2012 管理平台和系统存储过程来完成。

1) 在 SQL Server 2012 管理平台中添加或删除数据库角色成员

方法一：在上面提到过的某数据库角色的"数据库角色属性"对话框中，在"常规"选项卡的右下角成员操作区中，单击"添加"或"删除"按钮实现操作。

方法二：通过在"对象资源管理器"→"数据库服务器"→"数据库"→选定的数据库→"安全性"→"用户"→"某具体用户"结点上右击，在弹出的快捷菜单选择"属性"命令，弹出"数据库用户"对话框，在右下角成员操作区中，通过多选按钮直接实现为该用户从某个或某些数据库角色中添加或删除数据库角色成员。

2) 使用 Transact-SQL 添加或删除数据库角色成员

【例 11-21】 使用系统存储过程将用户 ZG002 添加为 Sales 数据库的 role01 角色的成员。

```
USE Sales
GO
EXEC sp_addrolemember'role01','ZG002'
```

【例 11-22】 将 SQL Server 登录账号 ZG003 添加到 Sales 数据库中，其用户名为 ZG003，然后再将 ZG003 添加为该数据库的 role01 角色的成员。

```
USE Sales
GO
EXEC sp_grantdbaccess'ZG003','ZG003'
EXEC sp_addrolemember'role01','ZG003'
```

11.5 权限管理

权限是指用户对数据库中对象的使用及操作的权利，当用户连接到 SQL Server 实例后，该用户要进行的任何涉及修改数据库或访问数据的活动都必须具有相应的权限，也就是用户可以执行的操作均由其被授予的权限决定。

11.5.1 权限的种类

在 SQL Server 2012 中，不同的对象拥有不同的权限。SQL Server 2012 中的权限包括 3 种类型：对象权限、语言权限和隐含权限。

1. 对象权限

对象权限用于用户对数据库对象执行操作的权利，即处理数据或执行存储过程(INSERT、UPDATE、DELETE、EXECUTE 等)所需要的权限，这些数据库对象包括表、视图、存储过程。

不同类型的对象支持不同的针对它的操作，例如不能对表对象执行 EXECUTE 操作。表 11-3 列出了各种对象及操作。

表 11-3　对象及操作

对　　象	操　　作
表	SELECT、INSERT、UPDATE、DELETE、REFERANCES
视图	SELECT、INSERT、UPDATE、DELETE
存储过程	EXECUTE
列	SELECT、UPDATE

2. 语句权限

语句权限主要指用户是否具有权限来执行某一语句，这些语句通常是一些具有管理性的操作，如创建数据库、表、存储过程等。这种语句虽然也包含操作(如 CREATE)的对象，但这些对象在执行该语句之前并不存在于数据库中，所以将其归为语句权限范畴。表 11-4 列出了语句权限及其作用。

表 11-4　语句权限及其作用

语　　句	作　　用
CREATE DATABASE	创建数据库
CREATE TABLE	在数据库中创建表
CREATE VIEW	在数据库中创建视图
CREATE DEFAULT	在数据库中创建默认对象
CREATE PROCEDURE	在数据库中创建存储过程
CREATE RULE	在数据库中创建规则
CREATE FUNCTION	在数据库中创建函数
BACKUP DATABASE	备份数据库
BACKUP LOG	备份日志

3. 隐含权限

隐含权限是指系统自行预定义而不需要授权就有的权限，包括固定服务器角色、固定数据库角色和数据库对象所有者所拥有的权限。

固定角色拥有确定的权限，例如固定服务器角色 sysadmin 拥有完成任何操作的全部权限，其成员自动继承这个固定角色的全部权限。数据库对象所有者可以对所拥有的对象执行一切活动，如查看、添加或删除数据等操作，也可以控制其他用户使用其所拥有的对象的权限。

权限管理的主要任务是管理语句权限和对象权限。

11.5.2　授予权限

使用 SQL Server 2012 管理平台和 Transact-SQL 语句 GRANT 完成用户或角色的权限授予。

1. 使用 SQL Server 2012 管理平台授予用户或角色语句权限

操作步骤如下：

(1) 打开 SQL Server 2012 管理平台，在“对象资源管理器”窗格中展开“数据库服务器”→“数据库”结点。

视频讲解

(2) 在选择的数据库上(如 Sales 数据库)右击,在弹出的快捷菜单中选择"属性"命令,打开"数据库属性"对话框。

(3) 在"数据库属性"对话框中选择"权限"页,进行相应的语句权限设置,如图 11-12 所示。

图 11-12 "数据库属性"对话框的"权限"页

2. 使用 SQL Server 2012 管理平台授予用户或角色对象权限

其操作步骤如下:

(1) 打开 SQL Server 2012 管理平台,在"对象资源管理器"窗格中展开"数据库服务器"→"数据库"→"某具体数据库"→"表"结点。

(2) 选择授予权限的对象(如表 employee),右击,在弹出的快捷菜单中选择"属性"命令,打开"表属性"对话框。

(3) 在"表属性"对话框中选择"权限"页,进行相应的语句权限设置,如图 11-13 所示。

(4) 单击"确定"按钮,完成对象权限的设置。

3. 使用 Transact-SQL 语句 GRANT 授予用户或角色权限

GRANT 语句授予对象权限的语法格式如下:

```
GRANT
    {ALL [PRIVILEGES]|permission [,…,n]}
    {[(column [,…,n])] ON {table|view}
    | ON {table|view } [( column [,…,n])]
    | ON {stored_procedure|extended_procedure}
```

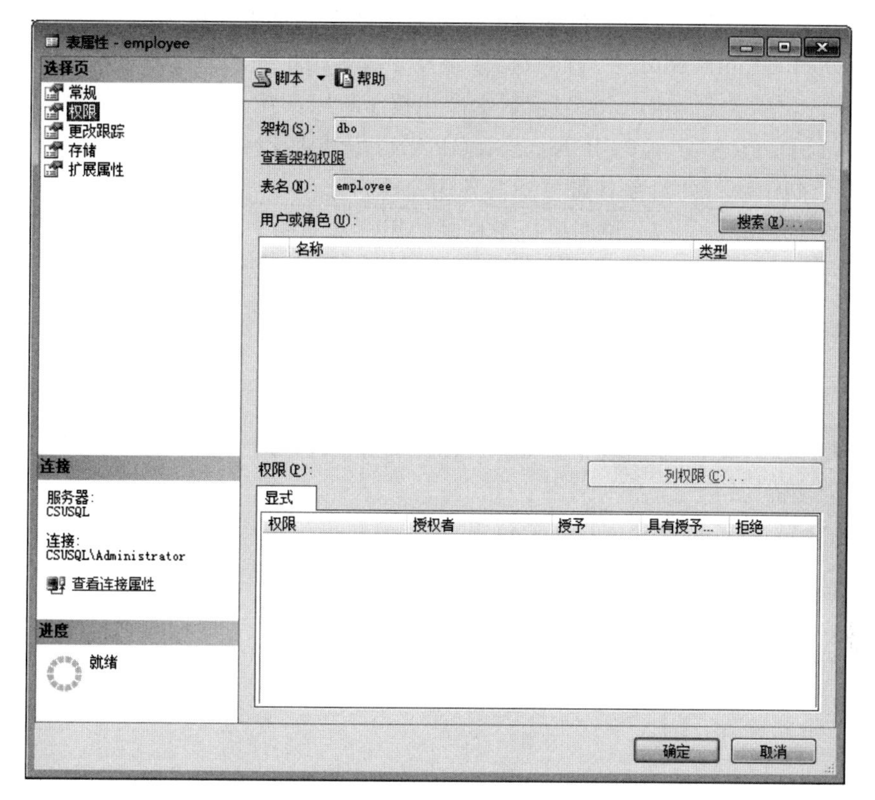

图 11-13 “表属性”对话框的“权限”页

```
    | ON {user_defined_function}}
TO security_account [, … ,n]
[WITH GRANT OPTION]
[AS {group|role }]
```

GRANT 授予语句权限的语法格式如下：

```
GRANT {ALL|statement [, … ,n]} TO security_account [, … ,n]
```

各选项的含义如下。

(1) ALL：说明授予所有可以获得的权限。对于对象权限，sysadmin 和 db_owner 角色成员和数据库对象所有者可以使用 ALL 关键字。对于语句权限，sysadmin 角色成员可以使用 ALL 关键字。

(2) TO：指定用户账户列表。

(3) statement：指定授予权限的语句。这些语句为表 11-4 所列出的语句。

(4) security_account：指定权限将授予的对象或用户账户，如当前数据库的用户与角色、Windows 用户或组、SQL Server 角色。

(5) permission：当前授予的对象权限。这些对象及其适用的操作参见表 11-3 所示。

(6) column：当前数据库中授予权限的列名。

(7) table：当前数据库中授予权限的表名。

(8) view：当前数据库中被授予权限的视图名称。

(9) stored_procedure：当前数据库中授予权限的存储过程名称。

(10) extended_procedure：当前数据库中授予权限的扩展存储过程名称。

(11) user_defined_function：当前数据库中授予权限的用户定义函数名称。

(12) WITH GRANT OPTION：表示 GRANT 语句所授权的 security_account 有能力将其从当前语句中获得的对象权限授予其他用户账户。

(13) AS {group|role}：说明要授予权限的用户从哪一个角色或组继承权限。

【例 11-23】 使用 GRANT 语句给用户 ZG001 授予 CREATE TABLE 的权限。

```
USE Sales
GO
GRANT CREATE TABLE TO ZG001
```

通过 SQL Server 2012 管理平台 Sales 数据库的"属性"对话框中的"权限"页，可以看到 ZG001 的"创建表"被选定。

【例 11-24】 授予角色和用户对象权限。

```
USE Sales
GO
GRANT SELECT ON goods
TO public
GO
GRANT INSERT,UPDATE,DELETE
ON goods
TO ZG001,ZG002
```

本例中，在表 goods 中给 public 角色授予了 SELECT 权限，使得 public 角色中的成员对表的 goods 均拥有 SELECT 权限。又由于数据库 Sales 中的所有用户均为 public 角色成员，所以该数据库中所有的成员均拥有该对象权限。本例还授予用户 ZG001、ZG002 在表 goods 上拥有 INSERT、UPDATE、DELETE 权限，这样两个用户都拥有了 INSERT、UPDATE、DELETE、SELECT 权限。

【例 11-25】 在当前数据库 Sales 中给 public 角色赋予对表 employee 中 employee_id、employee_name 字段的 SELECT 权限。

```
USE Sales
GO
GRANT SELECT
(Employee_id,Employee_name) ON Employee
TO public
```

注意：只能向数据库中的用户账户授予当前数据库中的对象权限，如果要授予用户账户其他数据库中的对象的权限，必须先在那个数据库中创建用户账户。

11.5.3 禁止与撤销权限

禁止权限就是删除以前授予用户、组或角色的权限，禁止从其他角色继承的权限，且确保用户、组或角色将来不继承更高级别的组或角色的权限。

撤销权限用于删除用户的权限，但是撤销权限是删除曾经授予的权限，并不禁止用户、组或角色通过别的方式继承权限。撤销了用户的某一权限并不一定能够禁止用户使用该权限，因为用户可能通过其他角色继承这一权限。

使用 SQL Server 2012 管理平台和 Transact-SQL 语句 DENY、REVOKE 可以禁止和撤销权限。使用 SQL Server 2012 管理平台禁止和撤销权限的操作方法与授予权限操作相同，参见 11.5.2 节的相关内容。

1. 禁止权限

禁止语句权限语句的语法格式如下：

```
DENY {ALL|statement [, … ,n]} TO security_account [, … ,n]
```

禁止对象权限语句的语法格式如下：

```
DENY {ALL [PRIVILEGES]|permission [, … ,n]}
{
  [( column [, … ,n] )] ON {table|view}
  | ON { table|view } [( column [, … ,n] )]
  | ON { stored_procedure|extended_procedure}
  | ON { user_defined_function }}
TO security_account [, … ,n]
[CASCADE]
```

其中，CASCADE 指定授予用户禁止权限，并撤销用户的 WITH GRANT OPTION 权限。其他参数含义与 GRANT 语句相同。

【例 11-26】 使用 DENY 语句禁止用户 ZG002 使用 CREATE VIEW 语句。

```
USE Sales
GO
DENY CREATE VIEW TO ZG002
```

【例 11-27】 给 pubic 角色授予表 employee 上的 SELECT 权限，再拒绝用户 ZG001、ZG002 的特定权限，以使这些用户没有对 employee 表的操作权限。

```
USE Sales
GO
GRANT SELECT ON employee TO public
GO
DENY SELECT, INSERT, UPDATE, DELETE
ON employee TO ZG001, ZG002
GO
```

2. 撤销以前授予或拒绝的权限

撤销语句权限语句的语法格式如下：

```
REVOKE {ALL|statement [, … ,n]} FROM security_account [, … ,n]
```

撤销对象权限语句的语法格式如下：

```
REVOKE [GRANT OPTION FOR]
{ALL [PRIVILEGES]|permission [, … ,n]}
{[( column [, … ,n] )] ON { table|view }
```

```
    | ON {table|view} [( column [, …,n])]
    | ON {stored_procedure|extended_procedure}
    | ON {user_defined_function}
}
{TO|FROM } security_account [, …,n]
[CASCADE]
[AS {group|role }]
```

各参数的含义与 GRANT 语句相同。

【例 11-28】 使用 REVOKE 语句撤销用户 ZG001 对创建表操作的权限。

```
USE Sales
GO
REVOKE CREATE TABLE FROM ZG001
```

注意：REVOKE 只适用于当前数据库的权限，只在指定的用户、组或角色上撤销授予或拒绝的权限。

【例 11-29】 撤销以前 ZG001 授予或拒绝的 SELECT 权限。

```
Use Sales
GO
REVOKE SELECT ON employee FROM ZG001
```

11.5.4 查看权限

使用 sp_helprotect 可以查询当前数据库中某对象的用户权限或语句权限的信息。

sp_helprotect 语法格式如下：

```
sp_helprotect [[@name = ]'object_statement']
[,[@username = ]'security_account']
[,[@grantorname = ]'grantor']
[,[@permissionarea = ]'type']
```

各选项的含义如下。

(1) [@name=]'object_statement'：当前数据库中要查看权限的对象或语句的名称。若为语句，则取值为表 11-4 所列出的语句。

(2) [@username=]'security_account'：要查看权限的账户名称。

(3) [@grantorname=]'grantor'：授权的用户账户的名称。

(4) [@permissionarea=]'type'：显示类型，具体为对象权限(用 o 表示)、语句权限(用 s 表示)或两者都显示(os)的一个字符串。其默认值为 os。

【例 11-30】 查询表的权限。

```
USE Sales
GO
EXEC sp_helprotect'goods'
```

本例返回表 goods 的权限。

【例 11-31】 查询由某个特定的用户授予的权限。

```
EXEC sp_helprotect NULL,NULL,'ZG001'
```

本例返回当前数据库中由用户 ZG001 授予的权限，使用 NULL 作为[@name=]'object_statement'和[@username=]'security_account'两个缺少参数的占位符。

【例 11-32】 仅查询语句权限。

```
USE Sales
GO
EXEC sp_helprotect NULL,NULL,NULL,'s'
```

本例仅列出当前数据库中所有的语句权限，使用 NULL 作为缺少的 3 个参数的占位符。

本章小结

本章讨论了在 SQL Server 2012 中数据库的安全性管理问题，详细介绍了 SQL Server 的身份验证、登录账号、数据库用户、角色、权限等内容。

(1) 身份验证是指当用户访问数据库时，系统对该用户的账号和口令的确认过程。SQL Server 的身份验证包括 3 种模式：SQL Server 身份验证模式、Windows 身份验证模式、混合验证模式。可以使用 SQL Server 2012 管理平台进行身份验证模式的设置。

(2) 登录账户是用户建立自己与 SQL Server 的连接途径，可以使用 SQL Server 2012 管理平台和 Transact-SQL 语句建立和删除登录账号。

(3) 只有添加为数据库用户才有访问数据库的特定权限，使用 SQL Server 2012 管理平台和 Transact-SQL 语句可以建立和删除数据库用户。

(4) 角色是进行数据库权限管理的管理单位。角色分为固定角色和用户定义数据库角色。固定角色是系统预定义的，不可添加、修改与删除；用户定义数据库角色可以通过 SQL Server 2012 管理平台和 Transact-SQL 语句建立和删除。

(5) 权限是用户对数据库中对象的使用及操作的权利。权限分为对象权限、语句权限和隐含权限 3 种。通过 SQL Server 2012 管理平台和 Transact-SQL 语句可以进行权限的管理。

习 题 11

一、选择题

1. 使用系统管理员登录账户 sa 时，以下操作不正确的是(　　)。
   A. 虽然 sa 是内置的系统管理员登录账户，但在日常管理中最好不要使用 sa 进行登录
   B. 只有当其他系统管理员不可用或忘记了密码，无法登录到 SQL Server 时，才使用 sa 这个特殊的登录账户
   C. 最好总是使用 sa 账户登录
   D. 使系统管理员成为 sysadmin 固定服务器角色的成员，并使用各自的登录账户来登录

2. 关于 SQL Server 2012 角色的叙述中,以下(　　)不正确。

A. 对于任何用户,都可以随时让多个数据库角色处于活动状态

B. 如果所有用户、组和角色都在当前数据库中,则 SQL Server 角色可以包含 Windows 组和用户,以及 SQL Server 用户和其他角色

C. 存在于一个数据库中,不能跨多个数据库

D. 在同一数据库中,一个用户只属于一个角色

3. 系统管理员需要为所有的登录名提供有限的数据库访问权限,以下(　　)方法能最好地完成这项工作。

A. 为每个登录名增加一个用户,并为每个用户单独分配权限

B. 为每个登录名增加一个用户,将用户增加到一个角色中,为这个角色授权

C. 为 Windows 中的 Everyone 组授权访问数据库文件

D. 在数据库中增加 Guest 用户,并为它授予适当的权限

4. 关于 SQL Server 2012 权限的叙述中,以下(　　)不正确。

A. 权限是指用户对数据库中对象的使用及操作的权利

B. 当用户连接到 SQL Server 实例后,该用户要进行的任何涉及修改数据库或访问数据的活动都必须具有相应的权限

C. 如果撤销了用户的某一权限,便禁止了该用户使用该权限

D. 语句权限主要指用户是否具有权限来执行某一语句

二、填空题

1. 在 SQL Server 2012 中,数据库的安全机制包括________管理、数据库用户管理、________管理、权限管理等内容。

2. SQL Server 2012 有________和________两种安全模式。

3. SQL Server 中的权限包括 3 种类型:________、________和________。

4. 对用户授予和收回数据库操作权限的语句关键字分别为________和________。

5. 创建新的数据库角色时一般要完成的基本任务是________、________和________。

三、问答题

1. SQL Server 2012 有几种身份验证方式?它们的区别是什么?

2. 如何创建 Windows 身份验证模式的登录账号?

3. 如何创建 SQL Server 身份认证模式的登录账号?

4. 在 SQL Server 2012 中,如何添加一个用户登录账户?

5. 什么是角色?

6. 固定服务器角色、固定数据库角色各有哪几类?每一类有哪些操作权限?

四、应用题

1. 利用 SQL Server 管理平台和 Transact-SQL 语句创建登录账号。

2. 利用 SQL Server 管理平台和 Transact-SQL 语句删除登录账号。

3. 利用 SQL Server 管理平台和 Transact-SQL 语句创建一个用户定义数据库角色并添加到某个数据库中。

4. 创建一个用户,其权限可以访问某数据库,但该用户没有操作该数据库的其他任何权限。

第 12 章 数据库的维护

在数据库中数据可能遭到丢失和破坏，这就有必要定时或在需要的时候制作数据库副本，即进行数据备份，以便在发生意外时能修复数据库，即进行数据库的还原。数据的导入和导出是指数据库系统与外部系统进行数据交换的操作，用户可能将 SQL Server 2012 数据库中的数据导出到其他数据库系统中，也可能将其他数据库系统中的数据导入到 SQL Server 2012 中。分离和附加数据库可以将数据库从一台服务器移动到另一台服务器。本章主要介绍数据库的备份、还原、导入、导出、分离和附加的概念及操作方法。

12.1 数据库的备份

备份是指对 SQL Server 数据库或事务日志进行的复制，数据库备份记录了在进行备份操作时数据库中所有数据的状态，如果数据库受到意外损坏，这些备份文件将在数据库还原时被用来恢复数据库。

12.1.1 数据库备份概述

1. 备份内容

数据库中数据的重要程度决定了数据恢复的必要性与重要性，即决定了数据如何备份，数据库需备份的内容可分为系统数据库、用户数据库和事务日志 3 部分。

系统数据库主要包括 master、msdb 和 model 数据库，它们记录了重要的系统信息，是确保 SQL Server 2012 系统正常运行的重要依据，必须完全备份。

用户数据库是存储用户数据的存储空间集，通常用户数据库中的数据依其重要性可分为关键数据和非关键数据。关键数据则是用户的重要数据，不易甚至不能重新创建，必须进行完全备份。

事务日志记录了用户对数据的各种操作，平时系统会自动管理和维护所有的数据库事务日志。相对于数据库备份，事务日志备份所需要的时间较少，但恢复需要的时间比较长。

在 SQL Server 2012 中固定服务器角色 sysadmin 和固定数据库角色 db_owner、db_backupoperator 可以做备份操作，但通过授权其他角色也允许数据库备份。

2. 备份设备

备份设备是指数据库备份到的目标载体，即备份到何处。在 SQL Server 2012 中允许使用两种类型的备份设备，分别为硬盘和磁带。硬盘是最常用的备份设备，用于备份本地文件和网络文件。磁带是大容量备份设备，仅用于备份本地文件。

在进行数据库备份时，可以首先创建用于存储备份的备份设备，然后再将备份存放到指定的设备上,一般情况下,命名备份设备实际就是对应某一物理文件的逻辑名称。

3. 备份频率

数据库备份频率一般取决于修改数据库的频繁程度以及一旦出现意外,丢失的工作量的大小,还有发生意外丢失数据的可能性大小。

在正常使用阶段,对系统数据库的修改不会十分频繁,所以对系统数据库的备份也不需要十分频繁,只要在执行某些语句或存储过程导致SQL Server对系统数据库进行了修改的时候备份。

如果在用户数据库中执行了添加数据、创建索引等操作,则应该对用户数据库进行备份。如果清除了事务日志,也应该备份数据库。

4. 数据库备份的类型

SQL Server 2012支持4种基本类型的备份:完全备份、事务日志备份、差异备份、文件和文件组备份。

(1)完全备份。完全备份将备份整个数据库,包括用户表、系统表、索引、视图和存储过程等所有数据库对象,适用于数据更新缓慢的数据库。

(2)事务日志备份。事务日志是一个单独文件,它记录数据库的改变,备份的时候只复制自上次备份事务日志后对数据库执行的所有事务的一系列记录。

(3)差异备份。差异备份只记录自上次数据库备份后发生更改的数据,差异备份一般会比完全备份占用更少的空间。

(4)文件和文件组备份。当数据库非常庞大时,可执行数据库文件或文件组备份。这种备份策略使用户只恢复已损坏的文件或文件组,而不用恢复数据库的其余部分,所以,文件和文件组的备份及还原是一种相对较完善的备份和恢复过程。

12.1.2 创建和删除备份设备

进行数据库备份时,必须创建用来存储备份的备份设备。创建和删除备份设备可以使用SQL Server 2012管理平台和系统存储过程sp_addumpdevice、sp_dropdevice实现。

1. 使用SQL Server 2012管理平台创建备份设备

其操作步骤如下:

(1)在SQL Server 2012管理平台的"对象资源管理器"窗格中,展开服务器树状目录,选择"服务器对象"结点并展开,在其下的"备份设备"结点上右击,在弹出的快捷菜单中选择"新建备份设备"命令,打开如图12-1所示的"备份设备"对话框。

(2)在"备份设备"对话框的"设备名称"文本框中输入新设备的逻辑名称,如Sales_d。在下面的"文件"文本框中显示的是一个默认的文件名及其路径,用户可以对它进行修改。

(3)设置好后,单击"确定"按钮,即可创建备份设备。所创建的备份设备可在"备份设备"结点下看到。

注意:在设置备份文件路径时,必须保证SQL Server 2012所选择的硬盘驱动器上有足够的可用空间。

2. 使用系统存储过程sp_addumpdevice创建备份设备

sp_addumpdevice的语法格式如下:

```
sp_addumpdevice [@devtype = ]'device_type'
```

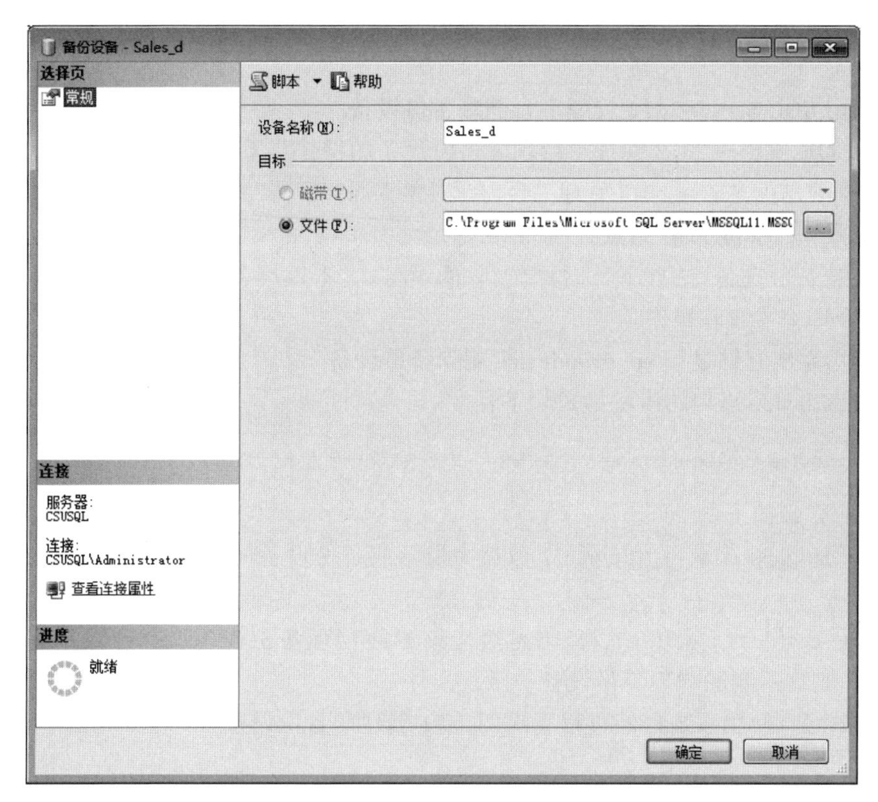

图 12-1 “备份设备”对话框

```
[@ logincalname = ]'logincal_name',
[@physicalname = ]'physical_name',
[,{[@cntrltype = ]controller_type|[@devstatus = ]'device_status'}]
```

各选项含义如下。

(1) [@devtype=]'device_type'：备份设备的类型，DISK 表示硬盘，PIPE 表示命名管道，TAPE 表示磁带设备。

(2) [@ logincalname=]'logincal_name'：备份设备的逻辑名称，该逻辑名称用于 BACKUP 和 RESTORE 语句中。

(3) [@physicalname=]'physical_name'：备份设备的物理名称。物理名称应遵守操作系统文件名的规则或者网络设备的通用命名规则，并且必须使用完整的路径。

(4) [@cntrltype=]controller_type：在创建备份设备时不是必需的，主要用于脚本。其值为 2，在设备类型为 DISK 时使用；其值为 5，在设备类型为 TAPE 时使用；其值为 6，设备类型为 PIPE 时使用。

(5) [@devstatus=]'device_status'：指明是读取(NOSKIP)ANSI 磁带标签，还是忽略(SKIP)。默认值为 NOSKIP。

【例 12-1】 使用系统存储过程创建备份设备 test_backup。

```
USE Sales
GO
EXEC sp_addumpdevice'DISK','test_backup','d:\test_backup.bak'
```

本例添加一个逻辑名称为 test_backup 的磁盘备份设备，物理名称为 d:\test_backup.bak。

3. 使用 SQL Server 2012 管理平台删除备份设备

使用 SQL Server 2012 管理平台删除备份设备的操作步骤如下：

(1) 打开 SQL Server 2012 管理平台，在“对象资源管理器”窗格中展开“数据库服务器”→“服务器对象”→“备份设备”结点。

(2) 在“备份设备”结点下，选择要删除的设备，右击该设备，在弹出的快捷菜单中选择“删除”命令即完成删除操作。

4. 使用系统存储过程 sp_dropdevice 删除备份设备

sp_dropdevice 语句的语法格式如下：

```
sp_dropdevice [@logicalname = ]'device'[,[@delfile = ]'delfile']
```

各选项含义如下。

(1) [@logicalname=]'device'：数据库设备或备份设备的逻辑名称，该名称存储在系统表中。

(2) [@delfile=]'delfile'：指出是否应该删除物理备份设备文件。如果将其指定为 DELFILE，则表示删除物理备份设备的磁盘文件。

【例 12-2】 使用系统存储过程删除例 12-1 创建的备份设备 test_backup。

```
USE Sales
GO
EXEC sp_dropdevice'test_backup'
```

12.1.3 备份数据库

备份数据库可以使用 SQL Server 2012 管理平台和 Transact-SQL 语句 BACKUP 来实现。

视频讲解

1. 使用 SQL Server 2012 管理平台备份数据库

其操作步骤如下：

(1) 打开 SQL Server 2012 管理平台，在“对象资源管理器”窗格中展开“服务器”→“数据库”结点，在需要备份的数据库名称上右击，在弹出的快捷菜单中选择“任务/备份”命令，打开如图 12-2 所示的“备份数据库”对话框。

(2) 选择“备份数据库”对话框的“常规”页，在“数据库”下拉列表框中可以更改待备份的数据库；选择备份的类型，如果是第一次备份，应该选择“完整”备份；在“备份集”的“名称”文本框中可设置此备份的名称；“备份集过期时间”为 0 表示永远过期；在“目标”中可添加或删除备份设备。

(3) 设置完成后，单击“确定”按钮开始备份。

2. 使用 Transact-SQL 语句 BACKUP 备份数据库

使用 Transact-SQL 语句 BACKUP 可以对整个数据库、数据库文件及文件组、事务日志进行备份。

BACKUP 语句的语法格式如下：

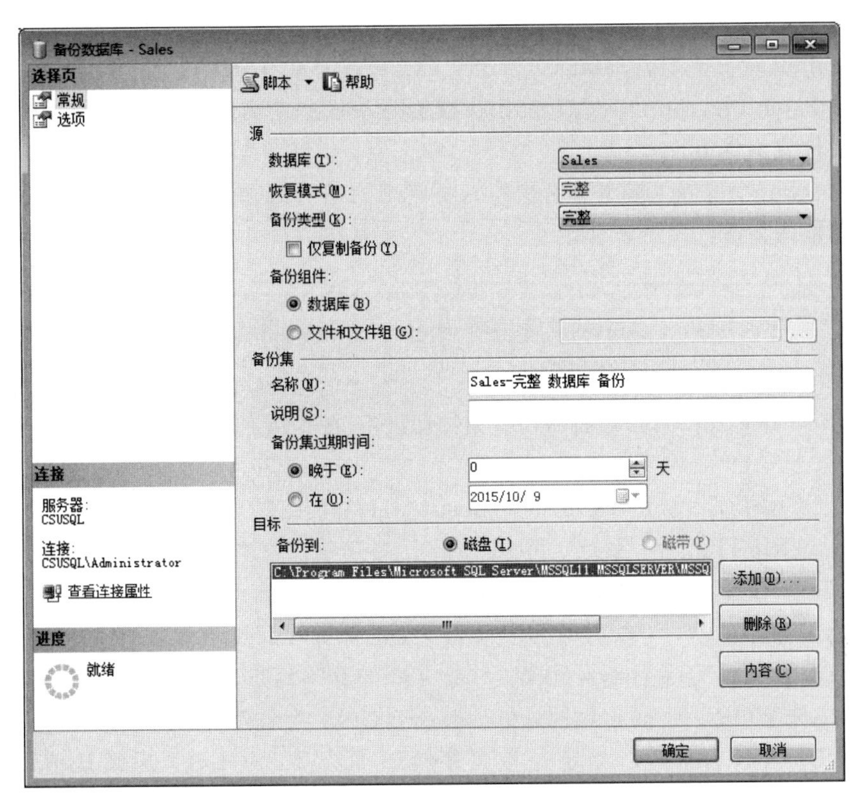

图 12-2 “备份数据库”对话框

```
BACKUP {DATABASE|LOG}
{database_name|@database_name_var}
[<file_or_filegroup>[,…,n]]
TO <backup_device>[,…,n]
[WITH
   [BLOCKSIZE = {blocksize|@blocksize_var}]
   [[,] DESCRIPTION = {'text'|@text_var}]
   [[,] DIFFERENTIAL]
   [[,] EXPIREDATE = {date|@date_var}|RETAINDAYS = { days|@days_var}]
   [[,] PASSWORD = {password|@password_var}]
   [[,] {INIT|NOINIT}]
   [[,] MEDIADESCRIPTION = {'text'|@text_var}]
   [[,] MEDIANAME = {media_name|@media_name_var}]
   [[,] MEDIAPASSWORD = {mediapassword|@mediapassword_var}]
   [[,] NAME = {backup_set_name|@backup_set_name_var}]
   [[,] NO_TRUNCATE]
   [[,] {NORECOVERY|STANDBY = undo_file_name}]
   [[,] {NOSKIP|SKIP}]
   [[,] RESTART]
   [[,] STATS[ = percentage]]
]
```

各选项含义如下。

(1) {DATABASE|LOG}：指定是备份数据库还是备份事务日志，LOG 指定只备份事

务日志。

(2) {database_name|@database_name_var}：指定要备份的数据库名称。

(3) <file_or_filegroup>：指定包含在数据库备份中的文件或文件组的逻辑名。可以指定多个文件或文件组。

(4) <backup_device>指定备份操作时要使用的逻辑或物理备份设备。默认值为逻辑设备名。其格式如下：

```
<backup_device>:: = {{'logical_backup_device_name'|@logical_backup_device_name_var}
        |{DISK|TAPE} = {'physical_backup_device_name'|@physical_backup_name_var}}
```

当<backup_device>取值为{DISK|TAPE}='physical_backup_device_name'|@physical_backup_device_name_var时，指定备份设备为物理设备，在执行BACKUP之前不必存在指定的物理设备。

(5) BLOCKSIZE={blocksize|@blocksize_var}：指定物理块的字节长度。

(6) DESCRIPTION={'text'|@text_var}：备份描述文本，最长可以有255个字符。

(7) DIFFERENTIAL：说明以差异备份方式备份数据库。

(8) EXPIREDATE={date|@date_var}：指定备份的有效期。

(9) RETAINDAYS={days|@days_var}：指定必须经过多少天才可以重写该备份。

(10) PASSWORD={password|@password_var}：为备份设置密码。

(11) {INIT|NOINIT}：指定是重写还是追加介质，NOINIT为默认值，表示追加数据。

(12) MEDIADESCRIPTION={'text'|@text_var}：介质描述文本，最多为255个字符。

(13) MEDIANAME={media_name|@media_name_var}：指定备份介质名称，最多为128个字符。若指定该项参数，则它必须与以前指定的介质名称相匹配。

(14) MEDIAPASSWORD={mediapassword|@mediapassword_var}：为介质设置密码。

(15) NAME={backup_set_name|@backup_set_name_var}：指定备份的名称，最长为128个字符。

(16) NO_TRUNCATE：允许在数据库不可访问的情况下也备份日志，与BACKUP LOG一起使用。

(17) NORECOVERY：说明备份到日志尾部并使数据库处于正在还原的状态，只与BACKUP LOG一起使用。

(18) STANDBY=undo_file_name：指明备份到日志尾部并使数据库处于只读或备用模式。撤销文件名指定了容纳回滚更改的存储。只与BACKUP LOG一起使用。

(19) {NOSKIP|SKIP}：指示是否对备份集过期和名称进行检查，SKIP表示不检查。

【例12-3】 使用Transact-SQL语句备份数据库。

(1) 数据库完全备份。

① 将数据库Sales备份到一个磁盘文件上，备份设备为物理设备。

```
BACKUP DATABASE Sales TO DISK = 'D:\Sales.BAK'
```

② 将数据库 Sales 完全备份到逻辑备份设备 back1 上。

```
BACKUP DATABASE Sales TO back1
```

③ 若将 Sales 数据库分别备份到 back2、back3 上，可使用“,”将备份设备分隔。

```
BACKUP DATABASE Sales TO back2,back3
```

（2）数据库差异备份。

在 BACKUP DATABASE 语句中使用 WITH DIFFERENTIAL 项以实现数据库差异备份。

① 将 Sales 数据库差异备份到一个磁盘文件上。

```
BACKUP DATABASE Sales TO Disk = 'D:\Salesbk.bak'WITH DIFFERENTIAL
```

② 将 Sales 数据库差异备份到备份设备 back4 上。

```
BACKUP DATABASE Sales TO back4 WITH DIFFERENTIAL
```

注意：只有已经执行了完全数据库备份的数据库才能执行差异备份。为了使差异备份与完全备份的设备能相互区分开来，应使用不同的设备名。

（3）事务处理日志备份。

将 Sales 数据库的事务日志备份到备份设备 back4 上。

```
BACKUP LOG Sales TO back4
```

注意：当数据库被损坏时，应使用 WITH NO_TRUNCATE 选项备份数据库。该选项可以备份最近的所有数据库活动，SQL Server 将保存整个事务日志。

（4）备份数据文件和文件组。

在 BACKUP DATABASE 语句中使用“FILE＝逻辑文件”或“FILEGROUP＝逻辑文件组名”来备份文件和文件组。

【例 12-4】 将数据库 Sales 的数据文件和文件组备份到备份设备 back4 中。

```
BACKUP DATABASE Sales
FILE = 'Sales_data1',
FILEGROUP = 'fg1',
FILE  = 'Sales_data2',
FILEGROUP = 'fg2'
TO back4
BACKUP LOG Sales TO back4
```

本例将数据库 Sales 的数据文件 Sales_data1、Sales_data2 及文件组 fg1、fg2 备份到备份设备 back4 中。

注意：必须使用 BACKUP LOG 提供事务日志的单独备份，才能使用文件和文件组备份来还原数据库，且必须指定文件或文件组的逻辑名。

12.2 数据库的还原

数据库还原是和数据库备份相对应的操作，它是将数据库备份重新加载到系统中的过程。数据库还原可以创建备份完成时数据库中存在的相关文件，但是备份以后的所有数据库修改都将丢失。

SQL Server 进行数据库还原时,系统将自动进行安全性检查,以防止误操作而使用了不完整的信息或其他的数据备份覆盖现有的数据库。当出现以下几种情况时,系统将不能还原数据库。

(1) 还原操作中的数据库名称与备份集中记录的数据库名称不匹配。

(2) 需要通过还原操作自动创建一个或多个文件,但已有同名的文件存在。

(3) 还原操作中命名的数据库已在服务器上,但是与数据库备份中包含的数据库不是同一个数据库,例如数据库名称虽相同,但是数据库的创建方式不同。

如果重新创建一个数据库,可以禁止这些安全检查。

12.2.1 数据库恢复模型

根据保存数据的需要和对存储介质使用的考虑,SQL Server 提供了 3 种数据库恢复模型:简单恢复、完整恢复、大容量日志记录恢复。

1. 简单恢复模型

简单恢复模型可以将数据库恢复到上次备份处,但是无法将数据库还原到故障点或待定的即时点。它常用于恢复最新的完整数据库备份、差异备份。

简单恢复模型的优点是允许高性能大容量复制操作,以及可以回收日志空间,但是必须重组最新的数据库或者差异备份后的更改。

2. 完整恢复模型

完整恢复模型使用数据库备份和事务日志备份提供将数据库恢复到故障点或特定即时点的能力。为保证这种恢复程度,包括大容量操作(如 SELECT INTO、CREATE INDEX 和大容量装载数据)在内的所有操作都将完整地记入日志。

完整恢复模型的优点是可以恢复到任意即时点,这样数据文件的丢失和损坏不会导致工作损失,但是如果事务日志损坏,则必须重新做最新的日志备份后进行修改。

3. 大容量日志记录恢复模型

大容量日志记录恢复模型为某些大规模或大容量复制操作提供最佳性能和最少日志使用空间。在这种模型中,大容量复制操作的数据丢失程度要比完整恢复模型严重,因为在这种模型下,只记录操作的最小日志,无法逐个控制这些操作。它只允许数据库恢复到事务日志备份的结尾处,不支持即时点恢复。

大容量日志记录恢复模型的优点是可以节省日志空间,但是如果日志损坏或者日志备份后发生了大容量操作,则必须重做自上次备份后所做的修改。

不同的恢复模型针对不同的性能、磁盘和磁带空间以及保护数据丢失的需要。恢复模型决定总体备份策略,包括可以使用的备份类型,即选择一种恢复模型,可以确定如何备份数据以及能承受何种程度的数据丢失,由此也确定了数据的恢复过程。

12.2.2 查看备份信息

由于还原数据库与备份数据库之间往往存在较长的时间差,难以记住备份设备和备份文件及其所备份的数据库,需要对这些信息进行查看。

需要查看的信息通常包括备份集内的数据和日志文件、备份首部信息、介质首部信息。

可以使用 SQL Server 2012 管理平台和 Transact-SQL 语句查看这些信息。

1. 使用 SQL Server 2012 管理平台查看备份信息

使用 SQL Server 2012 管理平台查看所有备份介质属性的操作步骤如下：

(1) 打开 SQL Server 2012 管理平台，在"对象资源管理器"窗格中，展开"服务器"→"服务器对象"→"备份设备"结点，在某个具体备份设备名称上右击，在弹出的快捷菜单中选择"属性"命令，打开如图 12-3 所示的"备份设备"对话框。

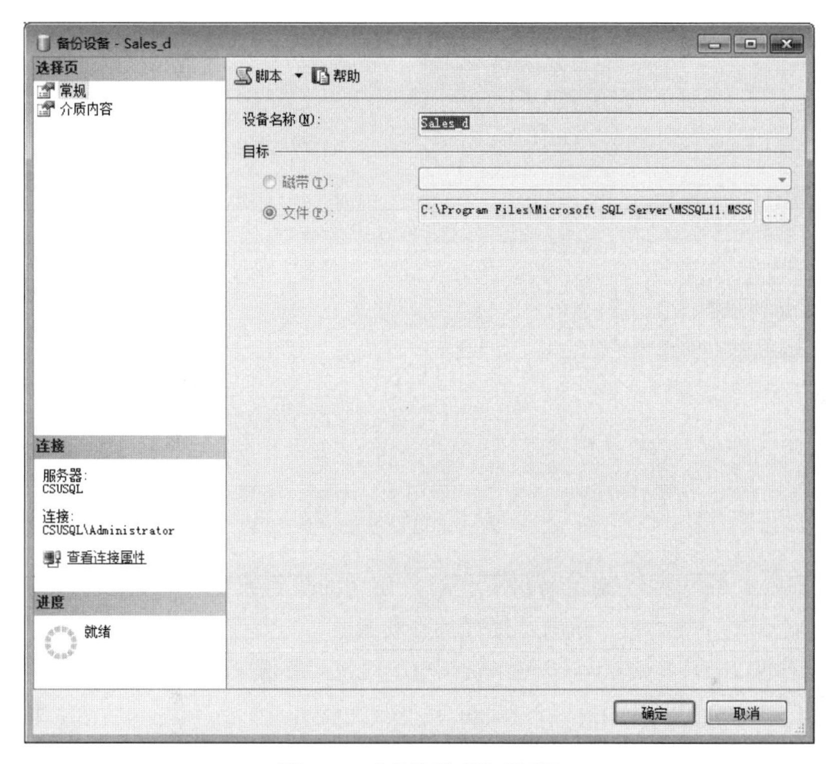

图 12-3 "备份设备"对话框

(2) 在"备份设备"对话框中选择"介质内容"页，在列表框中列出所选备份介质的有关信息，如图 12-4 所示。

2. 使用 Transact-SQL 语句查看备份信息

RESTORE HEADERONLY 语句的语法格式如下：

```
RESTORE HEADERONLY
FROM < backup_device >
[WITH {NOUNLOAD|UNLOAD}
[[,] FILE = file_number]
[[,] PASSWORD = {password|@password_var}]
[[,] MEDIAPASSWORD = {mediapassword|@mediapassword_var}]
< backup_device >:: = {
{'logical_backup_device_name'|@logical_backup_device_name_var}
| {DISK|TAPE} = {'physical_backup_device_name'|@physical_backup_name_var}
}
```

各选项含义如下。

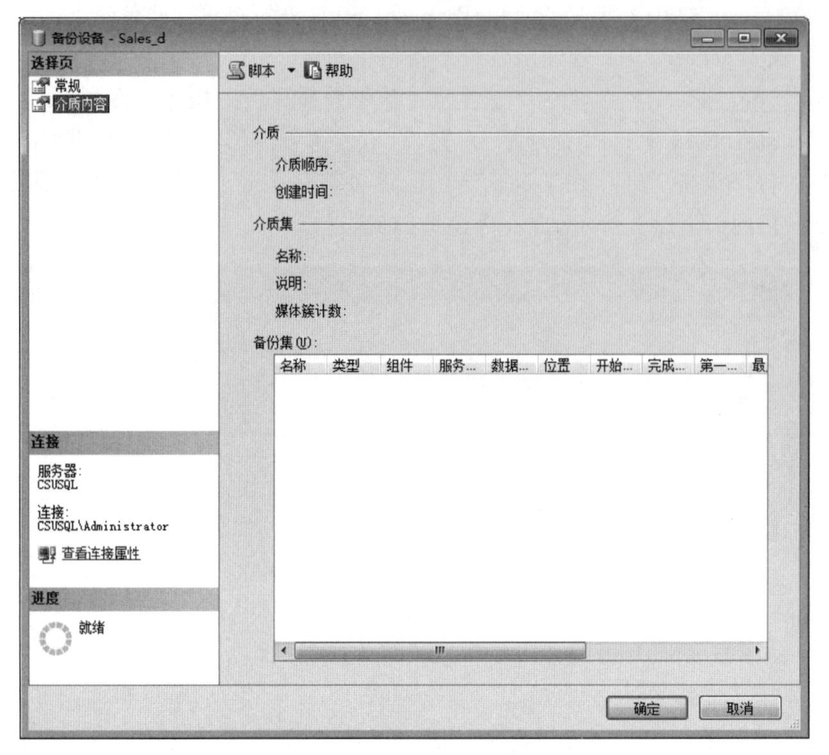

图 12-4　查看备份设备的介质内容

(1) <backup_device>：指定备份操作时要使用的逻辑或物理设备。

(2) FILE=file_number：标识要处理的备份集。

(3) PASSWORD={password|@password_var}：备份集密码。

(4) MEDIAPASSWORD={mediapassword|@mediapassword_var}：介质集密码。

RESTORE HEADERONLY 语句返回的结果集包括备份集名称、备份集类型、备份集的有效时间、服务器名称、数据库名称、备份大小等信息。

【例 12-5】 使用 Transact-SQL 语句得到 back4 数据库备份的信息。

```
RESTORE HEADERONLY FROM back4
```

12.2.3 还原数据库

1. 使用 SQL Server 2012 管理平台还原数据库

视频讲解

其操作步骤如下：

(1) 在 SQL Server 2012 管理平台的“对象资源管理器”窗格中，展开数据库文件夹，右击要进行还原的数据库图标，这里以 Sales 数据库为例，在弹出的快捷菜单中选择“任务”→“还原”→“数据库”命令，打开如图 12-5 所示的“还原数据库”对话框。

(2) 在“还原数据库”对话框的“常规”页中，“源”区域中的“数据库”单选按钮用于选择备份数据库的名称，“设备”单选按钮用于设置备份设备的位置；“目标”区域中的“数据库”下拉列表框用于选择要还原的数据库，“时间线”按钮用于设置还原时间点，也可以保留默认

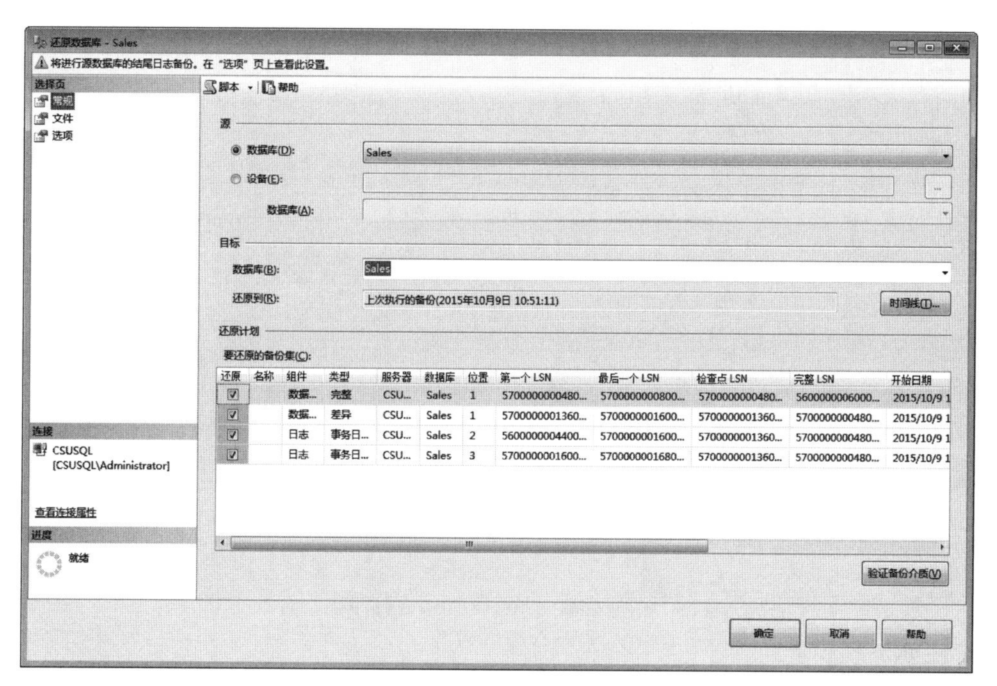

还原	名称	组件	类型	服务器	数据库	位置	第一个 LSN	最后一个 LSN	检查点 LSN	完整 LSN	开始日期
☑		数据...	完整	CSU...	Sales	1	5700000000480...	5700000000800...	5700000000480...	5600000006000...	2015/10/9 1
☑		数据...	差异	CSU...	Sales	1	5700000001360...	5700000001600...	5700000001360...	5700000000480...	2015/10/9 1
☑		日志	事务日...	CSU...	Sales	2	5600000004400...	5700000001600...	5700000001360...	5700000000480...	2015/10/9 1
☑		日志	事务日...	CSU...	Sales	3	5700000001600...	5700000001680...	5700000001360...	5700000000480...	2015/10/9 1

图 12-5 “还原数据库”对话框

值；“要还原的备份集”网格用于选择要还原的备份。

（3）选择“选项”页，如图 12-6 所示。在其中进行还原选项和恢复状态的设置。其中，“覆盖现有数据库”复选框被选中表示还原操作覆盖所有现有数据库及相关文件，“保留复制设置”复选框被选中表示将已发布的数据库还原到创建该数据库的服务器之外的服务器时保留复制设置，“限制访问还原的数据库”复选框被选中表示还原后的数据库仅供 db_owner、dbcreator 或 sysadmin 的成员使用。

（4）设置完成后，单击“确定”按钮，即可还原数据库，并在还原成功后出现消息对话框，要求用户确认还原已成功完成。

差异备份、日志备份、文件和文件组备份的还原操作与完整数据库备份的还原操作过程相似。

2. 使用 Transact-SQL 语句 RESTORE 还原数据库

与 BACKUP 语句相对应，RESTORE 语句可以还原整个数据库备份、数据文件及文件组备份、事务日志备份。

RESTORE 语句的语法格式如下：

```
RESTORE {DATABASE|LOG}
{database_name|@database_name_var}
<file_or_filegroup>[,…,n]
[FROM <backup_device>[,…,n]]
[WITH
[RESTRICTED_USER]
[[,] FILE = {file_number|@file_number}]
[[,] PASSWORD = {password|@password_var}]
[[,] MEDIANAME = {media_name|@media_name_var}]
```

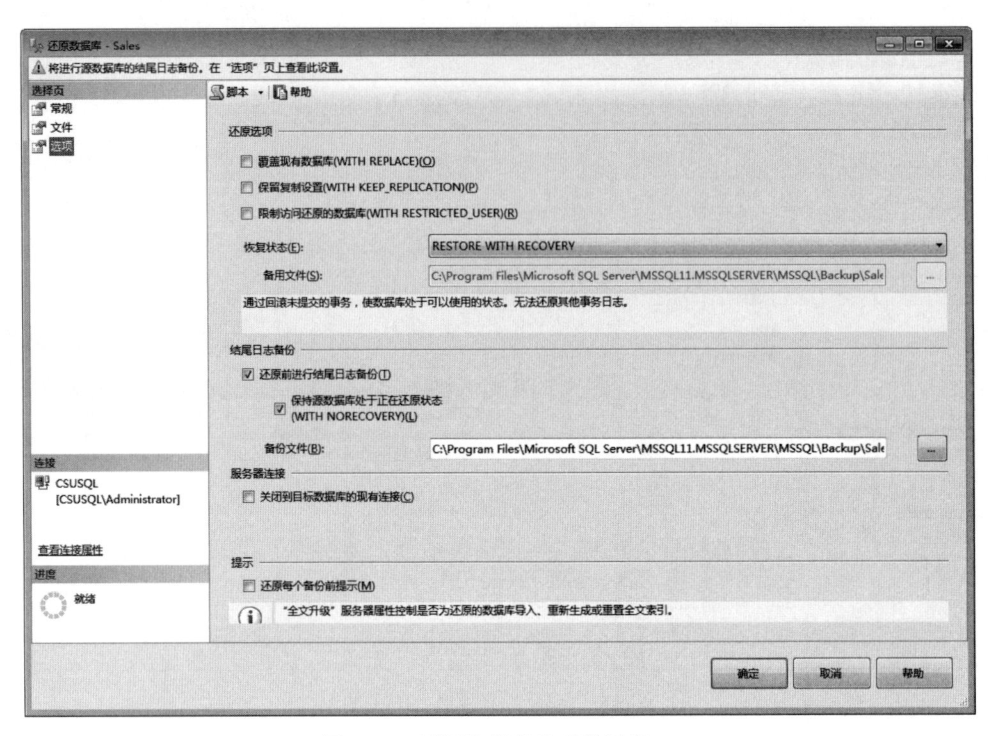

图 12-6　还原数据库选项设置窗口

```
[[,] MEDIAPASSWORD = {mediapassword|@mediapassword_var}]
[[,] MOVE'logical_file_name' TO'operating_system_file_name'] [,…,n]
[[,] KEEP_REPLICATION]
[[,] {NORECOVERY|RECOVERY|STANDBY = undo_file_name}]
[[,] REPLACE]
[[,] RESTART]
[[,] STATS[ = percentage]]
[[,] STOPAT = {date_time|@date_time_var}
| [,] STOPATMARK = 'mark_name' [AFTER datetime]
| [,] STOPBEFOREMARK = 'mark_name' [AFTER datetime]]
]
```

各选项含义如下。

(1) DATABASE：指定要还原备份的数据库。

(2) LOG：指定对数据库还原事务日志备份。SQL Server 检查已备份的事务日志，以确保按正确的序列将事务还原到正确的数据库。

(3) {database_name|@database_name_var}：将日志或整个数据库要还原到的数据库。

(4) <file_or_filegroup>：指定包括在要还原的数据库中的逻辑文件或文件组的名称，可以指定多个文件或文件组。

(5) FROM <backup_device>：指定从中还原备份的备份设备，其定义与 BACKUP 语句相同。

(6) RESTRICTED_USER：限制只有 db_owner、db_creator 或 sysadmin 角色的成员才能访问最近还原的数据库。该选项与 RECOVERY 一起使用。

(7) FILE={file_number|@file_number}：标识要还原的备份集。

(8) PASSWORD={password|@password_var}：提供备份集密码。

(9) MEDIAPASSWORD={mediapassword|@mediapassword_var}：提供媒体的密码。

(10) MOVE'logical_file_name'TO'operating_system_file_name'：指定将给定的 logical_file_ name 移到 operating_system_file_name 参数指定的位置。默认情况下，logical_file_name 将还原到其原始位置。

(11) NORECOVERY：指示在执行还原操作后不回滚任何未提交事务。

(12) RECOVERY：指示在执行还原操作后回滚未提交的事务，为默认值。

(13) STANDBY=undo_file_name：指定撤销文件名从而可以取消还原。

(14) REPLACE：表示如果已经存在具有相同名称的数据库时，则删除已有的数据库，创建指定的数据库。

(15) STOPAT={date_time|@date_time_var}：指定只还原数据库在指定的日期和时间之间的内容。该选项只与 RESTORE LOG 一起使用。

(16) STOPATMARK='mark_name'[AFTER datetime]：表示还原到指定的标记，包括包含该标记的事务。该选项只与 RESTORE LOG 一起使用。

(17) STOPBEFOREMARK='mark_name'[AFTER datetime]：表示还原到指定的标记，但不包括包含该标记的事务。该选项只与 RESTORE LOG 一起使用。

【例 12-6】 从一个已存在的备份介质 back1 还原整个数据库 Sales。

```
RESTORE DATABASE Sales
FROM back1
```

【例 12-7】 从磁盘上的备份文件 D:\Sales_back.bak 中还原数据库 Sales。

```
RESTORE DATABASE Sales FROM DISK = 'D:\Sales_back.bak'
```

【例 12-8】 将一个数据库备份和一个事务日志进行数据库的还原操作。

```
RESTORE DATABASE Sales
FROM back1 WITH NORECOVERY
RESTORE LOG Sales
FROM back1 WITH NORECOVERY
```

【例 12-9】 还原数据库 Sales 中指定数据文件 Sales_data1。

```
RESTORE DATABASE Sales
FILE = 'Sales_data1'
FROM back4
WITH NORECOVERY
```

视频讲解

12.3 数据导入导出

数据导入导出是指 SQL Server 数据库系统与外部系统之间进行数据交换的操作。导入数据是从外部数据源中查询或指定数据，并将其插入到 SQL Server 的数据表中的过程，也就是说把其他系统的数据引入到 SQL Server 的数据库中；而导出数据是将 SQL Server

数据库中的数据转换为用户指定格式的数据过程，即将数据从 SQL Server 数据库中引到其他系统中。

数据导入导出工具用于在不同的 SQL Server 服务器之间传递数据，也用于在 SQL Server 与其他数据库管理系统（如 Access、Visual FoxPro、Oracle 等）或其他数据格式（如电子表格或文本文件）之间交换数据。

12.3.1 导入数据

数据导入即从外部将数据导入到 SQL Server 某个数据表中。需要指定外部数据类型、数据所在的地址和文件名或数据库中的哪个表、将要导入到 SQL Server 2012 中的哪一个数据库中、用什么表来存储数据等内容。下面通过将一个 Access 数据库中（C:\ supplier.accdb 中的 supplier 表，数据如图 12-7 所示）的数据导入到 Sales 数据库中的 supplier 表，来说明数据导入的基本步骤。

supplier

supplier_	supplier_name	linkman_n	address	telephone
R00001	阳光电子实业公司	李华		88997659
R00002	春晖电子有限公司	张宇		66785231
R00003	韦力电子实业公司	陈理涵		45616817
R00004	华晨电子有限公司	王志远		63159221
*				

图 12-7　Access 数据内容

（1）打开 SQL Server 2012 管理平台，在“对象资源管理器”窗格中依次展开服务器及其下面的“数据库”结点，在 Sales 数据库结点上右击，在弹出的快捷菜单中选择“任务”→“导入数据”命令，打开导入和导出“欢迎”界面。

（2）在“欢迎”界面，单击“下一步”按钮，打开“选择数据源”对话框，如图 12-8 所示。在这里首先需要确定要转换的数据源，按约定在“数据源”下拉列表框中选择 Microsoft Access(Microsoft Access Database Engine)，然后在“文件名”文本框中选择 Access 文件的路径及文件名。注意，如果数据源不同，选择数据的方法也不同。再单击“下一步”按钮。

（3）打开如图 12-9 所示的“选择目标”对话框，在这里需要确定要转换到的目标数据源、服务器名称、身份验证方式和数据库名称。选择 SQL Server 服务器，给出服务器名称和登录方式，定义好数据库为 Sales，然后单击“下一步”按钮。

（4）在打开的“指定表复制或查询”对话框中选择一种复制方式或查询方式，默认选中“复制一个或多个表或视图的数据”单选按钮，单击“下一步”按钮打开如图 12-10 所示的“选择源表和源视图”对话框。在列表框中选择 supplier 表，如果 Access 数据库中有多个表，可选择其中的一个或多个表，然后单击“下一步”按钮。

（5）在打开的如图 12-11 所示的“保存并运行包”对话框中，可以选择是否“保存 SSIS 包”选项，然后单击“下一步”按钮。

（6）在打开的“完成该向导”对话框中，可以看到本次数据导入的一些基本信息，单击“完成”按钮。随后系统开始导入数据，导入完成后弹出如图 12-12 所示的“执行成功”对话框，单击“关闭”按钮，导入数据完成。此时，可以在 SQL Server 2012 管理平台中查看 Sales 数据库，在此数据库中加入了一个 supplier 表，其数据内容与 Access 数据库表中的表内容一致。

按此方法，可以将其他数据源的数据导入到当前服务器的某个数据库中。

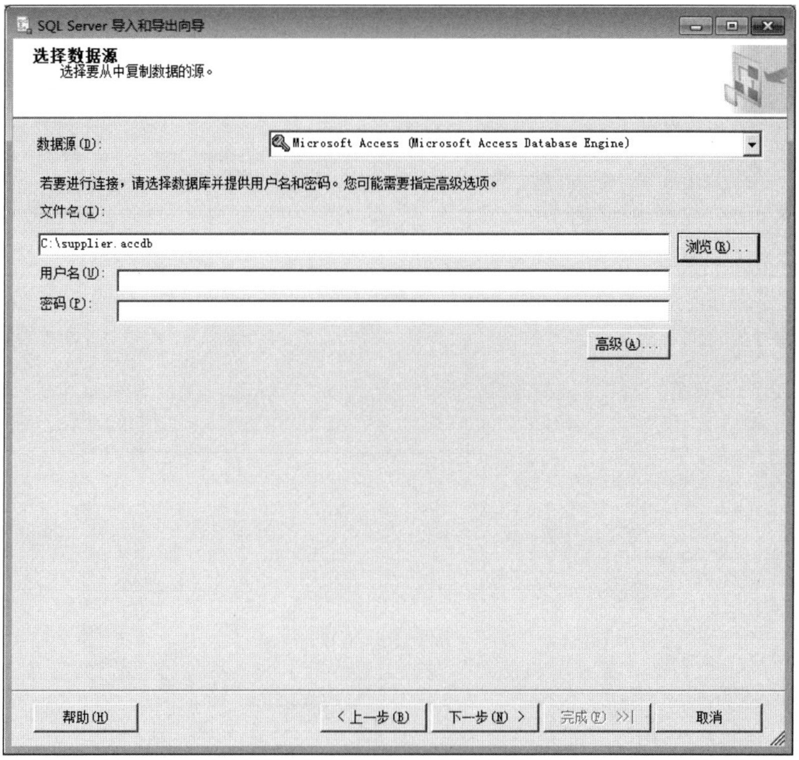

SQL Server 导入和导出向导

选择数据源

选择要从中复制数据的源。

数据源(D): Microsoft Access (Microsoft Access Database Engine)

若要进行连接，请选择数据库并提供用户名和密码。您可能需要指定高级选项。

文件名(I):

C:\supplier.accdb 浏览(R)...

用户名(U):

密码(P):

高级(A)...

帮助(H) < 上一步(B) 下一步(N) > 完成(F) >>| 取消

图 12-8 “选择数据源”对话框

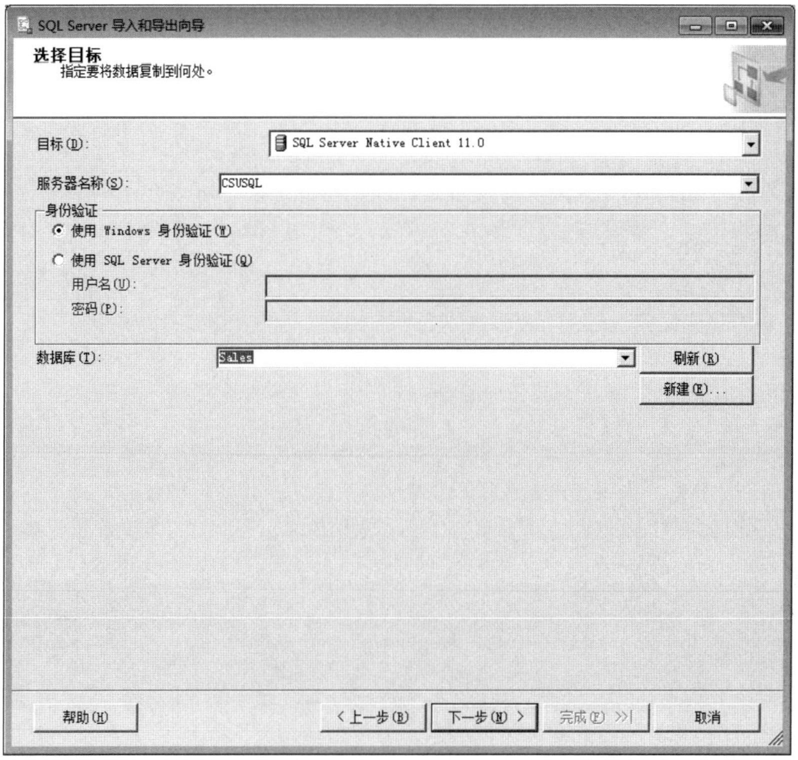

SQL Server 导入和导出向导

选择目标

指定要将数据复制到何处。

目标(D): SQL Server Native Client 11.0

服务器名称(S): CSUSQL

身份验证

使用 Windows 身份验证(W)

使用 SQL Server 身份验证(Q)

用户名(U):

密码(P):

数据库(T): Sales 刷新(R)

新建(E)...

帮助(H) < 上一步(B) 下一步(N) > 完成(F) >>| 取消

图 12-9 “选择目标”对话框

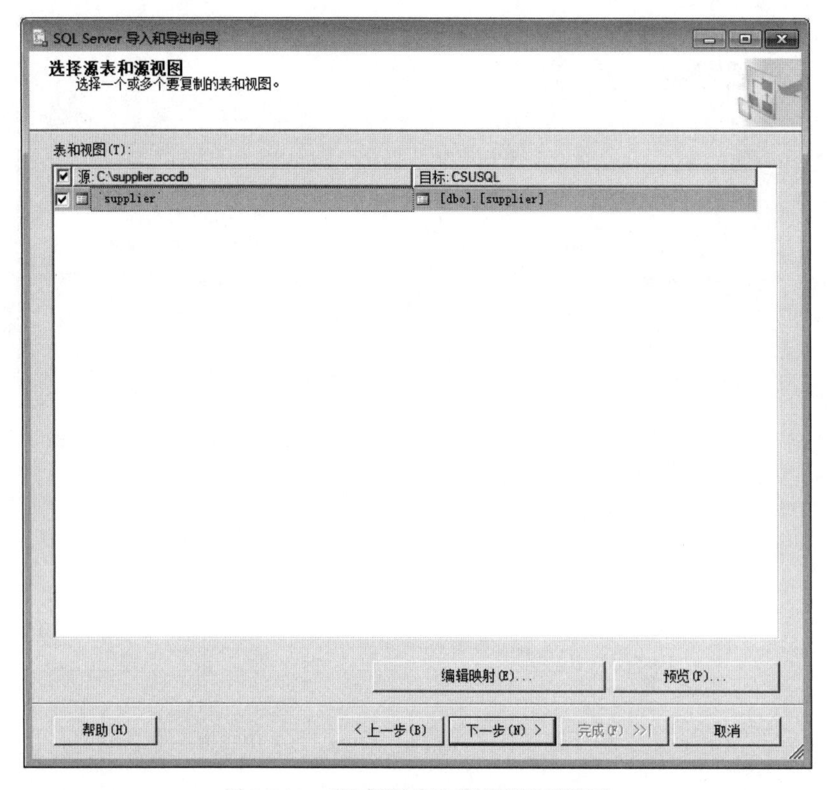

图 12-10 “选择源表和源视图”对话框

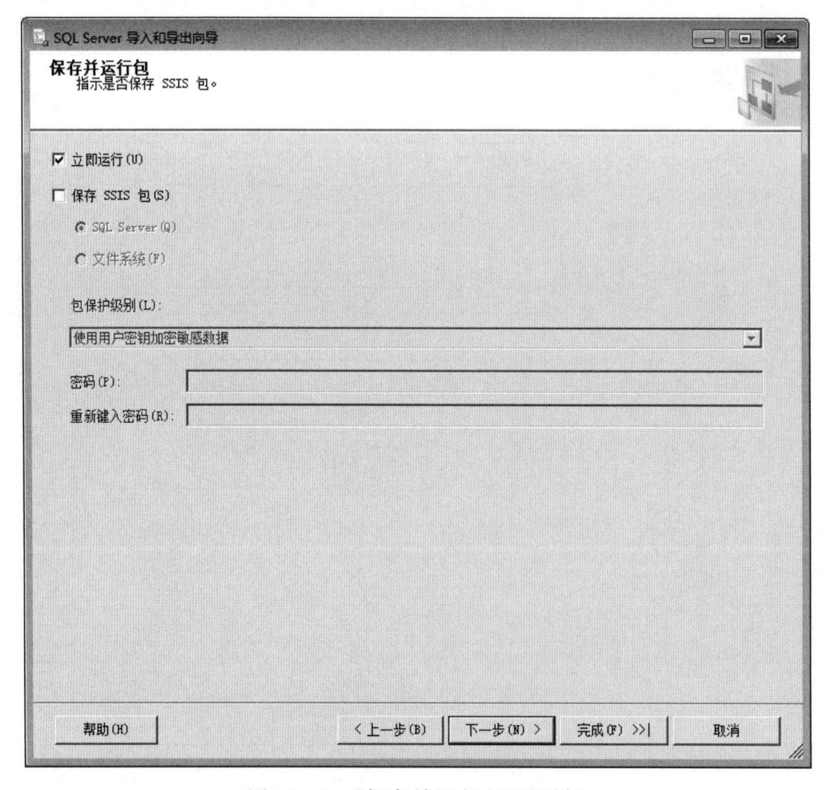

图 12-11 “保存并运行包”对话框

图 12-12 "执行成功"对话框

12.3.2 导出数据

数据导出是指从 SQL Server 数据库中导出数据到其他数据源中。导出数据时需指定要导出的数据位于 SQL Server 哪一个数据库的哪些表,给出将要导出到外部数据源名称和位置等信息。下面通过将 SQL Server 数据库中导出数据到 Excel 数据表中,来说明数据导出的基本操作步骤。

(1) 打开 SQL Server 2012 管理平台,在"对象资源管理器"窗格中依次展开服务器及其下的"数据库"结点,在 Sales 数据库结点上右击,在弹出的快捷菜单中选择"任务"→"导出数据"命令。

(2) 在打开的"欢迎"界面单击"下一步"按钮,打开如图 12-13 所示的"选择数据源"对话框。默认数据源为 SQL Server Native Client 11.0,给出要导出的数据所在服务器名、登录方式和数据库名称等内容,确认无误后,单击"下一步"按钮。

(3) 在打开的如图 12-14 所示的"选择目标"对话框中确定要转换到的目标数据源名称和验证方式及数据库名称,这里选择 Microsoft Excel 选项,并给出目标 Excel 文件所在的位置及版本,然后单击"下一步"按钮。

(4) 在打开的"指定表复制或查询"对话框中选择一种复制方式或查询方式,默认选中"复制一个或多个表或视图的数据"单选按钮,然后单击"下一步"按钮打开如图 12-15 所示的"选择源表和源视图"对话框。在列表框中选择 supplier 表,然后单击"下一步"按钮。

(5) 在打开的"保存并运行包"对话框中,可以选择是否"保存 SSIS 包"选项,单击"完成"或"下一步"按钮,打开"完成该向导"对话框,可以看到本次数据导出的一些摘要信息。

SQL Server 导入和导出向导
选择数据源
选择要从中复制数据的源。
数据源(D): SQL Server Native Client 11.0
服务器名称(S): CSUSQL
身份验证
使用 Windows 身份验证(W)
使用 SQL Server 身份验证(Q)
用户名(U):
密码(P):
数据库(T): Sales
刷新(R)
帮助(H)
< 上一步(B)
下一步(N) >
完成(F) >>|
取消

图 12-13 “选择数据源”对话框

图 12-14 “选择目标”对话框

图 12-15 “选择源表和源视图”对话框

（6）在“完成该向导”对话框中单击“完成”按钮，此时系统开始导出数据，在随后打开的如图 12-16 所示的“执行成功”对话框中，单击“关闭”按钮，导出数据成功完成。此时，可以打开导出的 Excel 文件，其中的内容与数据库中 supplier 表中的内容一致，表明导出数据成功。

按此方法，也可以将 SQL Server 中的数据导出为其他数据源中的数据。

图 12-16 “执行成功”对话框

12.4 分离与附加用户数据库

视频讲解

若数据库创建在C盘上，而C磁盘空间越来越满，需要将数据库移到别的驱动器上，或者希望将数据库从一台较慢的服务器移到另一台更快的服务器上，通过对数据库进行分离和附加操作，可以很快完成这项任务。

在进行分离和附加数据库操作时，应注意以下几点：

(1) 不能进行更新，不能运行任务，用户也不能连接在数据库上。

(2) 在移动数据库前，为数据库做一个完整的备份。

(3) 确保数据库要移动的目标位置及将来数据增长能有足够的空间。

(4) 分离数据库并没有将其从磁盘上真正地删除。如果需要，可以对数据库的组成文件进行移动、复制或删除。

12.4.1 分离用户数据库

分离数据库是指将数据库从SQL Server 2012实例中删除，但是保持该数据库文件和事务日志文件不变。分离后可以将该数据库附加到其他实例中。可以使用SQL Server 2012管理平台或Transact-SQL语句分离用户数据库。

1. 使用SQL Server 2012管理平台分离用户数据库

(1) 打开SQL Server 2012管理平台，在"对象资源管理器"窗格中选择要分离的数据库，如Sales数据库，右击，在弹出的快捷菜单中选择"任务"→"分离"命令。

(2) 这时将打开"分离数据库"对话框，查看在"数据库名称"列中的数据库名称，确定这是否为要分离的数据库，如图12-17所示。在此对话框中有几个选项，"删除连接"复选框用来删除用户连接，"更新统计信息"意味着SQL Server的状态(如索引等)会在数据库分离之前会被更新。

数据库被分离后，就不再是属于SQL Server 2012的一部分，可以被移动、删除。如果在对象资源管理器中查找，将会发现该数据库不在列表中。

2. 使用Transact-SQL语句分离用户数据库

系统存储过程sp_detach_db可以分离数据库，其语法格式如下：

```
sp_detach_db [@dbname = ]'dbname'
[, [@skipchecks = ]'skipchecks']
[, [@KeepFulltextIndexFile = ]'KeepFulltextIndexFile']
```

(1) [@dbname =]'dbname'：要分离的数据库的名称。如果没有该选项，则没有数据库能被分离。

(2) [@skipchecks =]'skipchecks'：指定跳过还是运行UPDATE STATISTIC。默认值为NULL。要跳过UPDATE STATISTICS，请指定true；要显式运行UPDATE STATISTICS，请指定false。

(3) [@KeepFulltextIndexFile =]'KeepFulltextIndexFile'：指定在数据库分离操作过程中不会删除与正在被分离的数据库关联的全文索引文件。默认值为true。如果KeepFulltextIndexFile为NULL或false，则会删除与数据库关联的所有全文索引文件以及

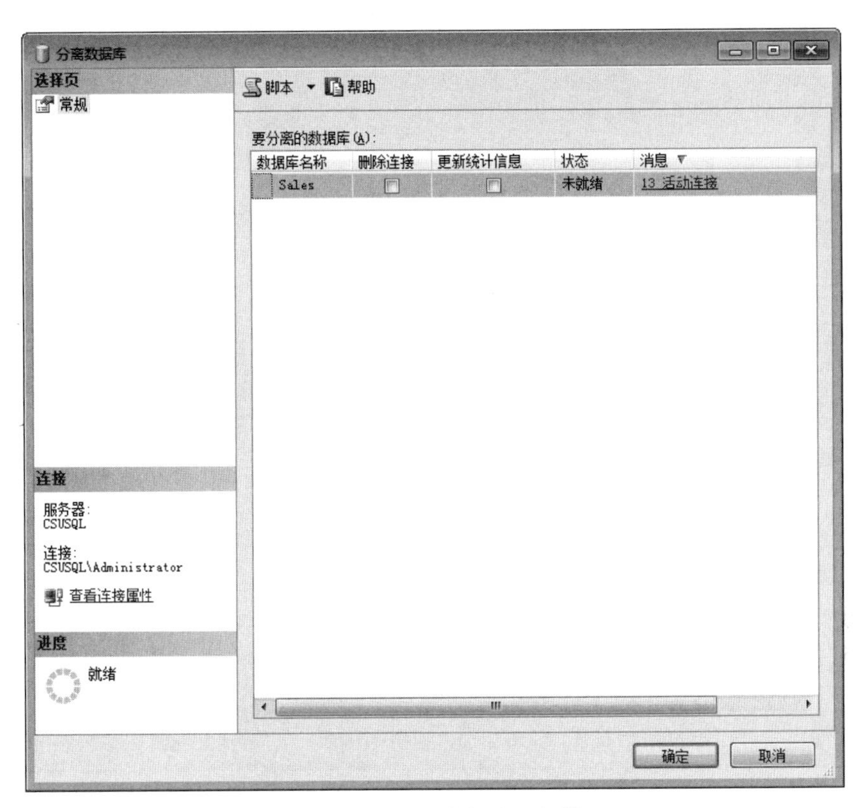

图 12-17 “分离数据库”对话框

全文索引的元数据。

【例 12-10】 用系统存储过程 sp_detach_db 分离 Sales 数据库。

```
sp_detach_db  'Sales'
```

12.4.2 附加用户数据库

附加数据库是指将分离的数据库重新定位到相同的服务器或不同的服务器的数据库中。附加数据库时,所有数据库文件都必须可用(.MDF 和.NDF 等文件)。如果任何数据文件的路径与创建数据库或上次附加数据库时的路径不同,则必须指定文件的当前路径。使用 SQL Server 2012 管理平台或 Transact-SQL 语句可以附加用户数据库。

1. 使用 SQL Server 2012 管理平台附加用户数据库

在 SQL Server 2012 管理平台中附加数据库的步骤如下:

(1) 打开 SQL Server 2012 管理平台,在“对象资源管理器”窗格中右击“数据库”结点,在弹出的快捷菜单中选择“附加”命令,打开如图 12-18 所示的“附加数据库”对话框。

(2) 添加数据库时,在“附加数据库”对话框单击“添加”按钮,打开“定位数据库文件”对话框,找到数据库的 MDF 文件并选择它,单击“确定”按钮。这时,将返回到“附加数据库”对话框中,并在其中显示文件细节,如图 12-19 所示。

(3) 单击“确定”按钮,以重新附加数据库。移到“对象资源管理器”窗格中,此时可以看到数据库在列表的底部。

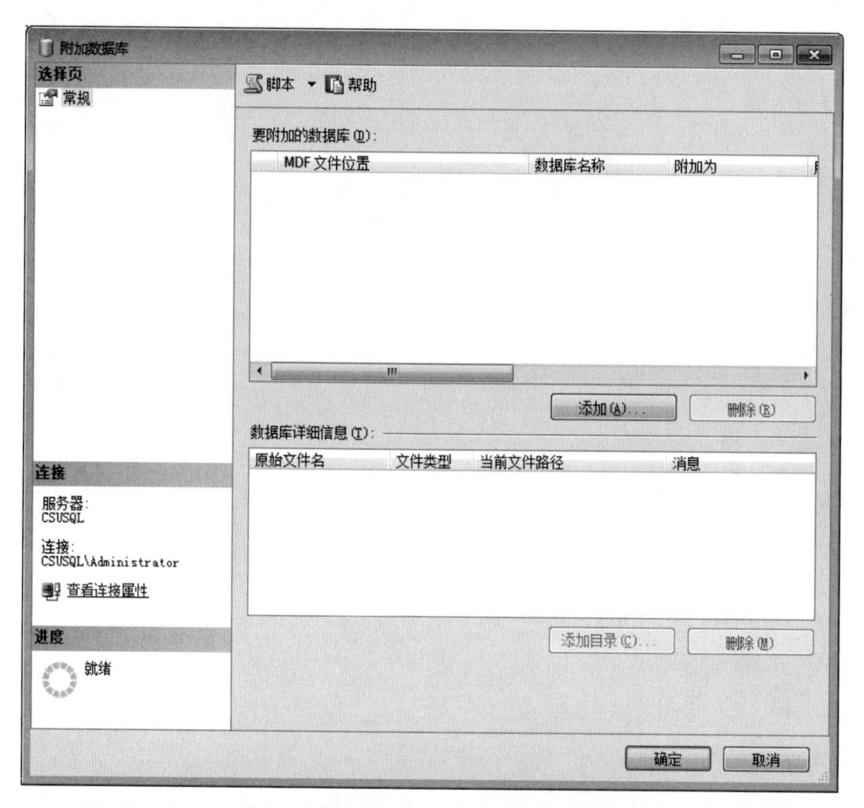

图 12-18 “附加数据库”对话框

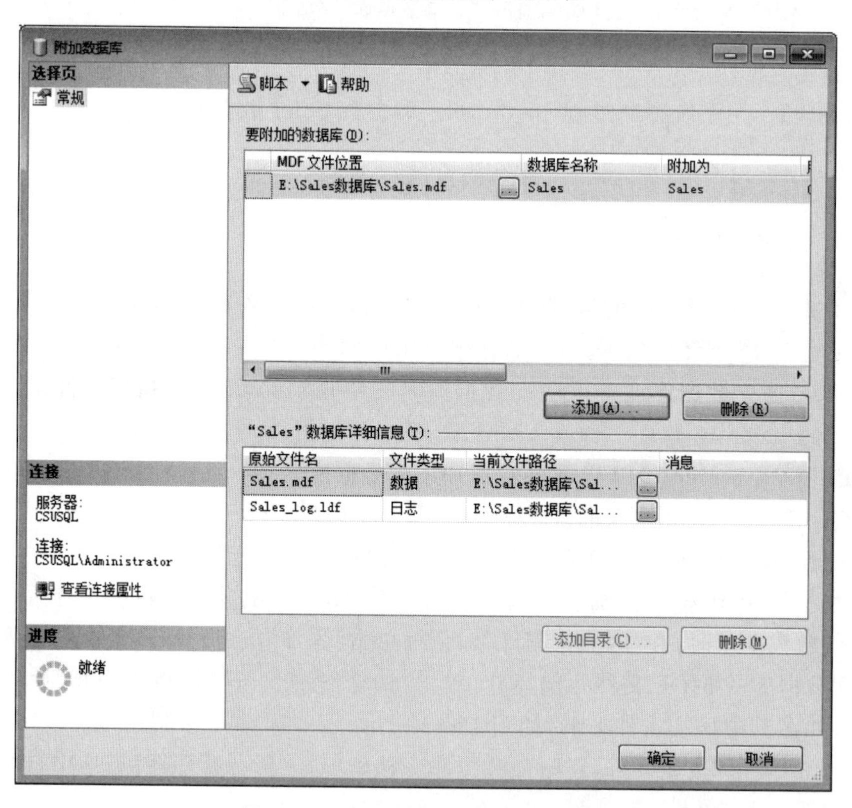

图 12-19 返回“附加数据库”对话框

2. 使用 Transact-SQL 语句附加用户数据库

附加数据库的语法格式如下：

```
CREATE DATABASE database_name
    ON <filespec> [, …, n]
    FOR {ATTACH [WITH <service_broker_option>]
        |ATTACH_REBUILD_LOG}
```

(1) ON：指定要附加的主数据库文件的名称，它带有扩展名 mdf。

(2) <service_broker_option>：通常用于高级数据库中。

(3) ATTACH_REBUILD_LOG：用于如下情况。①要附加数据库，但是至少有一个是事务日志文件丢失。指定了该选项，会重建事务日志。②如果 SQL Server 认为文件已丢失，它就不会附加数据库。如果使用该选项，将会丢失 SQL Server 中完整、差异和事务日志备份键，所以会在附加数据库后进行一次完整备份，以重建备份的基线。该选项常常用于要故意丢失事务日志的情况。

【例 12-11】 附加 Sales 数据库。

```
CREATE DATABASE Sales
    ON (FILENAME = 'C:\Program Files\Microsoft SQL Server\MSSQL11.MSSQLSERVER\MSSQL\DATA\
Sales.mdf')
    FOR ATTACH
```

本章小结

本章讨论了数据库备份和还原、数据导入导出及分离与附加数据库的相关问题，介绍了创建备份设备、使用 SQL Server 2012 管理平台和 Transact-SQL 语句备份或还原数据库的方法；使用 SQL Server 2012 管理平台导入导出数据的方法；使用 SQL Server 2012 管理平台和 Transact-SQL 语句分离与附加数据库的操作方法。

(1) 数据库备份和还原是两个相对应的操作。备份是对数据库或事务日志进行复制，还原是将数据库备份重新加载到系统中的过程。

(2) 备份设备是指数据库备份到的目标载体，即备份到何处。在 SQL Server 2012 中允许使用两种类型的备份设备，分别为硬盘和磁带。

(3) SQL Server 2012 支持完全备份、事务日志备份、差异备份、文件和文件组备份 4 种数据库备份类型，提供了 3 种数据库恢复模型，即简单恢复、完整恢复、大容量日志记录恢复。恢复模型决定总体备份策略。

(4) 数据导入导出是把数据库中的数据引出到数据库之外的数据源或把数据库之外的数据源中的数据引入到数据库中。它也是把数据从一个地方转移到另一个地方，把一种类型的数据转换成另一种类型的数据的技术。在 SQL Server 2012 管理平台中使用导入导出向导可以实现数据的导入导出。

(5) 可以把已建立好的数据库从服务器中分离出来，保证数据库的完整性和一致性；也可将分离出来的数据库重新附加到服务器中进行管理。

习 题 12

一、选择题

1. 下列关于数据库备份的叙述错误的是(　　)。

   A. 如果数据库很稳定就不需要经常做备份,反之要经常做备份以防止数据库损坏

   B. 数据库备份是一项很复杂的任务,应该由专业的管理人员来完成

   C. 数据库备份也受到数据库恢复模式的制约

   D. 数据库备份策略的选择应该综合考虑各方面的因素,并不是备份做得越多越全就好

2. 关于 SQL Server 2012 的恢复模式叙述正确的是(　　)。

   A. 简单恢复模式支持所有的文件恢复

   B. 大容量日志模式不支持时间点恢复

   C. 完整恢复模式是最好的安全模式

   D. 一个数据库系统中最好是用一种恢复模式,以避免管理的复杂性

3. 当数据库损坏时,数据库管理员可通过(　　)方式还原数据库。

   A. 事务日志文件　　B. 主数据文件

   C. UPDATE 语句　　D. 联机帮助文件

4. 以下关于数据库分离与附加的描述错误的是(　　)。

   A. 在进行分离与附加操作时,数据库可以进行更新操作

   B. 在移动数据库前,最好为数据库做一个完整的备份

   C. 需确保数据库要移动的目标位置及将来数据增长能有足够的空间

   D. 分离数据库并没有将其从磁盘上真正的删除。如果需要,可以对数据库的组成文件进行移动、复制或删除

二、填空题

1. 备份设备是数据库备份的目标载体,允许使用 3 种类型的备份设备,分别是________、________和________。

2. 数据库备份和还原的 Transact-SQL 语句分别是________和________。

3. SQL Server 2012 支持 4 种数据库备份方式,分别是________备份、________备份、________备份、________备份。

4. SQL Server 2012 提供 3 种数据库恢复模型,分别为________、________和________。

三、问答题

1. SQL Server 2012 有几种备份方式? 各有什么特点?

2. 如何创建备份设备?

3. 创建永久备份设备的优点是什么?

4. 数据导入导出的概念和作用是什么?

5. 如何分离与附加数据库?

四、应用题

1. 使用 Transact-SQL 语句创建一个备份设备。
2. 使用 SQL Server 管理平台创建、删除一个备份设备。
3. 使用 SQL Server 管理平台对某数据库进行完全备份和还原。
4. 使用 Transact-SQL 语句对某数据库进行完全、差异、文件和文件组备份和还原。
5. 使用 SQL Server 管理平台将 Sales 数据库的 employee 表导出到 Access 数据库中。

第13章　数据库应用系统开发

在实际的数据库应用系统中，一般不会使用SQL Server 2012数据库管理系统作为用户操作和管理界面，而且让每一个用户都去学习Transact-SQL语法也是不现实的。SQL Server本身是作为一种数据库服务而存在的，只是用来保存数据并且提供一套方法来操纵、维护和管理这些数据，扮演着服务器的角色，以响应来自客户端的连接和数据访问请求。必须使用其他的开发工具为应用系统设计处理逻辑和用户界面，开发好的数据库客户端程序接受用户数据输入和查询请求。

在众多的数据库开发工具中，Visual Basic .NET（简称VB .NET）程序设计语言界面设计方便且具有强大的数据库操作能力，因此本书选择VB .NET作为开发工具。本章介绍数据库应用系统的开发过程，并简要介绍VB .NET。最后，以图书现场采购系统为例，采用VB .NET＋SQL Server 2012技术，详细介绍系统的开发过程。

13.1　数据库应用系统的开发过程

任何一个经济组织或社会机构在存在过程中都会产生大量的数据，并且还会关注许多与之相关的数据，它们需要对这些数据进行存储，并按照一些特定的规则对这些数据进行分析、整理，从而保证自己的工作按序进行，提高效率与竞争力。所谓数据库应用系统，就是为支持一个特定目标，把与该目标相关的数据以某种数据模型进行存储，并围绕这一目标开发的应用程序。通常把这些数据、数据模型以及应用程序的整体称为一个数据库应用系统。用户可以方便地操作该系统，对他们的业务数据进行有效的管理和加工。

用户要求数据库应用系统能够完成某些功能，例如工资管理系统，要能满足用户进行工资发放及其相关工作的需要，要能录入、计算、修改、统计、查询工资数据，并打印工资报表等。又如销售管理系统，要能帮助管理人员迅速掌握商品的销售及存货情况，包括对进货、销售的登记，商品的热销情况、存量情况、销售总额的统计以及进货预测等。总之，就是要求数据库应用系统能实现数据的存储、组织和处理。

数据库应用系统的开发一般包括需求分析、系统初步设计、系统详细设计、编码、调试和系统切换等几个阶段，每阶段应提交相应的文档资料，包括需求分析报告、系统初步设计报告、系统详细设计报告、系统测试大纲、系统测试报告以及操作使用说明书等。但根据应用系统的规模和复杂程度，在实际开发过程中往往要做一些灵活处理，有时把两个甚至三个过程合并进行，不一定完全刻板地遵循这样的过程，产生这样多的文档资料，但是不管所开发的应用系统的复杂程度如何，需求分析、系统设计、系统实现、测试、系统交付这一个基本过程是不可缺少的。

1. 需求分析

整个开发过程从分析系统的需求开始。系统的需求包括对数据的需求和处理的需求两方面的内容，它们分别是数据库设计和应用程序设计的依据。虽然在数据库管理系统中，数据具有独立性，数据库可以单独设计，但应用程序设计和数据库设计仍然是相互关联、相互制约的。具体地说，应用程序设计时将受到数据库当前结构的约束，而在设计数据库时，也必须考虑实现处理的需要。

这一阶段的基本任务简单说来有两个：一是摸清现状；二是理清将要开发的目标系统应该具有哪些功能。

具体来说，摸清现状就要做深入细致的调查研究、明确以下问题：

(1) 人们现在完成任务所依据的数据及其联系，包括使用了什么台账、报表、凭证等。

(2) 使用什么规则对这些数据进行加工，包括上级部门有什么政策规定、本单位或地方有哪些规定以及有哪些得到公认的规则等。

(3) 对这些数据进行什么样的加工、加工结果以什么形式表现，包括报表、工作任务单、台账、图表等。

理清目标系统的功能就是要明确说明系统将要实现的功能，也就是明确说明目标系统将能够对人们提供哪些支持。需求分析完成后，应撰写需求分析报告并请项目委托单位签字认可，以作为下阶段开发方和委托方共同合作的一个依据。

2. 系统设计

在明确了现状与目标后，还不能马上就进入程序设计(编码)阶段，还要对系统的一些问题进行规划和设计，这些问题包括：

(1) 设计工具和系统支撑环境的选择，包括选择哪种数据库、哪几种开发工具、支撑目标系统运行的软硬件及网络环境等。

(2) 怎样组织数据，也就是数据模型的设计，即设计数据表字段、字段约束关系、字段间的约束关系、表间约束关系、表的索引等。

(3) 系统界面的设计，包括菜单、窗体等。

(4) 系统功能模块的设计，对一些较为复杂的功能，还应该进行算法设计。

系统设计工作完成后，要撰写系统设计报告，在系统设计报告中，要以表格的形式详细列出目标系统的数据模式，并列出系统功能模块图、系统主要界面图以及相应的算法说明。系统设计报告既作为系统开发人员的工作指导，也是为了使项目委托方在系统尚未开发出来时及早认识目标系统，从而及早地发现问题，减少或防止项目委托方与项目开发方因对问题认识上的差别而导致的返工。同样，系统设计报告也需得到项目委托方的签字认可。

3. 系统实现

这一阶段的工作任务就是依据前两个阶段的工作，具体建立数据库和数据表、定义各种约束，并录入部分数据；具体设计系统菜单、系统窗体、定义窗体上的各种控件对象、编写对象对不同事件的响应代码、编写报表和查询等。

4. 测试

测试阶段的任务就是验证系统设计与实现阶段中所完成的功能能否稳定准确地运行、这些功能是否全面地覆盖并正确地完成了委托方的需求，从而确认系统是否可以交付运行。测试工作一般由项目委托方或由项目委托方指定第三方进行。在系统实现阶段，一般来说设计人员会进行一些测试工作,但这是由设计人员自己进行的一种局部的验证工作,重点是检测程序有无逻辑错误,与前面所讲的系统测试在测试目的、方法及全面性相比还是有很大的差别的。

为使测试阶段顺利进行,测试前应编写一份测试大纲,详细描述每一个测试模块的测试目的、测试用例、测试环境、步骤、测试后应该出现的结果。对一个模块可安排多个测试用例,以能较全面、完整地反映实际情况。测试过程中应进行详细记录,测试完成后要撰写系统测试报告,对应用系统的功能完整性、稳定性、正确性以及使用是否方便等方面给出评价。

5. 系统交付

这一阶段的工作主要有两个方面：一是全部文档的整理交付；二是对所完成的软件(数据、程序等)打包并形成发行版本,使用户在满足系统所要求的支撑环境的任一台计算机上按照安装说明就可以安装运行。

13.2 数据库系统的体系结构与开发工具

开发一个数据库应用系统,需要了解数据库应用系统的体系结构,掌握一种数据库管理系统并熟悉一种开发工具。随着数据库技术的飞速发展,可供选择的方案很多。本节做一个总体介绍。

13.2.1 数据库系统的体系结构

数据库系统的体系结构大体上分为 4 种模式：单用户模式、主从式多用户模式、客户机/服务器(Client/Server,C/S)模式和 Web 浏览器/服务器(Browser/Server,B/S)模式。

1. 单用户数据库系统

单用户数据库系统将数据库、DBMS 和应用程序安装在一台计算机上,由一个用户独占系统,不同系统之间不能共享数据。这是应用最早、最简单的数据库系统。

2. 主从式多用户数据库系统

主从式多用户数据库系统将数据库、DBMS 和应用程序安装在主机上,多个终端用户使用主机上的数据和程序。在这种结构中,所有处理任务都由主机完成,用户终端本身没有应用逻辑,安装使用较简单。但是,当终端用户数目增加到一定程度时,主机任务过分繁重,造成瓶颈,导致用户请求响应慢。

3. C/S 数据库系统

计算机网络技术的发展,使计算机资源的共享成为可能。C/S 数据库系统不仅可以实现对数据库资源的共享,而且可以提高数据库的安全,如图 13-1 所示。在 C/S 数据库系统中,客户机提供用户操作界面、运行业务处理逻辑,服务器专门用于执行 DBMS 功能,提供数据的存储和管理。在 C/S 结构中,客户端应用程序通过网络向数据库服务器发出操作命令,服务器根据命令进行相应数据操作后,只将结果返回给用户,从而显著减少了网络上的数据传输量,提高了系统的性能。

传统的 C/S 结构数据库系统是两层的。随着数据库应用的发展,又出现了三层客户机/服务器结构。在图 13-2 所示的三层结构中,第一层是客户端,提供系统的用户操作界面。第二层是应用服务器,用于处理业务逻辑。应用服务器响应客户机请求,完成业务处理或复杂计算,如根据客户机请求向数据库服务器发送 SQL 命令。第三层是数据库服务器,实现对数据的存储、访问。这一层负责执行应用服务器层送来的 SQL 命令,并通过应用服务器层向客户机返回处理结果。三层结构把业务处理逻辑从客户端独立出来,减少了客户端的复杂程度,在一些业务量大的系统得到了广泛应用。

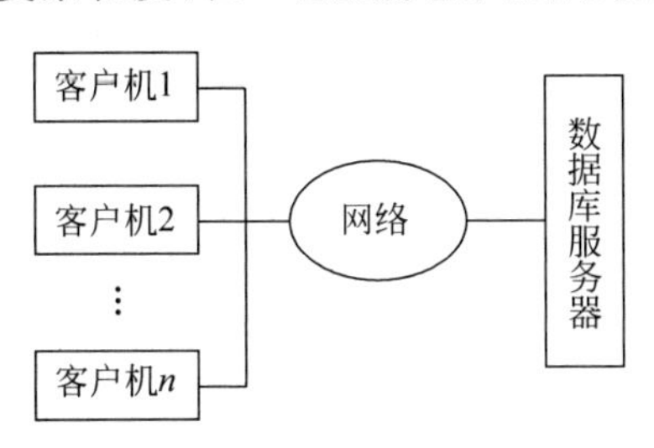

图 13-1 数据库系统的 C/S 结构

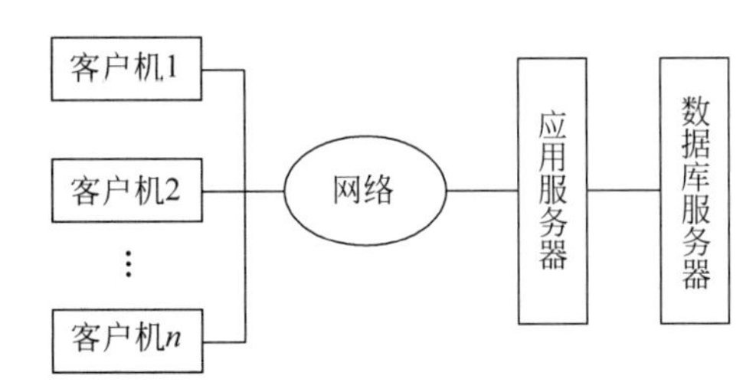

图 13-2 数据库系统的三层结构

4. B/S 数据库系统

随着 Internet 技术的发展,出现了 Web 数据库。Web 数据库的访问采用 B/S 结构,如图 13-3 所示。在 B/S 结构中,客户端采用标准通用的浏览器,服务器端有 Web 服务器和数据库服务器。用户通过浏览器,按照 HTTP 向 Web 服务器发出请求,Web 服务器对浏览器的请求进行处理,将用户所需信息返回到浏览器。Web 服务器端通常提供中间件来连接 Web 服务器和数据库服务器。中间件的主要功能是提供应用程序服务、负责 Web 服务器和数据库服务器间的通信。

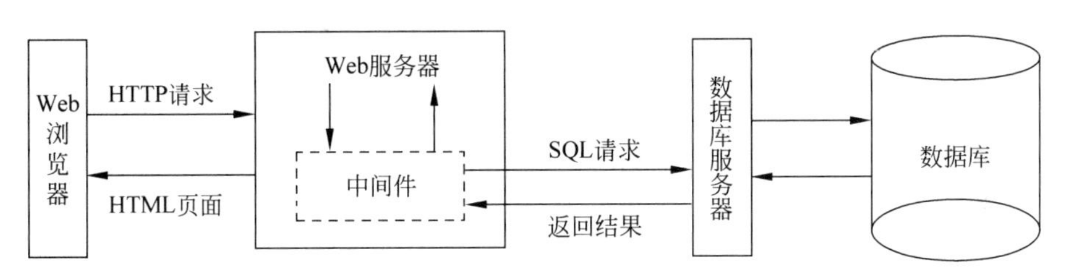

图 13-3 Web 数据库体系结构

13.2.2 常用的数据库开发工具

随着计算机技术不断发展,各种数据库编程工具也在不断发展。程序开发人员可以利用一系列高效的、具有良好可视化的编程工具去开发各种数据库应用程序,从而达到事半功倍的效果。

一些专有数据库厂商都提供了数据库编程工具,如 Visual Basic .NET(以下简称 VB .NET)、Delphi、PowerBuilder 等通用语言,这几个开发工具各有所长、各具优势。例如 Visual Basic .NET 属于 Visual Studio .NET 体系,与微软产品有很强的结合力;Delphi 有出色的组件技术,编译速度快;PowerBuilder 拥有作为 Sybase 公司专利的强大的数据窗口技术,提供与大型数据库的专用接口。

目前,常用的 Web 数据库系统的开发技术有 ASP(Active Server Page)和 ASP .NET、PHP(Personal Home Page)、JSP(Java Server Page)、Python 等。ASP 是一个 Web 服务器端的开发环境,利用它可以产生和执行动态的、互动的、高性能的 Web 服务应用程序。ASP

采用脚本语言 VBScript 或 JavaScript 作为自己的开发语言。ASP .NET 是微软公司开发的一种建立在.NET 之上的 Web 运行环境。ASP .NET 不是 ASP 的简单升级,是 Microsoft .NET 体系结构的一部分,其中全新的技术架构使编程变得更加简单,可以更方便地建立出内容丰富的、动态的、个性化的 Web 站点。ASP .NET 功能强大、应用灵活、扩展性好,可以使用任何.NET 兼容语言。PHP 是一种跨平台的服务器端的嵌入式通用开源脚本语言。PHP 是一种脚本语言,语法混合了 C、Java、Perl 以及 PHP 自创的语法,利于学习,使用广泛,主要适用于 Web 开发领域,可以比 CGI 或者 Perl 更快速地执行动态网页。JSP 是 Sun 公司推出的 Web 应用开发技术,它可以在 Servlet 和 JavaBeans 的支持下,完成功能强大的 Web 应用程序。它大量地借用 C、Java 和 Perl 语言的语法,并加入了自己的特性,使 Web 开发者能够快速地写出动态页面。ASP .NET、JSP 和 PHP 都提供在 HTML 代码中,混合某种程序代码并有由语言引擎解释执行程序代码的能力。但 JSP 代码被编译成 Servlet 并由 Java 虚拟机解释执行,这种编译操作仅在对 JSP 页面的第一次请求时发生。在 ASP、PHP、JSP 环境下,HTML 代码主要负责描述信息的显示样式,而程序代码则用来描述处理逻辑。普通的 HTML 页面只依赖于 Web 服务器,而 ASP、PHP、JSP 页面需要附加的语言引擎分析和执行程序代码。程序代码的执行结果被重新嵌入到 HTML 代码中,然后一起发送给浏览器。三者都是面向 Web 服务器的技术,客户端浏览器不需要任何附加的软件支持。Python 是一种跨平台的脚本语言。程序员可通过遵循 Python DB-API(数据库应用程序编程接口)规范的模块与 Microsoft SQL Server、Oracle、Sybase、DB2、MySQL、SQLite 等数据库通信。Python 自带有一个 Gadfly 模块,提供了一个完整的 SQL 环境。

13.3 用 VB .NET 开发数据库应用系统

VB .NET 提供了功能强大的数据库管理功能,能方便、灵活地完成数据库应用中涉及诸如建立数据库、查询和更新等操作。

13.3.1 VB .NET 程序设计概述

VB .NET 是 Visual Basic .NET 的简称。VB .NET 从 Visual Basic 发展而来,但它不是以前 Visual Basic 的简单升级,而是体现了真正完全的面向对象的程序设计思想。VB .NET 可以用于开发 Windows、Web 和移动设备的程序。VB .NET 直接建立在 Microsoft .NET Framework 的框架结构上,开发人员可以充分利用所有.NET 平台特性,也可以与其他的.NET 语言交互。与所有面向.NET 的语言一样,使用 VB .NET 编写的程序都具有安全性和语言互操作性方面的优点。

1. VB .NET 集成开发环境

VB .NET 的集成开发环境(Integrated Development Environment,IDE)不是 VB .NET 专有的,所有的.NET 语言都使用同一个开发环境,即 Visual Studio .NET,本书采用的版本为 Visual Studio 2013(简称 VS 2013)。

启动 VS 2013 后,选择“文件”→“新建项目”命令,在“新建项目”对话框中,选择新建的项目类型为 Visual Basic,项目模板为“Windows 窗体应用程序”,单击“确定”按钮,会自动出现一个新窗体,进入 VB .NET 的集成开发环境界面,如图 13-4 所示。

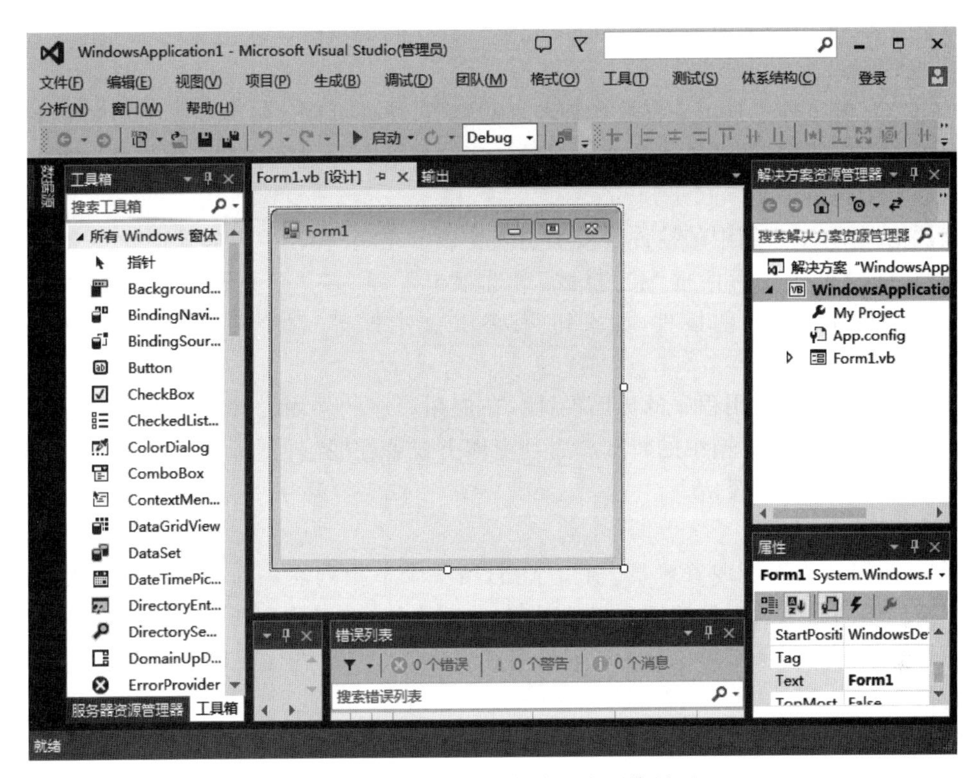

图 13-4　VB .NET 的集成开发环境界面

VB .NET 集成开发环境和其他 Windows 应用程序一样，也具有标题栏、菜单栏和工具栏。标题栏的内容是应用程序的类型加上 Microsoft Visual Studio 字样内容，菜单栏提供了文件、编辑、视图、项目等 VB .NET 应用程序所需要的菜单命令，工具栏是一些菜单命令的快捷按钮。

此外，VB .NET 集成开发环境还具有窗体窗口、"解决方案资源管理器"窗口、"工具箱"窗口、"属性"窗口、代码窗口和状态栏等，这些是 VB .NET 集成开发环境的重要组成部分。

1）窗体窗口

窗体窗口是图 13-4 中标题栏内容为 Form1 的窗口，它是要设计的应用程序界面。用户通过更改该窗体窗口的属性、添加其他控件对象到窗体窗口并设计好各控件的属性，就基本设计出了应用程序的界面。在运行应用程序时，用户看到的界面就是这个窗体窗口，还可以通过其中的对象与程序进行交互对话得到交互结果。

2）"解决方案资源管理器"窗口

"解决方案资源管理器"窗口提供项目及其文件的有组织的视图，并且提供对项目和文件相关命令的便捷访问，通过它可以创建、添加和删除一个项目中的可编辑的文件。它是用户和解决方案之间的双向接口，它为用户提供了某个给定项目中所有文件的直观视图，从而在编辑大型复杂的项目时能够节约时间。

要打开"解决方案资源管理器"窗口，通过选择"视图"→"解决方案资源管理器"命令即可，它以树状视图的形式列出了项目中存在的条目，并允许用户打开、修改和管理这些条目，如双击某一窗体文件，就可直接打开窗体设计器。选中某一窗体文件后，还可通过"解决方案资源管理器”窗口左上角的“查看代码”按钮打开代码编辑窗口。

3) “工具箱”窗口

“工具箱”窗口是主要用来存放各种控件的容器,控件可以理解为独立的功能模块,程序设计时可以直接使用,不必考虑控件内部是如何工作的。通过选择“视图”→“工具箱”命令就可以显示工具箱。

默认情况下,工具箱中的控件是按类别分类显示在“公共控件”“容器”“菜单和工具栏”“数据”“组件”“打印”“对话框”和“报表”等选项卡下面。在“公共控件”中放置的是开发Windows应用程序使用的控件,如按钮、标签和文本框等,这个选项卡也是最常用的选项卡。

工具箱主要用于应用程序的界面设计。在应用程序的界面设计过程中,需要使用哪个控件,可以通过双击工具箱中的将其放置到窗体上或者在“控件图标”上按下鼠标左键并拖曳放置到窗体的适当位置。

4) “属性”窗口

通常在“解决方案资源管理器”窗口下面,由一个下拉列表框和一个两栏的表格组成。下拉列表框中列出当前项目的所有控件对象(包括窗体)的名称和所属的类别名(类名),下面的两栏表格列出了所选对象的所有属性名和属性值。可以在此窗口中对对象的某些属性值进行修改。

如果“属性”窗口不见了,可以选择“视图”→“属性窗口”命令来显示它。

5) 代码窗口

要创建一个完整的应用程序,就要用到代码窗口。在窗体设计窗口,为了节省屏幕界面空间,系统通常将代码窗口隐藏,可以在窗体的任意位置双击来打开代码窗口。代码窗口如图13-5所示。

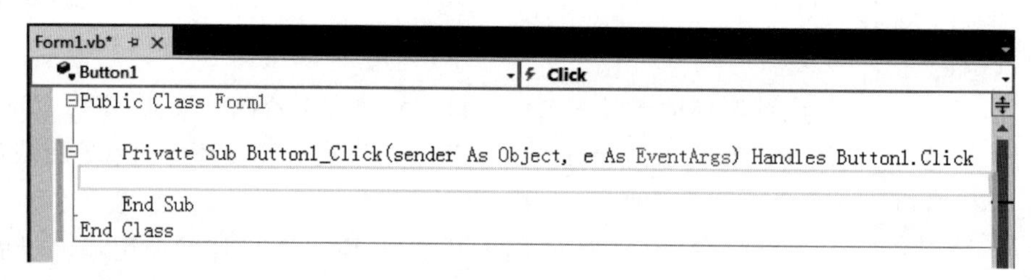

图13-5 代码窗口

在代码窗口中,文本框左边有一个内部带有“+”的小框,称作代码区域,单击“+”,就打开了对应的程序代码,原来的“+”变成了“－”,若单击“－”就会将代码重新隐藏起来。

用户可以在代码窗口的对象下拉列表框选择当前窗体或窗体内控件,然后在右侧的事件下拉列表框选择事件过程,再添加该事件处理过程代码。

2. 用VB .NET开发应用程序

使用VB .NET编程,一般先设计应用程序窗体的外观,再分别编写窗体各对象事件的程序代码或其他处理程序,选择不仅给编程带来了极大的方便,而且大大提高了程序开发的效率。

创建VB .NET应用程序的步骤如下:

(1) 创建应用程序界面。界面是用户和计算机交互的桥梁,用VB .NET创建的Windows

应用程序界面一般由窗体以及按钮、文本框等控件构成。根据程序的功能和与用户进行信息交流的需要来确定需要哪些对象,并规划界面的布局。

(2) 设置界面上各个对象的属性。根据规划好的界面要求设置各个对象的属性,如对象的名称、位置和大小等。大多数属性取值既可以在设计时通过“属性”窗口来设置,也可以通过程序代码在程序运行时设置修改。

(3) 编写对象响应的程序代码。界面仅仅决定了程序运行时的外观,设计完界面后就要通过代码窗口来添加代码,以实现一些处理任务。用 VB .NET 开发的应用程序,代码不是按照预定的路径执行的,而是在响应不同的事件时执行不同的代码。事件可以由用户操作触发,如单击、键盘输入等事件,也可以由来自操作系统或其他应用程序的消息触发。这些事件的触发顺序决定了代码执行的顺序。

(4) 保存项目。一个 VB .NET 应用程序就是一个项目,在设计一个应用程序时,系统会建立一个扩展名为. sln 的项目文件,项目文件包含了该项目所建立的所有文件的相关信息,保存项目就同时保存了该项目的所有相关文件。在打开一个项目时,该项目有关的所有文件同时被装载。

(5) 运行和调试程序。通过“调试”→“启动调试”命令来运行程序,当出现错误时,VB .NET 系统会提供信息提示,也可通过“调试”菜单中的选项来查找和排除错误。

13.3.2 VB .NET 程序设计基础知识

VB .NET 编程基于 Windows 平台,窗口、事件、消息是 Windows 平台的 3 个重要概念,即 Windows 操作系统通过窗口标识符管理所有窗口,监视每一个窗口的活动或事件信号,当事件发生时,引发一条消息,操作系统处理消息并广播给其他窗口,最后,每个窗口根据处理消息的指令执行相应操作。

1. VB .NET 面向对象程序设计基本要素

1) 对象

对象是代码和数据的组合,是运行时的实体。VB .NET 中的对象是由系统设计好直接供用户使用的,可分为 3 种对象。

(1) 全局对象:应用程序在程序的任何层次均可访问的对象,如打印机、剪贴板、计算机屏幕、调试窗口等。

(2) 程序界面对象:主要有窗体(Form)和控件(Control)。窗体是程序设计和表演的舞台,控件则是放置在舞台上的背景,它们一起组成了程序界面。

(3) 数据访问对象:为访问数据库对象而设置的。VB .NET 可操作数据库,数据库作为操作对象,还包括字段、索引等其他对象。

2) 属性

属性是一个对象的性质,它决定对象的外观和行为。设计过程中,有的对象属性可通过属性窗口设置和修改;有的只能在运行时访问该属性,不能修改;还有的属性仅在运行时可以更改;后两种属性不会出现在属性窗口列表中。编程时可以利用如下语句访问对象属性:

```
[对象名].属性
```

其中,对象名和属性间用"."连接,若省略对象名,则指当前对象,该组合可作为一个变量使用。

3) 事件

事件指对象响应的动作,是系统可感知的用户操作信息。在 Windows 中称"事件"为"消息"。事件在 VB .NET 中触发一段代码,通常有鼠标事件、键盘事件和其他事件。VB .NET 已有对应的事件过程,设计者只需编写相应事件发生时执行的代码。

2. VB .NET 程序设计语言基础

用 VB .NET 进行编程,必须熟悉 VB .NET 的一些基本语法规则,包括各种数据类型及其运算、基本语句以及子程序和函数的使用等。

1) 变量和常量

在 VB .NET 环境下进行计算时,常常需要临时存储数据,这些数据在开始是未知的,这就要将它们存储到变量中。

在程序处理数据时,用户把信息暂时存储在计算机的内存里。要存储信息,用户必须指定存储信息的位置,以便获取信息,这就是变量的功能。在所有的编程语言中,变量都为内存中的某个特定的位置命名,一旦定义了某个变量,该变量表示的都将是同一个内存位置,直到释放该变量。

(1) 变量的命名规则。

为了区别存储着不同数据的变量,需要对变量命名。VB .NET 的变量名由字母、汉字、数字或下画线组成,且第一个字符必须是字母、汉字或下画线,不能使用 VB .NET 中的关键字作为变量名。VB .NET 中不区分变量名的大小写,为了增加程序的可读性,可在变量名前加一个缩写的前缀来表明该变量的数据类型。

(2) 变量的声明。

在使用变量前,最好先声明这个变量,也就是事先将变量的有关信息通知程序。声明变量要使用 Dim 语句,Dim 语句的格式如下:

```
Dim 变量名[As 类型]
```

例如,在 Form_Load 事件过程中声明一个变量 Count,并将其赋值为 10:

```
Private Sub Form1_Load(sender As Object, e As EventArgs) Handles MyBase.Load
    Dim Count As Integer
    Count = 10
End Sub
```

Dim 语句中用方括号括起来的"As 类型"子句表示是可选的,使用这一子句可以定义变量的数据类型或对象类型,若无 AS 项,则该部分可以默认,所创建的变量默认为 Object 类型。

注意:在过程内部用 Dim 语句声明的变量,只有在该过程执行时才存在,过程一结束,该变量被撤销,其值也就消失了。此外,变量对过程而言是局部的,一个过程中不能访问另一个过程中的变量,所以在不同过程中可以使用相同的变量名。

(3) 常量。

变量是在计算机的内存中存储信息的一种方法,另一种方法是常量。用户一旦定义了常量，在以后的程序中不能用赋值语句修改它们，否则，在运行程序时，将生成一个错误。定义常量可以改进代码的可读性和可维护性，它通常是有意义的名字，用以取代程序运行中保持不变的数值或字符串。

在 VB .NET 中声明常量的语句格式如下：

```
[Public|Private|Protected|Friend|Protected Friend] Const 常量名[As 类型] = 表达式
```

其中，“常量名”是有效的符号名，“表达式”由数值常数或字符串常数以及运算符组成。Const 语句可以表示数量、字符串或日期时间，例如：

```
Public Const Pi = 3.1415926536
Public Const TotalCountAsInteger = 1000
Const herBirthday = #6/2/2019#
```

2）数据类型

在 VB .NET 中，数据类型决定了如何将变量存储到计算机的内存中，所有的变量都具有数据类型，数据类型决定了变量能够存储哪种数据。

(1) 数值类型。

VB .NET 中数值类型的数据特别多，它支持 6 种数值类型的数据：Integer(整型)、Long(长整型)、Single(单精度浮点型)、Double(双精度浮点型)、Decimal(十进制型)、Short(短整型)、Byte(字节型)。

(2) Boolean 类型。

Boolean(布尔)类型的变量主要用来进行逻辑判断，它的存储位数是 16 位，只能取两个值中的一个：True(真)或 False(假)。例如：

```
Dim xBln As Boolean
xBln = True
xBln = False
```

当把其他的数据类型转换为 Boolean 值时，0 会转成 False，其他值会变成 True；当把 Boolean 值转换为其他的数据类型时，False 变成 0，True 变成 1。

(3) String 类型。

String 类型变量存储字符串数据，其的字符码范围是 0～255，字符集的前 128(0～127)个字符对应于标准键盘上的字符与符号；而后 128(128～255)个字符则代表了一些特殊字符，例如货币符号、重音符号、国际字符及分数。使用 String 类型可以声明两种字符串——变长与定长的字符串。

按照默认规定，String 变量是一个可变长度的字符串，随着对字符串变量赋予新数据，它的长度可增可减。如果变量总是包含字符串而较少包含数值，就可将其声明为 String 类型。例如：

```
Private strTemp As String
strTemp = "Visual Basic .NET"
```

(4) Date 类型。

Date 类型的变量用来保存日期，变量存储为 64 位浮点数值形式，可以表示的日期范围为从公元 100 年 1 月 1 日到公元 9999 年 12 月 31 日，而时间可以从 0:00:00 到 23:59:59。日期数据必须使用符号＃括起来，否则，VB .NET 不能正确识别日期，例如：

```
Dim dateTemp As Date
dateTemp = #09/02/2019#
dateTemp = #9/2/2019 12:30:00 PM#
```

(5) Object 类型。

Object 类型变量存储为 32 位的数值形式，作为对象的引用，可用于指向应用程序中的任何一个对象。

3) VB .NET 运算

在进行程序设计时，要经常进行各种运算，如算术运算、关系运算、逻辑运算等。

(1) 算术运算。

算术运算是指通常的加、减、乘、除以及乘方等数学运算，在 VB .NET 中，算术运算包括加法(+)、减法(－)、乘法(*)、浮点数除法(/)、整数除法(\)、乘方(^)、求余(Mod)。

(2) 关系运算。

关系运算就是比较大小，比较运算的结果可以是 True 或 False。如果比较双方有一个为 Null，结果还为 Null。VB .NET 中的比较运算有大于(>)、小于(<)、大于或等于(>=)、小于或等于(<=)、等于(=)、不等于(<>)、Like、Is、IsNot。关系运算符 Like 用于判断一个字符串与另一个字符串是否匹配。如果第一个表达式是属于第二个表达式所描述的字符串，则结果为真，否则为假。在第二个表达式中可以使用通配符?、* 和＃。通配符? 表示任何一个字符、* 表示任意个字符、＃表示任何一个数字。如"fist" like "f*"的结果为 True。Is 用于比较两个引用对象是否引用了同一实例。IsNot 与 Is 运算规则相反。

(3) 逻辑运算。

逻辑运算可以表示比较复杂的逻辑关系，运算结果为 True 或 False。表 13-1 列出了 VB .NET 中所有的运算符和它们的逻辑关系。在表中，True 用 T 表示，False 用 F 表示。

表 13-1 逻辑运算符和它们的逻辑关系

条件 A	条件 B	NOT A	A OR B	A AND B	A XOR B
F	F	T	F	F	F
F	T	T	T	F	T
T	F	F	T	F	T
T	T	F	T	T	F

4) 赋值语句

赋值语句是最常用的语句。使用赋值语句可以在程序运行中改变对象的属性和变量的值。赋值语句的语法格式如下：

```
对象属性或者变量 = 表达式
```

其作用就是将等号右边表达式的值传送给等号左边的变量或对象属性。例如：

```
Temp = Temp + 50
Form1.Text = "Welcome!"
```

5）条件判断语句

在要做出判断的情况下，有时希望只有在条件为真时才执行一条或多条语句，这时要用条件判断语句。VB .NET 的条件判断结构可有以下几种。

（1）If…Then 结构。

使用 If…Then 结构，可有条件地执行某些语句。它的语法形式如下：

```
If 条件表达式 Then 语句 1
```

这种语法形式只选择执行一条语句。如果要选择执行多条语句，则使用这样的语法形式：

```
If 条件表达式 Then
    语句 1
    语句 2
    …
End If
```

（2）if…Then…Else 结构。

使用 If…Then…Else 结构，可从几个流程分支中选择一个执行。它的基本语法格式如下：

```
If 条件表达式 1 Then
    语句组 1
[ElseIf 条件表达式 2 Then
    语句组 2]
      …
[Else 语句组 n]
End If
```

执行 If…Then…Else 结构时，VB .NET 会首先测试条件表达式 1，如果它为 False，VB .NET 就测试条件表达式 2，以此类推，直到找到为 True 的条件。一旦找到一个为 True 的条件时，VB .NET 会执行相应的语句组，然后执行 End If 语句后面的代码。如果所有条件都是 False，那么 VB .NET 便执行 Else 后面的语句组，再执行 End If 语句后的代码。

（3）Select Case 结构。

当需要完成多重判定的任务时，可以使用 Select Case 结构。这种结构的语法如下：

```
Select Case 表达式
  [Case 表达式 1
    语句组 1]
  [Case 表达式 2
    语句组 2]
    ⋮
  [Case Else
  语句组 n]
End Select
```

首先计算测试表达式的值，然后将表达式的值与各匹配表达式结果表中的值依次进行比较，若与其中某个值相同，则执行该表后的相应语句组部分，然后执行 End Select 后的语句；若出现与表列中的所有值均不相等的情况，则执行 Case Else 的语句组部分，然后退出 Select Case 结构，执行其后的语句，若无 Case Else 语句组，则不执行任何结构内的语句，整个 Select Case 结构结束,再执行其后的语句。

6) 循环语句

利用循环控制程序结构可以使程序重复执行某些操作,VB .NET 主要有两种循环结构,即 Do…Loop 和 For…Next。

(1) Do…Loop 结构。

使用 Do 循环重复执行一语句块,并计算测试条件以决定何时结束循环,循环条件必须是一个数值或者值为 True 或 False 的表达式。Do…Loop 语句常用的一种形式如下:

```
Do While 循环条件
    语句组
Loop
```

当 VB .NET 执行该 Do 循环时首先测试循环条件,如果循环条件为 False 或零,则跳过循环语句;如果循环条件为 True 或非零,则进入循环体,执行完循环语句组后,再测试循环条件,直到循环条件为 False 时才退出循环。

(2) For…Next 结构。

使用 Do 循环时,一般不知道要执行多少次循环,只能由循环条件决定是否继续循环。如果要确切知道执行多少次循环,宜用 For…Next 结构,这种循环使用一个计数器变量,每执行一次循环,计数器变量的值就会增加或者减少。For 循环的语法格式如下:

```
For 计数器变量 = 初值 To 终值[Step 增量]
    语句组
Next [计数器变量]
```

其中,计数器变量、初值、终值和增量都必须是数值型的。

VB .NET 在执行 For 循环时,先设置计数器等于初值,再测试计数器是否大于终值(若增量为负,则测试计数器是否小于终值),若是,则退出循环;若不是,则执行循环体语句。循环体语句执行完后,计数器增加一个增量,然后再进行下一次循环条件的判断。

For 循环的增量参数可正可负。如果增量为正,则初值必须小于或等于终值;否则,一次都不能执行循环内的语句。如果增量为负,则初值必须大于或等于终值,否则,也一次都不能执行循环内的语句。增量若不设置,则默认为 1。

7) 过程与函数

使用过程和函数比用单个模块编写所有代码具有优越性。可以单独测试各个任务,过程中的代码量越小,调试就越容易。每次需要执行相同任务时可调用过程而不必重复书写程序代码。

VB .NET 中,除了事件过程外,还有 Sub 过程和 Function 过程。Sub 过程又称为子过程,它不返回值。Function 过程又称为函数,它可以返回值。为了与事件过程相区分,将自定义的 Sub 过程称为通用过程。

(1) 定义和调用过程。

如果在程序设计中,有几个不同的事件过程要执行一个同样的任务,就可以将这个任务用一个通用过程来实现,并由事件过程来调用它。定义通用过程可用下面的语法形式:

```
[Private|Public][Static] Sub 过程名(参数列表)
```

```
    语句组
End Sub
```

每次应用程序调用过程都会执行 Sub 和 End Sub 之间的语句组，默认情况下，模块中的子过程都是公用的(Public)，因此在应用程序中可随处调用它们。

过程的调用方法有两种，分别为：

```
Call 过程名(参数据列表)
过程名 参数列表
```

使用 Call 语法时，参数必须在括号内；省略 Call 关键字时，必须省略参数两边的括号，过程名和参数间用空格隔开。

(2) 定义和调用函数。

VB .NET 包含了许多内部函数，用户也可以用 Function 语句编写自己的函数过程。

函数过程的语法如下：

```
[Private|Public][Static] Function 函数名(参数列表)  [As 数据类型]
    语句组
End Function
```

在 VB .NET 中，调用 Function 函数和调用任何内部函数的方法是一样的，在表达式中直接写上它的名字和参数列表。而且，在程序中还可以像调用 Sub 过程一样调用函数，但这种方法将会放弃返回值。

(3) 过程和函数的参数。

过程和函数的参数是过程和函数与调用者之间进行信息交换的途径。过程的参数可以声明其数据类型。

在 VB .NET 中，参数默认是按地址传递的，也就是使过程按照变量的内存地址去访问实际变量的内容。这样，将变量传递给过程时，通过过程可改变变量值。

传递参数的另一种方式为按值传递，而按值传递参数时，传递的只是变量的副本，即使过程改变了这个值，所做的改变只影响副本而不会影响变量本身。按值传递参数时，必须在参数列表前加上 ByVal 关键字。

(4) 退出过程。

在特殊情况下，用户想在过程未执行完时中途退出可以使用 Exit Sub 或 Exit Function 语句。Exit Sub 或 Exit Function 语句可以出现在过程主体内的任何地方，它们的语法和 Exit For 以及 Exit Do 相似。

13.3.3 VB .NET 数据库应用程序开发

数据库应用程序开发包括数据库设计和开发访问数据库数据的应用程序。前者可以用数据库管理系统来实现，后者则使用各种软件开发工具来完成，如 VB .NET。

1. VB .NET 中的主要数据访问技术

ADO .NET 是重要的应用程序级接口，用于在 Microsoft .NET 平台中提供数据访问服务。在 ADO .NET 中，可以使用新的.NET Framework 数据提供程序来访问数据源。这些数据提供程序包括 SQL Server .NET Framework 数据提供程序、OLE DB .NET

Framework 数据提供程序、ODBC .NET Framework 数据提供程序、Oracle .NET Framework 数据提供程序。这些数据提供程序可以满足各种开发要求,包括中间层业务对象(它们使用与关系数据库和其他存储区中的数据的活动连接)。

ADO .NET 是专为基于消息的 Web 应用程序而设计的,同时还能为其他应用程序结构提供较好的功能。通过支持对数据的松耦合访问,ADO .NET 减少了与数据库的活动连接数目(即减少了多个用户争用数据库服务器上的有限资源的可能性),从而实现了最大程度的数据共享。

ADO .NET 提供几种数据访问方法。在某些情况下,Web 应用程序或 XML Web Services 需要访问多个源中的数据,或者需要与其他应用程序(包括本地和远程应用程序)进行互操作,或者可受益于保持和传输缓存结果,这时使用数据集将是一个明智的选择。作为一种替换方法,ADO .NET 提供数据命令和数据读取器以便与数据源直接通信。使用数据命令和数据读取器直接进行的数据库操作包括:运行查询和存储过程、创建数据库对象、使用 DDL 命令直接更新和删除。

ADO .NET 还通过对分布式 ADO .NET 应用程序的基本对象"数据集"(Data Set)支持基于 XML 的持久性和传输格式,来实现最大程度的数据共享。数据集是一种关系数据结构,可使用 XML 进行读取、写入或序列化。ADO .NET 数据集使得生成要求应用程序层与多个 Web 站点之间进行松耦合数据交换的应用程序变得很方便。

本节重点介绍 VB .NET 中如何使用 ADO .NET 这一数据访问接口来访问 SQL Server 2012 数据库。

2. ADO .NET 简介

ADO .NET 是为.NET 框架而创建的,是对 ADO 对象模型的扩充。ADO .NET 提供了一组数据访问服务的类,用于实现对不同数据源的一致访问,例如 Microsoft SQL Server 数据源、Oracle 数据源以及通过 OLE DB 和 XML 公开的数据源等。

设计 ADO .NET 组件的目的是从数据操作中分解出数据访问。实现此功能的是它的 .NET 数据提供程序和 DataSet 组件。其中,.NET 的数据提供程序是数据提供者,包括 Connection、Command、DataReader 和 DataAdapter 等对象;DataSet 组件实现对结果数据的存储,以实现独立于数据源的数据访问。图 13-6 阐释了 ADO .NET 组件的结构。

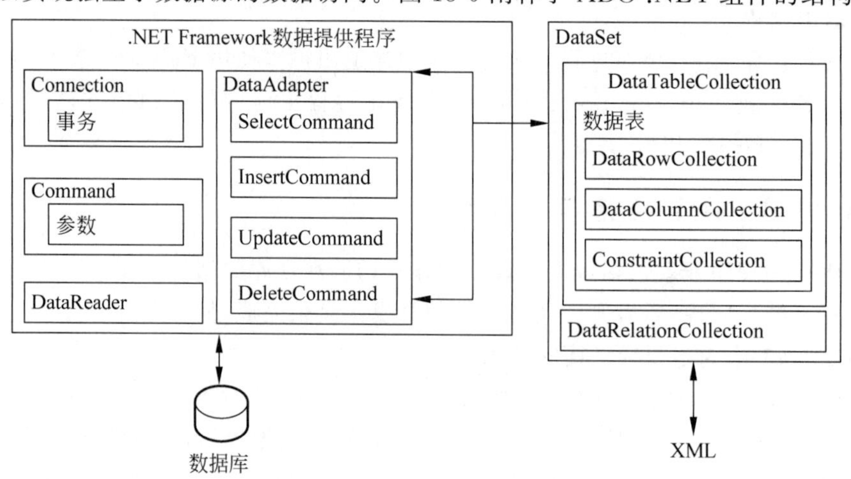

图 13-6　ADO .NET 组件的结构

ADO .NET 中的数据提供程序在应用程序和数据源之间起着桥梁作用。数据提供程序用于从数据源中检索数据并且使对该数据的更改与数据源保持一致。表 13-2 列出了.NET Framework 中包含的.NET Framework 数据提供程序。

表 13-2 .NET Framework 数据提供程序

.NET Framework 数据提供程序	说　　明
SQL Server .NET Framework 数据提供程序	对于 Microsoft SQL Server 7.0 版或更高版本
OLE DB .NET Framework 数据提供程序	适合于使用 OLE DB 公开的数据源
ODBC .NET Framework 数据提供程序	适合于使用 ODBC 公开的数据源
Oracle .NET Framework 数据提供程序	适用于 Oracle 数据源。支持 Oracle 客户端软件 8.1.7 版或更高版本

ADO .NET DataProvider 用于连接数据源、执行命令和获取数据。作为一个轻量级的组件，ADO .NET DataProvider 是数据源和应用程序之间很小的一个数据访问层，它包含了 4 个核心对象。

(1) Connection 对象：用于与指定的数据源建立连接。

(2) Command 对象：对数据源上执行一个命令。

(3) DataReader 对象：以只读、向前的方式读取数据源中的数据。

(4) DataAdapter 对象：用数据源填充 DataSet 并解析更新。

3. ADO .NET 对象

.NET 数据提供程序包含 4 个核心元素：Connection、Command、DataReader 和 DataAdapter 对象。Connection 对象提供与数据源的连接，Command 对象能够访问用于返回数据、修改数据、运行存储过程以及发送或检索参数信息的数据库命令，DataReader 用于从数据源中提供高性能的数据流，DataAdapter 提供连接 DataSet 对象和数据源的桥梁。DataAdapter 使用 Command 对象在数据源中执行 SQL 命令，以便将数据加载到 DataSet 中，并使用 DataSet 中数据的更改与数据源保持一致。

1) Connection 对象

要连接一个特定的数据源，可以使用数据 Connection 对象，不过需要提供连接字符串，包括服务器、数据库名称以及用户名和密码等信息。

根据所用的.NET Framework 数据提供程序的不同，连接对象一般分为 SqlConnection 对象、OleDbConnection 对象、OdbcConnection 对象和 OracleConnection 对象。其中连接 SQL Server 7.0 以上版本的数据库时，需要使用 SqlConnection 对象；要连接 SQL Server 7.0 以前版本的数据库或连接 OLE DB 数据源时时，需要使用 OleDbConnection 对象。

连接对象中最重要的属性是 ConnectionString，该属性用来设置连接字符串，其中 SqlConnection 对象的典型连接字符串如下：

```
Data Source = localhost;Initial Catalog = Sales;User ID = sa;Password = 123456;
```

而 OleDbConnection 对象的典型连接字符串如下：

```
Provider = SQLOLEDB;Data Source = localhost;Initial Catalog = Sales;User ID = sa;
Password = 123456;
```

其中，Data Source 指明数据库服务器的位置，可以是计算机名称、IP 地址、localhost(代表本机作为服务器)等；Initial Catalog 指明要连接的数据库名称；User ID 和 Password 指明登录数据库服务器的账户和密码；Provider 指定 OLE DB Provider，例如 MSDASQL 为 ODBC 的 OLE DB Provider，Microsoft. Jet. OLED B. 4.0 为 Accese 的 OLE DB Provider，SQLOLEDB 为 SQL Server 的 OLE DB Provider。

例如使用 SqlConnection 对象来连接一个数据库并打开数据库，可以使用类似如下的代码：

```
Public Sub CreateSqlConnection()
        Dim Strconn As String              '定义连接字符串
        Strconn = "Data Source = localhost; Initial Catalog = Sales; User ID = sa; Password =
123456; "
        Dim cnn As New SqlConnection()  '创建连接对象实例
        cnn.ConnectionString = Strconn  '设置连接字符串属性
        cnn.Open()                      '打开连接
        cnn.Close()                     '关闭连接
End Sub
```

注意：.NET Framework 数据提供程序类位于 System. Data. SqlClient 命名空间，编写程序前需在 Visual Studio 2013 中选择"项目"→"属性"命令，选择"引用"选项卡，导入 System. Data. SqlClient 命名空间。

2）Command 对象

在与数据源建连接后，可使用 Command 对象来对数据源执行查询、插入、删除和修改等操作。具体操作可以使用 SQL 语句，也可以使用存储过程。同样根据所用的 .NETFramework 数据提供程序的不同，Command 对象一般分为 SqlCommand 对象、OleDbCommand 对象、OdbcCommand 对象和 OracleCommand 对象。

Command 对象的 4 个类都实现了 IdbCommand 接口，而 IdbCommand 接口定义了 Command 对象的基本属性和方法。Command 对象的常用属性和方法包括以下几种。

（1）CommandType 属性：用来选择 Command 对象要执行的命令类型，该属性可以取 Text、StoredProcedure 和 TableDirect 3 种不同的值。

（2）CommandText 属性：根据 CommandType 属性的取值，设置要执行的 SQL 命令、存储过程或表名。

（3）Connection 属性：用来设置要使用的 Connection 对象名。

（4）ExecuteNonQuery()方法：返回值类型为 Int 型。方法多用于执行增加、删除、修改数据，返回受影响的行数。当影响的行数为 0 时返回的值为 0。当 select 操作时，返回 −1。

（5）ExecuteScalar()方法：执行 SELECT 语句返回查询所返回的结果集中第一行的第一列；或者执行包括聚合函数的 SQL 语句返回结果为一个值，例如使用 count 函数求表中记录个数或者使用 sum 函数求和等。

（6）ExecuteReader()方法：返回类型为 SqlDataReader。使用 SqlDataReader 对象的 Read()方法进行逐行读取。

（7）ExecuteXmlReader()方法：返回 XmlReader，查询 xml 字段时用。

下面给出一个创建 SqlCommand 命令的示例。

```
Public Sub CreateSqlCommand()
      Dim Strconn As String
      Strconn = " Data Source = localhost; Initial Catalog = Sales; User ID = sa; Password = 
123456; "
      Dim cnn As New SqlConnection()
      cnn.ConnectionString = Strconn
      cnn.Open()
      Dim Mycommand As SqlCommand  '声明 SqlCommand 类型变量
      Mycommand = New SqlCommand("Select count( * ) from employee")  '创建 SqlCommand 类的实例
      Mycommand.Connection = cnn  '设置变量的 Connection 属性
      Mycommand.CommandTimeout = 15  '设置变量的 CommandTimeout 属性
      Dim Recordcount = CInt(Mycommand.ExecuteScalar())  '执行 Mycommand 对象并放回一个单一值
      MsgBox(Recordcount)  '显示结果
      cnn.Close()
End Sub
```

3）DataReader 对象

DataReader 对象是一个简单的数据集，实现从数据源中检索数据，检索结果保存为快速、只向前、只读的数据流。根据所用的.NETFramework 数据提供程序的不同，DataReader 对象分为 SqlDataReader 对象、OleDbDataReader 对象、OdbcDataReader 对象和 OracleDataReader 对象。DataReader 对象可通过 Command 对象的 ExecuteReader()方法从数据源中检索数据来创建。

以下代码为创建 SqlDataReader 对象的示例。

```
Public Sub CreateSqlDataReader()
  Dim Strconn As String
    Strconn = "Data Source = localhost;Initial Catalog = Sales;User ID = sa;Password = 123456; "
    Dim cnn As New SqlConnection()
    cnn.ConnectionString = Strconn
    cnn.Open()
    Dim Mycommand As SqlCommand
    Mycommand = New SqlCommand("Select Employee_Name,Sex from employee")
    Mycommand.Connection = cnn
    Dim StrResult As String  '声明一个字符串变量
    Dim Mydatareader As SqlDataReader  '声明一个 SqlDataReader 类型的变量
    '创建一个 SqlDataReader 实例
    Mydatareader = Mycommand.ExecuteReader(CommandBehavior.CloseConnection)
    Do While Mydatareader.Read = True  '循环读取结果记录
      '获取列数据
      StrResult = Mydatareader.GetString(0) & "  " & Mydatareader.GetString(1)
      Console.WriteLine(StrResult)  '输出结果
    Loop
    cnn.Close()
End Sub
```

4）DataAdapter 对象

DataAdapter 对象的主要功能是从数据源中检索数据、填充 DataSet 对象中的表、把用户对

DataSet 对象的更改写入到数据源。根据数据提供程序的不同,DataAdapter 对象分为 SqlDataAdapter 对象、OleDbDataAdapter 对象、OdbcDataAdapter 对象和 OracleDataAdapter 对象。DataAdapter 对象的常用属性包括 InsertCommand、DeleteCommand、SelectCommand 和 UpdateCommand,这些属性用来获取 SQL 语句或存储过程,分别实现在数据源中插入新记录、删除记录、选择记录和修改记录。通常将这些属性设置为某个 Command 对象的名称,由该 Command 对象执行相应的 SQL 语句。

DataAdapter 对象的常用方法包括 Fill()方法和 Update()方法。

(1) Fill()方法:其功能是从数据源中提取数据以填充数据集。该方法有多种书写格式,其常用的一种格式如下:

```
Public Function Fill(dataset as System.Data.DataSet,srcTable as String) as Integer
```

此方法的功能是从参数 srcTable 指定的表中提取数据以填充参数 dataSet 指定的数据集,其结果返回 dataSet 中成功添加或刷新的记录条数。

(2) Update()方法:用于修改数据源。其常用格式如下:

```
Public Overidable Function Update(dataset as System.Data.DataSet) as Integer
```

其功能是把参数 dataSet 指定的数据集进行的插入、更新或删除操作更新到数据源中。这种情况通常用于数据集中只有一个表的情况下,其结果返回 dataSet 中被成功更新的记录条数。

5) DataSet 对象

DataSet 是 ADO .NET 结构的核心组件,其作用在于实现独立于任何数据源的数据访问。DataSet 是从任何数据源中检索后得到的数据并且保存在缓存中,它可以包含表及所有表的约束、索引和关系。因些,也可以把它看作是内存中的一个小型关系数据库。

一个 DataSet 对象包含一组 DataTable 对象和 DataRelation 对象,其中每个 DataTable 对象由一组 DataRow、DataColumn 和 Constraint 对象对成。这些对象的含义如下。

DataTable 对象:代表数据表。

DataRelation 对象:代表两个数据表之间的关系。

DataRow 对象:代表 DataTable 中的数据行,即记录。

DataColumn 对象:代表 DataTable 中的数据列,包括列的名称、类型和属性。

Constraint 对象:代表 DataTable 中主键(或主码)、外键(或外码)等约束信息。

除了以上对象以外,DataSet 中还包含 DataTableCollection 和 DataRelationCollection 等集合对象。

数据集是容器,需要用数据来填充它。DataSet 对象的填充可以通过调用 DataAdapter 对象的 Fill()方法来实现。该方法使得 DataAdapter 对象执行其 SelectCommand 属性中设置的 SQL 语句或存储过程,然后将结果填充到数据集中。

访问 DataSet 对象中的数据,如访问数据集中某数据表的某行某列数据,可使用如下方法:

```
DataSet 对象名.Tables["数据表"].Rows[n]["列名"]
```

其功能是访问“DataSet 对象名”指定的数据集中“数据表名”指定的数据表的第 n+1

行中由“列名”指定的列。n 代表行号，且数据表中行号从 0 开始计算。以下示例显示了如何访问名为 dsEmployee 的数据集中 employee 表第 1 行的 Employee_Name 列：

```
dsEmployee.Tables["employee"].Rows[0]["Employee_Name"]
```

注意：虽然可以访问 DataSet 对象中的数据，并对之进行更改，但是数据更改实际上并没有写入到数据源中，要将数据的更改传递给数据源，需要调用 DataAdapter 对象的 Update()方法来实现。

以下代码为通过调用 SqlDataAdapter 对象的 Fill()方法，可以将数据源的数据传输到客户端，并存储到数据集中。

```
Private Sub Button1_Click(sender As Object, e As EventArgs) Handles Button1.Click
  Dim Strconn As String
  Strconn = "Data Source = localhost;Initial Catalog = Sales;User ID = sa;Password = 123456; "
  Dim cnn As New SqlConnection()
  cnn.ConnectionString = Strconn
  cnn.Open()
  Dim Mycommand As SqlCommand = New SqlCommand("Select * from employee")
  Mycommand.Connection = cnn
  Dim da As SqlDataAdapter = New SqlDataAdapter()  '创建 SqlDataAdapter 对象
  Dim ds As DataSet = New DataSet()  '创建 DataSet 对象
  da.SelectCommand = Mycommand  '它设置了 SqlDataAdapter 对象的 SelectCommand 属性
  da.Fill(ds, "employee")  '调用 SqlDataAdapter 对象的 Fill()方法从数据源读取数据并将其填
  '充到数据集中.employee 是数据集中的表的名称
End Sub
```

4. 开发数据库应用程序的一般步骤

使用 ADO .NET 开发数据库应用程序的一般步骤如下：

(1) 使用 Connection 对象建立与数据源的连接。

(2) 使用 Command 对象执行对数据源的操作命令，通常用 SQL 命令。

(3) 使用 DataAdapter、DataSet 等对象对获取的数据进行操作。

(4) 使用数据控件向用户显示操作的结果。

13.4 应用案例——图书现场采购系统

前面已介绍了数据库应用系统的设计过程、VB .NET 程序设计的基础以及 VB .NET 中访问 SQL Server 2012 数据库的方法，这对于开发数据库应用程序非常重要。为了使读者能更为直观地理解这部分内容，本节结合图书现场采购系统实例来介绍使用 VB .NET 开发 SQL Server 2012 数据库应用程序的完整过程和方法。

13.4.1 系统需求分析

图书现场采购系统是指图书采购人员直接到出版发行机构和各地大型新华书店、图书批销中心选购或参加全国性和专业性订货会现场采购图书。其优点在于：第一，采购人员可以直接阅览样书，有的放矢，增强图书采购的针对性；第二，现货购书可以缩短图书采购

周期。由于采购的图书都是现货图书,从而缩短了采购周期,使那些时效性强、教学科研急需用书及畅销书,能够及时与读者见面,大大提高了图书的时效性,同时也保证了较高的图书到货率。但是在图书现场采购的过程中,也存在着一些缺点:一是由于现场购书不利于查重,容易造成重复购置,采购人员必须对馆藏相当熟悉,并拥有必备的检索查重工具;二是对现场选购的图书,由于采购数量较多,采购人员由于来不及整理,不清楚自己到底选购了多少种、册和金额的图书。在利益的驱使下,有些书商故意多发采购人员并未选购的图书;三是图书的验收不方便,面对书商发来的一大堆图书,采用手工的方式验收,不仅速度慢,且容易出错。

针对图书现场采购中出现的问题,设计一套图书现场采购系统,为图书馆采购人员的现场采购提供方便。建立一个基于C/S结构的图书现场采购管理信息系统,使得图书馆图书采购工作系统化、规范化和自动化,从而达到提高图书采购效率的目的。

通过对用户应用环境、图书采购过程及各有关环节的分析,系统的需求可以归纳为两点:

(1) 数据需求:数据库数据要完整、同步、全面地反映图书馆现有馆藏的全部信息。

(2) 功能需求:具有现场书目查询、查重、图书选购和输出功能。信息采集要方便快捷,数据更新维护要自动高效,系统操作要简单实用。在执行选购时,用户界面要能直接、直观地显示待选图书是否有过入藏及入藏情况的信息,以供采购决策。

对于本系统,具体需要实现以下一些基本功能。

(1) 用户登录功能:用户能够输入用户名和密码,通过数据库连接判断用户是否为该系统的合法用户,并允许合法用户登录到系统中。

(2) 用户管理功能:包括编辑、添加和删除用户信息的功能。

(3) 采购数据导入功能:书商书目数据采用的是Excel格式,系统应提供Excel格式数据到SQL Server 2012数据库的数据导入功能。

(4) 采购数据管理功能:能实现对采购数据进行查询、新增、修改以及删除的功能。

(5) 图书选购管理功能:能实现扫描选购、批量查重选购和查询选购功能。扫描选购功能是指在现场对图书逐本扫描选购,并判断是否与馆藏重复;批量查重选购功能是根据书商所提供的书目数据对图书馆馆藏数据进行批查重,一次找出全部与馆藏未重的或重复的书商书目数据;查询选购功能是从不同的检索入口,检索要采购的图书、馆藏情况,还决定是否采购。

(6) 统计输出功能:实现对采购的结果统计输出。

13.4.2 系统设计

1. 系统功能设计

图书现场采购系统主要实现图书的现场快速采购、数据增删改和数据处理功能,该系统分为5个主要功能模块,如图13-7所示。

1) 用户登录

用户登录实现用户输入用户名、密码并校验。

2) 用户管理

用户管理包括用户登录以及用户的编辑、添加和删除。

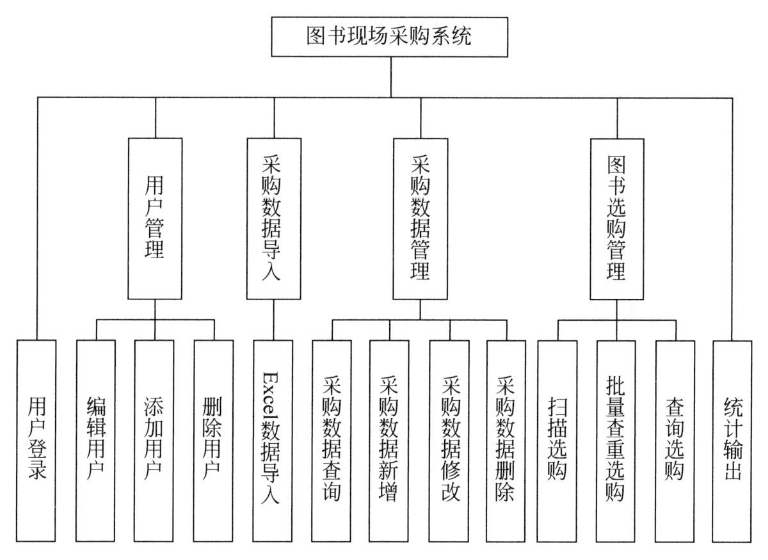

图 13-7　图书现场采购系统功能模块图

3）采购数据导入

采购数据导入提供 Excel 文件到 SQL Server 2012 数据库的导入功能。

4）采购数据管理

采购数据管理主要实现对采购基本信息的录入、修改、删除和查询等操作。在录入的数据中，ISBN、价格等字段需要校验，以保证数据的正确性。

5）图书选购管理

图书选购管理包括 3 个方面：扫描选购、批量查重选购和查询选购。

（1）扫描选购功能：一般每种图书的 ISBN 号是唯一的（系列丛书除外），扫描选购原理为：设置好选购数据量，用扫描枪来扫描图书的 ISBN 号，如果 ISBN 号与馆藏 ISBN 号重复，判断是否选购；同时判断当前是否选过一次。

（2）批量查重选购功能：根据书商所提供的书目数据对图书馆馆藏数据进行批查重，查重字段为 ISBN 号、书名或作者，一次找出全部与馆藏未重的或重复的书商书目数据。

（3）查询选购功能：按书名、作者、ISBN、出版社等查找书商图书，对找到的每条书目数据，需要提示当前书目在图书馆是否已经采购过，来决定当前图书是否采购。

6）统计输出

对当前选购好的图书统计其种类、册数和金额，并可输出订购清单。

2. 数据库设计

1）数据库概念结构设计

图书现场采购所涉及的数据只有书商图书、图书馆馆藏图书信息和订购数量信息，订购数量可以合在书商图书实体中，规划出的实体为书商图书实体和馆藏图书实体，其关系模式如下。

书商图书(<u>ISBN 号</u>,书名,作者,分类号,价格,出版年,出版社,提供商,订购数)
馆藏图书(<u>ISBN 号</u>,书名,作者,分类号,价格,出版年,出版社,图书馆,馆藏量)

2）数据库逻辑结构设计

现在需要将上面的数据库概念结构的关系模式转化为 SQL Server 2012 数据库系统所支持的实际数据模型，也就是数据库的逻辑结构。在实体的基础上，形成数据库中的表。

图书现场采购管理系统数据库中各个表的设计如表 13-3 和表 13-4 所示。每个表表示在数据库中的一个数据表，这两个表字段名相同，只是在最后两个字段（Book_Num 和 Provider）所代表的意义不同。表 13-3 为书商图书基本信息表，表 13-4 为图书馆图书馆藏基本信息表，表 13-5 为用户注册信息表。

表 13-3　BookSeller_BookInfo 书商图书基本信息表

列　　名	数据类型	可否为空	说　　明
REC_ID	Bigint	NOT NULL	主键
ISBN	Varchar(20)	NULL	ISBN 号
BookName	Varchar(200)	NULL	书名
Author	Varchar(50)	NULL	作者
Publisher_Date	Varchar(50)	NULL	出版日期
Publisher	Varchar(50)	NULL	出版社
Class_Name	Varchar(50)	NULL	图书分类
Book_Price	Money	NULL	图书价格
Book_num	Int	NULL	订书数
Provider	Varchar(50)	NULL	提供商

表 13-4　Library_BookInfo 图书馆图书馆藏基本信息表

列　　名	数据类型	可否为空	说　　明
REC_ID	Bigint	NOT NULL	主键
ISBN	Varchar(20)	NULL	ISBN 号
BookName	Varchar(200)	NULL	书名
Author	Varchar(50)	NULL	作者
Publisher_Date	Varchar(50)	NULL	出版日期
Publisher	Varchar(50)	NULL	出版社
Class_Name	Varchar(50)	NULL	图书分类
Book_Price	Money	NULL	图书价格
Book_num	Int	NULL	馆藏数量
Provider	Varchar(50)	NULL	图书馆名称

表 13-5　UserEnroll_Info 用户注册信息表

列　　名	数据类型	可否为空	说　　明
REC_ID	int	NOT NULL	主键
UserName	Varchar(50)	NOT NULL	用户名
UserPassword	Varchar(50)	NULL	密码
UserMemo	Varchar(200)	NULL	用户说明

13.4.3 系统主界面的实现

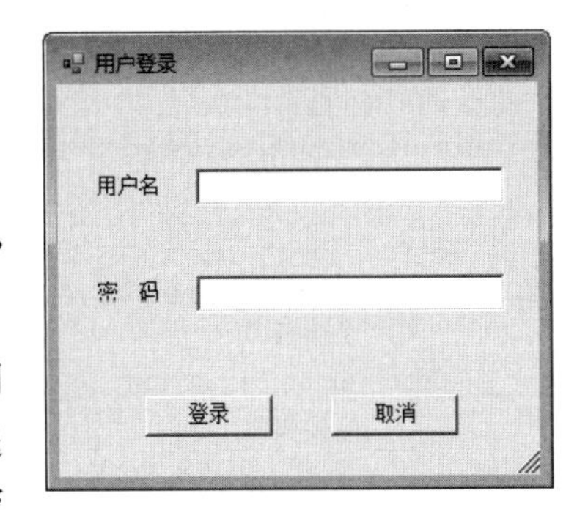

图 13-8 “用户登录”窗体

系统主界面包括“用户登录”窗体和系统主窗体。

1. “用户登录”窗体的实现

系统启动后，首先执行 main 过程，启动“用户登录”窗体(LoginWnd)，如图 13-8 所示。

“用户登录”窗体中放置 2 个文本框(TextBox)，用来输入用户名和密码；2 个按钮(Button)用来进入和退出系统；3 个标签(Label)用来显示窗体的信息。这些控件的属性设置见表 13-6。

表 13-6 “用户登录”窗体中各个控件的属性设置

控件	属性	属性取值	说明
LoginWnd(Form)	Text	欢迎登录	窗体标题
	Name	LoginWnd	窗体名称
	StartPosition	CenterScreen	窗体显示在屏幕中央
	ControlBox	False	窗口是否有系统控件
txtBoxUserName	Name		“用户名”文本框
txtBoxPassword	Name		“密码”文本框
	PasswordChar	*	密码显示为 *
btnLogin	Text	登录	“登录”按钮
btnCancel	Text	取消	“退出”按钮
Label1	Text	用户名：	
Label2	Text	密码：	

在窗体中，输入“用户名”和“密码”后，在“登录”的 btnLogin_Click()事件中，通过 CheckLogin()方法查看 SQL Server 数据库用户表中是否与用户输入的用户名和密码相匹配的记录，如果返回值为 1，则输入的用户名和密码正确，进入主窗体。实现的代码如下：

```
Private Sub btnLogin_Click(sender As Object, e As EventArgs) Handles btnLogin.Click
    CheckLogin()
End Sub
Private Sub btnCancel_Click(sender As Object, e As EventArgs) Handles btnCancel.Click
    Application.Exit()
End Sub
Private Sub CheckLogin()
    errorProvider.Clear()
    If txtBoxUserName.Text = "" Then
        txtBoxUserName.Focus()
        errorProvider.SetError(txtBoxUserName, "请输入用户名")
        Exit Sub
    End If
    If txtBoxPassword.Text = "" Then
        txtBoxPassword.Focus()
        errorProvider.SetError(txtBoxPassword, "请输入密码")
```

```
            Exit Sub
        End If
        Dim queryString As String = "select count( * ) from UserEnroll_Info where Username = @
Username and UserPassword = @Password"
        Dim con As New SqlConnection(connectionString)
        Try
            con.Open()
            '连接成功
        Catch ex As Exception
            '连接失败
            errorProvider.SetError(btnLogin, "连接失败")
            Exit Sub
        End Try
        Dim cmd As New SqlCommand(queryString, con)
        cmd.Parameters.Add("@Username", SqlDbType.VarChar)
        cmd.Parameters("@Username").Value = txtBoxUserName.Text
        cmd.Parameters.Add("@Password", SqlDbType.VarChar)
        cmd.Parameters("@Password").Value = txtBoxPassword.Text
        Try
            Dim ret As Integer = Convert.ToInt32(cmd.ExecuteScalar)
            If ret Then
                '登录成功
                username = txtBoxUserName.Text
                Dim mainWnd As New MainWnd
                mainWnd.Show()
                Finalize()
            Else
                '登录失败
                errorProvider.SetError(btnLogin, "用户名或者密码错误")
            End If
        Catch ex As Exception
            '数据库操作失败
            errorProvider.SetError(btnLogin, "数据库操作失败")
            con.Close()
        End Try
        con.Close()
    End Sub
```

2. 系统主窗体的实现

1) 数据表结构的实现

经过需求分析和概念结构设计以后,得到了数据库的逻辑结构。现在就可以在 SQL Server 2012 数据库系统中实现该逻辑结构。下面给出在查询编辑器中创建这些表的 SQL 语句。可以将这些表创建在命名为“图书现场采购”的数据库中。

(1) 创建书商图书基本信息表 BookSeller_BookInfo。

```
CREATE TABLE [dbo].[BookSeller_BookInfo](
    [REC_ID] [bigint] IDENTITY(1,1) NOT NULL,
    [ISBN] [nvarchar](20) NOT NULL,
    [BookName] [nvarchar](200) NOT NULL,
    [Author] [nvarchar](50) NOT NULL,
```

```
    [Publisher_Date] [smalldatetime] NOT NULL,
    [Publisher] [nvarchar](50) NOT NULL,
    [Class_Name] [nvarchar](50) NOT NULL,
    [Book_Price] [money] NOT NULL,
    [Book_Num] [int] NOT NULL,
    [Provider] [nvarchar](50) NOT NULL
)
```

(2) 创建图书馆图书馆藏基本信息表 Library_BookInfo。

```
CREATE TABLE [dbo].[Library_BookInfo](
    [REC_ID] [bigint] IDENTITY(1,1) NOT NULL,
    [ISBN] [nvarchar](20) NOT NULL,
    [BookName] [nvarchar](200) NOT NULL,
    [Author] [nvarchar](50) NOT NULL,
    [Publisher_Date] [smalldatetime] NOT NULL,
    [Publisher] [nvarchar](50) NOT NULL,
    [Class_Name] [nvarchar](50) NOT NULL,
    [Book_Price] [money] NOT NULL,
    [Book_Num] [int] NOT NULL,
    [Provider] [nvarchar](50) NOT NULL
)
```

(3) 创建用户注册表 UserEnroll_Info。

```
CREATE TABLE [dbo].[UserEnroll_Info](
    [REC_ID] [int] IDENTITY(1,1) NOT NULL,
    [UserName] [nvarchar](50) NOT NULL,
    [UserPassword] [nvarchar](50) NOT NULL,
    [UserMemo] [nvarchar](200) NOT NULL
)
```

2) 系统主窗体的创建

上面的 SQL 语句在 SQL Server 2012 管理平台查询窗口中执行后，将自动产生需要的所有表。有关数据结构的所有后台工作已经完成。现在将通过图书现场采购系统中功能模块的实现，介绍如何使用 VB .NET 来编写数据库系统的客户端程序。

(1) 创建项目 LibrarySys。

启动 VB .NET 开发环境后，选择"文件"→"新建项目"命令，在"新建项目"对话框中选择"项目类型"为 Visual Basic，项目模板为"Windows 窗体应用程序"，将项目命名为 LibrarySys，在"位置"文本框中输入 Windows 应用程序的位置，如图 13-9 所示，单击"确定"按钮进入 VB .NET 集成开发环境。

(2) 创建图书现场采购管理系统主窗体。

VB .NET 创建的应用程序可以是 SDI(单文档界面)和 MDI(多文档界面)。这里采用 MDI，可以使程序更为美观、整齐有序。

新建项目后，VB .NET 的设计环境中将产生一个默认的窗体 Form1。把这个窗体作为项目的主窗体。将窗体重命名为 MainWnd，IsMdiContainer 属性设置为 True，并将窗体的 Text 属性设置为"图书现场采购系统"，将相对应的 form1. vb 文件重命名为 MainWnd. vb。

图 13-9 “新建项目”对话框

(3) 创建主窗体菜单。

从工具栏中拖放一个 MenuStrip 控件到主窗体 MainWnd 中,单击主窗体下方的菜单控件图标,在主窗体的菜单栏中按照表 13-7 所示的结构依次输入各个菜单项的标题。

表 13-7 主窗体菜单结构

菜单名称	菜单标题	菜单名称	菜单标题
mnuUser	用户管理	mnuCheckUnique	批量查重选购
mnuDataImport	采购数据导入	mnuCheckBuy	查询选购
mnuAlter	采购数据管理	mnuStatistics	统计输出
mnuScanBuy	扫描选购	mnuExit	退出系统

菜单设置完成后,主窗体如图 13-10 所示,需要为主菜单添加处理事件,在窗体设计器中双击菜单项,可以为该菜单添加相应的处理事件,对于菜单项只有 Click 事件。如“用户管理”菜单的 Click 事件如下:

```
Private Sub mnuUser_Click(sender As Object, e As EventArgs) Handles mnuUser.Click
    Dim userManageWnd As New UserManageWnd
    userManageWnd.ShowDialog()  '打开用户管理窗体
End Sub
```

(4) 引入命名空间。

引入命名空间,以便在代码中使用来自该命名空间的元素,而不用完全限定该元素。为项目指定要导入的命名空间,它将应用于项目中的所有文件,而使用 Imports 语句引用的命名空间,只可以在单个源代码文件中使用。本系统因为每项功能都要用到 SQL Server 数据库,因此需要为项目引入 System.Data.SqlClient 命名空间,以便整个系统在代码编写中可

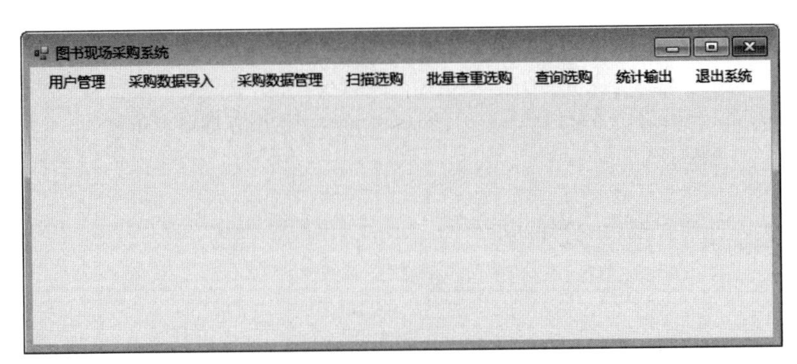

图 13-10　系统主窗体

以直接使用 System. Data. SqlClient 下的类。

选择“项目”→“LibrarySys 属性”命令，在打开的项目属性对话框中选择“引用”选项卡，然后在“导入命名空间”中选择 System. Data. SqlClient 并保存。

(5) 创建公用模块。

在 VB .NET 中可以用公用模块来存放整个项目公用的函数、全局变量等，便于各窗体模块调用公用模块中的函数、变量，以提高代码的效率。在解决方案资源管理器中为项目添加一个 Module，保存为 ConfigModule. vb，此项目的公用模块程序中的过程和函数如下：

① SQL Server 2012 服务器连接字符串函数。

```
connectionString = "Data Source = (local); Initial Catalog = 图书现场采购系统; Integrated
Security = True"
```

② SQL 命令执行函数。

```
Public txtSQL As String   '存放 SQL 语句
Public DBSet As DataSet   '查询得到的记录集
Public ErrorMsg As String'存放错误信息
Public Function ExecuteSQL(ByVal strSQL As String, ByRef errMsg As String) As Integer
    '函数执行 SQL 的 INSERT、DELETE、UPDATE 和 SELECT 语句
    '对于 INSERT、DELETE、UPDATE 语句, ExecuteSQL 返回更新的记录数: -1 表示程序异常; 0 表示更
    '新失败; 大于 0 表示操作成功,更新的记录数
    '对于 SELECT 语句: DBSet 为返回的数据集; ExecuteSQL 为返回的查询记录数
    Dim cnn As SqlClient.SqlConnection
    Dim cmd As New SqlClient.SqlCommand()
    Dim adpt As SqlClient.SqlDataAdapter
    Dim rst As New DataSet()
    Dim SplitSQL() As String
    errMsg = ""
    Try
        SplitSQL = Split(strSQL)
        cnn = New SqlClient.SqlConnection(connectionString)
        If InStr("INSERT,DELETE,UPDATE", UCase(SplitSQL(0))) Then
            cmd.Connection = cnn
            cmd.Connection.Open()
            cmd.CommandText = strSQL
            ExecuteSQL = cmd.ExecuteNonQuery()   '返回更新数据记录条数
```

```
            Else
                adpt = New SqlClient.SqlDataAdapter(strSQL, cnn)
                adpt.Fill(rst)
                ExecuteSQL = rst.Tables(0).Rows.Count   '返回查询记录条数
                DBSet = rst
            End If
        Catch ex As Exception
            errMsg = ex.Message
            ExecuteSQL = - 1   '表示执行 SQL 失败
        Finally
            rst = Nothing
            cnn = Nothing
        End Try
    End Function
```

③ 启动函数 SubMain。

```
Sub main()
    Dim LoginWnd As New LoginWnd
    connectionString = "Data Source = (local);Initial Catalog = 图书现场采购系统;Integrated
Security = True"
    LoginWnd.ShowDialog()
End Sub
```

系统启动时,首先执行用户登录窗体。

13.4.4 用户管理模块的实现

用户管理模块主要实现登录后用户信息的编辑、添加和删除功能。

选择"用户管理"菜单项,打开"用户管理"窗体(UserManageWnd),如图 13-11 所示。

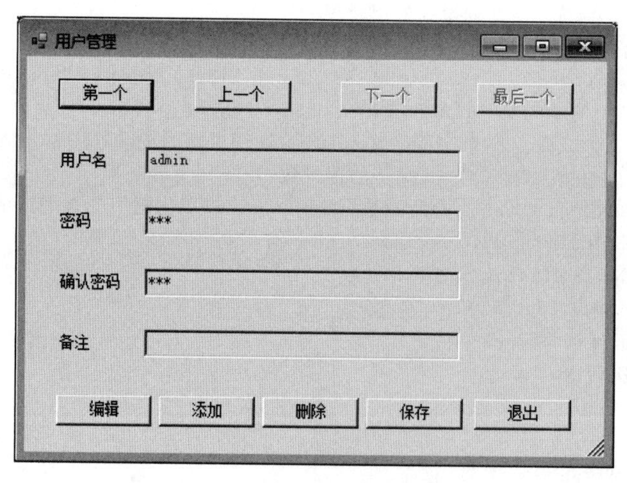

图 13-11 "用户管理"窗体

在窗体中放置了 4 个文本框,用来输入用户名、密码、确认密码和备注信息;多个命令按钮用来帮助用户进行各种操作;加入多个标签用来提示文本框内容。这些控件的属性设置如表 13-8 所示。

表 13-8 "用户管理"窗体中各个控件的属性设置

控　　件	属　　性	属 性 取 值	说　　明
TextBox	Name	txtBoxUserName	"用户名"文本框
TextBox	Name	txtBoxUserPassword	"密码"文本框
TextBox	Name	txtBoxUserPasswordAgain	"确认密码"文本框
TextBox	Name	txtBoxUserMemo	"备注"文本框
Label	Text	用户名:	提示
Label	Text	密码:	提示
Label	Text	备注	提示
Button	Text	第一个	首条记录
	Name	btnFirst	
Button	Text	上一个	向上移动一条记录
	Name	btnPrevious	
Button	Text	下一个	向下移动一条记录
	Name	btnNext	
Button	Text	最后一个	最后一条记录
	Name	btnLast	
Button	Text	编辑	修改当前记录
	Name	btnEdit	
Button	Text	添加	添加新记录
	Name	btnAdd	
Button	Text	删除	删除当前记录
	Name	btnDelete	
Button	Text	保存	保存修改或添加
	Name	btnSave	
Button	Text	退出	退出当前窗口
	Name	btnExit	

当窗体加载后,初始化代码如下:

```
Dim binding As BindingManagerBase
Dim table As Data.DataTable
Dim op As Integer =-1'no operation,0-edit, 1-add
Dim current As Integer =-1
Private Sub UserManageWnd_Load(senders As Object, e As EventArgs) Handles MyBase.Load
    Dim con As New SqlConnection(connectionString)
    Try
        con.Open()
    Catch ex As Exception
        MessageBox.Show("连接失败")
        Exit Sub
    End Try
Dim cmd As New SqlCommand("select * from UserEnroll_Info", con)
Dim adapter As New SqlDataAdapter()
adapter.SelectCommand = cmd
Dim dataset As DataSet = New DataSet
adapter.Fill(dataset)
```

```
        table = dataset.Tables.Item(0)
        txtBoxUserName.DataBindings.Add("Text", table, "UserName")
        txtBoxUserPassword.DataBindings.Add("Text", table, "UserPassword")
        txtBoxUserPasswordAgain.DataBindings.Add("Text", table, "UserPassword")
        txtBoxUserMemo.DataBindings.Add("Text", table, "UserMemo")
        binding = CType(Me.BindingContext(table), CurrencyManager)
        binding.Position = 0
        con.Close()
        btnPrevious.Enabled = False
        btnFirst.Enabled = False
        If binding.Count = 1 Then
            btnNext.Enabled = False
            btnLast.Enabled = False
        End If
        txtBoxUserName.Enabled = False
        txtBoxUserPassword.Enabled = False
        txtBoxUserPasswordAgain.Enabled = False
        txtBoxUserMemo.Enabled = False
    End Sub
```

记录导航“第一个”“上一个”“下一个”“最后一个”按钮的代码如下：

```
Private Sub btnFirst_Click(sender As Object, e As EventArgs) Handles btnFirst.Click
'单击"第一个"按钮响应事件
    binding.Position = 0
    btnFirst.Enabled = False
    btnPrevious.Enabled = False
    btnNext.Enabled = True
    btnLast.Enabled = True
End Sub
Private Sub btnPrevious_Click(sender As Object, e As EventArgs) Handles btnPrevious.Click
'单击"上一个"按钮响应事件
    binding.Position - = 1
    If binding.Position = 0 Then
        btnPrevious.Enabled = False
        btnFirst.Enabled = False
    End If
    btnNext.Enabled = True
    btnLast.Enabled = True
End Sub
Private Sub btnNext_Click(sender As Object, e As EventArgs) Handles btnNext.Click
'单击"下一个"按钮响应事件
    binding.Position + = 1
    If binding.Position = binding.Count - 1 Then
        btnNext.Enabled = False
        btnLast.Enabled = False
    End If
    btnPrevious.Enabled = True
    btnFirst.Enabled = True
End Sub
Private Sub btnLast_Click(sender As Object, e As EventArgs) Handles btnLast.Click
```

```
'单击"最后一个"按钮响应事件
    binding.Position = binding.Count - 1
    btnNext.Enabled = False
    btnLast.Enabled = False
    btnFirst.Enabled = True
    btnPrevious.Enabled = True
End Sub
```

单击"编辑"按钮,进行用户信息修改操作,此时禁用其他按钮,仅显示"保存"按钮,"退出"按钮变为"取消"按钮,置 op=0,响应代码如下:

```
Private Sub btnEdit_Click(sender As Object, e As EventArgs) Handles btnEdit.Click
    btnFirst.Enabled = False
    btnPrevious.Enabled = False
    btnNext.Enabled = False
    btnLast.Enabled = False
    btnEdit.Enabled = False
    btnAdd.Enabled = False
    btnDelete.Enabled = False
    txtBoxUserName.Enabled = True
    txtBoxUserPassword.Enabled = True
    txtBoxUserPasswordAgain.Enabled = True
    txtBoxUserMemo.Enabled = True
    btnCancel.Text = "取消"
    op = 0
    current = binding.Position
End Sub
```

单击"添加"按钮,进行用户添加操作,此时禁用其他按钮,仅显示"保存"按钮,"退出"按钮显示为"取消"按钮,并且将文本框置空,置 op=1,响应代码如下:

```
Private Sub btnAdd_Click(sender As Object, e As EventArgs) Handles btnAdd.Click
    btnFirst.Enabled = False
    btnPrevious.Enabled = False
    btnNext.Enabled = False
    btnLast.Enabled = False
    btnEdit.Enabled = False
    btnAdd.Enabled = False
    btnDelete.Enabled = False
    txtBoxUserName.Enabled = True
    txtBoxUserPassword.Enabled = True
    txtBoxUserPasswordAgain.Enabled = True
    txtBoxUserMemo.Enabled = True
    txtBoxUserName.Text = ""
    txtBoxUserPassword.Text = ""
    txtBoxUserPasswordAgain.Text = ""
    txtBoxUserMemo.Text = ""
    btnCancel.Text = "取消"
    op = 1
    binding.AddNew()
    current = binding.Position
```

```
    binding.Position = binding.Count + 1
End Sub
```

单击“保存”按钮，根据 op 的值判断是添加新用户还是修改用户信息，代码如下：

```
Private Sub btnSave_Click(sender As Object, e As EventArgs) Handles btnSave.Click
    errorProvider.Clear()
    If txtBoxUserName.Text = "" Then
        txtBoxUserName.Focus()
        errorProvider.SetError(txtBoxUserName, "请输入用户名")
        Exit Sub
    End If
    If txtBoxUserPassword.Text = "" Then
        txtBoxUserPassword.Focus()
        errorProvider.SetError(txtBoxUserPassword, "请输入密码")
        Exit Sub
    End If
    If txtBoxUserPassword.Text <> txtBoxUserPasswordAgain.Text Then
        txtBoxUserPasswordAgain.Focus()
        errorProvider.SetError(txtBoxUserPasswordAgain, "两次密码不一致")
        Exit Sub
    End If
    Dim sqlString = "update UserEnroll_Info set UserName = (@UserName), UserPassword = (@
UserPassword), UserMemo = (@UserMemo) where REC_ID = (@UserNo)"
    If op = 1 Then
        sqlString = "insert into UserEnroll_Info(UserName, UserPassword, UserMemo) values
((@UserName), (@UserPassword), (@UserMemo))"
    End If
    Dim conUpdate As New SqlConnection(connectionString)
    Try
        conUpdate.Open()
    Catch ex As Exception
        MessageBox.Show("连接失败")
        Exit Sub
    End Try
    Dim cmdModify As New SqlCommand(sqlString, conUpdate)
    If op = 0 Then
        cmdModify.Parameters.Add("@UserNo", SqlDbType.Int)
        cmdModify.Parameters("@UserNo").Value = table.Rows(binding.Position).Item("REC_ID")
    End If
    cmdModify.Parameters.Add("@UserName", SqlDbType.VarChar)
    cmdModify.Parameters("@UserName").Value = txtBoxUserName.Text
    cmdModify.Parameters.Add("@UserPassword", SqlDbType.VarChar)
    cmdModify.Parameters("@UserPassword").Value = txtBoxUserPassword.Text
    cmdModify.Parameters.Add("@UserMemo", SqlDbType.VarChar)
    cmdModify.Parameters("@UserMemo").Value = txtBoxUserMemo.Text
    current = binding.Position
    Dim count As Integer = cmdModify.ExecuteNonQuery()
    If count = 1 Then
        Dim msg As String = "修改成功"
        If op = 1 Then
```

```
            msg = "添加成功"
            btnNext.Enabled = False
            btnLast.Enabled = False
            btnFirst.Enabled = True
            btnPrevious.Enabled = True
        Else
            table.Rows(binding.Position).EndEdit()
            table.AcceptChanges()
            binding.Position = current
            If binding.Position <> 0 Then
                btnFirst.Enabled = True
                btnPrevious.Enabled = True
            End If
            If binding.Position <> binding.Count - 1 Then
                btnNext.Enabled = True
                btnLast.Enabled = True
            End If
        End If
        MessageBox.Show(msg)
        btnEdit.Enabled = True
        btnAdd.Enabled = True
        btnDelete.Enabled = True
        btnCancel.Text = "退出"
        txtBoxUserName.Enabled = False
        txtBoxUserPassword.Enabled = False
        txtBoxUserPasswordAgain.Enabled = False
        txtBoxUserMemo.Enabled = False
    Else
        Dim msg As String = "修改失败"
        If op = 1 Then
            msg = "添加失败"
        End If
        MessageBox.Show(msg)
    End If
    conUpdate.Close()
End Sub
```

单击"添加"按钮,出现如图 13-12 所示的添加用户的操作界面。

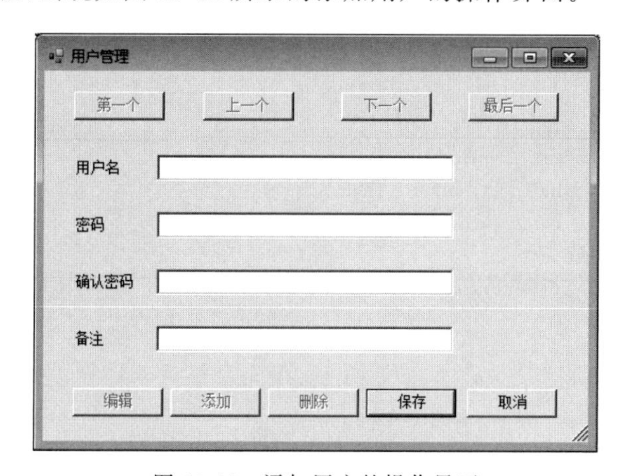

图 13-12　添加用户的操作界面

单击“删除”按钮，弹出对话框以便用户选择是否真的删除，如果用户单击“确定”按钮，执行删除操作，如图 13-13 所示。

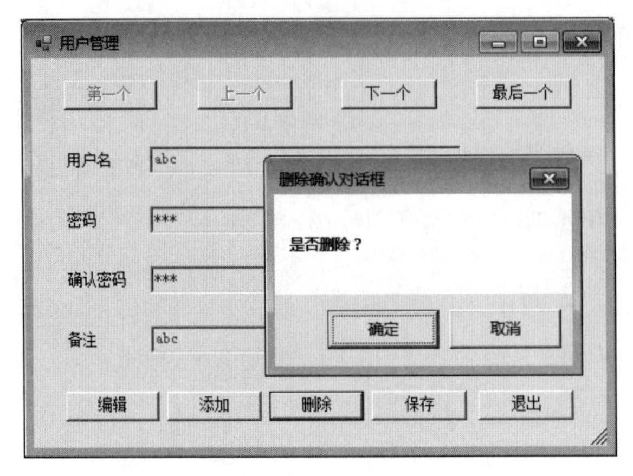

图 13-13　删除用户的操作界面

程序代码如下：

```
Private Sub btnDelete_Click(sender As Object, e As EventArgs) Handles btnDelete.Click
    Dim ret As DialogResult = MessageBox.Show("是否删除?", "删除确认对话框", MessageBoxButtons.
OKCancel)
    If ret = DialogResult.OK Then
        Dim conDelete As New SqlConnection(connectionString)
        Try
            conDelete.Open()
        Catch ex As Exception
            MessageBox.Show("连接失败")
            Exit Sub
        End Try
        Dim deleteString As String = "delete from UserEnroll_Info where REC_ID = (@UserNo)"
        Dim cmdDelete As New SqlCommand(deleteString, conDelete)
        cmdDelete.Parameters.Add("@UserNo", SqlDbType.Int)
        cmdDelete.Parameters("@UserNo").Value = table.Rows(binding.Position).Item("REC_ID")
        Dim count As Integer = cmdDelete.ExecuteNonQuery()
        If count = 1 Then
            table.AcceptChanges()
            If current = binding.Count Then
                binding.Position = 0
                btnNext.Enabled = False
                If binding.Count = 1 Then
                    btnPrevious.Enabled = False
                Else
                    btnPrevious.Enabled = True
                End If
            Else
                If binding.Count - 1 = current Then
                    btnNext.Enabled = False
                End If
            End If
```

```
        End If
        conDelete.Close()
    End If
End Sub
```

13.4.5 采购数据导入模块的实现

采购数据导入模块主要实现 Excel 文件的书目数据导入到 SQL Server 2012 数据库的书商图书表(BookSeller_BookInfo)中。

1. Excel 数据导入 SQL Server 2012 窗体的创建

选择“采购数据导入”菜单项,将出现如图 13-14 所示的“数据导入”窗体(DataImportWnd),该窗体实现了 Excel 数据导入书商图书表的功能。

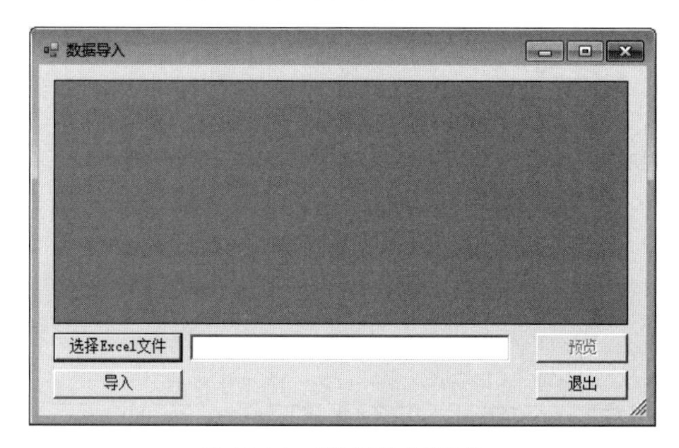

图 13-14 “数据导入”窗体

为了便于数据导入处理,对 Excel 表格中的数据作如下要求:表格中第一行为标题栏,依次为书名、作者、ISBN 号、出版社、出版年、价格、分类、数量、提供商,其他行为对应书目数据,并且不许出现空白行。

2. Excel 数据导入程序实现

当单击“选择 Excel 文件”按钮时触发 cmdSelectFile_Click()事件,从“打开文件”对话框中找到磁盘上的 Excel 文件,文件名和路径放在 TextBox1 文本框中。单击“导入”按钮,触发 btnImport_Click()事件,数据导入 SQL Server 2012 数据库。

程序对 Excel 文件进行操作,首先需要添加 Excel Library 的引用到项目中。当使用 Office 2010 时,它的库文件为 microsoft excel 14.0 object library。程序代码如下:

```
Private Sub btnImport_Click(sender As Object, e As EventArgs) Handles btnImport.Click
    Dim xlAppExcelFile As Excel.Application
    Dim xlBook As Excel.Workbook
    Dim xlSheet As Excel.Worksheet
    Dim intColNum As Integer
    Dim intRowNum As Integer
    '生成新的 instance
    xlAppExcelFile = New Excel.Application
    '在已有的 Excel,指定文件路径,打开 Book
    xlBook = xlAppExcelFile.Workbooks.Open(txtBoxFileName.Text)
```

```
        '不表示 Excel
        xlAppExcelFile.Visible = False
        '禁止显示对话框和警告消息
        xlAppExcelFile.DisplayAlerts = False
        '取消任务栏中的窗口选项
        xlAppExcelFile.ShowWindowsInTaskbar = False
        xlSheet = xlBook.Sheets(1)
        intRowNum = xlSheet.UsedRange.Rows.Count
        intColNum = xlSheet.UsedRange.Columns.Count
        Dim con As New SqlConnection(connectionString)
        Try
            con.Open()
        Catch ex As Exception
            MessageBox.Show("连接失败")
            Exit Sub
        End Try
        Dim adapter As New SqlDataAdapter()
        adapter.SelectCommand = New SqlCommand("select * from BookSeller_BookInfo", con)
        Dim cmdb As SqlCommandBuilder = New SqlCommandBuilder(adapter)
        Dim dataset As New DataSet
        adapter.Fill(dataset)
        adapter.AcceptChangesDuringUpdate = False
        For row = 2 To intRowNum
            Dim record As DataRow = dataset.Tables(0).NewRow
            record("ISBN") = xlSheet.Cells(row, 2).value
            record("BookName") = xlSheet.Cells(row, 3).value
            record("Author") = xlSheet.Cells(row, 4).value
            record("Publisher_Date") = xlSheet.Cells(row, 5).value
            record("Publisher") = xlSheet.Cells(row, 6).value
            record("Class_Name") = xlSheet.Cells(row, 7).value
            record("Book_Price") = Val(xlSheet.Cells(row, 8).value)
            record("Book_Num") = xlSheet.Cells(row, 9).value
            record("Provider") = xlSheet.Cells(row,10).value dataset.Tables(0).Rows.Add(record)
        Next
        Dim ret As Integer = adapter.Update(dataset, "BookSeller_BookInfo")
        dataset.AcceptChanges()
        If ret > 0 Then
            MessageBox.Show("成功导入" & ret & "条数据")
            datagridview.Rows.Clear()
            datagridview.Columns.Clear()
            datagridview.DataSource = dataset.Tables(0)
            datagridview.Columns(0).Visible = False
        Else
            MessageBox.Show("导入失败")
        End If
        con.Close()
    End Sub
```

13.4.6 采购数据管理模块的实现

采购数据管理模块主要实现采购数据查询、采购数据新增、采购数据修改和采购数据删除等功能。

1. “采购数据管理”窗体的创建

选择“采购数据管理”菜单项，将出现如图 13-15 所示的“采购数据管理”窗体(DataAlterWnd)。

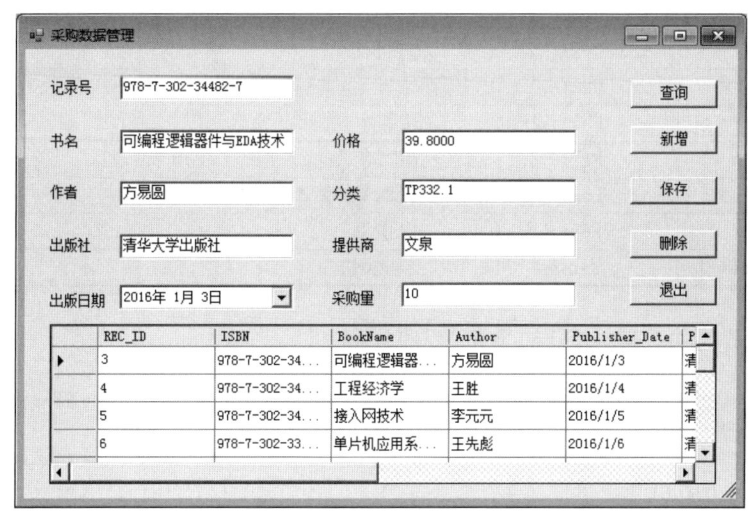

图 13-15 “采购数据管理”窗体

在窗体中放置多个文本框，用来输入图书及采购信息以及操作按钮，相关设置如表 13-9 所示。

表 13-9 “采购数据管理”窗体中各控件的属性设置

控　件	属　性	属性值	说　明
TextBox	Name	txtBoxISBN	“记录号”文本框
TextBox	Name	txtBoxBookName	“书名”文本框
TextBox	Name	txtBoxAuthor	“作者”文本框
TextBox	Name	txtBoxCBS	“出版社”文本框
TextBox	Name	txtBoxPrice	“价格”文本框
TextBox	Name	txtBoxCategory	“分类”文本框
TextBox	Name	txtBoxProvider	“提供商”文本框
TextBox	Name	txtBoxNum	“采购量”文本框
DateTimePicker	Name	datetimepicker	“出版日期”文本框
Button	Name	btnQuery	“查询”按钮
	Text	查询	
Button	Name	btnAdd	“新增”或者“取消”按钮
	Text	新增/取消	
Button	Name	btnSave	“保存”按钮
	Text	保存	
Button	Name	btnDelete	“删除”按钮
	Text	删除	
Button	Name	btnExit	“退出”按钮
	Text	退出	
Label1	Text	ISBN 号	提示标签

续表

控　件	属　性	属 性 值	说　明
Label2	Text	书名	
Label3	Text	分类	
Label4	Text	出版社	
Label5	Text	作者	
Label6	Text	价格	
Label7	Text	出版年	
Label8	Text	订购数	
Label9	Text	提供商	
DataGridView	Name	datagridview	

当窗体加载的加载后，进行初始化，程序代码如下：

```
Private Sub DataAlterWnd_Load(sender As Object, e As EventArgs) Handles MyBase.Load
    Dim con As New SqlConnection(connectionString)
    Try
        con.Open()
    Catch ex As Exception
        MessageBox.Show("连接失败")
        Exit Sub
    End Try
    Dim adapter As New SqlDataAdapter()
    adapter.SelectCommand = New SqlCommand("select * from BookSeller_BookInfo", con)
    Dim dataset As New DataSet
    adapter.Fill(dataset)
    Dim table As DataTable = dataset.Tables.Item(0)
    datagridview.DataSource = table
    '显示第一条的内容
    If table.Rows.Count > 0 Then
        txtBoxISBN.Text = table.Rows(0).Item("ISBN")
        txtBoxBookName.Text = table.Rows(0).Item("BookName")
        txtBoxAuthor.Text = table.Rows(0).Item("Author")
        datetimepicker.Text = table.Rows(0).Item("Publisher_Date")
        txtBoxCBS.Text = table.Rows(0).Item("Publisher")
        txtBoxCategory.Text = table.Rows(0).Item("Class_Name")
        txtBoxPrice.Text = table.Rows(0).Item("Book_Price")
        txtBoxNum.Text = table.Rows(0).Item("Book_Num")
        txtBoxProvider.Text = table.Rows(0).Item("Provider")
        curSel = 0
    Else
        btnDelete.Enabled = False
        btnAdd.Text = "取消"
        curSel = -2
    End If
End Sub
```

当用户双击选中数据表格中的一行时，触发表格的 datagridview_CellDoubleClick()事件，填充该行的数据到文本框中，代码如下：

```
Private Sub datagridview_CellDoubleClick(sender As Object, e As DataGridViewCellEventArgs)
Handles datagridview.CellDoubleClick
    If curSel <> -2 And datagridview.Rows.Count > 0 Then
      curSel = e.RowIndex
        txtBoxISBN.Text = datagridview.CurrentRow.Cells("ISBN").Value
        txtBoxBookName.Text = datagridview.CurrentRow.Cells("BookName").Value
        txtBoxAuthor.Text = datagridview.CurrentRow.Cells("Author").Value
        datetimepicker.Text = datagridview.CurrentRow.Cells("Publisher_Date").Value
        txtBoxCBS.Text = datagridview.CurrentRow.Cells("Publisher").Value
        txtBoxCategory.Text = datagridview.CurrentRow.Cells("Class_Name").Value
        txtBoxPrice.Text = datagridview.CurrentRow.Cells("Book_Price").Value
        txtBoxNum.Text = datagridview.CurrentRow.Cells("Book_Num").Value
        txtBoxProvider.Text = datagridview.CurrentRow.Cells("Provider").Value
    End If
    errorProvider.Clear()
End Sub
```

2. “采购数据查询”窗体的创建

在“采购数据管理”窗体，单击“查询”按钮，进入如图13-16所示的“采购数据查询”窗体。可以按ISBN号、书名、作者、出版社、出版年、分类和提供商进行查询以及各字段的排序。

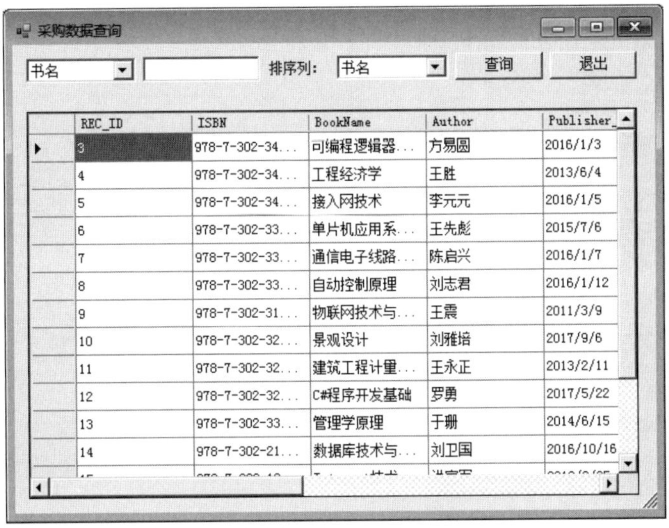

图13-16 “采购数据查询”窗体

在“采购信息查询”窗体中用到了一个DataGridView控件。查询窗体中所包含的控件及其属性如表13-10所示。

表13-10 “采购数据查询”窗体中各个控件及属性设置

控　　件	属　　性	属　性　值	说　　明
DataQueryWnd(Form)	Name	CGDataQueryForm	“采购数据查询”窗体
	Text	采购数据查询	
DataGridView1	Name	DataGridView1	数据网格控件
	ReadOnly	True	只读

续表

控　　件	属　　性	属　性　值	说　　明
ComboBox1	Name	ComboBox1	检索字段下拉列表框
	DropDownStyle	Dropdown List	
ComboBox2	Name	ComboBox2	“排序列”下拉列表框
	DropDownStyle	Dropdown List	
TextBox1	Name	TextBox1	检索词输入框
Button1	Text	查询	“查询”按钮
	Name	cmdQuery	
Button2	Text	退出	“退出”按钮
	Name	cmdExit	

程序代码如下：

```
Private Sub DataQueryWnd_Load(sender As Object, e As EventArgs) Handles MyBase.Load
        '初始化查询选项下拉列表框
        ComboBox1.Items.Clear()
        ComboBox1.Items.Add("书名")
        ComboBox1.Items.Add("作者")
        ComboBox1.Items.Add("ISBN")
        ComboBox1.Items.Add("出版社")
        ComboBox1.Items.Add("出版年")
        ComboBox1.Items.Add("分类")
        ComboBox1.Items.Add("提供商")
        ComboBox1.SelectedIndex = 0
        '初始化排序选项下拉列表框
        ComboBox2.Items.Clear()
        ComboBox2.Items.Add("书名")
        ComboBox2.Items.Add("作者")
        ComboBox2.Items.Add("ISBN")
        ComboBox2.Items.Add("出版社")
        ComboBox2.Items.Add("出版年")
        ComboBox2.Items.Add("分类")
        ComboBox2.Items.Add("提供商")
        ComboBox2.SelectedIndex = 0
        txtSQL = "select * from bookseller_bookinfo"
        Dim Recordnum As Integer
        Recordnum = ExecuteSQL(txtSQL, ErrorMsg)  '返回值为 SQL 检索记录数
        DataGridView1.DataSource = DBSet.Tables.Item(0)  '在 DataGridView 控件中显示查询结果
    End Sub
    Private Sub Button1_Click(sender As Object, e As EventArgs) Handles Button1.Click
        Dim searchfield As String    '定义检索字段
        Dim sortfield As String      '定义排序字段
        searchfield = ""
        sortfield = ""
        If Trim(TextBox1.Text) = "" Then
            MsgBox("请输入检索词")
            Exit Sub
          End If
```

```
        '取检索和排序字段
        If ComboBox1.Text = "书名" Then searchfield = "bookname"
        If ComboBox1.Text = "作者" Then searchfield = "author"
        If ComboBox1.Text = "ISBN" Then searchfield = "isbn"
        If ComboBox1.Text = "出版社" Then searchfield = "publisher"
        If ComboBox1.Text = "出版年" Then searchfield = "publisher_date"
        If ComboBox1.Text = "分类" Then searchfield = "class_name"
        If ComboBox1.Text = "提供商" Then searchfield = "provider"
        If ComboBox2.Text = "书名" Then sortfield = "bookname"
        If ComboBox2.Text = "作者" Then sortfield = "author"
        If ComboBox2.Text = "ISBN" Then sortfield = "isbn"
        If ComboBox2.Text = "出版社" Then sortfield = "publisher"
        If ComboBox2.Text = "出版年" Then sortfield = "publisher_date"
        If ComboBox2.Text = "分类" Then sortfield = "class_name"
        If ComboBox2.Text = "提供商" Then sortfield = "provider"
        '构建 SQL 语句
        txtSQL = "select * from bookseller_bookinfo where" & searchfield & "like' % " & TextBox1
.Text & " % ' order by " & sortfield
        Dim Recordnum As Integer
        Recordnum = ExecuteSQL(txtSQL, ErrorMsg)  '返回值为 SQL 检索记录数
        DataGridView1.DataSource = DBSet.Tables.Item(0)'在 DataGridView 控件中显示查询结果
    End Sub
Private Sub Button2_Click(sender As Object, e As EventArgs) Handles Button2.Click
        Me.Close()
    End Sub
```

3. 其他按钮功能

(1) 当用户单击“新增”按钮时，清空文本框中的数据，此时“新增”按钮变为“取消”按钮，当用户单击“取消”按钮时，填充修改前或者添加前的文本框数据如图 13-17 所示。

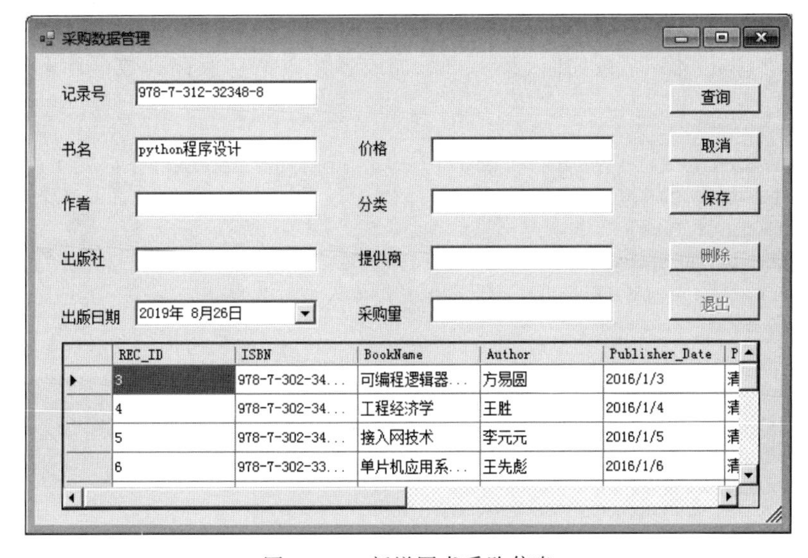

图 13-17　新增图书采购信息

程序代码如下：

```
Private Sub btnAdd_Click(sender As Object, e As EventArgs) Handles btnAdd.Click
    If btnAdd.Text = "新增" Then
        txtBoxISBN.Text = ""
        txtBoxBookName.Text = ""
        txtBoxAuthor.Text = ""
        datetimepicker.Value = Now
        txtBoxCBS.Text = ""
        txtBoxCategory.Text = ""
        txtBoxPrice.Text = ""
        txtBoxNum.Text = ""
        txtBoxProvider.Text = ""
        btnAdd.Text = "取消"
        btnDelete.Enabled = False
        btnExit.Enabled = False
        curSel = -2
    Else
        curSel = 0
        txtBoxISBN.Text = datagridview.Rows(curSel).Cells("ISBN").Value
        txtBoxBookName.Text = datagridview.Rows(curSel).Cells("BookName").Value
        txtBoxAuthor.Text = datagridview.Rows(curSel).Cells("Author").Value
        datetimepicker.Text = datagridview.Rows(curSel).Cells("Publisher_Date").Value
        txtBoxCBS.Text = datagridview.Rows(curSel).Cells("Publisher").Value
        txtBoxCategory.Text = datagridview.Rows(curSel).Cells("Class_Name").Value
        txtBoxPrice.Text = datagridview.Rows(curSel).Cells("Book_Price").Value
        txtBoxNum.Text = datagridview.Rows(curSel).Cells("Book_Num").Value
        txtBoxProvider.Text = datagridview.Rows(curSel).Cells("Provider").Value
        btnAdd.Text = "新增"
        btnDelete.Enabled = True
        btnExit.Enabled = True
    End If
End Sub
```

(2) 当用户单击“保存”按钮时，将用户添加或者修改信息保存到数据库和表格视图中，程序代码如下：

```
Private Sub btnSave_Click(sender As Object, e As EventArgs) Handles btnSave.Click
    errorProvider.Clear()
    If txtBoxISBN.Text = "" Then
        txtBoxISBN.Focus()
        errorProvider.SetError(txtBoxISBN, "请输入添加书的 ISBN")
        Exit Sub
    End If
    If txtBoxBookName.Text = "" Then
        txtBoxBookName.Focus()
        errorProvider.SetError(txtBoxBookName, "请输入书名")
        Exit Sub
    End If
    If txtBoxAuthor.Text = "" Then
        txtBoxAuthor.Focus()
```

```
            errorProvider.SetError(txtBoxAuthor, "请输入作者")
            Exit Sub
        End If
        If txtBoxCBS.Text = "" Then
            txtBoxCBS.Focus()
            errorProvider.SetError(txtBoxCBS, "请输入出版社")
            Exit Sub
        End If
        If txtBoxCategory.Text = "" Then
            txtBoxCategory.Focus()
            errorProvider.SetError(txtBoxCategory, "请输入书的分类")
            Exit Sub
        End If
        If txtBoxPrice.Text = "" Then
            txtBoxPrice.Focus()
            errorProvider.SetError(txtBoxPrice, "请输入书的价格")
            Exit Sub
        End If
        If Not IsNumeric(txtBoxPrice.Text) Then
            txtBoxPrice.Focus()
            errorProvider.SetError(txtBoxPrice, "你输入的价格不为数字")
            Exit Sub
        End If
        If txtBoxNum.Text = "" Then
            txtBoxNum.Focus()
            errorProvider.SetError(txtBoxNum, "请输入书的数量")
            Exit Sub
        End If
        If Not IsNumeric(txtBoxNum.Text) Then
            txtBoxNum.Focus()
            errorProvider.SetError(txtBoxNum, "你输入的书的数量不为数字")
            Exit Sub
        End If
        If txtBoxProvider.Text = "" Then
            txtBoxProvider.Focus()
            errorProvider.SetError(txtBoxPrice, "请输入书的提供商")
            Exit Sub
        End If
        Dim conUpdate As New SqlConnection(connectionString)
        Try
            conUpdate.Open()
            Catch ex As Exception
            MessageBox.Show("连接失败")
            Exit Sub
        End Try
        If curSel = -2 Then
            Dim insertString = "insert into BookSeller_BookInfo(ISBN, BookName, Author, Publisher
_Date, Publisher, Class_Name, Book_Price, Book_Num, Provider) values((@ISBN), (@BookName),
(@Author), (@Publisher_Date), (@Publisher), (@Class_Name), (@Book_Price), (@Book_
Num), (@Provider))"
            Dim cmdInsert As New SqlCommand(insertString, conUpdate)
```

```
            cmdInsert.Parameters.Add("@ISBN", SqlDbType.VarChar)
            cmdInsert.Parameters("@ISBN").Value = txtBoxISBN.Text
            cmdInsert.Parameters.Add("@BookName", SqlDbType.VarChar)
            cmdInsert.Parameters("@BookName").Value = txtBoxBookName.Text
            cmdInsert.Parameters.Add("@Author", SqlDbType.VarChar)
            cmdInsert.Parameters("@Author").Value = txtBoxAuthor.Text
            cmdInsert.Parameters.Add("@Publisher_Date", SqlDbType.SmallDateTime)
            cmdInsert.Parameters("@Publisher_Date").Value = datetimepicker.Value
            cmdInsert.Parameters.Add("@Publisher", SqlDbType.VarChar)
            cmdInsert.Parameters("@Publisher").Value = txtBoxCBS.Text
            cmdInsert.Parameters.Add("@Class_Name", SqlDbType.VarChar)
            cmdInsert.Parameters("@Class_Name").Value = txtBoxCategory.Text
            cmdInsert.Parameters.Add("@Book_Price", SqlDbType.Money)
            cmdInsert.Parameters("@Book_Price").Value = txtBoxPrice.Text
            cmdInsert.Parameters.Add("@Book_Num", SqlDbType.Int)
            cmdInsert.Parameters("@Book_Num").Value = Convert.ToInt32(txtBoxNum.Text)
            cmdInsert.Parameters.Add("@Provider", SqlDbType.VarChar)
            cmdInsert.Parameters("@Provider").Value = txtBoxProvider.Text
            Dim count As Integer = cmdInsert.ExecuteNonQuery()
            If count = 1 Then
                MessageBox.Show("插入成功")
                btnDelete.Enabled = True
                btnExit.Enabled = True
                btnAdd.Text = "新增"
                Dim con As New SqlConnection(connectionString)
                Try
                    con.Open()
                Catch ex As Exception
                    MessageBox.Show("连接失败")
                    Exit Sub
                End Try
                Dim adapter As New SqlDataAdapter()
                adapter.SelectCommand = New SqlCommand("select * from BookSeller_BookInfo", con)
                Dim dataset As New DataSet
                adapter.Fill(dataset)
                Dim table As DataTable = dataset.Tables.Item(0)
                datagridview.DataSource = table
                curSel = table.Rows.Count - 1
            Else
                MessageBox.Show("插入失败")
            End If
            conUpdate.Close()
        Else
            Dim insertString = "update BookSeller_BookInfo set ISBN = (@ISBN), BookName = (@
BookName), Author = (@Author), Publisher_Date = (@Publisher_Date), Publisher = (@
Publisher), Class_Name = (@Class_Name), Book_Price = (@Book_Price), Book_Num = (@Book_
Num), Provider = (@Provider) where REC_ID = (@REC_ID)"
            Dim cmdInsert As New SqlCommand(insertString, conUpdate)
            cmdInsert.Parameters.Add("@REC_ID", SqlDbType.Int)
            cmdInsert.Parameters("@REC_ID").Value = Convert.ToInt32(datagridview.Rows(curSel).
Cells("REC_ID").Value)
```

```
            cmdInsert.Parameters.Add("@ISBN", SqlDbType.VarChar)
            cmdInsert.Parameters("@ISBN").Value = txtBoxISBN.Text
            cmdInsert.Parameters.Add("@BookName", SqlDbType.VarChar)
            cmdInsert.Parameters("@BookName").Value = txtBoxBookName.Text
            cmdInsert.Parameters.Add("@Author", SqlDbType.VarChar)
            cmdInsert.Parameters("@Author").Value = txtBoxAuthor.Text
            cmdInsert.Parameters.Add("@Publisher_Date", SqlDbType.SmallDateTime)
            cmdInsert.Parameters("@Publisher_Date").Value = datetimepicker.Value
            cmdInsert.Parameters.Add("@Publisher", SqlDbType.VarChar)
            cmdInsert.Parameters("@Publisher").Value = txtBoxCBS.Text
            cmdInsert.Parameters.Add("@Class_Name", SqlDbType.VarChar)
            cmdInsert.Parameters("@Class_Name").Value = txtBoxCategory.Text
            cmdInsert.Parameters.Add("@Book_Price", SqlDbType.Money)
            cmdInsert.Parameters("@Book_Price").Value = txtBoxPrice.Text
            cmdInsert.Parameters.Add("@Book_Num", SqlDbType.Int)
            cmdInsert.Parameters("@Book_Num").Value = Convert.ToInt32(txtBoxNum.Text)
            cmdInsert.Parameters.Add("@Provider", SqlDbType.VarChar)
            cmdInsert.Parameters("@Provider").Value = txtBoxProvider.Text
            Dim count As Integer = cmdInsert.ExecuteNonQuery()
            If count = 1 Then
                MessageBox.Show("修改成功")
                Dim con As New SqlConnection(connectionString)
                Try
                    con.Open()
                Catch ex As Exception
                    MessageBox.Show("连接失败")
                    Exit Sub
                End Try
                Dim adapter As New SqlDataAdapter()
                 adapter.SelectCommand = New SqlCommand("select * from BookSeller_BookInfo",
con)
                Dim dataset As New DataSet
                adapter.Fill(dataset)
                Dim table As DataTable = dataset.Tables.Item(0)
                datagridview.DataSource = table
            Else
                MessageBox.Show("修改失败")
            End If
            conUpdate.Close()
        End If
End Sub
```

(3) 单击“删除”按钮,删除当前用户选中的行的数据,程序代码如下:

```
Private Sub btnDelete_Click(sender As Object, e As EventArgs) Handles btnDelete.Click
        If datagridview.Rows.Count > 0 Then
            Dim deleteString = "delete from BookSeller_BookInfo where REC_ID = (@REC_ID)"
            Dim conDelete As New SqlConnection(connectionString)
            Try
                conDelete.Open()
            Catch ex As Exception
```

```
                MessageBox.Show("连接失败")
                Exit Sub
            End Try
            Dim cmdDelete As New SqlCommand(deleteString, conDelete)
            cmdDelete.Parameters.Add("@REC_ID", SqlDbType.Int)
            cmdDelete.Parameters("@REC_ID").
    Value = Convert.ToInt32(datagridview.Rows(curSel).Cells("REC_ID").Value)
            Dim count As Integer = cmdDelete.ExecuteNonQuery()
            If count = 1 Then
                MessageBox.Show("删除成功")
                If datagridview.Rows.Count = 1 Then
                    txtBoxISBN.Text = ""
                    txtBoxBookName.Text = ""
                    txtBoxAuthor.Text = ""
                    datetimepicker.Value = Now
                    txtBoxCBS.Text = ""
                    txtBoxCategory.Text = ""
                    txtBoxPrice.Text = ""
                    txtBoxNum.Text = ""
                    txtBoxProvider.Text = ""
                    datagridview.Rows.RemoveAt(curSel)
                    curSel = - 1
                ElseIf curSel = datagridview.Rows.Count - 1 Then
                    curSel = curSel - 1
                    txtBoxISBN.Text = datagridview.Rows(curSel).Cells("ISBN").Value
                    txtBoxBookName.Text = datagridview.Rows(curSel).Cells("BookName").Value
                    txtBoxAuthor.Text = datagridview.Rows(curSel).Cells("Author").Value
                    datetimepicker.Text = datagridview.Rows(curSel).Cells("Publisher_Date").Value
                    txtBoxCBS.Text = datagridview.Rows(curSel).Cells("Publisher").Value
                    txtBoxCategory.Text = datagridview.Rows(curSel).Cells("Class_Name").Value
                    txtBoxPrice.Text = datagridview.Rows(curSel).Cells("Book_Price").Value
                    txtBoxNum.Text = datagridview.Rows(curSel).Cells("Book_Num").Value
                    txtBoxProvider.Text = datagridview.Rows(curSel).Cells("Provider").Value
                    datagridview.Rows.RemoveAt(curSel + 1)
                Else
                    curSel = curSel + 1
                    txtBoxISBN.Text = datagridview.Rows(curSel).Cells("ISBN").Value
                    txtBoxBookName.Text = datagridview.Rows(curSel).Cells("BookName").Value
                    txtBoxAuthor.Text = datagridview.Rows(curSel).Cells("Author").Value
                    datetimepicker.Text = datagridview.Rows(curSel).Cells("Publisher_Date").Value
                    txtBoxCBS.Text = datagridview.Rows(curSel).Cells("Publisher").Value
                    txtBoxCategory.Text = datagridview.Rows(curSel).Cells("Class_Name").Value
                    txtBoxPrice.Text = datagridview.Rows(curSel).Cells("Book_Price").Value
                    txtBoxNum.Text = datagridview.Rows(curSel).Cells("Book_Num").Value
                    txtBoxProvider.Text = datagridview.Rows(curSel).Cells("Provider").Value
                    datagridview.Rows.RemoveAt(curSel - 1)
                End If
                If datagridview.Rows.Count = 0 Then
                    btnDelete.Enabled = False
                End If
            Else
```

```
            MessageBox.Show("删除失败")
        End If
        conDelete.Close()
    End If
End Sub
```

13.4.7 图书选购管理模块的实现

图书选购管理模块主要实现扫描选购、批量查重选购和查询选购等功能。

1. “扫描选购”窗体的实现

选择“扫描选购”菜单项，将出现如图13-18所示的“扫描选购”窗体(ScanBuyWnd)。这个窗体实现了根据图书的ISBN号现场扫描选购功能。

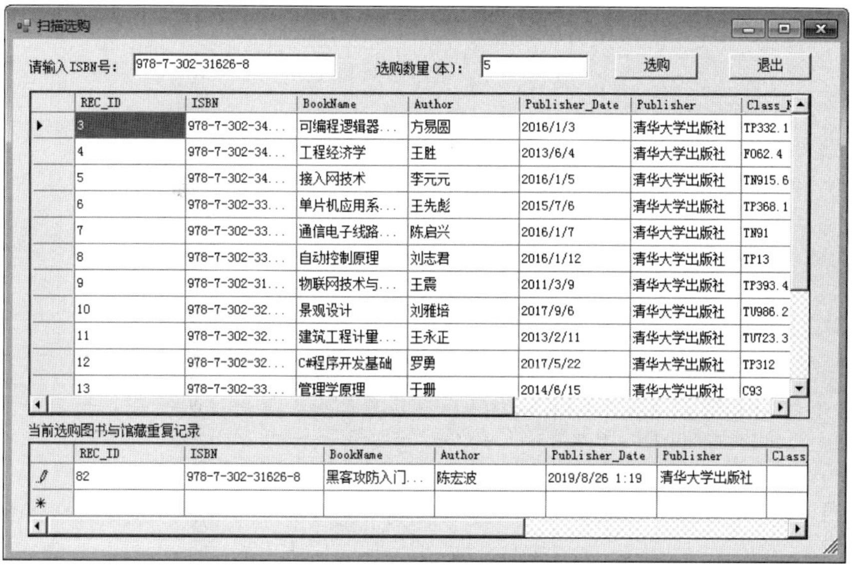

图13-18 “扫描选购”窗体

操作方法为：在“选购数量”文本框中输入选书数量，用扫描枪在“请输入ISBN号”文本框中扫入图书的ISBN号条码，或直接手工输入ISBN号再按Enter键触发TextBoxISBN_KeyPress()事件，调用“选购”事件代码btnSelect_click()，此后程序将执行当前输入的图书ISBN号与馆藏和采购表中的图书ISBN号查重工作。

界面中放置了两个数据表格控件(datagridviewBuy和datagridviewDuplicate)，其中datagridviewBuy用来显示所有采购的图书，datagridviewDuplicate用来显示当前扫描图书在馆藏表中的重复数据。

程序代码如下：

```
Private Sub ScanBuyWnd_Load(sender As Object, e As EventArgs) Handles MyBase.Load
    txtBoxISBN.Text = ""
    txtBoxISBN.Focus()
    txtBoxBuyNum.Text = "5"     '默认预购数量
    Dim con As New SqlConnection(connectionString)
    Try
```

```
            con.Open()
        Catch ex As Exception
            MessageBox.Show("连接失败")
            Exit Sub
        End Try
        Dim cmd As New SqlCommand("select * from BookSeller_BookInfo", con)
        Dim adapter As New SqlDataAdapter()
        adapter.SelectCommand = cmd
        Dim dataset As DataSet = New DataSet
        adapter.Fill(DataSet)
        datagridviewBuy.DataSource = dataset.Tables(0)
        datagridviewBuy.AllowUserToAddRows = False
        con.Close()
    End Sub
        Private Sub btnBuy_Click(sender As Object, e As EventArgs) Handles btnBuy.Click
            If Trim(txtBoxISBN.Text) = "" Then
                MessageBox.Show("请输入选购书籍的 ISBN 号")
                txtBoxISBN.Focus()
                Exit Sub
            End If
            If Trim(txtBoxBuyNum.Text) = "" Then
                MessageBox.Show("请输入选购书籍的数量")
                txtBoxBuyNum.Focus()
                Exit Sub
            End If
            If Not IsNumeric(Trim(txtBoxBuyNum.Text)) Then
                MessageBox.Show("购买书籍的数量应该是数字")
                txtBoxBuyNum.SelectAll()
                txtBoxBuyNum.Focus()
                Exit Sub
            End If
            Dim con As New SqlConnection(connectionString)
            Try
                con.Open()
            Catch ex As Exception
                MessageBox.Show("连接失败")
                Exit Sub
            End Try
            Dim cmd As New SqlCommand("select count(*) from BookSeller_BookInfo where ISBN = @
    ISBN; select count(*) from Library_BookInfo where ISBN = @_ISBN", con)
            cmd.Parameters.AddWithValue("@ISBN", txtBoxISBN.Text)
            cmd.Parameters.AddWithValue("@_ISBN", txtBoxISBN.Text)
            Dim adapter As New SqlDataAdapter()
            adapter.SelectCommand = cmd
            Dim dataset As DataSet = New DataSet
            adapter.Fill(dataset)
            con.Close()
            Dim table As DataTable = dataset.Tables.Item(0)
            Dim intSellBook As Integer = Convert.ToInt32(table.Rows(0).Item(0))
            table = dataset.Tables.Item(1)
            Dim intLabraryBook As Integer = Convert.ToInt32(table.Rows(0).Item(0))
```

```
            If intLabraryBook > 0 Then
            If MessageBox.Show("与馆藏重复,是否选购", "重复选购提示", MessageBoxButtons.
YesNo) = DialogResult.No Then
                Dim conQuery As New SqlConnection(connectionString)
                Try
                    conQuery.Open()
                Catch ex As Exception
                    MessageBox.Show("连接失败")
                    Exit Sub
                End Try
                Dim cmdQuery As New SqlCommand("select * from BookSeller_BookInfo where ISBN = @
ISBN", conQuery)
                cmdQuery.Parameters.AddWithValue("@ISBN", Trim(txtBoxISBN.Text))
                Dim adapterQuery As New SqlDataAdapter()
                adapterQuery.SelectCommand = cmdQuery
                Dim datasetQuery As DataSet = New DataSet
                adapterQuery.Fill(datasetQuery)
                datagridviewDuplicate.DataSource = Nothing
                datagridviewDuplicate.DataSource = datasetQuery.Tables(0)
                conQuery.Close()
                txtBoxISBN.Text = ""
                txtBoxISBN.Focus()
                txtBoxBuyNum.Text = "5"
                Exit Sub
            End If
        End If
        If intSellBook > 0 Then
            Dim ret As DialogResult = MessageBox.Show("此书选过一次,是否重选?", "重复选购提
醒", MessageBoxButtons.YesNo)
            If ret = Windows.Forms.DialogResult.No Then
                txtBoxISBN.Text = ""
                txtBoxISBN.Focus()
                txtBoxBuyNum.Text = "5"
                Exit Sub
            ElseIf ret = DialogResult.Yes Then
                Dim conModify As New SqlConnection(connectionString)
                Try
                    conModify.Open()
                Catch ex As Exception
                    MessageBox.Show("连接失败")
                    Exit Sub
                End Try
                Dim sqlString As String = "update BookSeller_BookInfo set Book_Num = @Book_Num
where ISBN = @ISBN"
                Dim cmdModify As New SqlCommand(sqlString, conModify)
                cmdModify.Parameters.AddWithValue("@Book_Num", Convert.ToInt32(txtBoxBuyNum.
Text))
                cmdModify.Parameters.AddWithValue("@ISBN", txtBoxISBN.Text)
                Dim count As Integer = cmdModify.ExecuteNonQuery()
                conModify.Close()
                If count = 1 Then
```

```
                    MessageBox.Show("修改选购成功")
                    Dim conRefresh As New SqlConnection(connectionString)
                    Try
                        conRefresh.Open()
                    Catch ex As Exception
                        MessageBox.Show("连接失败")
                        Exit Sub
                    End Try
                    Dim cmdRefresh As New SqlCommand("select * from BookSeller_BookInfo",
conRefresh)
                    Dim adapterRefresh As New SqlDataAdapter()
                    adapterRefresh.SelectCommand = cmdRefresh
                    Dim datasetRefresh As DataSet = New DataSet
                    adapterRefresh.Fill(datasetRefresh)

                    datagridviewBuy.DataSource = datasetRefresh.Tables(0)
                    conRefresh.Close()
                End If
            End If
        Else
            Dim conInsert As New SqlConnection(connectionString)
            Try
                conInsert.Open()
            Catch ex As Exception
                MessageBox.Show("连接失败")
                Exit Sub
            End Try
            Dim adapterInsert As New SqlDataAdapter()
            Dim cmdInsert As SqlCommand = New SqlCommand("insert into BookSeller_BookInfo(ISBN,
BookName, Author, Publisher_Date, Publisher, Class_Name, Book_Price, Book_Num, Provider)
values(@ISBN,'','', @Publisher_Date,'','','', @Book_Num,'')", conInsert)
            adapterInsert.InsertCommand = cmdInsert
            cmdInsert.Parameters.AddWithValue("@ISBN", txtBoxISBN.Text)
            cmdInsert.Parameters.AddWithValue("@Publisher_Date", Now)
            cmdInsert.Parameters.AddWithValue("@Book_Num", Convert.ToInt32(txtBoxBuyNum.
Text))
            Dim count As Integer = cmdInsert.ExecuteNonQuery()
            conInsert.Close()
            If count = 1 Then
                MessageBox.Show("添加选购成功")
                Dim conRefresh As New SqlConnection(connectionString)
                Try
                    conRefresh.Open()
                Catch ex As Exception
                    MessageBox.Show("连接失败")
                    Exit Sub
                End Try
                Dim cmdRefresh As New SqlCommand("select * from BookSeller_BookInfo",
conRefresh)
                Dim adapterRefresh As New SqlDataAdapter()
                adapterRefresh.SelectCommand = cmdRefresh
```

```
            Dim datasetRefresh As DataSet = New DataSet
            adapterRefresh.Fill(datasetRefresh)
            datagridviewBuy.DataSource = datasetRefresh.Tables(0)
            conRefresh.Close()
        End If
    End If
    Dim conRefreshLibrary As New SqlConnection(connectionString)
    Try
        conRefreshLibrary.Open()
    Catch ex As Exception
        MessageBox.Show("连接失败")
        Exit Sub
    End Try
    Dim cmdRefreshLibrary As New SqlCommand("select * from BookSeller_BookInfo where ISBN =
@ISBN", conRefreshLibrary)
    Dim adapterRefreshLibrary As New SqlDataAdapter()
    adapterRefreshLibrary.SelectCommand = cmdRefreshLibrary
    cmdRefreshLibrary.Parameters.AddWithValue("@ISBN", txtBoxISBN.Text)
    Dim datasetRefreshLibrary As DataSet = New DataSet
    adapterRefreshLibrary.Fill(datasetRefreshLibrary)
    datagridviewDuplicate.DataSource = datasetRefreshLibrary.Tables(0)
    conRefreshLibrary.Close()
End Sub
Private Sub btnExit_Click(sender As Object, e As EventArgs) Handles btnExit.Click
    Me.Close()
End Sub
Private Sub txtBoxISBN_KeyPress(sender As Object, e As KeyPressEventArgs) Handles
txtBoxISBN.KeyPress
    If e.KeyChar = Microsoft.VisualBasic.ChrW(Keys.Return) Then
        btnBuy_Click(Nothing, Nothing)
    End If
End Sub
```

2. “批量查重选购”窗体的实现

选择“批量查重选购”菜单项，将出现如图13-19所示的“批量查重选购”窗体(CheckUniqueWnd)。这个窗体实现了所有采购数据对馆藏数据进行一次查重，可以根据ISBN号或书名对与馆藏重复或未重的预采数据进行选购。

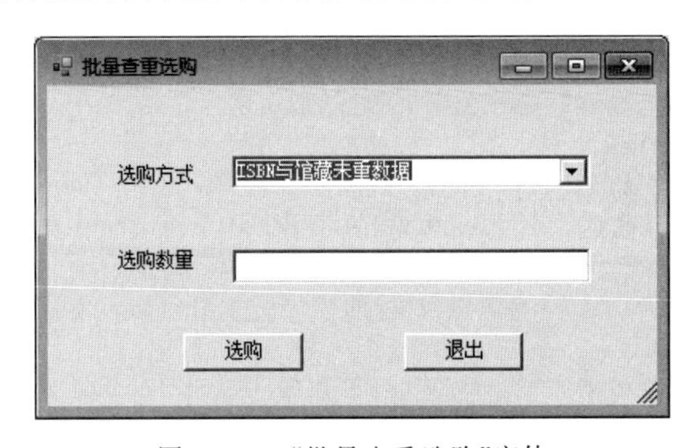

图13-19 “批量查重选购”窗体

程序根据“选购方式”下拉列表框中的选项是否与馆藏重复来修改书商图书表(BookSeller_BookInfo)中的选书数,单击“选购”按钮触发 btnBuy_Click()事件,单击“退出”按钮触发 btnExit_Click()事件,程序代码如下:

```
Private Sub CheckUniqueWnd_Load(sender As Object, e As EventArgs) Handles MyBase.Load
        cbxBuyMethod.Items.Add("ISBN 与馆藏未重数据")
        cbxBuyMethod.Items.Add("ISBN 与馆藏重复数据")
        cbxBuyMethod.Items.Add("书名与馆藏未重数据")
        cbxBuyMethod.Items.Add("书名与馆藏重复数据")
        cbxBuyMethod.Items.Add("预采数据全选")
        cbxBuyMethod.SelectedIndex = 0
    End Sub
    Private Sub btnBuy_Click(sender As Object, e As EventArgs) Handles btnBuy.Click
        errorProvider.Clear()
        If Not IsNumeric(Trim(txtBuyNum.Text)) Then
            errorProvider.SetError(txtBuyNum, "填写的选购数量不为数字")
            txtBuyNum.Focus()
            Exit Sub
        End If
        Dim sql As String = "update BookSeller_BookInfo set Book_Num = " & Trim(txtBuyNum.Text)
        Dim filter() As String = {
            " where ISBN not in (select ISBN from Library_BookInfo where Library_BookInfo.ISBN
= BookSeller_BookInfo.ISBN)",
            " where ISBN in (select ISBN from Library_BookInfo where Library_BookInfo.ISBN =
BookSeller_BookInfo.ISBN)",
            " where BookName not in (select BookName from Library_BookInfo where Library_
BookInfo.BookName = BookSeller_BookInfo.BookName)",
            " where BookName in (select BookName from Library_BookInfo where Library_
BookInfo.BookName = BookSeller_BookInfo.BookName)",
            "" }
        sql = sql & filter(cbxBuyMethod.SelectedIndex)
        Dim con As New SqlConnection(connectionString)
        Try
            con.Open()
        Catch ex As Exception
            MessageBox.Show("连接失败")
            Exit Sub
        End Try
        Dim cmd As New SqlCommand(sql, con)
        Dim count As Integer = cmd.ExecuteNonQuery()
        If count > 0 Then
            Dim msg() As String = {
                "预采数据库中[ISBN 未重]的数据[" & Str(count) & "]条已全部选定为" & Trim
(txtBuyNum.Text) & "本!",
                "预采数据库中[ISBN 重复]的数据[" & Str(count) & "]条已全部选定为" & Trim
(txtBuyNum.Text) & "本!",
                "预采数据库中[书名未重]的数据[" & Str(count) & "]条已全部选定为" & Trim
(txtBuyNum.Text) & "本!",
                "预采数据库中[书名重复]的数据[" & Str(count) & "]条已全部选定为" & Trim
(txtBuyNum.Text) & "本!",
```

```
                "预采数据库中[所有]的数据[" & Str(count) & "]条已全部选定为" & Trim
(txtBuyNum.Text) & "本!"}
            MessageBox.Show(msg(cbxBuyMethod.SelectedIndex))
        Else
            MessageBox.Show("修改失败!")
        End If
        con.Close()
End Sub
```

3. "查询选购"窗体的实现

选择"查询选购"菜单项,将出现如图 13-20 所示的"查询选购"窗体(QueryBuyWnd)。这个窗体实现了按不同的检索入口,对预采数据进行简单查询和复杂查询,并可对查询结果按不同字段进行排序,以及对检索的结果进行选购。

图 13-20 "查询选购"窗体

图 13-20 中的控件包括查询条件部分和结果显示部分。结果的显示通过一个 DataSet 对象和一个 DataGridView 表格控件实现。单击"查询"按钮触发 btnQuery_Click()事件,单击"选购"按钮触发 btnBuy_Click()事件,单击"退出"按钮触发 btnExit_Click()事件。程序代码如下:

```
Dim Query() As String = {"ISBN", "BookName", "Author", "Publisher", "Publisher_Date",
"Provider", "Class_Name"}
Dim Order() As String = {"REC_ID", "ISBN", "BookName", "Author", "Publisher", "Publisher_
Date", "Provider", "Class_Name"}
Dim sql As String
Private Sub QueryBuyWnd_Load(sender As Object, e As EventArgs) Handles MyBase.Load
    cbxQuery1.Items.Add("ISBN 号")
    cbxQuery1.Items.Add("书名")
    cbxQuery1.Items.Add("作者")
    cbxQuery1.Items.Add("出版社")
```

```
        cbxQuery1.Items.Add("出版日期")
        cbxQuery1.Items.Add("提供商")
        cbxQuery1.Items.Add("分类号")
        cbxQuery1.SelectedIndex = 0
        cbxQuery2.Items.Add("ISBN 号")
        cbxQuery2.Items.Add("书名")
        cbxQuery2.Items.Add("作者")
        cbxQuery2.Items.Add("出版社")
        cbxQuery2.Items.Add("出版日期")
        cbxQuery2.Items.Add("提供商")
        cbxQuery2.Items.Add("分类号")
        cbxQuery2.SelectedIndex = 0
        cbxQuery3.Items.Add("记录号")
        cbxQuery3.Items.Add("ISBN 号")
        cbxQuery3.Items.Add("书名")
        cbxQuery3.Items.Add("作者")
        cbxQuery3.Items.Add("出版社")
        cbxQuery3.Items.Add("出版日期")
        cbxQuery3.Items.Add("提供商")
        cbxQuery3.Items.Add("分类号")
        cbxQuery3.SelectedIndex = 0
        txtBoxPriceFrom.Text = "0"
        txtBoxPriceTo.Text = "1000"
        'txtBoxNum.Text = "5"
        btnBuy.Enabled = False
        Dim con As New SqlConnection(connectionString)
        Try
            con.Open()
        Catch ex As Exception
            MessageBox.Show("连接失败")
            Exit Sub
        End Try
        Dim cmd As New SqlCommand("select * from BookSeller_BookInfo order by REC_ID", con)
        Dim adapter As New SqlDataAdapter()
        adapter.SelectCommand = cmd
        Dim dataset As DataSet = New DataSet
        adapter.Fill(dataset)
        datagridview.DataSource = dataset.Tables(0)
        datagridview.AllowUserToAddRows = False
        datagridview.Columns(0).Visible = False
        con.Close()
    End Sub

    Private Sub btnQuery_Click(sender As Object, e As EventArgs) Handles btnQuery.Click
        errorProvider.Clear()
        If Trim(txtBoxPriceFrom.Text) <> "" And Not IsNumeric(Trim(txtBoxPriceFrom.Text)) Then
            txtBoxPriceFrom.Text = "0"
        End If
        If Trim(txtBoxPriceTo.Text) <> "" And Not IsNumeric(Trim(txtBoxPriceTo.Text)) Then
            txtBoxPriceTo.Text = "1000"
        End If
```

```
    Sql = "select * from BookSeller_BookInfo where Book_Price between " & Trim(txtBoxPriceFrom.
Text) & " and " & Trim(txtBoxPriceTo.Text)
    If Trim(txtBoxQuery1.Text) <> "" Then
        sql = sql & " and " & Query(cbxQuery1.SelectedIndex) & " like'%" & Trim(txtBoxQuery1.
Text) & "%'"
    End If
    If Trim(txtBoxQuery2.Text) <> "" Then
        sql = sql & " and " & Query(cbxQuery2.SelectedIndex) & " like'%" & Trim(txtBoxQuery2.
Text) & "%'"
    End If
    sql = sql & " order by " & Order(cbxQuery3.SelectedIndex)
    Dim con As New SqlConnection(connectionString)
    Try
        con.Open()
    Catch ex As Exception
        MessageBox.Show("连接失败")
        Exit Sub
    End Try
    Dim cmd As New SqlCommand(sql, con)
    Dim adapter As New SqlDataAdapter()
    adapter.SelectCommand = cmd
    Dim dataset As DataSet = New DataSet
    adapter.Fill(dataset)
    datagridview.DataSource = dataset.Tables(0)
    con.Close()
    btnBuy.Enabled = True
End Sub
Private Sub btnBuy_Click(sender As Object, e As EventArgs) Handles btnBuy.Click
    errorProvider.Clear()
    If Not IsNumeric(Trim(txtBoxNum.Text)) Then
        errorProvider.SetError(txtBoxNum, "请输入为下面所有选购的书籍的本数")
        txtBoxNum.Focus()
        Exit Sub
    End If
    Dim updateString As String = "update BookSeller_BookInfo set Book_Num = " & Trim(txtBoxNum.
Text)
    updateString = updateString & " " & Mid(sql, InStr(1, sql, "where"), InStr(1, sql, "order") -
InStr(1, sql, "where"))
    Dim conUpdate As New SqlConnection(connectionString)
    Try
        conUpdate.Open()
    Catch ex As Exception
        MessageBox.Show("连接失败")
        Exit Sub
    End Try
    Dim cmdUpdate As New SqlCommand(updateString, conUpdate)
    Dim count As Integer = cmdUpdate.ExecuteNonQuery()
    conUpdate.Close()
    If count = 1 Then
        MessageBox.Show("修改选购成功")
        Dim con As New SqlConnection(connectionString)
```

```
            Try
                con.Open()
            Catch ex As Exception
                MessageBox.Show("连接失败")
                Exit Sub
            End Try
            Dim cmd As New SqlCommand(sql, con)
            Dim adapter As New SqlDataAdapter()
            adapter.SelectCommand = cmd
            Dim dataset As DataSet = New DataSet
            adapter.Fill(dataset)
            datagridview.DataSource = dataset.Tables(0)
            con.Close()
        End If
    End Sub
    Private Sub btnExit_Click(sender As Object, e As EventArgs) Handles btnExit.Click
        Me.Close()
    End Sub
```

13.4.8 统计输出模块的实现

选择“统计输出”菜单项，将出现如图 13-21 所示的“统计输出”窗体(StatisticsWnd)。这个窗体中可以显示所有订购的数据，统计出订购图书的种数、册数和金额，并可以 Excel 格式输出订购图书清单。

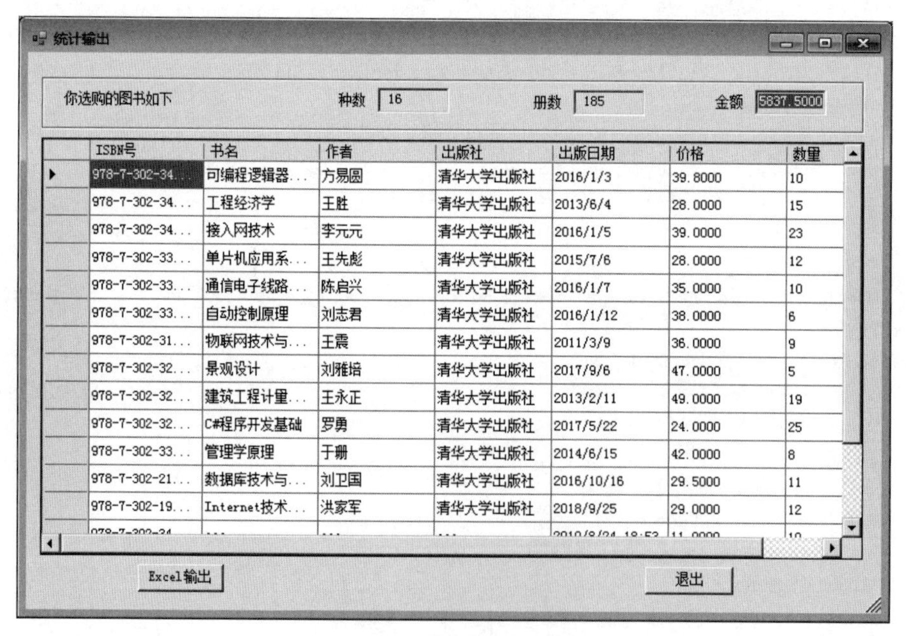

图 13-21 “统计输出”窗体

在图 13-21 中放置了 3 个文本框，分别用来显示当前订购图书的种数、册数和金额，一个数据表格控件(DataGridView)和 3 个按钮。

当单击“Excel 输出”按钮时，触发 btnExcelOutput_Click()事件，输出 Excel 格式的图书订货清单；当单击“统计”按钮时，触发 btnStatistics_Click()事件，所订购图书的种数、册数和金额分别显示在文本框中；单击“退出”按钮，触发 btnExit_Click()事件，退出程序。程序清单如下：

```
Dim sqlOut As String = "select ISBN as ISBN 号, BookName as 书名, Author as 作者, Publisher as 出版社, Publisher_Date as 出版日期, Book_Price as 价格, Book_Num as 数量 from BookSeller_BookInfo where Book_Num > 0"
Dim sql As String = "select ISBN as ISBN 号, BookName as 书名, Author as 作者, Publisher as 出版社, Publisher_Date as 出版日期, Book_Price as 价格, Book_Num as 数量 from BookSeller_BookInfo where Book_Num > 0; select count( * ) as totalSpecies, sum(Book_Num) as totalNum, sum(Book_Price * Book_Num) as totalMoney from BookSeller_BookInfo"
Private Sub StaticticsWnd_Load(sender As Object, e As EventArgs) Handles MyBase.Load
    Dim con As New SqlConnection(connectionString)
    Try
        con.Open()
    Catch ex As Exception
        MessageBox.Show("连接失败")
        Exit Sub
    End Try
    Dim cmd As New SqlCommand(sql, con)
    Dim adapter As New SqlDataAdapter()
    adapter.SelectCommand = cmd
    Dim dataset As DataSet = New DataSet
    adapter.Fill(dataset)
    Dim intrownum As Integer = dataset.Tables(0).Rows.Count
    If intrownum = 0 Then
        btnExcelOutput.Enabled = False
    End If
    datagridview.DataSource = dataset.Tables(0)
    txtBoxTotalSpecies.Text = Str(dataset.Tables(1).Rows(0).Item("totalSpecies"))
    txtBoxTotalNum.Text = Str(dataset.Tables(1).Rows(0).Item("totalNum"))
    txtBoxTotalMoney.Text = Str(dataset.Tables(1).Rows(0).Item("totalMoney"))
    con.Close()
End Sub
Private Sub btnExcelOutput_Click(sender As Object, e As EventArgs) Handles btnExcelOutput.Click
    Dim saveFileDialog As New SaveFileDialog()
    Dim fullFileName As String
    saveFileDialog.Filter = "Excel file ( * .xls)| * .xls"
    saveFileDialog.FilterIndex = 0
    saveFileDialog.RestoreDirectory = True
    If saveFileDialog.ShowDialog() = DialogResult.OK Then
        fullFileName = saveFileDialog.FileName
    Else
        Exit Sub
    End If
    Dim con As New SqlConnection(connectionString)
    Try
        con.Open()
    Catch ex As Exception
        MessageBox.Show("连接失败")
        Exit Sub
```

```
        End Try
        Dim cmd As New SqlCommand(sqlOut, con)
        Dim adapter As New SqlDataAdapter()
        adapter.SelectCommand = cmd
        Dim dataset As DataSet = New DataSet
        adapter.Fill(dataset)
        Dim table As DataTable = dataset.Tables(0)
        con.Close()
        Me.Text = "正在输出 Excel 到文件" & fullFileName & "中"
        Dim xlApp As New Excel.Application
        Dim xlBook As Excel.Workbook
        Dim xlSheet As Excel.Worksheet
        Dim rowIndex, colIndex As Integer
        rowIndex = 1
        colIndex = 0
        xlBook = xlApp.Workbooks().Add
        xlSheet = xlBook.Worksheets("sheet1")
        '将所得到的表的列名,赋值给单元格
        Dim Col As DataColumn
        Dim col1 As DataColumn
        Dim i As Integer
        Dim Row As DataRow
        For Each Col In Table.Columns
            colIndex = colIndex + 1
            xlApp.Cells(1, colIndex) = Col.ColumnName
        Next
        '得到的表所有行
        For Each Row In Table.Rows
            rowIndex = rowIndex + 1
            colIndex = 0
            For Each col1 In Table.Columns
                colIndex = colIndex + 1
                xlApp.Cells(rowIndex, colIndex) = Row(col1.ColumnName)
            Next
        Next
        With xlSheet
            .Range(.Cells(1, 1),.Cells(1, colIndex)).Font.Name = "黑体"
            '设标题为黑体字
            .Range(.Cells(1, 1),.Cells(1, colIndex)).Font.Bold = True
            '标题字体加粗
            .Range(.Cells(1, 1),.Cells(rowIndex, colIndex)).Borders.LineStyle = 1
            '设表格边框样式
        End With
        xlApp.Visible = True
        xlSheet.SaveAs(fullFileName)
        xlBook.Close()
        xlApp.Quit()
         MessageBox.Show ( "数据导出到文件" & fullFileName & "成功!", "导出提示",
MessageBoxButtons.OK, MessageBoxIcon.Information)
        Me.Text = "统计输出"
End Sub
```

本章小结

本章介绍了数据库应用系统的开发步骤、VB .NET 程序设计语言的基础知识以及用 VB .NET 开发 SQL Server 2012 数据库的方法，最后以图书现场采购系统为例，详细介绍了该系统的需求分析、系统设计和实现技术。

(1) 数据库应用系统的开发一般包括需求分析、系统初步设计、系统详细设计、编码、调试、系统切换等几个阶段，每个阶段有不同的任务，并可采用不同的工具和方法完成。

(2) 数据库系统体系结构大体上分为 4 种模式：单用户模式、主从式多用户模式、客户机/服务器模式(Client/Server，C/S)和浏览器/服务器模式(Browser/Server，B/S)。其中 C/S 和 B/S 是目前常见的开发模式，可供选择的技术方案和开发工具也很多，实际应用中需进行比选。

(3) VB .NET 因为容易入门和对数据库操作的支持，成为初学者常用的数据库系统开发工具。要进行数据库系统开发，需要掌握 VB .NET 程序设计的基础知识以及 VB .NET 中访问 SQL Server 数据库的方法。

(4) 一个数据库应用系统开发案例可以使读者能更为直观地理解 SQL Server 2012 数据库应用系统的设计与开发方法。本章的图书现场采购系统，说明了使用 VB .NET 开发 SQL Server 2012 数据库应用程序的完整过程和方法。

习　题　13

一、选择题

1. 系统需求分析阶段的基础工作是(　　)。

A. 教育和培训　　B. 系统调查
C. 初步设计　　D. 详细设计

2. 系统设计的最终结果是(　　)。

A. 系统分析报告　　B. 系统逻辑模型
C. 系统设计报告　　D. 可行性报告

3. 通常在 VB .NET 程序中要使用的变量必须先声明后使用，变量是用(　　)语句来定义。

A. Type　　B. Dim　　C. Sub　　D. Set

4. (　　)对象负责建立应用程序与数据源之间的连接，数据源包括 SQL Server、Access 或可以通过 OLE DB 进行访问的其他数据源。

A. Command　　B. Connection　　C. RecordSet　　D. ADO .NET

5. Connection 对象是 ADO .NET 对象和数据连接的桥梁，当数据库被连接后，可通过(　　)对象执行 SQL 命令。

A. DataSet　　B. ADO　　C. RecordSet　　D. Command

二、填空题

1. C/S 模式的数据库系统体系结构分为 3 层。第 1 层是________，提供系统的用户操作界面；第2层是________，处理业务逻辑；第3层是________，实现对数据的存储、访问。

2. .NET数据提供程序包含4个核心元素，它们分别是________、________、________和________对象。

3. .NET Framework数据提供程序类位于System. Data. SqlClient命名空间，编写程序前需在Visual Studio 2013中选择"项目"→"属性"中的________选项卡，导入System. Data. SqlClient命名空间。

4. 通过ADO .NET与数据源建连接后，可使用________对象来对数据源执行查询、插入、删除和修改等操作。

5. 通过SqlCommand的ExecuteNoQuery()方法执行SQL命令时，SQL Server数据库将返回________给ExecuteNoQuery()方法，通过该值，可判断记录操作是否成功。

三、问答题

1. 简述数据库应用系统的开发步骤。

2. 数据库系统的体系结构有哪些？各有一些什么开发工具？

3. ADO .NET数据对象模型中有哪些操作数据库数据的对象？

4. Connection对象支持哪些连接SQL Server数据库的方式？举例说明不同方式相应的连接字符串的形式与具体内容。

四、应用题

1. 在图书现场采购系统中，用户提出如下需求：对每种图书，书商需按不同折扣卖给用户。请对此进行设计并实现。

2. 开发零件交易中心管理系统。

系统简述：零件交易中心管理系统主要提供顾客和供应商之间完成零件交易的功能，其中包括供应商信息、顾客信息以及零件信息。供应商信息包括供应商号、供应商名、地址、电话、简介；顾客信息包括顾客号、顾客名、地址、电话；零件信息包括零件号、零件名、重量、颜色、简介等。此系统可以让供应商增加、删除和修改所提供的零件产品，还可以让顾客增加、删除和修改所需求的零件。交易员可以利用顾客提出的需求信息和供应商提出的供应信息来提出交易的建议，由供应商和顾客进行确认后即完成交易。

3. 开发民航订票管理系统。

系统简述：民航订票管理系统主要分为航空公司、机场和客户3方的服务。航空公司提供航线和飞机的资料，机场则对在本机场起飞和降落的航班和机票进行管理，而客户能得到的服务应该有查询航班路线和剩余票数，以及网上订票等功能。客户又可以分为两类：一类是普通客户，对于普通客户只有普通的查询和订票功能，没有相应的机票优惠；另一类是经常旅行的客户，需要办理注册手续，但增加了里程积分功能和积分优惠政策。机场还要有紧急应对措施，在航班出现延误时，要发送相应的信息。

参 考 文 献

[1] 教育部高等学校大学计算机课程教学指导委员会. 大学计算机基础课程教学基本要求[M]. 北京：高等教育出版社，2016.

[2] 王珊，萨师煊. 数据库系统概论[M]. 5 版. 北京：高等教育出版社，2014.

[3] 施伯乐，丁宝康，汪卫. 数据库系统教程[M]. 3 版. 北京：高等教育出版社，2008.

[4] 刘卫国，奎晓燕. 数据库技术与应用——SQL Server 2008[M]. 北京：清华大学出版社，2014.

[5] 胡燕菊，申野. 数据库原理及应用——SQL Server 2012[M]. 北京：清华大学出版社，2014.

[6] 贾祥素. SQL Server 2012 案例教程[M]. 北京：清华大学出版社，2014.

[7] 刘卫国，刘泽星. Visual Basic .NET 程序设计教程[M]. 北京：北京邮电大学出版社，2018.

图书资源支持

感谢您一直以来对清华版图书的支持和爱护。为了配合本书的使用，本书提供配套的资源，有需求的读者请扫描下方的“书圈”微信公众号二维码，在图书专区下载，也可以拨打电话或发送电子邮件咨询。

如果您在使用本书的过程中遇到了什么问题，或者有相关图书出版计划，也请您发邮件告诉我们，以便我们更好地为您服务。

资源下载、样书申请

书圈

我们的联系方式：

地　　址：北京市海淀区双清路学研大厦 A 座 701

邮　　编：100084

电　　话：010-83470236　010-83470237

资源下载：http://www.tup.com.cn

客服邮箱：2301891038@qq.com

QQ：2301891038（请写明您的单位和姓名）

扫一扫，获取最新目录

课　程　直　播

用微信扫一扫右边的二维码，即可关注清华大学出版社公众号“书圈”。